660MW 超超临界机组培训教材

输煤与环保设备及系统

陕西商洛发电有限公司　西安电力高等专科学校　组　编

陈智敏　主　编

林建华　韩立权　张泽鹏　副主编

郭迎利　毛旭波　参　编

中国电力出版社
CHINA ELECTRIC POWER PRESS

内 容 提 要

本书为660MW超超临界机组培训教材丛书之一。全书主要以陕西商洛发电有限公司660MW超超临界机组为主，讲述了火电厂燃煤机组脱硫技术、火电厂燃煤机组脱硝技术、火电厂除尘及除渣技术、输煤系统的相关内容。

本书适合从事600MW及以上大型火力发电机组安装、调试、运行、检修等工作的工程技术人员学习或作为培训教材使用，也可供高等院校能源动力类相关专业师生参考。

图书在版编目（CIP）数据

输煤与环保设备及系统/陕西商洛发电有限公司，西安电力高等专科学校组编．—北京：中国电力出版社，2021.02（2023.5重印）

660MW超超临界机组培训教材

ISBN 978-7-5198-5135-4

Ⅰ.①输… Ⅱ.①陕…②西… Ⅲ.①火电厂—电厂燃料系统—给煤机—技术培训—教材 ②火电厂—环境保护—设备—技术培训—教材 Ⅳ.①TM621

中国版本图书馆CIP数据核字（2020）第222920号

出版发行：中国电力出版社
地　　址：北京市东城区北京站西街19号（邮政编码100005）
网　　址：http：//www.cepp.sgcc.com.cn
责任编辑：吴玉贤　霍　妍
责任校对：黄　蓓　王海南
装帧设计：赵珊珊
责任印制：吴　迪

印　　刷：三河市航远印刷有限公司
版　　次：2021年2月第一版
印　　次：2023年5月北京第二次印刷
开　　本：787毫米×1092毫米　16开本
印　　张：20.25
字　　数：478千字
定　　价：88.00元

版 权 专 有　　侵 权 必 究

本书如有印装质量问题，我社营销中心负责退换

编　委　会

主　任　张正峰　孙文杰

副主任　郭进民　王战锋　孙　明　雷鸣雳

委　员　林建华　汤培英　王敬忠　田　宁　袁少东　董　奎
陈乙冰　杨艳龙　冯德群　王鹏刚　刘宏波　林创利
高　驰　王俊贵　乔　红　韩立权　张泽鹏　陈智敏
郭　松　王浩青

前 言

自21世纪以来，火力发电进入超高参数、大容量、低能耗、小污染、高自动化机组的发展时期，600MW等级以上机组已经成为主力发电机组。近几年来，由于有一大批660MW/1000MW超超临界机组相继投产，因此对从事生产运行和相关工作的技术人员提出了更高的要求。为了帮助他们提高技术水平，确保机组安全、经济、环保、可靠运行，西安电力高等专科学校和陕西商洛发电有限公司联合组织编写了本套培训教材。本套培训教材分为《锅炉设备及系统》《汽轮机设备及系统》《电气设备及系统》《热工过程自动化》《电厂化学设备及系统》《输煤与环保设备及系统》6个分册。

本分册为《输煤与环保设备及系统》，主要针对陕西商洛发电有限公司的脱硫、脱硝、除灰、除渣、输煤系统及运行，同时兼顾特殊需求而进行编写。本分册分为四篇：第一篇为火电厂燃煤机组脱硫技术；第二篇为火电厂燃煤机组脱硝技术；第三篇为火电厂除尘及除渣技术；第四篇为输煤系统。本分册主要突出660MW超超临界机组的环保、输煤设备的系统特点；注重基本理论与实践的结合，注重知识的深度与广度的结合，注重专业知识与操作技能的结合。

本分册由陈智敏担任主编，由林建华、韩立权、张泽鹏担任副主编。参加本分册编写的人员还有郭迎利、毛旭波。本分册由陈智敏统稿。

本分册在编写过程中，参阅了参考文献中列写的正式出版文献以及相关电厂、研究院所和高等院校的技术资料、说明书、图纸等，得到了陕西商洛发电有限公司郭进民（总经理）、田宁（安健环部主任）、董奎（设备部主任工程师）、葛刚卫（陕西能源投资股份有限公司安全环保监察部高级主管）等的大力支持，在此一并表示感谢。

由于编者水平有限，书中难免有不妥之处，敬请读者批评指正。

编者

2020年7月

目　录

第三篇　火电厂除尘及除渣技术

第四篇　输煤系统

第一篇　火电厂燃煤机组脱硫技术

第一章　概　　述

我国二氧化硫（SO_2）的排放量高居世界各国前列，由此带来的大气污染和酸雨问题十分严重，造成了巨大的经济损失，已成为制约我国经济社会持续发展的主要因素。因此，控制 SO_2 污染已势在必行。

第一节　二氧化硫概述

一、SO_2 的来源与我国 SO_2 排放特征

大气中的 SO_2 主要来自化石燃料的使用。我国是世界上最大的煤炭生产与消费国，我国 SO_2 排放量与煤炭消耗量有着密切的关系，排放的 SO_2 约 90%来自燃煤。我国在取得经济发展的同时，也正承受着巨大的资源与环境压力。根据国家统计局的统计数据显示，2017 年，我国煤炭总消耗量达 385 723.25 万 t（标准煤），其中电力、热力的生产和供应业煤炭消费总量为 179 311.44 万 t，占煤炭总消耗量的 46.5%，SO_2 总排放量达 875.39 万 t。全国 SO_2 排放量及煤炭消耗量见表 1-1。

表 1-1　全国 SO_2 排放量及煤炭消耗量　单位：万 t

年份	合计（SO_2 排放量）	工业源	生活源	集中式污染设施	煤炭消耗量（标准煤）
2011 年	2217.9	2017.2	200.4	0.3	271 704
2012 年	2117.7	1911.7	205.7	0.3	275 465
2013 年	2043.9	1835.2	208.5	0.2	280 999
2014 年	1974.5	1740.4	233.9	0.2	279 328
2015 年	1853.8	1556.7	296.9	0.2	273 849

我国近年来 SO_2 的排放量见图 1-1。由于我国对 SO_2 等主要污染物排放实施总量控制和经济结构调整，SO_2 的排放量在 2006 年达到峰值后便开始逐年下降，在 2017 年时已下降至 875.4 万 t。

我国的 SO_2 排放具有明显的地域特征。2015 年，SO_2 排放量超过 100 万 t 的省份依次为山东、内蒙古、河南、山西和河北，5 个省份的 SO_2 排放量占全国 SO_2 排放总量的 33%。各地区中，工业和生活 SO_2 排放量最大的省份均是山东，集中式污染设施 SO_2 排放量最大的省份是广东。

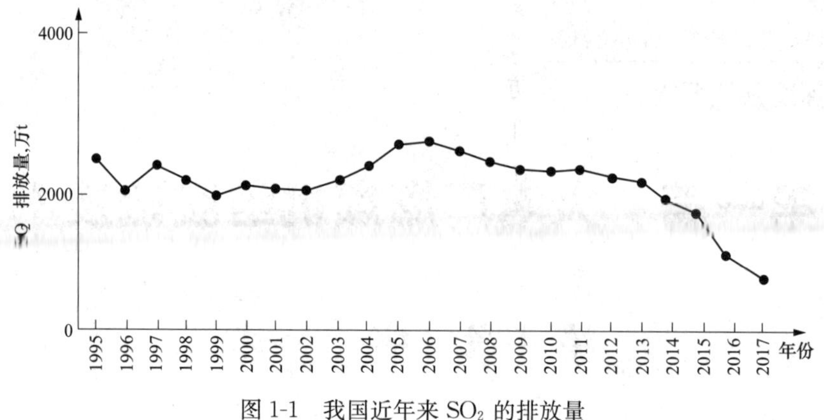

图 1-1 我国近年来 SO_2 的排放量

2015 年，在调查统计的 41 个工业行业中，SO_2 排放量位于前三位的工业行业依次为电力、热力生产和供应业，非金属物品制品业，黑色金属冶炼及压延加工业。三个行业共排放 SO_2 883.2 万 t，占重点调查工业企业 SO_2 总排放量的 63.1%。

截至 2017 年年底，全国燃煤电厂 100%实现脱硫后排放。其中，已投运煤电烟气脱硫机组容量超过 9.4 亿 kW，占全国煤电机组容量的 95.8%；其余煤电机组（主要指循环流化床机组）采用的是燃烧中脱硫技术。2017 年，全国电力 SO_2 约为 120 万 t，比上年下降 29.4%；火电机组单位发电量的 SO_2 排放量为 0.26g/kWh，比上年下降 0.13g/kWh。

在煤炭利用方面，中国存在着最先进的煤电污染控制技术与最原始的低水平的散烧煤污染控制两极化问题，应当从经济投入和环境治理效果最佳的导向出发，解决好煤炭的利用问题。

二、SO_2 的危害

SO_2 为无色透明气体，溶于水、乙醇和乙醚，有刺激性臭味，对人体呼吸器官有很强的毒害作用。如果 SO_2 遇到水蒸气形成硫酸雾，就可以长期滞留在大气中，其毒性比 SO_2 大十倍左右。

SO_2 对植物的危害主要是通过叶面气孔进入植物体。如果其浓度和持续时间超过本体的自解机能，就会破坏植物的正常生理机能，减缓其增长，降低植物对病虫害的抵抗力，使叶片发黄，严重时大量叶片会枯萎，导致植物死亡。

SO_2 还是形成酸雨的主要污染物。酸雨对水生态系统、农业生态系统、建（构）筑物和材料以及人体健康等方面均有危害。酸雨污染主要分布在长江以南—云贵高原以东地区。

三、我国控制大气污染的政策法规及环境标准

我国政府针对 SO_2 和氮氧化物（NO_x）以及酸雨污染的不断加剧问题，制定了一系列法律法规并采取了相应措施，取得了初步成效。

（一）《大气污染防治法》

1987 年 9 月 5 日，中华人民共和国全国人民代表大会（简称全国人大）颁布了我国第一部《大气污染防治法》，并于 1988 年 6 月 1 日正式开始实施。1995 年全国人大对《大气污染防治法》进行修订，首次在法律中增加了有关控制酸雨污染的条文。2000 年全国人

大对《大气污染防治法》再次进行修订，强化了对 SO_2 排放的控制要求，将大气污染物排放总量制度和许可证制度的管理纳入法治化管理轨道。

2015 年 8 月 29 日，《大气污染防治法》经十二届全国人民代表大会常务委员会第十六次会议修订通过，自 2016 年 1 月 1 日起施行。新《大气污染防治法》规定了大气污染防治领域的基本原则、基本制度、防治措施等。

（二）《中华人民共和国环境保护法》

新的《中华人民共和国环境保护法》由十二届全国人民代表大会常务委员会第八次会议于 2014 年 4 月 24 日修订通过，自 2015 年 1 月 1 日起施行，通过规定排污标准，缴纳超标准排污费等制度，来保护和改善生活环境与生态环境，防治污染和其他公害。

（三）我国 SO_2 的环境标准

2011 年 7 月 18 日，原中华人民共和国环境保护部（简称国家环保部）批准了 GB 13223—2011《火电厂大气污染物排放标准》，代替了 2003 年制定的 GB 13323—2003《火电厂大气污染物排放标准》，并于 2012 年 1 月 1 日起正式实施。GB 13223—2011 规定现有火电厂燃煤机组自 2014 年 7 月 1 日起，烟尘、NO_x、SO_2 的排放限值为 30、100、200mg/m^3；新建锅炉自 2012 年 1 月 1 日起，烟尘、NO_x、SO_2 的排放限值为 30、100、100mg/m^3；燃气轮机机组烟尘、NO_x、SO_2 的排放限值为 5、50、35mg/m^3。GB 13223—2011 还规定重点地区执行特别限值，燃煤锅炉烟尘、NO_x、SO_2 的排放限值分别为 20、100、50mg/m^3，以气体为燃料的燃气轮机烟尘、NO_x、SO_2 的排放限值分别为 5、50、35mg/m^3。

重点地区的燃煤锅炉大气污染物特别排放限值见表 1-2。

表 1-2　重点地区的燃煤锅炉大气污染物特别排放限值　单位：mg/m^3

燃料和热能转化设施类型	污染物项目	适用条件	限值	污染物排放监控位置
燃煤锅炉	烟尘	全部	20	烟囱或烟道
	SO_2	全部	50	
	NO_x	全部	100	
	汞及其化合物	全部	0.03	

2014 年 9 月 12 日，中华人民共和国国家发展和改革委员会（简称国家发展改革委）、国家环保部、国家能源局三部门联合印发《煤电节能减排升级与改造行动计划（2014—2020 年）》。《煤电节能减排升级与改造行动计划（2014—2020 年）》明确了在基准氧含量为 6%的条件下，东部地区新建燃煤发电机组大气污染物排放浓度基本达到燃气轮机组排放限值（即在基准氧含量为 6%的条件下，烟尘、SO_2、NO_x 排放浓度分别不高于 10、35、50mg/m^3）；中部地区新建机组原则上接近或达到燃气轮机组排放限值；鼓励西部地区新建机组接近或达到燃气轮机组排放限值。《煤电节能减排升级与改造行动计划（2014—2020 年）》支持同步开展大气污染物联合协同脱除，以降低 SO_3、Hg、As 等污染物的排放。

第二节 煤中硫的赋存形态

硫是煤中的有害物质。煤中的硫可分为无机硫和有机硫两大类。

一、无机硫

煤中无机硫来自矿物质中各种含硫化合物（包括硫铁矿硫和硫酸盐硫，以黄铁矿硫为主），还有少量来自白铁矿、砷黄铁矿、黄铜矿、石膏、绿矾、方铅矿、闪锌矿等。此外，有些煤中还含有少量的以单质状态存在的单质硫。

二、有机硫

有机硫是指与煤的有机结构相结合的硫，其化学结构十分复杂，人们至今对煤中有机硫的认识还不够充分。煤中有机硫的来源包括两类，一类是原始有机硫，主要指动物和微生物中以氨基酸形式存在的有机硫；另一类是次生有机硫，为有机质与无机硫相互作用的产物。目前人们普遍认为，在有机硫质量分数高的煤层中，次生有机硫占主导地位。

三、全硫

煤中各种形态的硫的总和称为全硫，即硫酸盐硫、硫铁矿硫、单质硫和有机硫的总和。根据能否在空气中燃烧，煤中硫又可分为可燃硫和不可燃硫。有机硫、硫铁矿硫和单质硫都能在空气中燃烧，属于可燃硫。硫酸盐硫属于固定硫。在煤炭燃烧过程中不可燃硫残留在煤灰中。

各种形态的硫在全硫中所占比例大致如下：硫铁矿硫占60%以上；有机硫约为40%；硫酸盐硫仅为0.1%，个别情况可达0.35%；单质硫仅在少数煤种中出现。动力煤干燥基全硫分（$S_{tdz,s}$）在基准发热量时的分级见表1-3。

表1-3　动力煤干燥基全硫分（$S_{tdz,s}$）在基准发热量时的分级

序号	级别名称	代号	动力煤干燥基全硫分（$S_{tdz,s}$）范围（%）
1	特低硫煤	SLS	≤0.50
2	低硫煤	LS	0.51～0.90
3	中硫煤	MS	0.91～1.50
4	中高硫煤	MHS	1.51～3.00
5	高硫煤	HS	>3.00

煤被加热到500℃左右时，有机硫从含硫有机分子中分解出来，在氧化气氛中生成SO_2，在还原气氛中生成H_2S。当H_2S进入氧化气氛后也将被氧化成SO_2。在燃烧过程中，一部分生成的SO_2在高温区与离解的氧原子结合生成SO_3，在管壁温度为450～650℃的受热面上，在管壁的氧化膜和积灰中的金属氧化物的催化作用下，SO_2也会被氧化成SO_3。SO_2转化为SO_3的比率仅为0.5%～2%。同时，钙、镁的硫酸盐分解温度都很高，通常在燃烧过程中不易发生分解，而直接随灰渣排出。

第三节　二氧化硫的控制技术

控制SO_2的方法很多，目前可分为燃烧前脱硫、燃烧中脱硫和燃烧后脱硫三类。但目前将控制SO_2的方法投入商业运行的却非常少。

一、燃烧前脱硫

燃烧前脱硫技术也称首端控制技术，是控制污染的关键一步。

（一）煤的物理脱硫技术

煤的物理脱硫技术主要指重力选煤，即跳汰选煤、重介质选煤、空气重介质流化床干法选煤、风力选煤、斜槽和摇床选煤等，同时还包括浮选煤、电磁选煤等。目前，我国采用较多的煤炭脱硫方法是物理选别。

（二）煤的化学脱硫技术

化学脱硫技术的特点是几乎可以脱除全部硫铁矿硫和25%～70%的有机硫，同时煤的结构和热值不会发生显著变化，煤的回收率在85%以上。化学脱硫技术包括碱法脱硫、气体脱硫、热解与氢化脱硫、氧化法脱硫等技术。

（三）煤的生物脱硫技术

煤的生物脱硫技术是在温和的条件下（常压，温度在100℃以下），利用氧化还原反应使煤中硫得以脱除的一种低能耗的脱硫方法。

二、燃烧中脱硫

燃烧中脱硫技术主要是指清洁燃烧技术，旨在减少燃烧过程中污染物的排放，提高燃料利用效率的加工、燃烧、转化和排放污染控制的所有技术的总称。在煤燃烧过程中加入石灰石或者白云石粉作为脱硫剂，$CaCO_3$、$MgCO_3$受热分解生成CaO、MgO，与烟气中的SO_2反应生成硫酸盐，随灰分排出，从而达到脱硫的目的。燃烧中脱硫技术主要包括型煤固硫技术、循环流化床燃烧技术和水煤浆燃烧技术等。

（一）型煤固硫技术

将不同的原料经筛分后按一定的比例配煤、粉碎后同经过预处理的黏结剂和固硫剂混合，经机械设备挤压成型及干燥，即可得到具有一定强度和形状的成品工业固硫型煤。型煤具有反应活性高、燃烧性能比原煤好、型煤固灰及固硫能力比原煤好、易于综合利用等特点，在我国大部分地区具有较好的潜在市场。

（二）循环流化床燃烧技术

循环流化床燃烧技术是最近发展起来的一种有效的燃烧方式。它具有和煤粉锅炉相似的燃烧效率，并且由于其燃烧温度低，正处于炉内脱硫的最佳阶段，因而在不需要增加设备和较低的运行费用下便可清洁地利用高硫煤。特别是烟气分离再循环技术的应用，相当于既提高了脱硫剂在床内的停留时间，又提高了床内脱硫剂浓度。同时，由于床料与床壁间的摩擦、撞击使脱硫剂表面产生层变薄或使脱硫剂分裂，有效地增加了脱硫剂的反应比表面积，使脱硫剂的利用率得到相应的提高。循环流化床燃烧技术脱硫效率可达90%以上。

（三）水煤浆燃烧技术

水煤浆是将洗选后的精煤进一步加工研磨成微细煤粉，按煤与水的质量比约为7∶3的比例和适量的（约1.0%）化学添加剂配制而成的一种煤水混合物。这种煤水混合物又称煤水浆或煤水燃料。由于水煤浆既能保持煤的物理、化学性能，又能像石油一样具有良好的流动性和稳定性，可以经过泵送，便于储运和调整；可以雾化燃烧，属低污染燃料，而且燃烧效率高，有着代油、节能、环保、综合利用等多重优点。水煤浆在制备、输送和燃烧的全过程中，有效地减少了SO_2的产生，具有良好的环境效益。制浆所用原料为洗净煤，这种煤中无机硫分已经去除了50%左右，主要硫分是有机硫，因此全硫要比原煤中的全硫低25%～30%。在制浆过程中加入适量的脱硫剂，还可使其中50%的无机硫成渣，从

而使 SO_2 的排放量大为减少。

三、燃烧后脱硫

燃煤后对烟气脱硫是目前世界上唯一大规模商业化应用的脱硫技术。按脱硫过程是否加水和脱硫产物的干湿形态，烟气脱硫可分为湿法、半干法和干法三类。

（一）干法烟气脱硫技术

干法烟气脱硫技术主要包括炉膛干粉喷射脱硫法、高能电子活化氧化法、荷电干粉喷射脱硫法等。干法烟气脱硫技术不成熟，在设备大型化进程中应用困难很大。

（二）半干法烟气脱硫技术

半干法烟气脱硫技术中应用最广的是旋转喷雾干燥法、烟气循环流化床烟气脱硫技术、增湿灰循环脱硫技术。

（三）湿法烟气脱硫技术

湿法烟气脱硫技术是目前烟气脱硫的主要技术，是用含有吸收剂的浆液在湿态下脱硫和处理脱硫产物。已商业化的湿法烟气脱硫技术包括石灰石（石灰）-石膏法、简易石灰石（石灰）-石膏法、间接石灰石（石灰）-石膏法、海水脱硫法、钠碱法、磷铵复合肥法、氨吸收法、氧化酶法等。石灰石（石灰）-石膏法具有脱硫反应速度快、脱硫效率高、吸收剂利用率高、技术成熟可靠等优点，但也存在初期投资大、运行维护费用高、需要处理二次污染等问题。

第二章　火电厂湿法烟气脱硫原理

第一节　火电厂湿法烟气脱硫原理概述

硫氧化合物是硫的氧化物的总称。通常硫有4种氧化物，即SO_2、SO_3、S_2O_3、SO；有两种过氧化物，即S_2O_7和SO_4。

一、SO_2的性质

SO_2是最常见、最简单的硫的氧化物，是大气主要污染物之一。SO_2无色、有刺激性气味、易溶于水，密度为2.927 5kg/m³（标准状态），比空气大；熔点为－72.4℃；沸点为－10℃。SO_2溶解度曲线见图2-1。

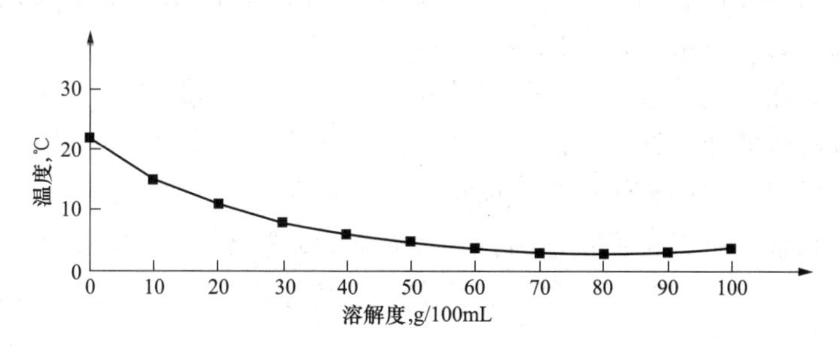

图2-1　SO_2溶解度曲线

SO_2是酸性氧化物，具有酸性氧化物的通性。SO_2可以与水作用得到SO_2水溶液，即“亚硫酸”（中强酸）；与碱反应形成亚硫酸盐和亚硫酸氢盐；与碱性氧化物反应生成盐。硫元素的化合价为＋4价，为中间价态，既可升高，也可下降；既可作为氧化剂，也可作为还原剂，但主要还是以还原剂为主。SO_2具有自燃性、漂白性，无助燃性。

SO_2作为无机溶剂、冷冻剂、熏蒸剂、防腐剂、消毒剂、还原剂、杀虫剂，广泛应用于工业、农业、生活、食品等各个领域。

二、典型石灰石-石膏湿法烟气脱硫系统

典型石灰石-石膏湿法烟气脱硫系统（简称FGD系统），一般包含吸收剂制备系统、烟气及烟气再热系统、烟气吸收及氧化系统、副产品处置系统、废水处理系统、电气与监测控制系统及其他辅助系统，FGD系统图见图2-2。

吸收剂制备系统：制备为吸收塔提供满足要求的石灰石浆液。石灰石制备系统的主要设备包括石灰石储仓、球磨机、石灰石浆液罐和浆液泵。

烟气及烟气再热系统：为脱硫运行提供烟气通道，进行烟气脱硫装置的投入和切除，

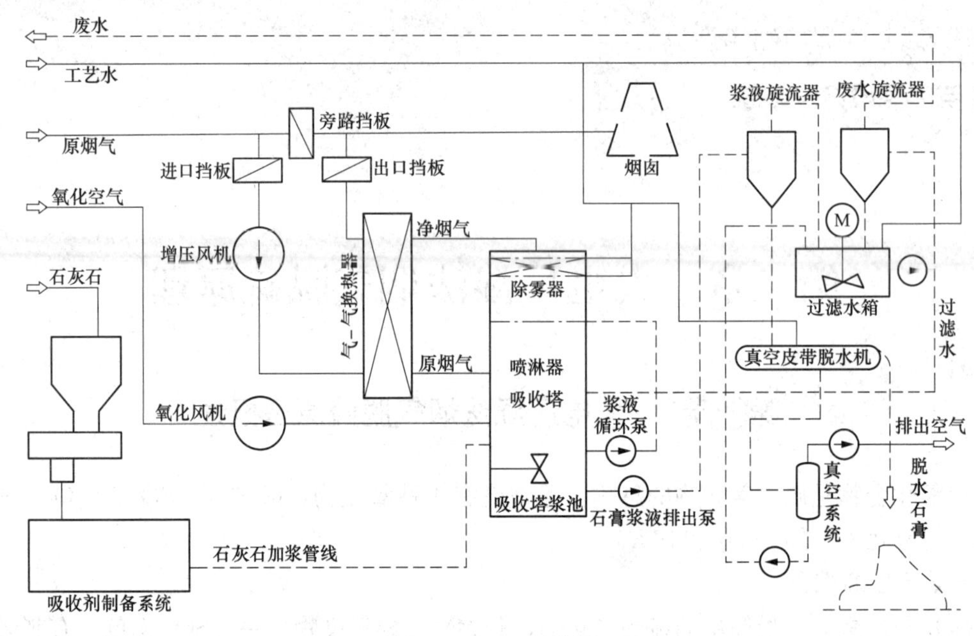

图 2-2 FGD 系统图

降低吸收塔入口的烟气温度和提升净化烟气的排烟温度。该系统的主要设备包括烟道挡板、烟气换热器、脱硫（增压）风机等。

烟气吸收及氧化系统：通过石灰石浆液吸收烟气中的 SO_2，生成亚硫酸产物，被氧化空气氧化，并以石膏的形式结晶析出。同时，由除雾器将烟气中的液滴除去。该系统的主要设备包括吸收塔、浆液循环泵、氧化风机、除雾器等。

副产品处置系统：将来自吸收塔的石膏浆液浓缩、脱水，并对副产品石膏进行储存和外运。该系统的主要设备包括石膏浆液排出泵、石膏浆液箱、石膏浆液泵、水力旋流器、石膏脱水机、石膏储仓等。

废水处理系统：通过处理脱硫系统产生的废水（正常情况下主要是石膏脱水系统产生的废水），以满足排放要求。该系统的主要设备包括氢氧化钙制备和加药设备、澄清池、絮凝剂加药设备、过滤水箱、沉降箱及澄清器等。

电气与监测控制系统：该系统主要由电气系统、监控与调节系统和联锁保护环节等构成。其作用是为脱硫系统提供动力和控制用电；通过 DCS 系统控制全系统的启停、运行工况调整、联锁保护、异常情况报警和紧急事故处理；通过在线仪表监测和采集各项运行数据，完成经济分析和生产报表。该系统的主要设备包括各类电器设备、控制设备、在线仪表等。

FGD 系统采用石灰石作为脱硫吸收剂。该吸收剂是将石灰石破碎、磨细成粉状后与水混合，制成吸收浆液。制备好的吸收浆液储存在吸收剂浆液池中，由输送泵送到吸收塔底部浆罐中。

来自锅炉引风机出口的原烟气经 FGD 系统增压风机提升压头，进入气-气换热器（GGH）的降温侧，高温原烟气降温后进入吸收塔。吸收塔循环泵从反应罐中连续不断地将循环吸收浆液送至一个或多个插入吸收塔内的喷淋母管中，每个母管上有许多支管，支管上装有数量众多的各自独立的雾化喷嘴，浆液经雾化成细小的液滴喷出。喷淋母管下方的塔体部分可以不布置任何构件，也可以设置一个多孔托盘或者放置填料。这种多孔托盘可以改善烟气分布，增加的托盘和填料都可以提高 SO_2 的脱除效率。

排烟通过吸收塔时，烟气中的 SO_2 被喷淋浆液所吸收。烟气在吸收塔内冷却进而达到饱和状态。脱硫后的烟气在离开吸收塔之前需通过除雾器除去烟气中夹带的浆体液滴。离开除雾器的洁净、饱和烟气再返回到 GGH 的加热侧提升烟气温度，然后经 FGD 系统出口烟道由烟囱排向大气。

吸收 SO_2 的浆液落入吸收塔底部反应罐，通过脱硫循环泵与补充的石灰石浆液再次从吸收塔内的喷淋系统喷出，洗涤烟气中的 SO_2。混合浆液在反应罐中沉淀析出，将压缩空气喷入反应罐中，使已吸收的 SO_2 转化为硫酸盐以石膏形式沉淀析出。

随着烟气中 SO_2 不断被吸收，反应罐中源源不断地沉淀出固体副产物。因此必须从反应罐中将生成的固体副产物送往脱水系统以维持物料平衡。废弃的 $CaSO_3$ 副产物在脱水系统中，由浆液中分离出来，生成石膏外售或者加工成成品出售。

三、火电厂湿法烟气脱硫原理

从烟气脱除 SO_2 的过程在气、液、固三相中进行。石灰石浆液吸收 SO_2 是一个气液传质过程。整个反应过程主要由气态和液态的扩散及伴随的化学反应完成。液态中发生的化学反应可以加快物质交换速度。脱硫过程是一个复杂的物理化学过程。

由于烟气中的 SO_2 在水中具有良好的溶解性，在其遇到雾滴时，分解为 H^+ 和 HSO_3^- 或 SO_3^{2-}，与吸收液中的 Ca^{2+} 反应生成 $Ca(HSO_3)_2$ 或 $CaSO_3$。$CaSO_3$ 极难溶于水，在这种化学推动力作用下，推动 SO_2 进一步溶解，发生连锁式反应。通过烟气中的 SO_2 与吸收液的反应来达到脱硫的目的。下面分四步说明：

（一）SO_2 的溶解与吸收

$$SO_2(g) + H_2O \rightleftharpoons H_2SO_3(l) \tag{2-1}$$

$$H_2SO_3(l) \rightleftharpoons H^+ + HSO_3^- \tag{2-2}$$

$$HSO_3^- \rightleftharpoons H^+ + SO_3^{2-} \tag{2-3}$$

SO_2 是一种极易溶于水的酸性气体。在式（2-1）中，SO_2 经扩散作用从气相融入液相中与水生成 H_2SO_3。H_2SO_3 迅速离解成 HSO_3^- 和 H^+，见式（2-2）。只有当 pH 值较高时，HSO_3^- 的二级电离才会产生较高浓度的 SO_3^{2-}，见式（2-3）。式（2-1）和式（2-2）都是可逆反应。要使 SO_2 的吸收不断进行下去，就必须中和式（2-2）中电离产生的 H^+，即降低吸收液的酸度。碱性吸收剂的作用就是中和 H^+，当吸收液中的吸收剂反应完成后，如不添加新的吸收剂或添加量不足，吸收液的酸度将迅速提高，pH 值迅速下降。当 SO_2 溶解达到饱和后，SO_2 的吸收即告终止。

（二）吸收剂溶解与中和反应

$$CaCO_3(s) \longrightarrow CaCO_3(l) \tag{2-4}$$

$$CaCO_3(l) + H^+ + HSO_3^- \longrightarrow Ca^{2+} + SO_3^{2-} + H_2O + CO_2(g) \tag{2-5}$$

$$SO_3^{2-} + H^+ \longrightarrow HSO_3^- \tag{2-6}$$

$CaCO_3$ 是一种极难溶的化合物，其中和作用实质上是向介质提供 Ca^{2+} 的过程。这一过程包括固体 $CaCO_3$ 的溶解，见式（2-4）和进入液相中 $CaCO_3$ 的分解，见式（2-5）。固体石灰石的溶解速度、反应活性以及液相中的 H^+ 浓度影响中和反应速度和 Ca^{2+} 的形成。

氧化反应以及其他一些饱和反应也会影响中和反应速度。

在上述化学反应步骤中，Ca^{2+}的形成是一个关键的步骤。之所以关键是因为SO_2正是通过Ca^{2+}与SO_3^{2-}（或SO_4^{2-}）化合得以从溶液中除去。

由反应式（2-5）生成的SO_3^{2-}可以进一步中和剩余的H^+，见式（2-6），但式（2-6）是否发生取决于浆液的pH值。浆体液相中的H_2SO_3、HSO_3^-、SO_3^{2-}和H^+浓度存在一个平衡关系。当pH值低于2.0时，被吸收的SO_2大多以H_2SO_3的形式存在于液相中；当pH值为4～5时，H_2SO_3主要离解成HSO_3^-；当pH值高于6.5时，液相中主要是SO_3^{2-}。因为吸收塔内浆液的pH值基本上为5～6，所以溶解在循环浆液中的SO_2主要以HSO_3^-的形式存在。

为了更有效地捕集SO_2，必须从中去掉一些反应产物以保持平衡继续向右进行，从而使SO_2继续不断地进入溶液。所以一方面通过加入$CaCO_3$消耗H^+，另一方面通过加入O_2使HSO_3^-氧化成硫酸盐。

（三）氧化反应

H_2SO_3的氧化反应是FGD系统中的另一个重要反应，见式（2-7）和式（2-8）。SO_3^{2-}和HSO_3^-都是较强的还原剂，在过渡金属离子的催化作用下，液相中的溶解氧将SO_3^{2-}和HSO_3^-氧化成SO_4^{2-}。反应中的O_2来自烟气中的过量空气或喷入反应罐中的氧化空气。但在强制氧化工艺中，反应中的O_2主要来源于喷入反应罐中的氧化空气。从烟气中洗脱的飞灰以及吸收剂中的杂质提供了起催化作用的金属离子。

$$SO_3^{2-} + \frac{1}{2}O_2 \longrightarrow SO_4^{2-} \tag{2-7}$$

$$HSO_3^- + \frac{1}{2}O_2 \longrightarrow SO_4^{2-} + H^+ \tag{2-8}$$

（四）结晶析出

FGD系统的最后一步是脱硫固体副产物的沉淀析出。在通常运行的pH值环境下，$CaSO_3$和$CaSO_4$的溶解度较低，当中和反应产生的Ca^{2+}、SO_3^{2-}、SO_4^{2-}达到一定浓度后，这三种离子组成的难溶化合物从溶液中沉淀析出。根据氧化程度的不同，沉淀产物或者是$CaSO_4 \cdot 2H_2O$［见式（2-9）］、$CaSO_4 \cdot \frac{1}{2}H_2O$［见式（2-10）］，或者是固溶体与石膏的混合物。

$$Ca^{2+} + SO_4^{2-} + 2H_2O \longrightarrow CaSO_4 \cdot 2H_2O(s) \tag{2-9}$$

$$Ca^{2+} + SO_4^{2-} + \frac{1}{2}H_2O \longrightarrow CaSO_4 \cdot \frac{1}{2}H_2O(s) \tag{2-10}$$

对于强制氧化工艺，几乎100%氧化所吸收的SO_2，避免和减少式（2-10）反应的产生。通过控制液相的$CaSO_4 \cdot 2H_2O$过饱和度，既可防止$CaSO_4 \cdot 2H_2O$结垢，又可生产高质量、可商售的石膏，见式（2-9）。

式（2-11）和式（2-12）是FGD系统过程中的总反应式，从中可以看出脱除1mol SO_2必须消耗1mol $CaCO_3$，也就是说理论钙硫化学剂量比为1∶1。

脱硫其他化学反应过程：

$$CaCO_3 + \frac{1}{2}H_2O + SO_2 \longrightarrow CaSO_3 \cdot \frac{1}{2}H_2O + CO_2(g) \tag{2-11}$$

$$CaCO_3 + 2H_2O + SO_2 + \frac{1}{2}O_2 \longrightarrow CaSO_4 \cdot 2H_2O + CO_2(g) \quad (2\text{-}12)$$

烟气中所含低浓度的有害气体是由 SO_2、HCl 和 HF 组成的。与 SO_2 类似，气相的 HCl 和 HF 也参与了反应，并最终生成 $CaCl_2$ 和 CaF_2 [见式（2-13）和式（2-14）]。工艺过程中生成的 $CaCl_2$ 溶于水，并随废水一起排放。

$$2HCl + CaCO_3 \longrightarrow CaCl_2 + H_2O + CO_2(g) \quad (2\text{-}13)$$

$$2HF + CaCO_3 \longrightarrow CaF_2 + H_2O + CO_2(g) \quad (2\text{-}14)$$

第二节 烟气脱硫工艺过程相关的概念和运行中的主要变量

一、脱硫效率

脱硫效率是指单位时间内烟气脱硫设施脱除的 SO_2 与进入脱硫设施时烟气中的 SO_2 之比。脱硫效率表示了系统脱硫能力的大小，由采取的脱硫技术决定。脱硫效率 [计算见式（2-15）] 是衡量 FGD 系统技术经济性的最重要参数。

$$\eta = \frac{C_1 - C_2}{C_1} \quad (2\text{-}15)$$

式中 C_1——脱硫前烟气中 SO_2 的折算浓度，mg/m^3；

C_2——脱硫后烟气中 SO_2 的折算浓度，mg/m^3。

二、吸收塔烟气流速

吸收塔烟气流速是指吸收塔内饱和烟气的表观平均流速。在标准状态下，它等于饱和烟气的体积流量除以垂直于烟气流向的吸收塔断面面积，（不含塔内支撑件、喷淋母管和其他内部构件所占有的面积），所以又称为空塔烟气平均流速。

从脱硫效率的角度来讲，吸收塔内烟气流速有一个最佳值。高于或低于此烟速，脱硫效率都会下降。目前吸收塔内较合理的烟气流速推荐值为 3.5～4.5m/s。

三、液气比（L/G）

液气比是指单位时间内脱硫吸收塔中吸收剂浆液喷淋量与单位时间内脱硫塔入口的标准状态湿烟气体积流量之比。液气比是决定脱硫效率的主要参数。最佳液气比一般控制在 $15L/m^3$。

四、钙硫比（Ca/S）

钙硫比是指投入脱硫设施中的钙基吸收剂与脱硫设施脱除的 SO_2 摩尔数之比。它同时表示脱硫设施在达到一定脱硫效率时所需要的脱硫吸收剂的过量程度。钙硫比反映单位时间内吸收剂原料的供给量，通常以浆液中吸收剂浓度来衡量。从脱除 SO_2 的角度考虑，在所有影响因素中，钙硫比对脱硫效率的影响是最大的。在其他影响因素一定时，钙硫比为 1 时的湿法烟气脱硫效率可达 90%以上。FGD 系统的钙硫比一般控制在 1.02～1.05。

五、浆液 pH 值

浆液 pH 值是 FGD 系统的重要运行参数，可作为提高脱硫效率的细调手段。

较高的浆液 pH 值虽然使液相传质系数、SO_2 的吸收速率增大，但不利于石灰石的溶解。随着 pH 值的升高，$CaCO_3$ 溶解度明显下降，而 $CaSO_3$ 的溶解度则变化不大。因此，随着 SO_2 的吸收，溶液 pH 值降低，溶液中 $CaSO_3$ 的量增加，并在石灰石颗粒表面形成一层液膜，而液膜内部 $CaSO_3$ 的溶解又使 pH 值上升，溶解度的变化使液膜中的 $CaSO_3$ 析出，并沉积在石灰石颗粒表面，形成一层外壳，使颗粒表面钝化。钝化的外壳阻碍了 $CaCO_3$ 的继续溶解，抑制了吸收反应的进行，导致脱硫效率和石灰石利用率下降。同时在 pH 值较高的情况下（大于 6.2），脱硫的主要产物是 $CaSO_3 \cdot 1/2H_2O$，其溶解度很低，很容易达到过饱和而结晶在塔壁和部件表面上，形成很厚的垢层，造成系统严重结垢。较低的 pH 值有利于石灰石的溶解，但使 SO_2 的吸收速率减小，影响了脱硫效率。当 pH 值降到 4.0 以下时，浆液几乎不再吸收 SO_2。一般控制吸收塔浆液的 pH 值在 5.0～5.5，钙硫比保持在设计值（1.02 左右）内，既能获得较为理想的脱硫效率，又使石膏中 $CaCO_3$ 的含量低于 1%。同时，在调节 pH 值时，还必须根据每天的石膏化验结果、实际运行工况以及燃煤硫分等进行合理调整。

六、入口烟气参数

烟气温度：脱硫反应是放热反应，进塔烟气温度越低，就越利于 SO_2 的吸收。降低烟气温度，SO_2 平衡分压随之降低，有助于提高吸附剂的脱硫效率。但进塔烟气温度过低会使 H_2SO_3 与 $CaCO_3$ 的反应速率降低，由于设备庞大，导致排烟困难。

SO_2 浓度：浓度高有利于 SO_2 扩散，加快反应速度，提高脱硫效率。但 SO_2 浓度过高会使脱硫效率下降。

氧量：氧量越高，越有利于 SO_3^{2-} 的转化，提高脱硫效率。但氧量太大，则意味着系统漏风严重，进入吸收塔的烟气量大幅增加，烟气在塔内的停留时间减少，导致脱硫效率下降。

粉尘浓度：经过吸收塔洗涤后，因其中大部分粉尘都会留在浆液中（其中一部分通过废水排出，另一部分仍留在吸收塔中）。若因除尘、除灰设备故障，引起浆液中的粉尘、重金属杂质过多，则会影响石灰石的溶解，导致浆液 pH 值降低、脱硫效率下降、副产品品质降低，引起脱水系统堵塞。

七、吸收剂利用率（η_{Ca}）

吸收剂利用率等于单位时间内从烟气中吸收的 SO_2 摩尔数除以同时间内加入系统的吸收剂中钙的摩尔数。

八、浆液停留时间（τ_t）

浆液在反应罐中的停留时间又称固体物停留时间。它等于反应罐浆液体积（V）除以吸收塔排浆泵流量（B）。

固体物停留时间也等于反应罐中存有固体物的质量除以固体副产物的产出率。浆液在反应池内停留时间长，将有助于浆液中石灰石与 SO_2 反应，并能使反应生成的 $CaCO_3$ 有足够的时间完全氧化成 $CaSO_4$，形成粒度均匀、纯度高的优质脱硫石膏。但是，延长浆液在反应池内的停留时间会导致反应池的容积增大、氧化空气和搅拌机的容量增大、土建和设备费用及运行成本增加。

九、石灰石

石灰石中的杂质对石灰石颗粒的消融起阻碍作用，并且杂质含量越高，这种阻碍作用就越强，会影响脱硫效率。石灰石品质高则其消融性好，浆液吸收 SO_2 等相关反应速率快，石膏品质高，对提高脱硫效率和石灰石的利用率是有利的。但由于石灰石纯度越高，价格就越高，采用高纯度的石灰石作脱硫剂，将使系统运行成本增加。

石灰石粉颗粒的粒度越小，质量比表面积就越大。由于石灰石的消融反应是固液两项反应，其反应速率与石灰石粉颗粒比表面积呈正相关。因此较细的石灰石颗粒的消融性能好，各种相关反应速率高，脱硫效率及石灰石利用率较高。同时由于副产品脱硫石膏中石灰石含量低，有利于提高石膏的品质。但石灰石的粒度越小，破碎的能耗就越高。石灰石粉的粒度与石灰石的品质有关，为保证脱硫效率和石灰石利用率达到一定水平，当石灰石中杂质含量较高时，石灰石粉要磨制得更细一些。

为保证脱硫石膏的综合利用及减少废水排放量，用于脱硫的石灰石中 $CaCO_3$ 的含量宜高于90%。石灰石粉的细度应根据石灰石的特性和脱硫系统与石灰石粉磨制系统综合优化确定。对于燃烧中低含量硫燃料煤质的锅炉，石灰石粉的细度应保证250目90%过筛率；燃烧中高含硫煤质时，石灰石粉细度宜保证325目90%过筛率。

十、溶液中的过饱和度

石膏倾向形成比较稳定的过饱和液，需要一定的过饱和度才能维持其结晶过程，石膏的结晶速度也依赖于石膏的过饱和度。但是当超过某一饱和度后，石膏结晶会在悬浊液内已经存在的石膏晶体上生长。当相对饱和度达到更高值时，就会形成晶核，石膏晶体在其他物质表面上生长，导致吸收塔浆液池表面结垢。正常运行脱硫系统过饱和度一般应控制在120%～130%。

十一、石膏浆液密度

当石膏浆液密度过大时，混合浆液中 $CaCO_3$ 和 $CaSO_4 \cdot 2H_2O$ 的浓度已趋于饱和。$CaSO_4 \cdot 2H_2O$ 对 SO_2 的吸收有抑制作用，会使脱硫效率下降。而石膏浆液密度过低时，说明浆液中 $CaSO_4 \cdot 2H_2O$ 的含量较低，$CaCO_3$ 的含量相对升高，此时如果 $CaCO_3$ 被排出吸收塔，将导致石膏中 $CaCO_3$ 量增加、石膏品质降低，浪费了石灰石。同时，浆液密度过小，晶体不易长大；密度过大，晶体会受到循环泵作用而被破坏；密度过大，还会直接增大浆液循环系统磨损和转机出力，危及系统安全运行。石膏晶体应是较大的短柱块状，理想利用粒径应大于50μm。若在运行中能够控制足够的石膏结晶时间、稳定的pH值及石膏浆液密度，则较易形成大颗粒的菱形石膏晶体，这种石膏易于分离和脱水。因此，运行中控制石膏浆液密度在一定合适的范围内，有利于FGD系统的经济运行。

十二、Cl^- 含量

FGD系统中 Cl^- 主要来自烟气。燃料中的 Cl^- 在燃烧过程中转化成烟气中的HCl，然后在FGD吸收塔中被吸收成可溶性的氯化盐并进入到溶液中。浆液中的 Cl^- 浓度与进入烟气中的HCl浓度、进入补充水中的 Cl^-、副产物中带走的 Cl^- 等有关。

在脱硫系统中。Cl^- 是引起金属腐蚀和应力腐蚀的重要原因。在吸收塔中，SO_2、HCl等酸性物质很快与碱性物质发生反应，生成 $CaSO_4$ 和 $CaCl_2$。由于 $CaSO_4$ 几乎不溶于水。SO_4^{-2} 浓度非常小可以忽略不计。相比之下，$CaCl_2$ 却极易溶于水。所以 Cl^- 浓度相对较高，其腐蚀影响就比 SO_4^{-2} 大很多。Cl^- 如果没有被及时排出，降低其浓度，将造成更大的腐蚀破坏。Cl^- 对不锈钢的腐蚀依赖于很多因素，特别是温度和pH值。为了提高系统可靠性，必须选择合适的设备、材料，采取正确的保护措施，使系统即使在 Cl^- 浓度较高的情况下也能正常运行。

Cl^- 浓度还影响脱硫效率及石灰石利用率。Cl^- 浓度升高，吸收塔内的传质性能将下降。这是因为当浆液中 Cl^- 浓度升高时，钙的溶解度也增大，抑制了石灰石的溶解，使得溶液碱性下降。由于抑制了石灰石的溶解，使石膏中的石灰石含量增加。工业上对石膏中的 Cl^- 含量有严格的要求，Cl^- 超标会使石膏板不能成型，很难综合利用。氯化物增加，还会使吸收液中不参与反应的惰性物质增加，导致浆液利用率下降。要想达到预想的脱水率，就要增加溶液和溶质，使得浆液循环系统的电耗增加。

综上所述，Cl^- 在系统中主要以 $CaCl_2$ 形式存在，因其去除困难、影响脱硫效率、后续处理工艺复杂，在工艺设计中必须充分考虑其影响。对于高氯条件下的吸收塔，需要增大液气比、增大石灰石用量、向浆液池内鼓风或采用一些其他方法来维持一定的系统脱硫效率。

第三章　石灰石-石膏湿法烟气脱硫主要系统及设备

第一节　石灰石浆液制备系统及设备

一、石灰石

石灰石是常见的一种非金属矿产，是用途极广的宝贵资源，是以石灰岩作为矿物原料的商品名称。

燃煤电厂烟气脱硫所用石灰石所关注的性能指标主要是石灰石的成分和纯度、石灰石的活性以及石灰石的可磨性系数等。

用于FGD系统的石灰石中主要成分是$CaCO_3$，以及一些其他成分，这些成分会影响FGD系统的性能与可靠性。这些成分包括$MgCO_3$、SiO_2、Al、Fe等。Mg^{2+}对FGD系统有正反两方面的影响。在某些条件下，Mg^{2+}能提高脱硫效率，但反过来，过量的溶解镁会影响未氧化颗粒的脱水。石灰石中含有适量的$MgCO_3$可能会优化系统性能，降低投资。

在FGD系统操作条件下，白云石中的$MgCO_3$是不溶解物质。石灰石中还含有一些惰性物质，这些物质在酸性环境下不会发生反应。

由于石灰石的反应活性影响石灰石溶解速度和扩散速度，因此会影响到FGD系统的性能和运行费用。石灰石的反应活性对系统性能的影响包括系统脱硫效率、石灰石利用率、反应塔pH值；对系统运行费用的影响体现在影响石膏品质。

浆液中的石灰石颗粒尺寸分布是一个重要的运行参数。由于石灰石反应缓慢，石灰石颗粒尺寸决定了溶解石灰石的反应表面积，影响塔内pH值和石灰石利用率，因此影响了系统的脱硫效率。

对采用石灰石作为吸收剂的系统，可采用下列任一种吸收剂制备方案：①由市场直接购买粒度符合要求的粉状成品，加水搅拌制成石灰石浆液；②由市场购买一定粒度要求的块状石灰石，经石灰石湿式球磨机磨制成石灰石浆液；③由市场购买块状石灰石，经石灰石干式磨机磨制成石灰石粉，加水搅拌制成石灰石浆液。

二、石灰石粉制浆系统

买粉制浆工艺流程如图3-1所示。外购细度为250或325目筛余率小于10%的石灰石粉，由封闭自卸式罐装汽车运送至电厂脱硫岛内的石灰石粉仓内储存。成品粉经仓底的两套叶轮给料机将其输送到石灰石浆液池，工艺水通过工艺水泵和调节阀门注入石灰石浆液池，调节石灰石浆液的密度至1230kg/m^3（含固量为30%）。在石灰石浆液泵的出口管道设有密度监测点，以保证30%的石灰石浆液的制备和供应。通过石灰石浆液泵将配制合格的石灰石浆液输送到吸收塔下部持液槽。根据烟气负荷、脱硫塔烟气入口的SO_2浓度和pH值来控制喷入吸收塔的浆液量，剩余浆液将被送回制浆池。为了防止结块和堵塞，要使浆液不断地流动循环。

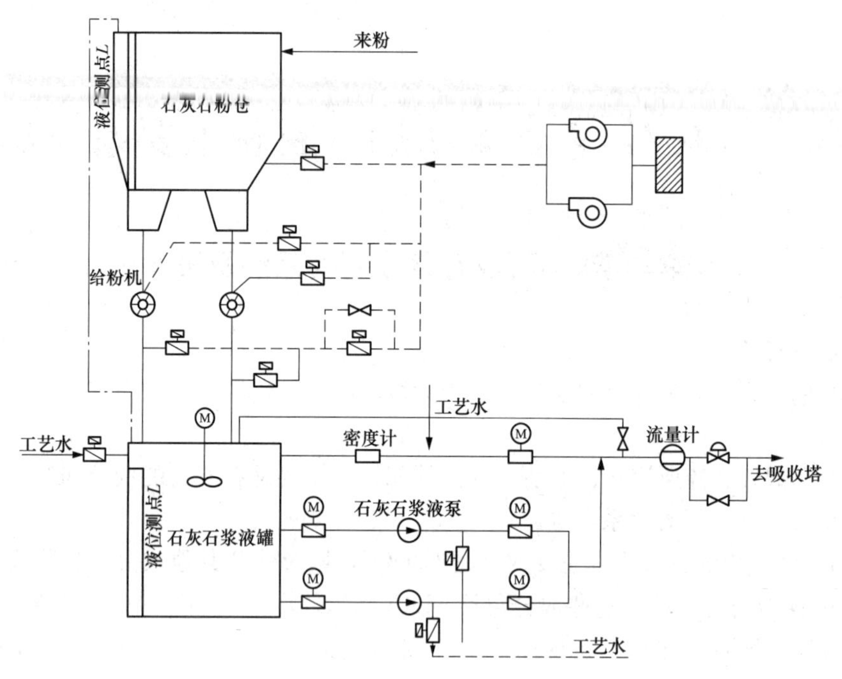

图3-1 买粉制浆工艺流程

由于石灰石粉密度小，具有黏附性和荷电性，导致石灰石粉流通不畅（如结块、搭桥等），因此需要流化风机向仓内鼓入一定压力的气体（气体压力一般为0.2～0.5MPa），搅拌石灰石粉，使石灰石粉呈流态化。为了避免粉尘排至环境中，在石灰石粉仓顶部设置布袋除尘器，粉仓的排气经除尘后排入大气，排气粉尘浓度不能超出设计数据。布袋除尘器收集的粉尘将被送回粉仓。

三、湿磨制浆系统

湿磨制浆系统是同时进行磨制和制浆的，典型的湿磨制浆系统流程见图3-2。从厂外运输来的石灰石在系统内的流程：卸料斗→振动给机料→除铁器→带式输送机→斗式提升机→石灰石料仓→称重皮带给料机→湿式球磨机→浆液循环箱→浆液循环泵→石灰石浆液旋流站→石灰石浆液箱（罐）。大颗粒的不符合工艺要求的物料的流程：湿式球磨机→浆液循环箱→浆液循环泵→石灰石浆液旋流站→湿式球磨机，这样便可将颗粒较粗的石灰石粉返回球磨机再次磐磨直至粒径合格。若来料石灰石粒度大于20mm，则需要增设破碎系统。

四、干磨系统

从矿山采来的石灰石块经过初步破碎后，经筛选机筛选，将直径大于50mm的石灰石用工艺水冲洗（除去其中大部分可溶性氯化物、氟化物及其他杂质），烘干后由带式输送机垂直提升至石灰石料仓。石灰石粉仓内碎料由称重给料机均匀给出，经带式输送机输入球磨机进行磨粉。粉料从球磨机出来后被送入选粉机分离，合格的石灰石粉被输送到石灰

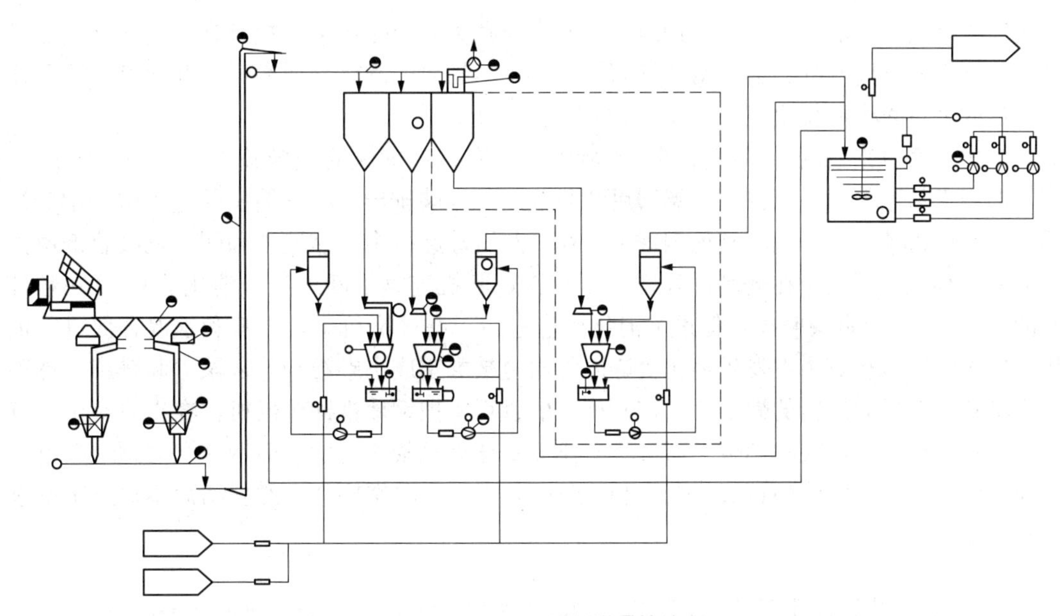

图 3-2　典型的湿磨制浆系统流程

石粉仓；不合格的粗粉经回粉、链条刮板机进入球磨机内再进行研磨。选粉机出口气粉混合物中的细粉经气箱脉冲袋式除尘器收集后被送入石灰石粉仓，除尘后的气体经高效离心风机排入大气。干式球磨机制成的石灰石粉的细度一般为 325 目，过筛率在 95%以上，或筛余率在 5%以上。典型的干磨制粉流程见图 3-3。

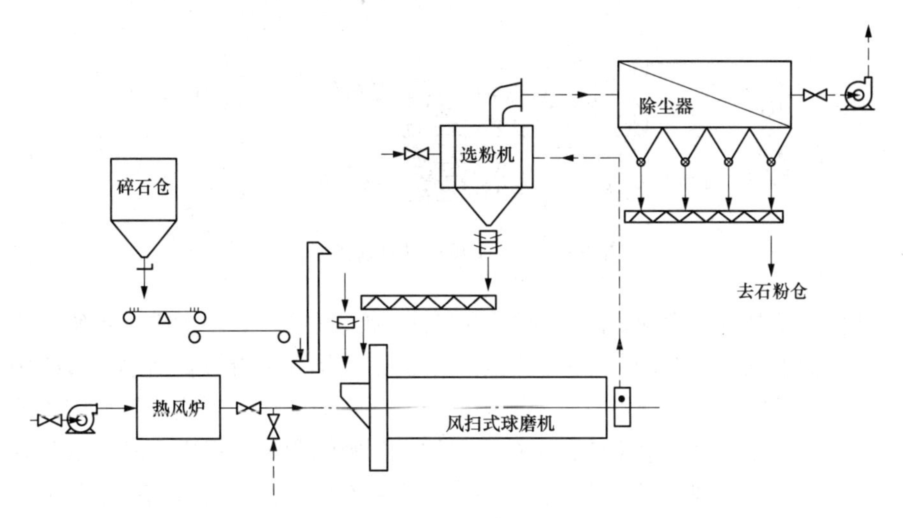

图 3-3　典型的干磨制粉流程

五、主要设备

（一）磨机

一般采用球磨机磨制石灰石，球磨机可以是卧式的，也可以是立式的。

1. 卧式球磨机

球磨机的工作原理：装有研磨介质的密闭筒体在传动装置的带动下产生回转运动，筒体内部装有适当的磨矿介质——钢球，磨矿介质在离心力作用下被提升到一定的高度后呈抛落状落下。欲磨制的物料由给料管筒体内部被运动着的磨矿介质粉碎，并通过溢流和连续给料的力量将产品排出机外。

卧式球磨机浆液制备系统如图3-4所示。装有钢球的滚筒旋转速度为15～20r/min。吸收剂和水从滚筒的一端进入，碾磨后的浆液从另一端排出。在滚筒旋转过程中，钢球被提起，然后再落入吸收剂和其他钢球上。在石灰石球磨机中，靠撞击和碾压把吸收剂由大颗粒磨成小颗粒。同时在磨制过程中，石灰石球磨机连续不断地把未消化的CaO颗粒外面的$Ca(OH)_2$包裹层磨掉，促进了消化反应进行。在球磨机中，石灰和水混合促进了消化反应进行。石灰石中不发生消化反应的物质也被磨制成小颗粒与石灰浆一起排出。球磨机出口有一套反向旋转的螺旋片，在其旋转的过程中把钢球推回球磨机，在出口有个带有小孔的圆柱形筛网，吸收剂浆液通过小孔排放到球磨机浆液箱中，而钢球和大颗粒杂物留在球磨机中。没有磨碎的石头、杂物和钢球碎片通过出口螺旋片，经斜槽而不通过筛网排往废弃物漏斗中。

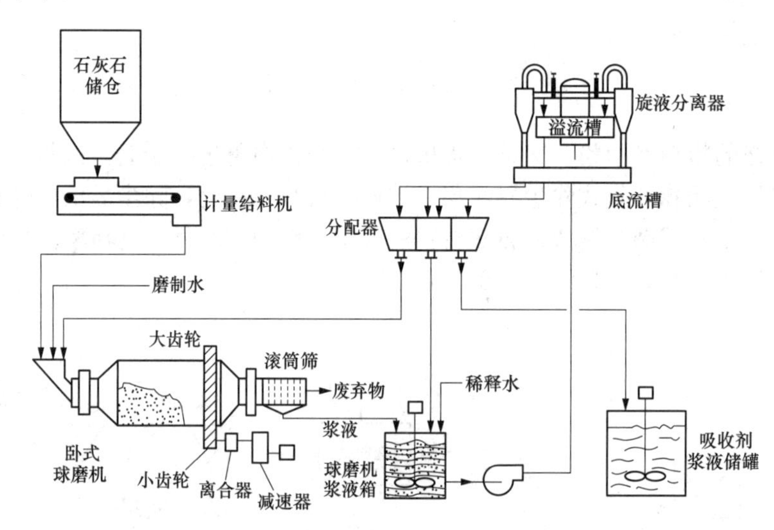

图3-4 卧式球磨机浆液制备系统

卧式球磨机要制备粒度均匀的浆液就需要许多辅助设备，其中皮带称重给料机用来计量加入球磨机的干态吸收剂量，球磨机将碾磨后的浆液排入装有搅拌器的浆液罐中。在闭路石灰石浆液制备系统中，球磨机浆液罐中的石灰石浆液被输送到旋流器，旋流器分离粗颗粒和细颗粒。旋流器分离出来的稀浆被直接输送到吸收剂浆液罐中，底流浓浆则返回到球磨机的入口进一步碾磨。当制备了足够的吸收剂浆液后，称重给料机停运球磨机。球磨机停运后，旋流器分离出来的稀浆和浓浆均被送入球磨机浆液罐中。

在启动球磨机之前，应向球磨机中装入不同尺寸的钢球，直径为19～75mm。石灰石球磨机的装球量通常为40%～50%，石灰消化球磨机的装球量要少一些。在运行期间，由于钢球的磨损，直径逐渐变小，因此要定期向球磨机中加入大直径的钢球，以维持钢球尺寸分配合理。通常在出力相同时，如果球磨机电动机的电流降低，就应补加钢球。

石灰石湿式球磨机主要由筒体、给料装置、卸料装置、主电动机、主轴承、润滑系统及转动部分等组成。

湿式球磨机系统如图 3-5 所示，其工作过程如下：电动机通过离合器与球磨机齿轮之间连接，驱动球磨机旋转。润滑系统包括低压润滑系统和高压润滑系统。低压润滑系统通过低压油泵向球磨机两端的齿轮箱喷淋润滑油，对传动齿轮进行润滑和降温。高压润滑系统通过高压油泵向球磨机两端轴承供油，在两个轴承处将球磨机轴顶起。来自球磨机轴承的油返回油箱，油箱中设有加热器，用以提高油温、降低黏度，从而保证其具有良好的流动性。低压润滑系统设有水冷却系统，以降低低压润滑油的温度，防止球磨机齿轮和轴承等转动部件温度过高。

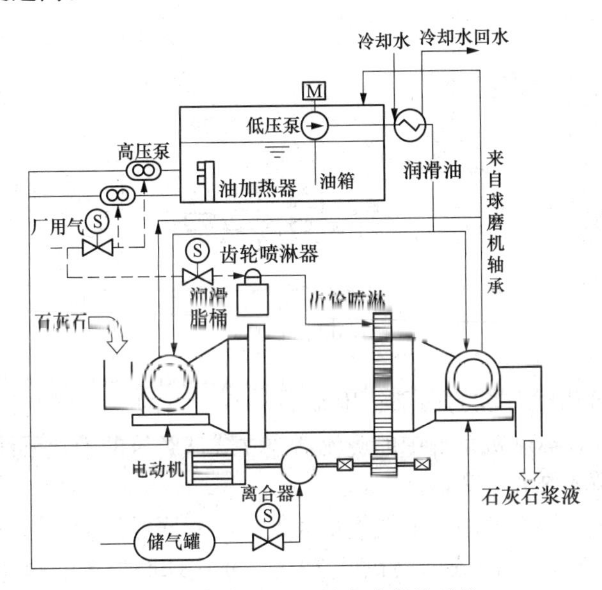

图 3-5　湿式球磨机系统

2. 立式球磨机

立式球磨机系统如图 3-6 所示。立式球磨机也称塔式磨或者搅拌球磨机。这种球磨机的主要优点：设计简单，基础制作简单，易安装，可节省安装时间 50%～70%；占地较少；电耗低，比卧式球磨机节能 30%～40%；噪声低；控制简单。卧式球磨机可以碾磨直径高达 50mm 的颗粒，而立式球磨机只能碾磨相对较小的颗粒，石灰石必须预先被碎到直径小于 6mm 的颗粒，用于石灰消化，生石灰的直径应小于 16mm。如果购买不到规定尺寸的吸收剂，则必须在球磨机前安装一个破碎机。可以安装容量较大的破碎机，减少破碎机运行时间，将破碎的吸收剂储存起来供给球磨机。比较经济的做法是将破碎系统与磨制系统相匹配，同时运行。

立式球磨机之所以比卧式球磨机轻得多，是因为它的外壳是静止的，内部的螺旋搅拌器以 28～85r/min 的转速旋转，直径较大的球磨机以较低的转速运行。螺旋搅拌器的旋转将球磨机中心的钢球从底部提升到顶部，然后缓慢地从外壳的周围落入球磨机的底部。螺杆从顶部插入球磨机中，螺杆在磨制介质中的部分无支撑轴承。

石灰石或者生石灰从球磨机的顶部加入，溢流口也靠近球磨机顶部。球磨机循环泵的设计应使球磨机内部浆液向上的流速为最佳值，从而能将细颗粒带离球磨机，将大颗粒留在球磨机中。球磨机顶部的分离器把球磨机顶部浆液中粗颗粒分离出来，带有粗颗粒的浆

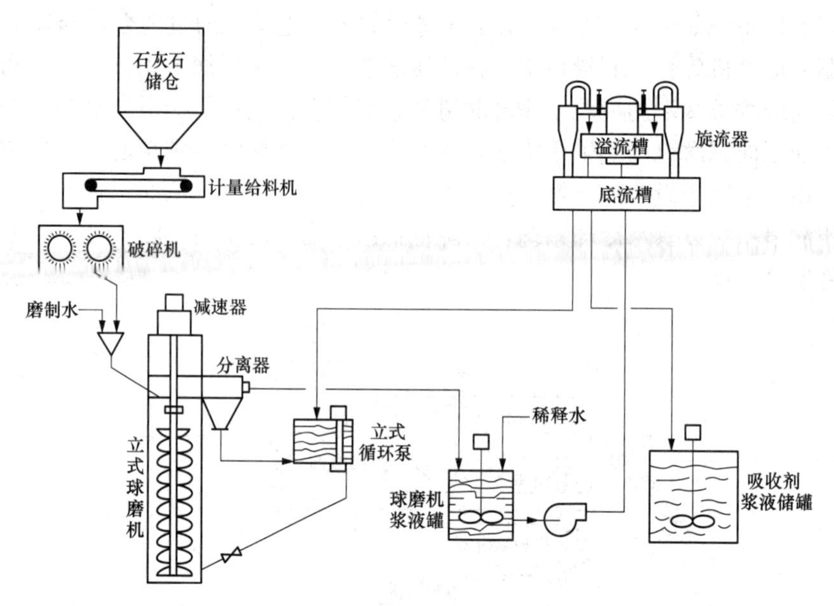

图 3-6　立式球磨机系统

液通过球磨机循环泵返回到球磨机的底部。用来磨制石灰石的立式球磨机通常采用旋流器，它类似于闭路循环卧式球磨机系统中的旋流器。立式球磨机的消化系统虽然不需要旋流器，但是需要球磨机循环泵和分离器。

立式球磨机产生的热和噪声较小，消耗能量较低。磨制同样细度的石灰石浆液，立式球磨机（包括破碎系统）耗能是卧式球磨机的 70%。立式球磨机磨制得越细，节能就越多。干式制粉系统一般选用立式球磨机，湿式制粉系统一般采用卧式球磨机。这两种磨粉机均可生产出超细石灰石粉，325 目过筛率为 95%，并且运行平稳、能耗低、噪声小、占地面积小、维修方便。

（二）石灰石料仓

石灰石料块直径一般为 20～50mm。石灰石料仓主要依靠重力向称重皮带供料。为了防止堵塞，石灰石料仓下部锥角通常为 50°～60°。

（三）石灰石粉仓

在石灰石粉仓中，石灰石粉很细。一般的 FGD 系统要求石灰石粉的粒径应小于 44μm，粉仓安息角平均约为 35°，且随着石灰石粉含水率的增大而增大。石灰石粉仓同样依靠重力排料。由于石灰石粉密度低，具有一定的黏附性和荷电性，因此，石灰石粉仓的锥角通常大于 55°。

由于实际运行工况复杂，石灰石粉结块、搭桥等现象导致粉体流动不畅的情况时有发生，因此，需要用流化风机向仓内鼓入干燥空气，搅拌石灰石粉，使其呈流态化。通常流化气体压力为 0.2～0.5MPa。

石灰石料仓和石灰石粉仓均设有布袋除尘器，储仓充料时的排气经除尘后方可排入大气，最大含尘量小于 50mg/m^3。储仓应配有料位计，密封的人孔门、顶部观测孔，维护用的楼梯、平台等。

（四）斗式提升机

工作原理：垂直斗式提升机主要由料斗，牵引带（或链），驱动装置机壳和进、卸料口组成。工作时被输送的物料由进料口均匀喂入，在驱动滚筒的带动下，固定在输送带上的料斗刮起物料后随输送带一起上升，当上升至顶部驱动滚筒的上方时，料斗开始翻转，在离心力或重力的作用下，物料从卸料口卸出，送入下道工序。带传动的斗式提升机的传动带一般采用橡胶带，装在上或下面的传动滚筒和上、下面的改向滚筒上。链传动的斗式提升机一般装有两条平行的传动链，上或下面有一对传动链轮，上或下面还有一对改向链轮。斗式提升机一般都装有机壳以防止斗式提升机中粉尘飞扬。

斗式提升机由料斗、驱动装置、顶部和底部滚筒（或链轮）、胶带（或牵引链条）、张紧装置和机壳等组成。

（五）称重给料机

称重给料机（俗称定量皮带给料机）是一种连续称量给料设备，用于固体物料的定量输送。称重给料机能自动按照预定的程序设定给料量、自动调节皮带转速，使物料流量等于设定值，以恒定的给料速率连续不断地输送散状物料，可用于需要连续给料的配料场合。

称重给料机主要由机械部分、传感器、电气仪表部分组成。机械部分由机架、传动装置、传动辊筒、称量装置、防偏纠偏装置、梨形清扫器、头部清扫器、托辊、皮带、卸料罩、料斗、底座、标定棒等组成。机械部分是定量称重物料的承载及输送机构。传感器有称重、测速两种。称重传感器将称重辊承受的负荷转换为电信号，提供给称重仪表做进一步处理；测速传感器将物料的运作速度转换成脉冲信号，从而控制称重仪表的采样频率。电气仪表部分是对传感器或变送器输出信号进行处理，显示被称物料物体的计量结果，并可输出模拟或数字电信号，从而实现所需的自动控制。

通过称重传感器测量出输送皮带上物料的质量信号以及速度传感器发出的与皮带速度成固定比例的脉冲信号，以上两信号通过称重仪表转换成数字信号同时输送给微处理器。通过微处理器计算处理得出实际给料量，并不断将实际给料量与设定给料量进行对比；通过不断改变变频器频率及不断调整皮带的输送速度使实际给料量符合设定给料量，从而保证称重给料机按设定的给料量运行。

第二节 吸收系统及设备

吸收系统是FGD系统的核心，主要由吸收塔、浆液循环泵、喷淋系统、除雾器、氧化空气系统、事故浆液系统等组成，吸收塔系统流程图如图3-7所示。

烟气从烟气换热器原烟气侧降温后进入吸收塔，进入吸收塔后，与来自上部喷淋管道的浆液溢流接触，进行脱硫吸收反应。脱硫后的净烟气经吸收塔顶部的除雾器除去携带的液滴，然后至烟气换热器净烟气侧进行加热，通过烟筒排放至大气。吸收塔下部浆液池的石灰石浆液经浆液循环泵输送至吸收塔上部的喷淋管道，经喷嘴喷出后与烟气接触，吸收烟气中的SO_2，随后落入吸收塔下部的浆液池。空气经氧化风机压缩后，进入到吸收塔搅拌器的叶片的前方，通过搅拌器的搅拌将空气均布在浆液池内，为$CaSO_3$氧化成$CaSO_4$提供氧化空气。除雾器吸附烟气中的液滴，并随着液滴的聚集除去烟气中的液滴，由于液滴中含有石膏等固体颗粒，所以必须定时进行冲洗。除雾器冲洗系统通过在工艺水箱旁边设置的除雾器冲洗水泵向除雾器提供冲洗用水以保证除雾器不结垢，以及使除雾器的压降处于允许的范围内。

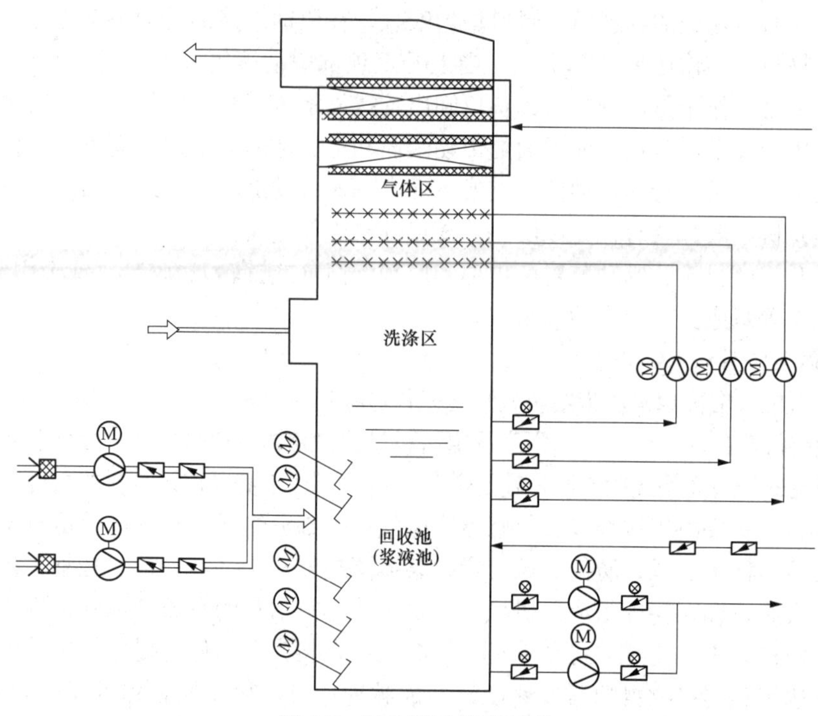

图 3-7 吸收塔系统流程图

一、吸收塔

(一) 吸收塔类型

吸收塔是FGD系统的核心装置，由吸收区、反应池和除雾器三个主要的区域构成。FGD系统的几乎所有化学反应都在此发生。

按照烟气和循环吸收浆液在吸收塔内的相对流向，可将吸收塔分为逆流塔和顺流塔。目前FGD系统多数为逆流塔。逆流塔喷淋液滴与烟气相对流速较大，液滴在吸收区的停留时间延长，传质效率增大。因此，在其他条件相同的情况下，逆流喷淋塔的吸收效率要高一些。顺流塔的优点是可以采用较高的吸收塔烟气流速。较高的烟气流速意味着可以减小吸收塔的尺寸、降低成本。基于充分利用顺逆流塔的优点以及减小单个吸收塔塔径和降低塔高度，也有采用顺、逆流串联组合双塔的流程布置。

按照工作原理分类，目前在FGD系统中，应用较多的吸收塔有喷淋塔、填料塔、液柱塔、鼓泡塔、文丘里塔等。

1. 喷淋塔

喷淋塔是气液反应系统中的常用设备，塔体可以是圆形或矩形。石灰石浆液通过循环泵被送至塔中不同高度布置的喷淋层的喷嘴，石灰石浆液从喷嘴向下喷出，形成分散的小液滴，并往下掉落，同时烟气逆流向上流动。在此期间，气液充分接触并对 SO_2 进行洗涤。工艺上要求喷嘴在满足雾化细度的条件下，尽量降低压损。同时喷出的浆液应能覆盖整个吸收塔截面，以达到吸收的稳定性和均匀性。在塔底部布置氧化池，用专门的氧化风机向里面鼓入空气，而除雾器则布置在烟气出口之前的位置。

喷淋塔的优点是能够形成较大的气液接触面积，同时系统可采用较小的液气比。但是为了保证良好的雾化效果，将浆液喷射成均匀微小的液滴，循环泵必须能够提供足够的压力。浆液中吸收剂颗粒的尺寸不能太大，否则喷头容易被堵塞，因此要求吸收剂在磨制的过程中必须达到一定的颗粒度。目前世界上运行的脱硫装置中有相当大的一部分为此种喷淋塔。有些制造商为了提高脱硫效率，对逆流喷淋塔做了一些改进，如托盘式吸收塔和双回路吸收塔。逆流喷淋空塔具有压损小，吸收浆液雾化效果好，塔内结构简单，不易结垢、堵塞以及检修工作量小等优点。其不足之处是脱硫效率受气流分布不均匀的影响较大，浆液循环泵的能耗较高，除雾困难，对喷嘴制作精度、耐磨和腐蚀性要求较高。

托盘式吸收塔在反应区中安装了一个带孔的托盘，用机械方式保证烟气在抬升中分布均匀，以利于烟气和浆液更有效地接触。托盘式吸收塔如图 3-8 所示。

双回路吸收塔：双回路吸收塔实质上是两段组合式喷淋塔。双回路吸收塔如图 3-9 所示。它经集液斗分成两个回路，每个回路有不同的 pH 值，以适应各自的最佳反应条件。较低的浆液循环回路由吸收塔底部的反应池、浆液循环泵和安装在下面部分的喷淋层组成。在吸收塔反应池的浆液经过浆液循环泵打到喷淋层，由喷嘴向下喷淋，最后回到浆液池。较高的浆液循环回路由一个独立在吸收塔之外的回路组成。吸收池中的浆液由浆液循环泵打到吸收塔上部喷淋层向下喷淋。集液斗将上层的浆液循环回路中使用后的浆液引回吸收塔外部的吸收池。作为吸收剂的石灰石浆液由吸收池加入，反应生成的石膏由吸收塔底部反应池排出。

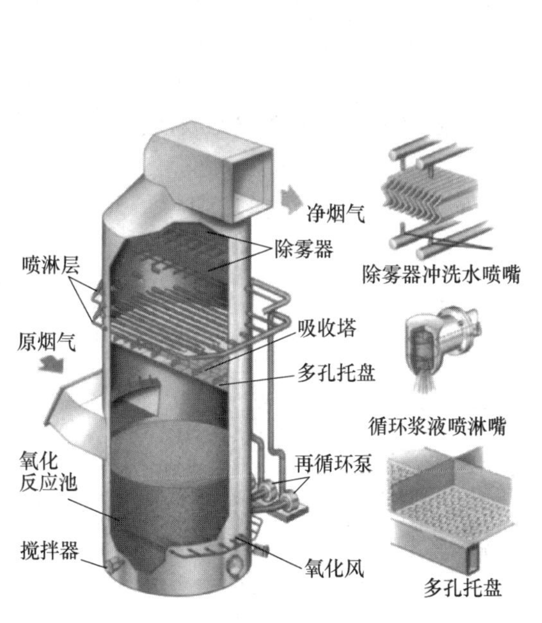

图 3-8　托盘式吸收塔

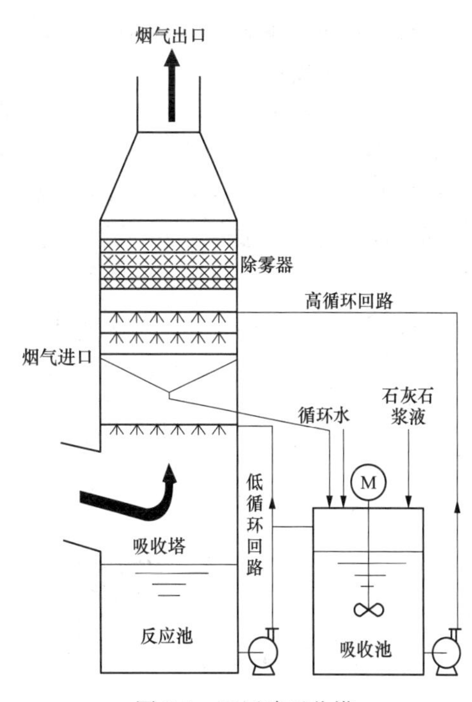

图 3-9　双回路吸收塔

双回路吸收塔具有如下特点：

在满足同样脱硫效率的条件下，可以采用较小的液气比。钙硫比小，在吸收塔的下部循环回路中，控制较低的 pH 值，有利于氧化和石灰石溶解，提高吸收剂的利用率；而在高循环回路的 Cl^- 浓度较低，可以节省材料，吸收塔体较高的部分可以用一些便宜的合金材料建造。

2. 填料塔

填料塔塔内放置填充物料，气流间的接触和反应在填料表面进行。

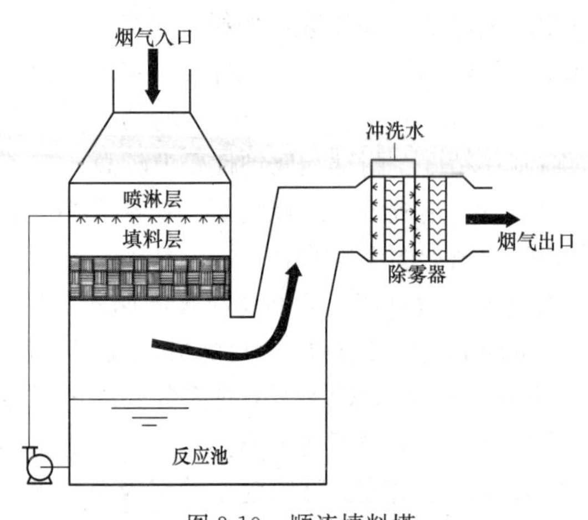

图 3-10 顺流填料塔

顺流填料塔见图 3-10。工艺流程为循环泵把石灰石浆液打到填料层上部的喷淋层管道，通过喷嘴把浆液喷到填料上。烟气进入吸收塔逆流或顺向流过填料层，气流充分接触而吸收 SO_2，达到脱硫的目的。为了安装方便，填料通常是按模块制作的。因为 SO_2 吸收区是填料上的湿表面，而不是小的雾滴，所以浆液循环泵供给喷淋层的喷嘴数量较少，压力较低。填料塔中湿表面与烟气的相对速度等于烟气流速，使得随着烟气流速的增大，液膜的厚度减小，而传质面积相应增大。由于 FGD 系统中典型的单位体积填料的表面积高于喷淋塔中单位体积雾滴的表面积，因此与托盘所起的作用一样，在较低的塔体和喷淋总量的情况下，填料塔可以获得比喷淋塔更高的 SO_2 脱除率。

近年来，由于湿法脱硫填料塔采用特殊的格栅作为填料，因此这种塔也称为格栅塔。典型的顺流式格栅吸收塔见图 3-11。塔顶喷淋装置将脱硫浆液均匀地喷洒在格栅的顶部，然后自塔顶在格栅表面上逐渐下流，这样能够形成比较稳定的液膜。气流通过各填料之间的空隙下降与液体做连续的顺流接触，气流中的 SO_2 不断地被溶解吸收。处理过的烟气从塔底氧化池上经过，然后进入除雾器。格栅塔要求格栅必须具有较大的比表面积，较高的空隙率，较强的耐腐蚀性，较好的耐久性和强度以及良好的可湿润性，且价格不能太贵。与喷淋塔一样，格栅吸收塔也要求脱硫剂具有一定的颗粒度。在目前的应用中，填料中的结垢堵塞问题还未彻底解决，需要尽量降低结垢的风险。

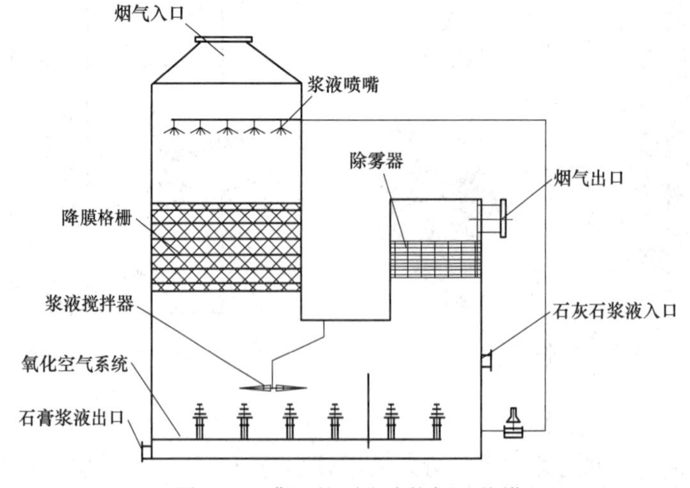

图 3-11 典型的顺流式格栅吸收塔

3. 液柱塔

烟气在吸收塔内上升的过程中与脱硫剂循环液相接触，通过气、液、固三相高效地交融接触，烟气中 SO_2 与脱硫剂发生反应，将 SO_2 除去。

循环液在循环泵的作用下通过循环管道和吸收塔中部的喷射装置进入吸收塔，从喷嘴向上喷射，在上部散开，并在重力作用下落到吸收塔的循环槽内。由石灰石粉、副产品等组成的混合物从吸收塔循环槽到喷射装置进行重复循环。

液柱塔具有以下特点：在脱硫反应区中，液柱向上喷射的同时散开回落。整个反应区域布满了脱硫循环浆液，脱硫剂浆液呈滴状或膜状，浆液与浆液之间不断碰撞，产生新的表面，同时液柱是根据烟气在脱硫吸收塔内的流场而布置的，烟气与浆液能够充分接触，从而保证高的脱硫效率。液柱塔如图 3-12 所示。具有逆流和顺流两次洗涤功能的液柱塔如图 3-13 所示。

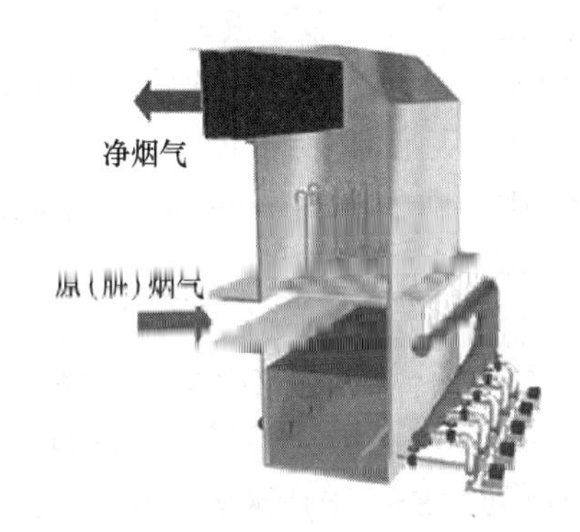

图 3-12　液柱塔

图 3-13　具有逆流和顺流两次洗涤功能的液柱塔

脱硫吸收塔内部不产生结垢和堵塞，性能稳定。由于采用的是液柱喷射烟气脱硫的方法，脱硫反应区域内是空塔，这样在脱硫吸收塔内避免了结垢和堵塞。同时，由于喷嘴的特殊设计，使得喷嘴处比喷雾塔和喷淋塔产生堵塞和结垢的可能性要小得多，对控制水平和脱硫剂粒度要求不高，整个系统性能稳定、可靠。

液柱塔喷出模式如图 3-14 所示。液柱喷出状况和机能如图 3-15 所示。通过调节液柱的高度（如操作时可因情况减少吸收塔循环泵的运行台数）实现节能运行。其优点是结构简单、维修容易，吸收塔内除一层的喷管之外，无任何其他物件。喷管、耐磨喷嘴进行维

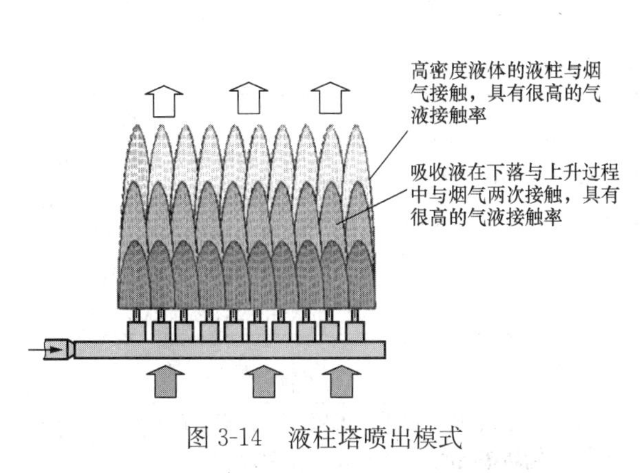

图 3-14　液柱塔喷出模式

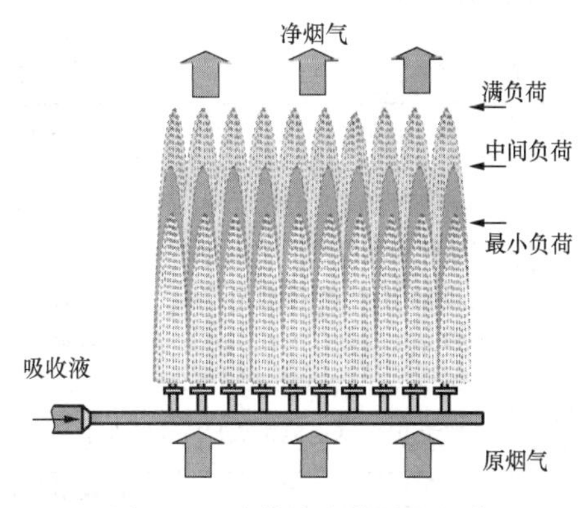

图 3-15　液柱喷出状况和机能

修时，还可把喷管当脚手架使用，使维修作业更加简便。

液柱塔对烟气含尘浓度要求不高，且此工艺本身还具有比较高的粉尘脱除效率。当用户要求保证石膏副产物的纯度时，需要和高效除尘器相搭配。

4. 鼓泡塔

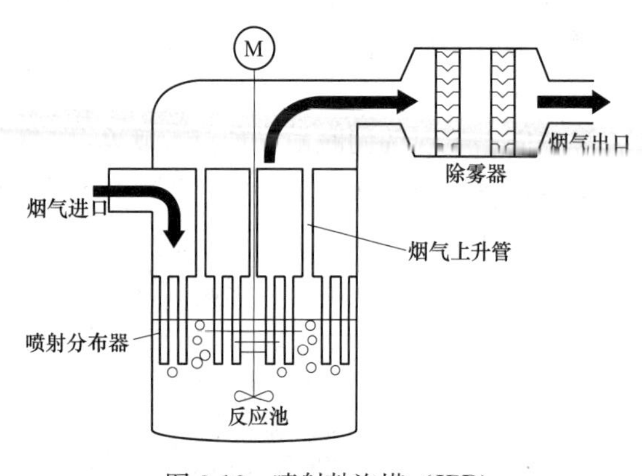

图 3-16 喷射鼓泡塔（JBR）

喷射鼓泡塔（JBR）如图 3-16 所示，JBR 由一个上下都有筛板的实心容器组成。烟气被强制送入安装在下面筛板的喷射分布器。分布器被淹没在安装在 JBR 下部的反应池中搅动着的浆液之下。烟气在分布器中流动，上升过程中形成气泡，从而促进 SO_2 的吸收。烟气通过安装在上部和下部筛板的烟气上升管流出 JBR。一个安装在吸收塔外部的除雾器将烟气从 JBR 中带出的雾滴吸收。对于在 JBR 中的喷射分布器上部的液位，可以通过一个溢流口调节 JBR 的气液接触面积。液体从溢流口溢出到一个反应池，在池中浆液回流到 JBR 之前加入石灰石。

JBR 可以省去再循环泵和喷淋装置，这样就简化了工艺过程，降低了能耗，减少了基建投资和运行费用。其次 JBR 可以在较低的 pH 值下运行，一般为 3.5～4.5。这种条件有利于 H_2SO_3 的氧化，通常易于解决已发生的结垢和堵塞问题；生成的石膏晶粒比较大，易于脱水；低的 pH 值能够加速石灰石溶解，提高了石灰石的利用率；附带除尘效果好，烟气在液体中鼓泡时有类似水膜除尘的效果，因此，JBR 对烟气除尘的效果更好；JBR 系统工况适应性强，脱硫效率容易控制。JBR 系统脱硫效率高低与系统压降有关，可以通过增大喷射管的浸没深度来提高压降和脱硫效率。

该脱硫工艺也存在一些问题：吸收过程动力消耗过大；烟气温度降低太多；浆液携带量大；反应器的占地面积也比其他工艺大，维修比较困难。

（二）不同脱硫吸收塔的技术比较

吸收塔的类型很多。近年来，在国内外应用较成功的主要有 4 种，不同脱硫吸收塔的技术分析见表 3-1。

表 3-1　　不同脱硫吸收塔的技术分析

项目	逆流喷淋式	格栅式	鼓泡式	液柱式
原理	吸收剂浆液在吸收塔内，经喷嘴喷淋雾化，在与烟气接触过程中吸收并除去 SO_2	吸收剂浆液在吸收塔内沿格栅填料表面下流，形成液膜并与烟气接触去除 SO_2	吸收剂浆液以液层形式存在，而烟气以气泡形式通过，吸收并除去 SO_2	吸收剂浆液由布置在塔内的喷嘴垂直向上喷射，形成液柱，并在上部散开落下，在高效的气液接触中吸收去除 SO_2
脱硫效率	大于 95%（逆流接触）	大于 95%	90%左右	大于 95%
运行	喷嘴易磨损、堵塞	格栅易结垢、堵塞，系统阻力较大	系统阻力较大，无喷嘴堵塞问题	能有效防止喷嘴堵塞和结垢问题

续表

项目	逆流喷淋式	格栅式	鼓泡式	液柱式
维护	喷嘴易损坏，需要定期检修更换	经常清洗除垢	运行较稳定、可靠	运行较稳定、可靠
自控水平	高	高	较高	较高
运行经验	国内外已有许多大容量机组的商用业绩，已积累了丰富的运行经验。制造商也比较多，业主选择的空间较大	国内外已有若干商用业绩，积累了一定的运行经验。仅有几个有经验的供货商	国内外已有若干商用业绩。积累了一定的运行经验。仅有一个有经验的供货商	国内外已有若干商用业绩。积累了一定的运行经验。仅有几个有经验的供货商

二、浆液循环泵

吸收塔浆液循环泵是FGD系统中一个主要设备，为卧式离心泵。该泵是为喷淋层及喷嘴输送足够的压力和流量的吸收浆液，与烟气充分接触，从而保证适当的液气比以确保脱硫效率。浆液循环泵的消耗功率仅次于增压风机，因此，设计、运行并维护好浆液循环泵是非常重要的。浆液循环泵是整个FGD系统中最重要的泵，该泵具有如下特点：

防腐耐磨。由于泵输送的浆液中含有10%～20%的石灰石、石膏固体颗粒，是pH值为4～6的腐蚀性介质，因此浆液循环泵选用的材料要求耐磨、耐腐蚀，并且适应穿透性很高的Cl^-和F^-，且必须采用可靠的机械密封。

低压头、大流量。浆液循环泵的流量已高达10 000m^3/h，并适应停机及非高峰供电情况下的非正常运行的要求。

性能可靠、连续运行。浆液循环泵必须经久耐用，能在规定的工况条件下，每天24h连续运行，并且至少连续无故障运行24 000h。轴和轴承组件的尺寸必须足够大以适应工况变化的要求，并能有效防护，防止浆液和其他杂质侵入。

三、喷淋系统

（一）喷淋层

喷淋层（见图3-17）又可以称为液体分布器，它由分配母管/支管和喷嘴组成。喷

(a) 主视图

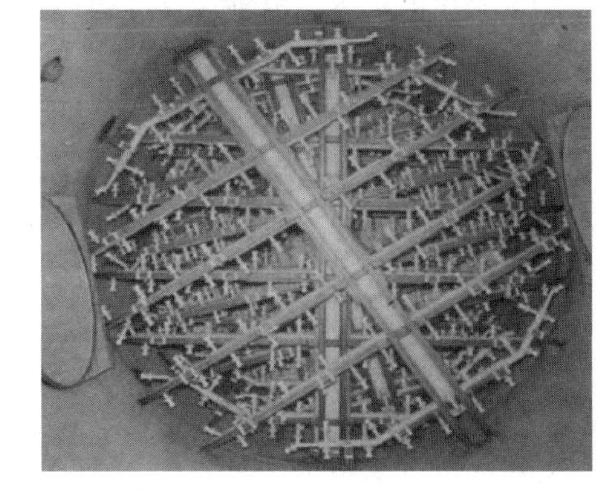

(b) 俯视图

图3-17　喷淋层

淋层之间相互错层交叉布置，保证喷淋浆液能完全覆盖吸收塔断面。母管和支管在吸收塔断面内平行对称布置，形成一个网状管路系统，该系统能使浆液在吸收塔内分布均匀。每个喷淋层对应设置一台吸收塔浆液循环泵，可以保证每个喷淋层的浆液流量相等。每个喷淋层上安装足够数量的喷嘴，该喷嘴能使浆液进行充分的雾化。

由浆液循环泵输送来的浆液，通过网状管路进入喷嘴雾化，喷入烟气中。由于喷淋层网状管路合理的优化布置设计，保证了浆液能在整个吸收断面上进行均匀地喷淋。在喷淋层的设计中，各喷嘴的喷射锥彼此重叠，这样每层喷淋层的实际覆盖面积达到了130%～150%。此外，各层喷淋层管网之间也设计有夹角，进一步扩大喷淋重叠区的分布面和覆盖面。浆液喷淋管一般采用玻璃钢管（FRP）材料制作，整个管网采用分段加工和现场黏结连接的工艺，从而使整个喷淋层管网外表面光滑，避免堆积结垢。

喷淋层数和喷淋层的间距是影响吸收区高度的主要因素。吸收区的高度一般是指吸收塔烟气入口中心线到最上层喷淋层之间的距离。以下因素决定吸收塔直径和吸收塔高度：烟气量和 SO_2 浓度，脱硫效率，吸收循环浆液流量，烟气入口流向（顺流或逆流）、入口形式，喷淋层数，喷淋覆盖叠加面积以及吸收剂反应活性系数。

还有一种是对插喷淋层技术，即每层布置两组喷淋管网。将母管至于塔外，喷淋支管相互平行、交替、呈梳状插入塔内。这种布置方式的特点：①对插布置每组喷淋管网的覆盖率为100%，每层的喷嘴数增加了1倍，增大了液滴密度，减少了塔内烟气“短路”的可能性，使气/液分布更均匀；②降低了塔高，如4层减至2层，塔高至少可以降低3m；③与分层布置相比，造成的压损增加很少；④可以降低喷淋泵的压头。

喷嘴布置的方法有两种：一种是同心圆布置，另一种是矩阵式布置。矩阵式布置、同心圆布置分别见图3-18和图3-19。大多数脱硫公司采用矩阵式布置，离塔壁最近的1圈或2圈喷嘴是圆形布置，其他位置的喷嘴尽量采用矩阵式布置。喷嘴布置要考虑喷嘴的种类、喷射角度以及喷嘴密度。喷嘴布置的间距应合理，使喷嘴喷出的锥形水雾互相搭接，不留空隙。否则烟气可能未接触到液滴就从这些空隙中“溜走”。调整喷嘴布置密度和喷淋层数可获得不同的喷雾重叠度，重叠度越高，脱硫效率也就越高，但阻力会增加。一般喷雾重叠度为200%～300%。另外，因为喷嘴喷出的浆液液膜与支撑梁和塔壁接触，所以必须要考虑喷嘴中心与塔壁和支撑梁的间距，喷嘴的布置要求是不能冲刷到壁板和钢梁。周围喷嘴离塔壁的距离一般都要被控制，否则会产生对塔壁的冲刷。

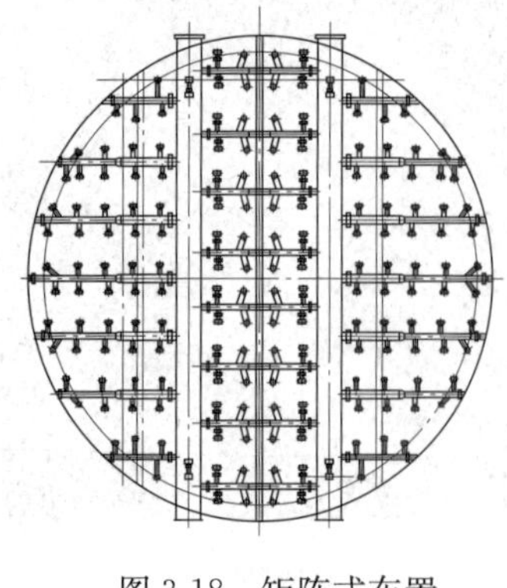

图3-18　矩阵式布置

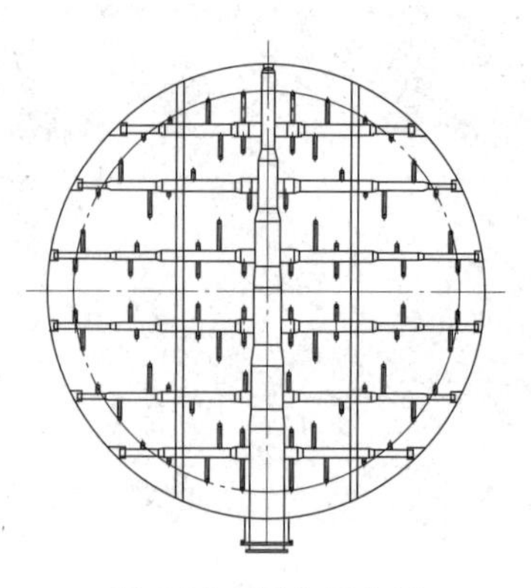

图3-19　同心圆布置

（二）喷嘴

喷淋塔的脱硫效率主要取决于液滴大小和数量（这 2 个因素决定了吸收 SO_2 液体的表面积）以及塔内烟气流速。液滴的大小和数量又取决于喷淋浆液的总流量和喷嘴的特性。喷嘴雾化特性主要包括喷嘴压力、流量、平均粒径的关系，喷嘴雾化均匀性，雾化角和雾化粒径分布等特性等。FGD 系统洗涤器有一最佳液滴直径。在一个典型烟气流速为 3～4m 的逆流喷淋塔中，直径小于 50μm 的液滴会被烟气夹带进入除雾器。如果烟气夹带的液滴过多，将给除雾器下游侧的设备带来不利的影响。过分追求细小液滴需要较高的压力，使得能耗增大。通常在 FGD 系统应用中，直径小于 50μm 的液滴数量不应超过总量的 5%，直径小于 100μm 的液滴应尽量减少。

1. 喷嘴类型

常见的喷嘴类型见图 3-20。

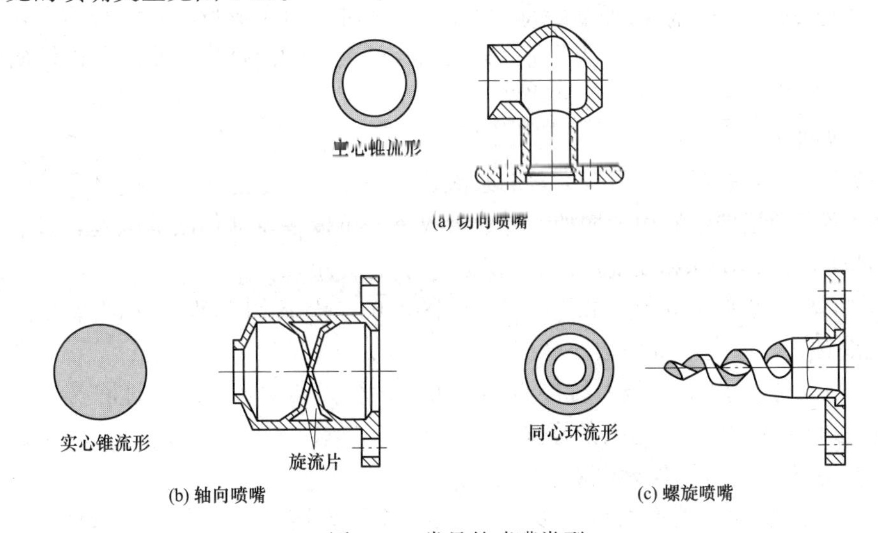

图 3-20　常见的喷嘴类型

2. 喷嘴数量和流量

对于一定的烟气量和 SO_2 浓度，达到一定脱硫效率所要求的液气比决定了吸收塔浆液循环流量，而喷嘴的数量和流量取决于浆液循环流量。增大单个喷嘴的流量可以减少喷嘴数量，但是自由通径的增大将使雾化粒径增大和总传质表面积减少，因此需要较大的液气比。相反，采用大量的小流量喷嘴可以减小液气比，但会增加投资费用。

3. 雾化粒度

吸收塔喷嘴的雾化粒度直接影响着气液之间的传质表面积和液气比。雾化粒径越小，一定体积浆液产生的传质表面积就越大，达到需要的总表面积所要求的液气比就越小。雾化粒径取决于喷嘴的类型、流量、雾化角和喷嘴压降。

4. 雾化角

雾化角是喷出的射流离开喷嘴时形成的角度，不同的设计具有不同的雾化角。在脱硫系统中通常使用的喷嘴雾化角为 90°～120°。在达到一定的喷淋覆盖率的条件下喷嘴雾化角越大，需要的喷嘴数量越少。

5. 喷淋覆盖率

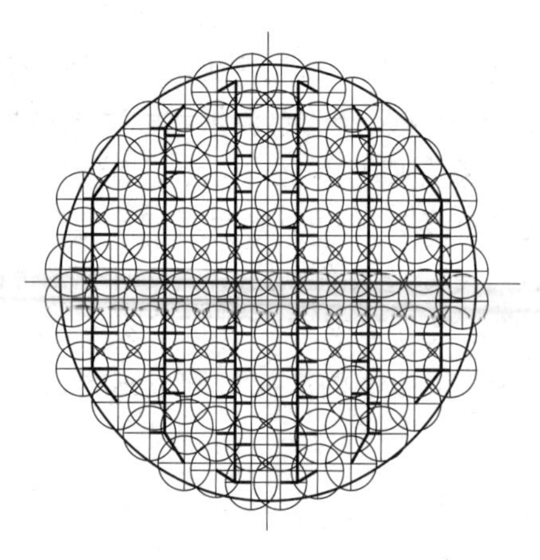

图 3-21 喷嘴出口 1m 处测得的喷淋覆盖率实例

喷淋覆盖率是在离喷嘴出口一定距离处确定的。在吸收塔中，喷嘴喷出的浆液必须能够完全覆盖离喷嘴出口一定距离的吸收塔截面，以免烟气中的浆液分布不均匀，产生烟气短路问题，从而降低脱硫效率。喷嘴出口 1m 处测得的喷淋覆盖率实例见图 3-21。在上述距离处喷淋流体具有很大的重叠度。

6. 其他需要考虑的问题

如果喷嘴被固体颗粒堵塞，喷淋覆盖率将减少。因此，应当采用自由通径较大的喷嘴以减小堵塞的可能性。对于流量一定的喷嘴，切向喷嘴自由通径最大，轴向喷嘴最小，所以轴向喷嘴容易堵塞，切向喷嘴和螺旋喷嘴不容易堵塞。

四、除雾器

经吸收塔处理后的烟气携带有大量的浆液、雾滴，特别是近年来，随着吸收塔烟气流速的不断提高，烟气携带液滴量增加，导致吸收塔下游设备及部件故障问题较多，主要表现在以下两个方面：①浆液雾滴会沉积在吸收塔下游侧设备表面，导致烟道黏污结垢，GGH 结垢堵塞；②部分电厂不设 GGH，厂区下的“石膏雨”造成烟囱外表及邻近建（构）筑物腐蚀，污染电厂及周边环境。

除雾器性能直接影响 FGD 系统能否连续可靠运行。科学合理地设计除雾器，对保证 FGD 系统的可靠性有着非常重要的意义。

（一）除雾器的基本工作原理

应对 FGD 系统除雾器有特殊的要求。根据 FGD 系统在世界范围 20 多年的运行经验表明，除雾器具有结构简单、对中等尺寸、大尺寸雾滴捕获效率高、压降较低、易于冲洗、具有敞开式结构、便于维修和费用较低等特点，最适合除去 FGD 系统烟气中的水雾。

在除雾器内，含液体的气体经过特殊设计的叶片，经过若干次被强迫改变方向，液滴在惯性、离心力、撞击、重力等作用下与气流发生分离，而落在叶片上，在叶片内的小的液滴聚集起来，被合并到层流中并流出。除雾器原理示意图如图 3-22 所示。

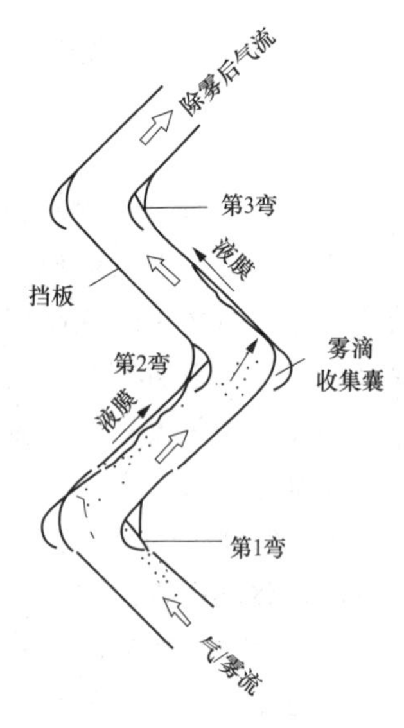

图 3-22 除雾器原理示意图

由于除雾器是利用烟气中液滴的惯性力撞击板片来分离汽水的，因此除雾器捕获液滴的效率随烟气流速增加而增加。但当流速超过某一限值时，烟气会剥离板片上的液膜造成二次带水，反而降低除雾效率。另外，流速的增加使除雾器的压损增大，增大了脱硫风机的能耗。相反，烟气流速低，可能不会发生二次带水，但除雾效果会差。因此，烟气流速尽可能高而又不致产生二次带水时，除雾器的性能最佳。

（二）除雾器的组成

除雾器通常由除雾器本体及冲洗系统组成。除雾器布置于吸收塔顶部最后一个喷淋组件的上部，在一级除雾器的上面和下面各布置一层清洗喷嘴。清洗水经喷嘴强力喷向除雾器元件，带走除雾器顺流面和逆流面上的固体颗粒。二级除雾器下面也布置一层清洗喷淋层。

（三）除雾器板片的形状和特点

除雾器的板片（见图 3-23）按几何形状可分为折线型和流线型。根据烟气在板片间流过时，折拐的次数可分为 2～4 通道的除雾器板片。烟气流向改变 90°即一个折拐，称为一个通道。通道数和板片间距是除雾器板片的两个重要参数。通常除雾器两板之间的距离为 20～30mm。有些板片上设计有特殊的结构，见图 3-23（c）中 c 形倒钩，凸出的肋条或沟槽和狭缝，便于捕获液滴和排走板片上的液体。各类结构的除雾器板片各具特点。图 3-23（a）中 a 形板片结构简单，易于冲洗，适用于各种材质。图 3-23（b）（c）中 b、c 形板片临界流速较高，易清洗，目前在大型脱硫设备中使用较多。图 3-23（d）中 d 形板片除雾效率高，但是清洗困难，使用场合受限。

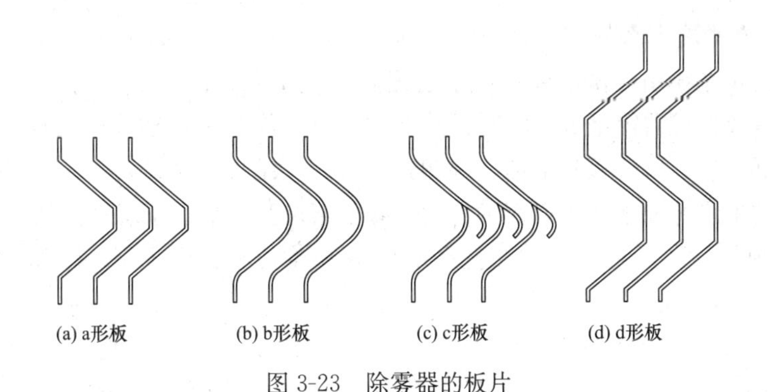

图 3-23　除雾器的板片

（四）除雾器布置方向及优缺点

除雾器布置方向是根据烟气流过除雾器截面的方向来定义的。烟气的流向可以是水平流，也可以是垂直向上流。因此除雾器有垂直流除雾器和水平流除雾器两种布置方向。除雾器的这两种布置方向各有优缺点，水平流除雾器可以在比垂直流除雾器较高的烟气流速下达到很好的除雾效果，但除雾系统压降大。

除雾器本体由叶片、卡具、支架等按一定的结构形式组装而成，布置形式一般有水平形、人字形、V 字形、组合型等。除雾器布置形式如图 3-24 所示。大型的脱硫吸收塔多采用人字形布置、V 字形布置、组合型布置（菱形、X 形）。

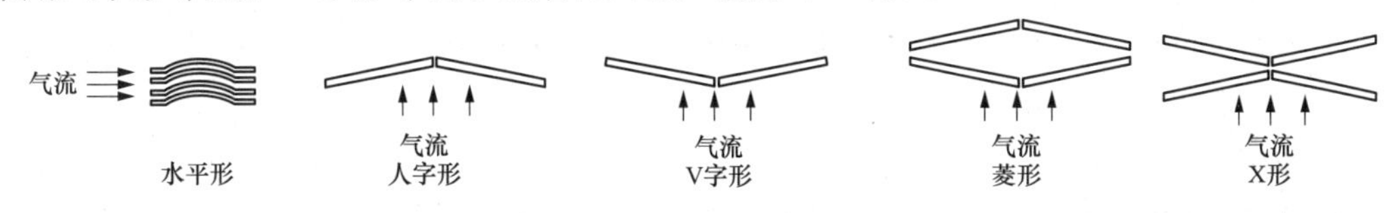

图 3-24　除雾器布置形式

（五）除雾器的主要性能参数

1. 除雾效率

除雾效率是指除雾器在单位时间内捕获到的液滴质量与进入除雾器液滴质量的比值，是考核除雾器性能的关键指标。

2. 系统压降

系统压降是指烟气通过除雾器通道时所产生的压力损失。系统压降越大，能耗就越高。除雾器系统压降的大小主要与烟气流速、除雾器叶片结构、叶片间距及烟气带水负荷等因素有关。当除雾器叶片结垢严重时，系统压降明显增大。

3. 烟气流速

通过除雾器断面的烟气流速过高和过低都不利。根据不同除雾器叶片形式及布置形式，烟气流速一般设计为3.5～5.5m/s。

4. 除雾器叶片间距

除雾器叶片间距的选取对保证除雾效率，维持除雾系统正常稳定的工作至关重要。叶片间距根据系统烟气特征（流速、SO_2含量、带水负荷、粉尘浓度等）、吸收剂利用率、叶片结构等综合因素进行选取。叶片间距一般设计为20～95mm。目前，脱硫系统中最常用的叶片间距为30～50mm。

（六）除雾器冲洗水系统

除雾器冲洗水系统由冲洗喷嘴、冲洗管道、冲洗水泵、冲洗水自动开关阀、压力仪表、冲洗水流量计以及程控器等组成。除雾器冲洗水系统的作用是定期冲洗掉除雾器板片上捕集的浆体、固体沉积物，保持板片清洁、湿润，防止叶片结垢和堵塞流道。另外，除雾器冲洗水还是吸收塔的主要补加水，可以起到保持吸收塔液位及调节水系统平衡的作用。

因此，正确设计和正常工作的冲洗系统对除雾器乃至整个FGD系统的稳定运行是非常重要的。

1. 除雾器结垢和堵塞的原因

吸收塔循环浆液中总还有过剩的吸收剂（$CaCO_3$），当烟气夹带的这种浆体液滴被捕集在除雾器板片上而又未被及时清除时，会继续吸收烟气中未除尽的SO_2，发生生成$CaSO_3$/$CaSO_4$的反应，在除雾器板面上析出沉淀而形成垢。

（1）冲洗水系统设计不合理。当冲洗除雾器板面上的效果不理想时会出现干区，导致产生垢和堆积物。

（2）冲洗水质量。水中不溶性固体物含量较高，可能堵塞喷嘴和管道，造成很差的冲洗效果。若冲洗水中Ca^{2+}达到过饱和，则会增加亚硫酸盐/硫酸盐的反应，导致板片结垢。

（3）板片设计。板片表面有复杂隆起的垢和较多冲洗不到的部位会迅速发生固体堆积物现象，最终发展成堵塞通道，并越演越烈。

（4）板片间距。板片间距太窄易发生固体堆积堵塞板间流道；板片间距太宽使得临界流速下降，除雾效果下降。

2. 除雾器冲洗面

由于烟气中大部分浆体液滴在V形板片的第一个通道处被捕获，对除雾器迎风面这一区域的冲洗最为有效，因此除雾器冲洗系统至少需冲洗除雾器每级的迎风面。在二级除雾器中还应冲洗第一级的背面，一般不冲洗最后一级的背面。

3. 冲洗喷嘴与冲洗面的距离

若冲洗喷嘴太靠近除雾器表面，则单个喷嘴喷出的水雾覆盖面积下降，保证冲洗水覆盖整个除雾器表面所需的喷嘴数量增多。从实际停冲洗情况来看，喷嘴离除雾器表面0.6～0.9m比较合理。

4. 冲洗覆盖率

冲洗覆盖率是指冲洗水对除雾器断面的覆盖程度。若喷嘴按矩阵式布置，为了完全覆盖并得到可靠的覆盖余量，则冲洗覆盖率大约为180%～200%。且要尽量减少除雾器支撑梁对冲洗的影响。

5. 冲洗水压

冲洗水压影响喷射的液滴大小和水雾形状。冲洗水压根据冲洗喷嘴的特性以及喷嘴与除雾器之间的距离等因素确定，一般在140～280kPa较为合适。

6. 冲洗水流量、持续时间和周期

除雾器表面冲洗水的瞬时水量称作冲洗水流量，单位为L/(s·m^2)。如果冲洗水流量太小，易造成结垢和堵塞，冲洗水流量太大会使除雾器板片中充满水体，造成烟气夹带水雾量增多。对于冲洗水流量、冲洗持续时间和冲洗频率，除了要满足冲洗除雾器的要求外，还需考虑FGD系统的水平衡。

冲洗周期是指两次冲洗的时间间隔。冲洗持续时间和冲洗周期主要依据以下两个原则确定。一是除雾器两侧的压差或是除雾器板片的清洁程度；二是吸收塔水位或是FGD系统水平衡。最短的时间间隔取决于吸收塔水位，最长的时间间隔取决于除雾器两侧的压差。

冲洗的目的是在结垢或堵塞发生之前冲去或稀释黏附在除雾器板片上未流走的浆液。冲洗频率高可以减少浆液在除雾器板片上的停留时间和变成过饱和浆液的时间。由于除雾器每级以及各级的每面黏附浆液情况不同，因此每面冲洗周期不同。第一级正面多为30min冲洗一次，每次持续冲洗时间45～60s；而其背面每30～60min冲洗一次，每次持续时间45～60s。第二级正面每60min冲洗一次，每次持续时间为45～60s；而其背面不装冲洗水管或装了冲洗水管也仅在启停机时进行冲洗。

五、氧化空气系统

在FGD系统中有强制氧化和自然氧化之分，其区别在于脱硫吸收塔底部的浆液池中是否充入强制氧化空气。烟气中本身的含氧量极少，不足以使$CaSO_3$发生氧化反应生成$CaSO_4$，因此需提供强制氧化系统为吸收塔浆液提供氧化空气，以利于石膏的形成。

（一）氧化系统

FGD系统主要以强制氧化为主。强制氧化空气分布装置一般有两种分布方式，即喷枪式和布管式。强制氧化空气分布装置分布方式如图3-25所示。

1. 布管式

该氧化装置是在氧化区底部的断面上布置若干根氧化空气主管，通过固定管网将氧化空气分散鼓入氧化区。有直接在主管上开许多喷气孔，也有在主管上装众多分支管，使喷气喷嘴均布于整个断面上。为防止氧化空气喷嘴结垢堵塞，将工业水喷入氧化空气，主管中喷水降低了氧化空气的温度，有利于O_2的溶解。

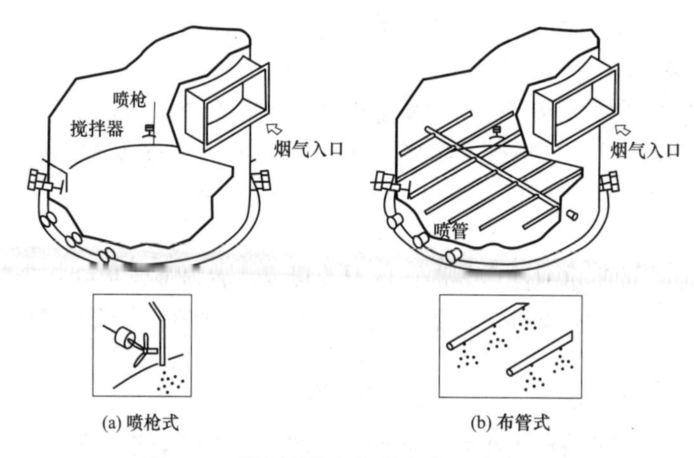

图 3-25　强制氧化空气分布装置分布方式

2. 喷枪式

该氧化装置是将氧化空气喷枪布置在侧插入式搅拌器桨叶的前方。依靠搅拌器桨叶产生的高速液流使鼓入的氧化空气分裂成细小的气泡，并散布至氧化区的各处，以便于 O_2 的溶解。氧化空气喷枪式分布系统安装示意图如图 3-26 所示。氧化空气喷枪式分布系统管路布置示意如图 3-27 所示。

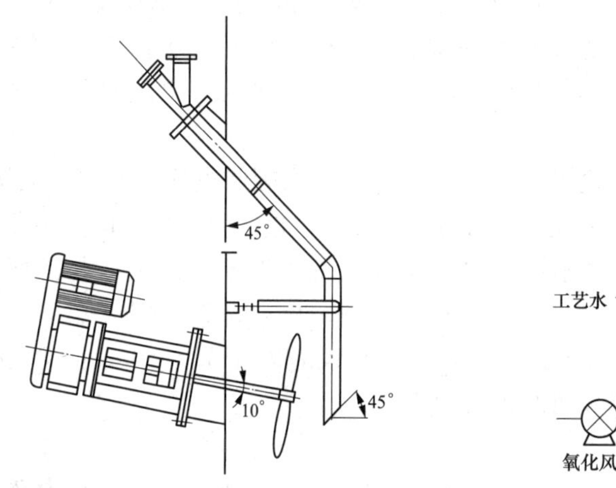

图 3-26　氧化空气喷枪式分布系统安装示意图

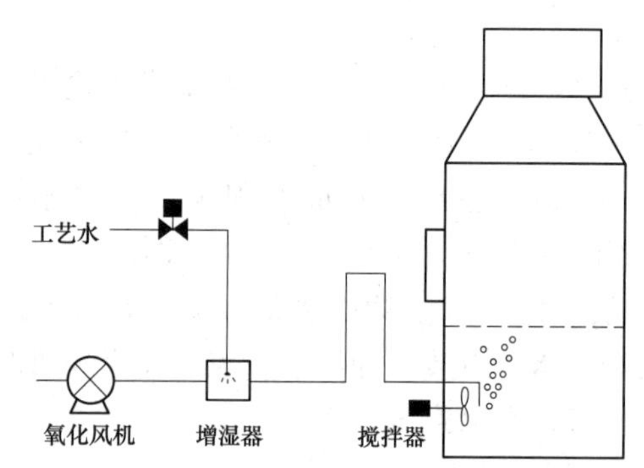

图 3-27　氧化空气喷枪式分布系统管路布置示意图

（二）氧化风机

氧化风机是吸收塔辅机的一个重要设备，它的作用是向吸收塔的浆池中鼓入 O_2，将不稳定的亚硫酸盐氧化成硫酸盐，在脱硫最终形成石膏过程中起到重要作用。一般要求石膏产物中的 $CaSO_3$ 的含量低于 3%。

氧化风机的核心部分是罗茨鼓风机，其为容积式风机，输送的风量与转速成正比，出口的压力接近 100kPa 左右。机壳内有两个特殊形状的转子，转子与机壳的缝隙很小，转子可自由旋转而无过多气体泄漏。罗茨鼓风机应用在脱硫的吸收塔上，它的输出压力一般都能满足，但单台的输出量有限，特别是对于烟气量较大且含硫量高的电厂，其需要的空气量大，如果多台并联使用将大大增加造价，因而多改用多级离心通风机。

第三节　烟气系统及设备

一、烟气系统组成及工艺流程

烟气系统为锅炉风烟系统的延伸部分，烟气系统流程如图 3-28 所示。典型的湿法脱硫烟气系统由烟道、烟气挡板、增压风机、烟气换热器、烟道补偿器等组成。

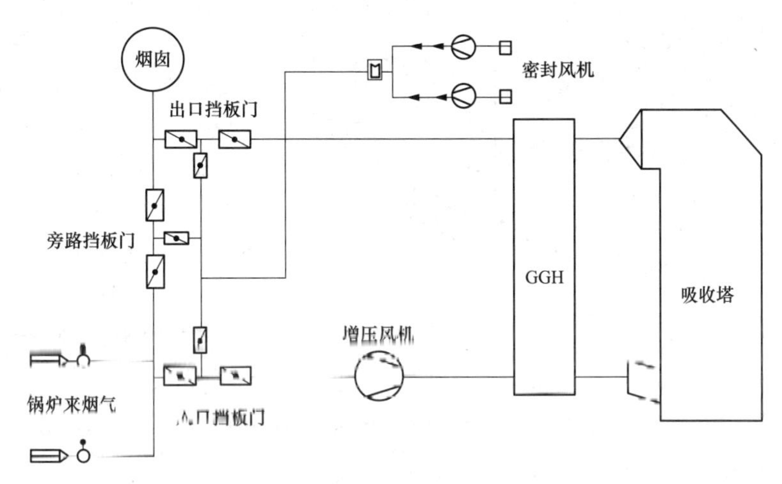

图 3-28　烟气系统流程图

从锅炉引风机后烟道引出的烟气，经过增压风机升压，进入 GGH 降温后，进入吸收塔，在吸收塔内与雾状石灰石浆液逆流接触，将烟气脱硫净化，经除雾器除去水分后再经 GGH 升温，通过烟囱排放。

FGD 系统原烟道挡板、净烟气挡板、旁路挡板一般采用双百叶挡板并设置密封空气系统。旁路挡板具有快开功能，快开时间要小于 10s，旁路挡板调整时间在正常情况下为 75s，事故情况下为 3～10s。

为使泄漏到净烟气侧的原烟气量尽可能少，密封风系统设计了一套泄漏控制系统。也就是说，在净烟气与原烟气之间的那部分加热元件备有密封空气。

除此之外，还有转子的自动调节密封系统，其中部分原烟气和全部净烟气通道内壁需要有防腐设计。

二、增压风机

增压风机可被用来克服脱硫系统的阻力，将原烟气引入脱硫系统，并稳定锅炉引风机出口压力。它的运行特点是低压头、大流量、低转速。目前脱硫系统中常用的风机形式主要有静叶可调轴流风机、动叶可调轴流风机、离心风机，也有增压风机与引风机合一的情况。

三、烟气换热器

烟气换热器的主要功能是改善污染物扩散，减少烟囱可见烟羽，避免下游管道腐蚀，避免烟囱“液滴”下雨等。在环境影响评价许可情况下，也可以不设置烟气换热器。烟气换热器通常有蓄热式和非蓄热式两种形式。蓄热式烟气换热器是通过热载体和载热介质将热烟气的热量传递给冷烟气，主要有回转式 GGH、水-汽换热器和蒸发管式换热器（MGGH）。

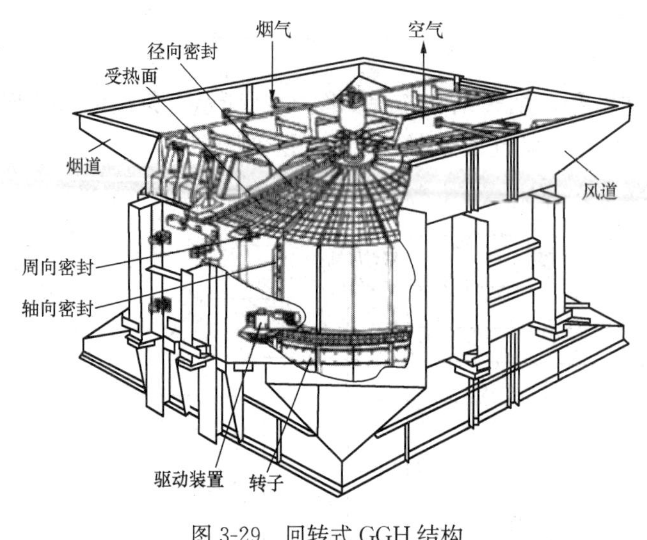

图 3-29 回转式 GGH 结构

（一）回转式 GGH

回转式 GGH 类似锅炉尾部的容克式回转空气预热器，由受热面转子和固定的外壳构成。外壳的顶部和底部将转子的通流部分分隔为两部分，使转子的一侧通过未处理的热烟气，另一侧以逆流通过脱硫后的净烟气。每当转子转过一圈就完成一个热交换循环。在每一次循环中，当换热元件在未处理热烟气侧时，从烟气流中吸取热量；当转到脱硫后的净烟气侧时，再把热量放出传给净烟气。回转式 GGH 结构如图 3-29 所示。

对 GGH 换热元件进行有效清洁是非常重要的，否则会发生堵灰现象。因此，必须设置吹灰系统。GGH 的吹灰采用压缩空气、蒸汽、水冲洗三种方式，这三种方式在同一吹枪上实现。在正常工作时，每班进行压缩空气或蒸汽吹灰。当吹灰后 GGH 压降仍高于设定值时，则启动高压冲洗水系统，采用压力高达 10MPa 的高压水进行在线冲洗，并采用双重吹灰方式来保证吹灰效果。GGH 停运检修时使用低压冲洗水冲洗。当燃用高硫分煤时，烟气的酸露点较高，在这种情况下，采用蒸汽吹灰对传热元件及隔栏不利，吹灰蒸汽所带入的水分会加剧酸露对换热件的腐蚀。如果吹灰器行程机构卡涩，蒸汽对局部的冲击也影响元件寿命。同时在检修时，冲洗水也会将凝结在元件上的酸露稀释成稀酸，从而加剧腐蚀。虽然蒸汽吹灰有以上不利的情况，但由于蒸汽的压力高、温度高、冲击力强，相对压缩空气而言有更好的吹灰效果。因此吹灰介质采用蒸汽比采用压缩空气更合适。

（二）水媒式 GGH

水媒式 GGH 也称无泄漏型 GGH，主要由烟气降温侧换热器、烟气升温侧换热器、循环水泵、辅助蒸汽加热器及疏水箱、热媒膨胀罐（定压装置）、补水系统、加药系统及吹灰系统等组成。MGGH 流程图如图 3-30 所示。未处理的热烟气先进入降温侧换热器将热量传递给热媒水，热媒水通过强制循环将热量传递给脱硫后的净烟气。这种分体水媒式 MGGH 因管内是热媒水，管外是烟气，管内流体的传热系数远高于管外流体。为了强化传热，目前广泛采用

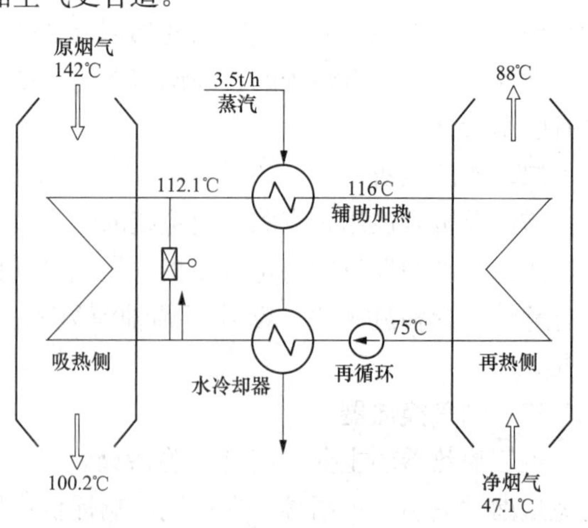

图 3-30 MGGH 流程图

高频焊接翅片管的原因是其能够强化传热，能有效地减小设备体积，降低流动阻力。

降温侧换热器和升温侧换热器都会遇到酸腐蚀问题，换热管一旦腐蚀穿孔，必须停机处理。目前处理方法有在换热管表面镀防腐材料，以及采用特殊的塑料作为换热管材料。

四、烟气挡板

烟气挡板门有三个作用：隔离设备、控制烟气流量和排空烟气。对隔离后的系统有检修人身安全要求的挡板，需要安装闸板门或双百叶窗挡板门（或称零泄漏挡板）。允许有少量烟气泄漏时，可以采用闸板门或者单百叶窗挡板门。由于通常要求旁路烟道上的隔离挡板具有快速打开的功能，因此需要采用单百叶窗挡板门。控制烟气流量则总是采用双百叶窗挡板门。

（一）闸板式挡板门

闸板式挡板门简称闸板门，是具有一个叶片的隔离挡板门。当闸板从烟道内完全抽出时，烟道全开。当踏板完全落入烟道时，烟道被关闭。

闸板顺着挡板门框架的内侧插入到周围有空气密封的密封室内。喷入密封室的空气压力要大于烟气侧压力，以防止烟气漏入密封空气。挡板框架内侧的挡板槽内装有密封薄片，可减少密封空气的用量。当闸板被提升起来时，密封片紧靠在一起。挡板在烟道中的提升和落下，最常用的一种方式是在挡板上部两端装有固定的链条，用一个链条驱动装置来提升挡板。根据挡板的尺寸和质量，一般用2～4根链条。闸板式挡板门及闸板门的密封如图3-31所示（注：挡板处于关闭状态，打开时挡板完全从上部密封室中抽出）。另一种方式是用齿轮驱动机构沿挡板两侧的齿条提升挡板。

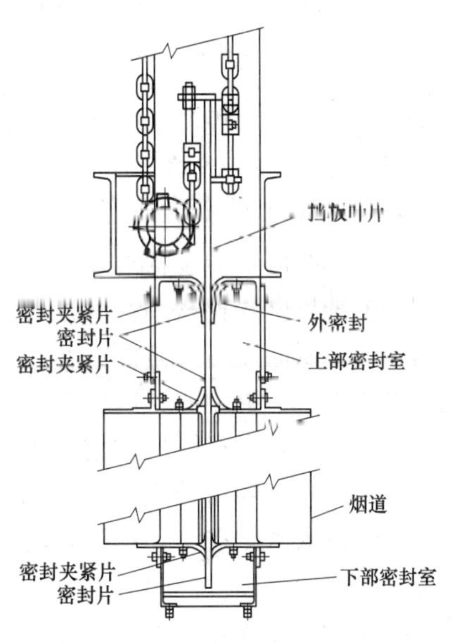

图3-31　闸板式挡板门及闸板门的密封

（二）百叶窗挡板门

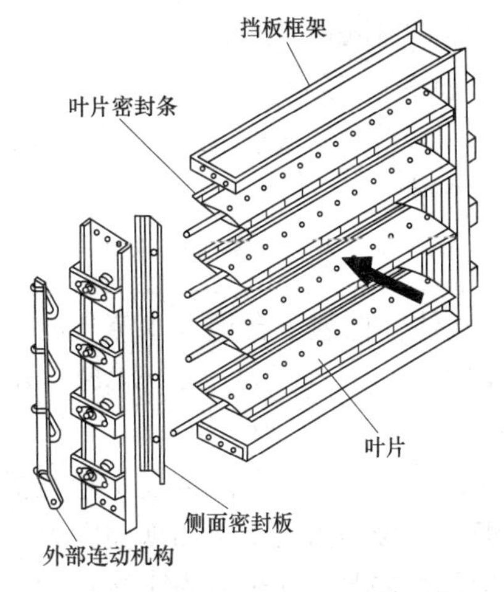

图3-32　多叶片单百叶窗挡板门

闸板门在打开时是将插板从烟道中抽出来的。而百叶窗挡板门有多个叶片，是通过旋转叶片来开闭烟道，叶片始终处于烟道中。

单叶片百叶窗式挡板门像一个大的碟型阀，也称蝶型门。这种挡板门的叶片通常是圆的，绕直径旋转。在FGD系统中，这种挡板门常常用在密封空气风道、GGH或吸收塔排气烟道中。大型烟道中不采用这种挡板。

多叶片单百叶窗挡板门如图3-32所示，由一系列平行的叶片组成。FGD系统中主要采用的是这种百叶窗挡板门。

百叶窗挡板门的叶片通过外部联动机构连接在一起，多数情况下由一个电动机来驱动联动机构，从而带动所有的叶片旋转。有的将百叶窗

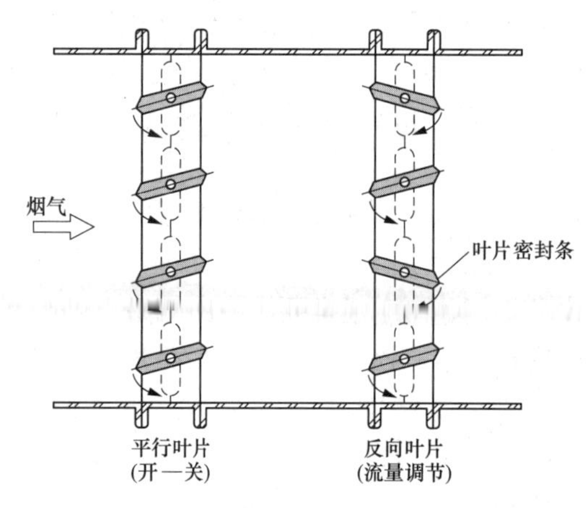

图 3-33 平行叶片和反向叶片百叶窗挡板门

式旁路挡板门的叶片分成 2～3 组，分别由 2～3 个执行机构驱动，其目的是在 FGD 系统启动、关闭旁路挡板时最大限度地降低对炉膛压力的影响；在需要快速开启旁路门时，降低所有叶片不能开启的风险。

在大多数设计中，每个叶片的边缘都设计有密封条，在挡板门关闭时起叶片之间相互密封的作用。

平行叶片和反向叶片百叶窗挡板门如图 3-33 所示。百叶窗挡板门也可以按相邻叶片的相对旋转方向来分类。相邻叶片反向旋转的挡板门具有较宽范围的线性控制特性，适合用作旁路加热挡板门来控制流量。平行挡板门密封性较好，适合用作截止门。当要求 FGD 系统旁路挡板能够迅速动作，且少量漏风是允许的情况下，旁路烟道中常常采用平行叶片单百叶窗挡板门。

有时，在同一个位置需要一个反向叶片挡板门和一个平行叶片挡板门。在这种情况下，可以把两个门串联起来，上游侧的平行叶片挡板门被起隔离作用，下游侧的反向叶片挡板门被用来控制流量。在要求没有漏风的情况下，可以采用两个平行叶片单百叶窗挡板门串联的办法，在两挡板门之间鼓入密封空气。双百叶窗挡板门如图 3-34 所示。

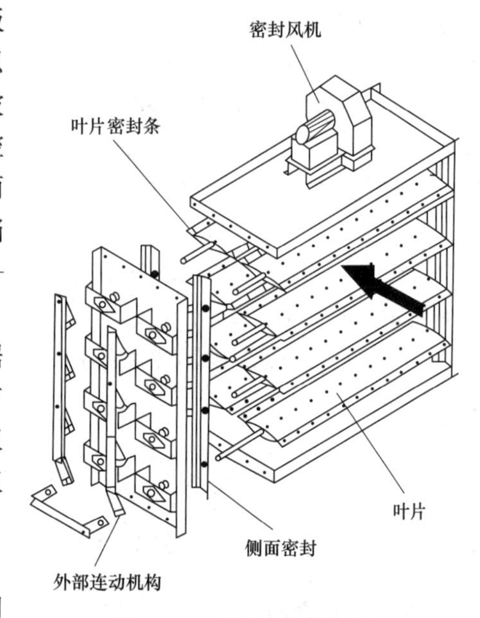

图 3-34 双百叶窗挡板门

闸板门和双百叶窗挡板门隔断性好，但占据的空间大、造价贵。单轴双百叶窗挡板门则具有隔断性好、占据空间小和造价低的优点。单轴双百叶窗挡板门隔断烟气的严密性低于闸板门和双百叶窗挡板门，其开启时产生的烟气压损较大。

五、湿烟囱

湿法脱硫系统在吸收塔脱硫反应完成后，烟气温度降至 45～55℃。这些吸收塔出口的含饱和水蒸气的净烟气的主要成分为水蒸气、SO_2、SO_3 等酸性气体。低温下含饱和水蒸气的净烟气很容易产生冷凝酸。据实测，在净烟道或烟囱中的凝结物 pH 值为 1～2，H_2SO_4 浓度可达 60%，具有很强的腐蚀性。

为了避免强腐蚀，通常在吸收塔脱硫后对烟气进行再热升温。而所谓湿烟囱工艺是指在 FGD 系统中省去 GGH，从吸收塔排出的绝热饱和湿烟气直接经出口烟道和烟囱向大气排放，湿烟气温度通常为 45～55℃，吸收塔下游侧的烟道和烟囱是处于湿状态下运行的脱硫工艺。

烟气换热器是脱硫装置中最大的单体设备，它不仅要求更大的占地面积，而且将使石灰石湿法脱硫系统的总投资增加5%～10%。另外，由于增加烟气换热器，脱硫系统阻力明显增大，从而使得能耗增加、运行费用增加、维护费用增加。同时，GGH还是造成脱硫系统事故停机的主要设备。另外，还有一个不容忽视的问题是许多烟气再热后的温度仍然处在酸露点以下。

脱硫后的饱和湿烟气若直接排放除带来很严重的腐蚀外，会在环境上带来三个问题：①湿烟气的温度比较低，抬升高度较小，会造成地面污染程度相对较高。②会因水蒸气的凝结而使烟羽（从烟囱中连续排放出来的烟体，因外形呈羽毛状而得名。烟羽可被看作是由无数个时间间隔为无限短暂的、依次排放的烟团所组成；烟团各部分的运动速率不同。）呈白色，影响人们的视觉，破坏城市景观。白烟长度对环境的相对湿度相当敏感，环境湿度越大，白烟长度越长。在低温的冬天，若环境湿度较大，则白烟长度可超过数百米甚至1km。③饱和蒸汽携带的液滴以及凝结水可能造成烟囱下风向的降水，影响局部地区的气候。

（一）采用湿烟囱需考虑的问题

1. 湿烟羽的抬升和扩散

如果烟气离开烟囱后，抬升的浮力不足或垂直向上的流速不够时，就会被卷吸进烟囱下部的低压涡流中，发生烟气下洗。要防止烟流下洗，烟囱出口处流速应大于排放口处风速的1.5倍，一般为20～30m/s，烟气温度在100℃以上。烟气下洗不仅会造成烟囱腐蚀，而且减弱了烟气的扩散，在环境温度低于0℃时会导致烟囱结冰。湿烟囱排烟温度低，烟气抬升高度小，垂直扩散速度低，会使出现烟气下洗的可能性增大。增加烟囱出口烟气流速可以减少烟气下洗和增强扩散，有时FGD系统在烟囱出口处通过装设调节门或增加风机压头来提高排烟速度。

2. 烟囱降雨

由于烟气中夹带的液滴和湿烟气离开烟囱后形成的凝结水在重力作用下降落到地面，形成“降雨”。这种“降雨”通常发生在烟囱下风侧数百米内，有烟气再加热的FGD系统排烟也可能发生这种“降雨”，但湿烟囱出现的概率要高些。通过调整FGD系统设定参数，改进出口烟道和烟囱设计，可以最大限度地减少烟囱“降雨”问题。

3. 烟羽的黑度

烟羽的黑度是烟气中的固体颗粒物、液体和气体与照射光相互作用的结果，发电厂排放烟气的透明度主要受飞灰颗粒物、液滴和硫酸雾的影响。其中造成烟气不透明的主要原因是当饱和热烟气离开烟囱后温度急速下降，从而形成了水雾。

4. 烟道和湿烟囱的腐蚀

脱硫烟气具有很强的腐蚀性。烟气中的Cl^-遇到水蒸气形成氯酸，其化合温度约为60℃，当低于氯酸露点温度时，会产生严重的腐蚀，其对钢板的腐蚀速度是其他物质的3～8倍。同时，烟气经脱硫后，虽然SO_2含量大大减少，但仅能去除约50%的SO_3。烟气中残留的SO_3溶解后，会形成腐蚀性极强的稀硫酸。

（二）湿烟囱工艺对设备的要求

1. 除雾器的设计和运行

除雾器的正确设计和运行主要包括：①最上层喷淋母管与除雾器端面应有足够距离，除雾器端面烟气分布应尽量均匀。②选用临界速度高、透过夹带物少、材料坚固和表面光滑的高性能除雾器。③在便于布置的情况下选择水平烟气流除雾器；或第一级除雾器水平布置，第二级除雾器垂直布置。④设置冲洗和压差监视装置，保持除雾器清洁、不堵塞，最大限度减少透过除雾器的夹带液。

2. 对出口烟道的要求

烟道布置应尽量减少水淤积，膨胀节和挡板不能布置在低位点，同时要设置排水设施，以利于冷凝液的汇集和排往吸收塔收集池。

（三）烟囱内烟道的防腐技术方案

湿烟囱衬里材料的可靠性至关重要，目前湿法脱硫后的烟囱内烟道防腐主要有4种形式。

1. 贴衬合金薄板

采用抗渗密封性好、整体性强、自重轻、耐酸腐蚀的金属合金薄板材作内衬，如钛板（$TiCr_2$）、镍基合金板（C-276、C22）或铁-镍基耐蚀合金板（AL-6XN）等。贴衬钛钢复合板材料在湿烟囱工艺中是较为理想的防腐方法。

2. 采用耐腐蚀的轻质隔热制品粘贴

如发泡耐酸玻璃砖内衬，玻璃砖内衬隔绝了烟气与烟囱内烟道的接触，具有耐腐蚀和保温的双重性能。

3. 采用玻璃鳞片等防腐涂层

鳞片树脂衬里有较好的防腐性能，但适应温度低、使用寿命短（一般运行5年就需要进行局部修补）。

4. 采用有机、无机复合纤维涂层

该方法可以满足耐温、防腐要求，用它来做防腐层，其整体性好、强度高、使用寿命长，且价格适中、施工周期较短。该工艺解决了玻璃鳞片涂层存在的抗拉性差、抗弯性差、抗高温差，以及对钢板表面热胀冷缩时与机体的依附性差等缺点。

（四）冷却塔排放湿烟气

利用自然通风冷却塔直接排放脱硫后的烟气是另一种湿烟囱方法，该方法又称“烟塔合一”烟气排放技术。

它是将低温饱和湿烟气用烟气管道送入冷却塔配水装置上方集中排放，与冷却水不接触。烟气抬升的动力包括动力抬升和热力抬升。烟气在离开烟囱时具有向上的动能，使它能够继续向上运动，称为动力抬升；烟气的温度比环境温度高且密度小，在浮力的作用下上升，称为热力抬升。烟囱里排出的烟气在这两种动力的作用下，上升一段距离后才会在阻力和温度梯度的影响下逐渐趋于平缓，使得烟气的最终高度要高于烟囱出口高度，相当于增加了烟囱的有效高度。尽管传统烟囱一般比冷却塔要高，烟囱排放的烟气温度也比冷却塔排出的混合气体温度要高，但利用冷却塔排烟时，由于烟气与冷却塔中的水蒸气混合后，大量的水蒸气能将烟气分散冲淡，这种大量的混合气流有着巨大的抬升力，能使其渗入到大气的逆温层中。另外，这种混合气流还具有一种惯性，使其对风的敏感度比烟囱排放的烟气对风的敏感度低，后者极易被风吹散。在可比情况下利用冷却塔排放的烟气比烟囱排放的烟气气流更大，上升的时间也更长，扩散高度更高，因而认为利用冷却塔排放烟气的污染比烟囱排放低，利于降低环境污染，保护环境。

按照脱硫装置的安装位置，烟塔合一工艺通常可以分为内置式和外置式。内置式，即脱硫装置安装在冷却塔内，烟囱与冷却塔合一，脱硫之后的烟气直接从冷却塔排放。外置式，即脱硫装置安装在冷却塔外，经过脱硫净化后的烟气通过烟道引至冷却塔配水装置上方排出塔外。

烟塔合一烟气排放技术利用冷却塔巨大涨热空气上升气流对烟气形成包裹和抬升，从而促进烟气中污染物的扩散，减少污染物对地面的影响。采用烟塔合一技术可以取消湿烟囱，简化脱硫系统，降低脱硫系统排烟阻力，减少脱硫电耗和运行费用，节约用地，具有很好的经济性。

湿法脱硫后的净烟气在通过冷却塔排放的过程中，净烟气中一部分水蒸气会遇冷凝结成雾滴，这些雾滴一部分会附着在冷却塔壁面上，将对混凝土壳体造成腐蚀。另外，大风天气会造成混合湿气下洗，对塔外壁造成腐蚀。因此，塔内喷淋层以上和塔外部从上向下1/3的部分必须做防腐处理。通常采用玻璃鳞片树脂作为防腐涂层，引入冷却塔的净烟道一般采用质轻、防腐性能优良的合金钢管道。

第四节 石膏脱水系统及设备

由于石膏是FGD系统的唯一副产品，所以石膏制备系统的运行与否直接影响整套脱硫装置能否正常运行。对脱硫系统产生的石膏一般有石膏回收商业利用法和抛弃法两种处置方法。

一、石膏脱水系统的组成及工艺流程

石膏脱水系统一般由一级旋流脱水系统、二级皮带脱水系统组成，包括石膏旋流器、真空皮带脱水机、滤布冲洗水箱、滤饼冲洗水箱、回收水箱、搅拌器、浆液泵、石膏库（仓）、装载机等设备。

（一）一级旋流脱水的作用及功能

通过旋流实现浓、稀浆分离，对分离出来的浓浆进行脱水，将稀浆返回吸收塔，用于补水并调整吸收塔反应罐浆液浓度，使其保持稳定。

浆液提浓：提高浆液的密度或含固量有助于石膏饼的形成，减少二级脱水备处理的浆液量。

杂质分离：分离浆液中的飞灰和未反应的细颗粒石灰石，降低底流浆液中的飞灰和石灰石含量，有助于提高石灰石利用率和石膏的品质，降低吸收塔循环浆液中惰性细颗粒物的浓度。

排放废水：向系统外（经废水处理系统）排放一定量的废水，以控制吸收塔环浆液中的浓度。

回收水制浆：用经一级脱水装置获得含固量较低的回收水制备石灰石浆液，并被送回吸收塔以调节反应罐液位。

（二）二级皮带脱水系统作用及功能

作用：真空过滤，液固分离脱水，生产成品石膏。

功能：回收滤液，用于制浆或吸收塔补水。

（三）脱水系统工艺流程

吸收塔排出浆液为石膏（$CaSO_4 \cdot 2H_2O$）和其他盐类的混合液，包括 $MgSO_4$、$CaCl_2$、Na_2SO_4、$NaCl$、$CaCO_3$、CaF_2 和灰分等。

对吸收塔的石膏浆液密度或含固量控制有浓浆（30%）洗涤和稀浆（12%～18%）洗涤两种控制技术。浓浆洗涤工艺可以不设置一级旋流器，直接进入脱水机脱水。稀浆洗涤控制技术的脱水系统一般由旋流装置和脱水装置组成。

吸收塔氧化浆池内的浆液（含固量为12%～18%）通过石膏浆液排出泵送入石膏浆液旋流器，通过旋流器溢流（含固量为3%～5%）分离出浆液中较细的固体颗粒（细石膏颗粒、未溶解的石灰石和飞灰等），这些细小的固体颗粒在重力的作用下从旋流器溢流返回至吸收塔。浓缩的大颗粒石膏浆液（含固量为40%～60%）从旋流器的下口排出。脱水系统工艺流程如图3-35所示。

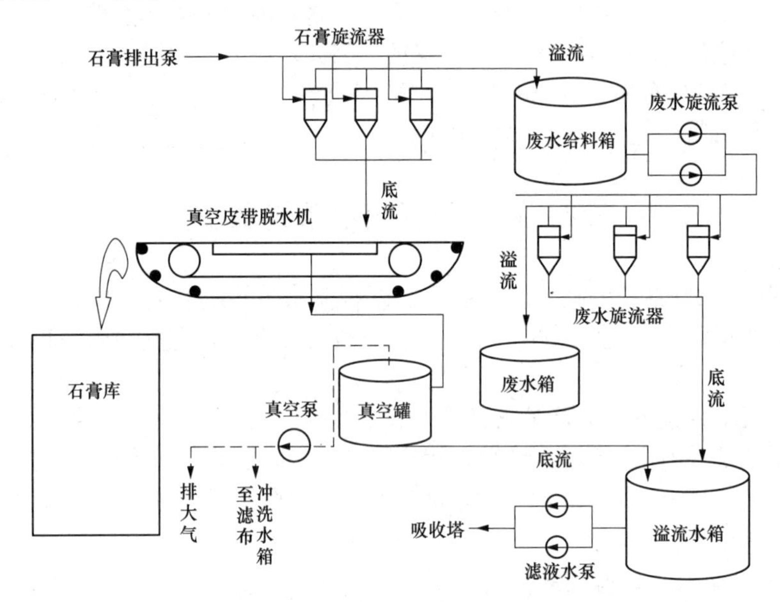

图3-35　脱水系统工艺流程

在FGD系统正常工况下，这些大颗粒的石膏浆液可自流至旋流器下方布置的真空皮带脱水机，也可以自流至石膏浓浆罐，再由石膏浓浆泵统一分配至真空脱水机。每台皮带脱水机配置一台水环式真空泵。石膏脱水后含水量不大于10%，脱水石膏可自然落料堆积在石膏储存间或石膏仓里面，也可以由石膏输送皮带或多点布料机送至石膏库（仓）均匀分配，石膏库（仓）的石膏可以用装载车装车或直接装车外运。

二、旋流器

（一）水力旋流器的工作原理

水力旋流器作为分离分级设备，其基本工作原理是基于离心沉降作用，当待分离的两相混合液以一定的压力从水力旋流器上部周边切向进入旋流器后，产生强烈的旋转运动。由于轻相与重相混合液存在的密度差，因此所受的离心力、向心浮力和流体曳力的大小不同。受离心沉降作用，大部分重相混合液经旋流器底流口排出，而大部分轻相混合液则由溢流口排出，从而达到轻相混合液与重相混合液分离的目的，典型旋流器如图3-36所示。

在湿式石灰石浆液制备系统中，旋流器将颗粒较大的石灰石从浆液中分离出来后，再将其送回球磨机继续磨细。即含有较大石灰石颗粒的旋流器底流返回球磨机的给料端，含有较细石灰石颗粒的溢流液进入石灰石浆液箱。

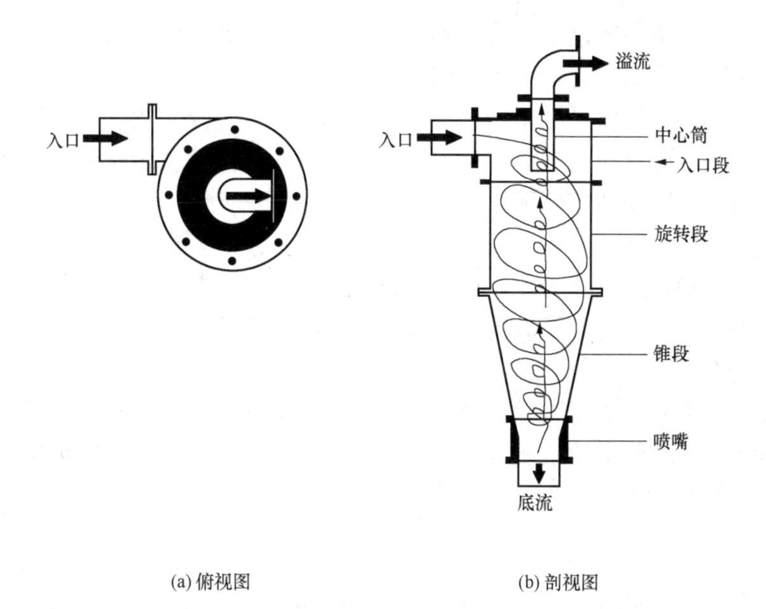

(a) 俯视图　　(b) 剖视图

图 3-36　典型旋流器

在石膏一级脱水中，旋流器的目的是浓缩石膏浆液。旋流器入口浆液的固体颗粒物含量一般为 15%左右，底流液固体颗粒物含量可达 50%以上，而溢流液固体颗粒物含量为 4%以下，分离浆液的浓度大小取决于石膏颗粒尺寸分布。底流液被送至二级脱水设备（如真空皮带过滤机）做进一步脱水。

（二）旋流器构造及材料

水力旋流器为模块设计，由外圆筒、进料管、圆锥体、底流喷管和溢流管组成，一般成组安装，即几个完全一样的旋流器安装成为一组，通过调整旋流器的运行数量，使旋流器达到最佳运行性能。旋流器组如图 3-37 所示，旋流器的入口连接到一个公用的圆柱体分配器上。分配器把浆液平均分配到每个旋流器，使其具有相同的压力和流量。每个旋流器入口安装一个隔离阀，以便在不影响其他旋流器运行的情况下切断某个旋流器进行维修。每个旋流器的底流和溢流分别被收集到底流槽和溢流槽中。分配器由压力室、隔离阀、溢流弯管、溢流聚集塔、底流聚集塔和支架构成。

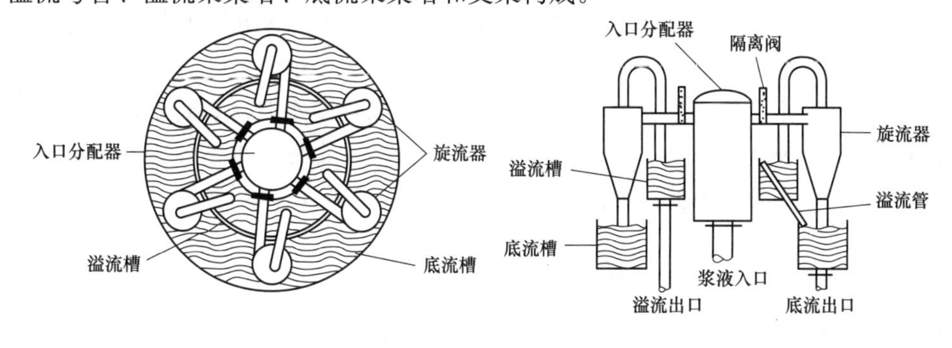

(a) 俯视图　　(b) 剖视图

图 3-37　旋流器组

旋流器一般采用防剥蚀衬里，旋流器的壳体可以根据流体的压力来选择，通常采用碳钢、铝、聚丙烯和玻璃钢。为了便于拆卸，采用镀镍或者合金钢螺栓连接较好。

旋流器防剥蚀衬里可以采用多种材料制作，包括天然橡胶、极高耐磨性的聚亚安酯、碳化硅、铬合金和陶瓷材料。圆柱体分配器、底流槽和溢流槽及所有的管道通常由衬胶碳钢制作，也可以采用防剥蚀玻璃钢。

水力旋流器本身无运动部件，具有结构简单，设备紧凑，占地面积小，成本低廉，易于安装和操作、维护，处理能力大，运行可靠，分级分离性能优良等优点。

主要存在的问题：①旋流子破损；②底流固形物浓度较稀；③旋流器底流口堵塞。

三、脱水机

石膏浆液经水力旋流器浓缩后，仍有40%～50%的水分。为进一步降低石膏含水率，应进行二级脱水。二级脱水的主要设备有真空皮带脱水机、真空筒式脱水机、离心筒式脱水机、离心螺旋式脱水机。

（一）真空皮带脱水机

真空皮带脱水机是一种水平式过滤装置，皮带表面覆有滤布。

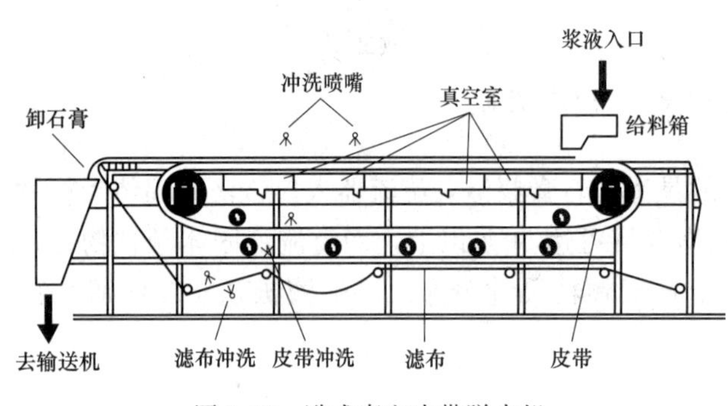

图3-38　卧式真空皮带脱水机

卧式真空皮带脱水机（如图3-38所示）是利用真空力把水和其他液体从浆液中分离出来。即采用真空泵透过滤布抽出石膏浆液中的液体，固体颗粒留在滤布上形成滤饼。经过一级旋流脱水后的石膏浆液进入脱水机的进料箱，在进料端，浆液被均匀分布到移动滤布和排水皮带区域。

滤饼在排水皮带上方移动，通过重力和真空进行脱水。真空是因排水皮带下侧的真空罐而产生的。滤饼沿脱水机的长度方向行进时，由滤饼冲洗管从上方进行冲洗。当滤饼移动到真空皮带的端部时，石膏浆液已经变成粉末状，滤布从脱水皮带上分离且继续行进到下一个排放转轮，滤饼与滤布分开，石膏粉末借助一个挡板被刮下后排放到下料口，落入石膏粉仓。在皮带返回到脱水机上面之前，由一系列喷嘴将它冲洗干净。

在真空泵的作用下，通过滤布、皮带的滤液和部分环境空气进入真空箱，经真空泵送至气液分离器，空气和滤液在气液分离器内分离，空气通过消声器排到大气，滤液排入过滤水池。滤布冲洗水一般用工艺水作为补充水，由滤布冲洗水泵送到脱水机，用于滤布和皮带冲洗。从滤布冲洗管、滤饼冲洗管、滑台润滑系统、皮带润滑系统排出的水被收集在滤饼冲洗罐，当液位低时由滤布冲洗水补充到正常液位，再由滤饼冲洗泵送回脱水机进行滤饼冲洗。

真空皮带机具有连续运行、容量大、转速低和故障少的优点，但也具有价格高、占地面积较大的缺点。

脱水机使用中存在的主要问题包括：①胶带摩擦力大，驱动力不够，电动机因过电流或过热跳闸；②滤布容易跑偏或撕裂；③胶带磨损或断裂；④真空密封不好，导致脱水效果不好，石膏含水率高；⑤冲洗水系统设置不合理或水量控制不好，影响石膏品质，甚至影响整个系统的水平衡；⑥管路的堵塞。

（二）旋转滚筒真空过滤机

典型的旋转滚筒真空过滤机如图 3-39 所示。这种过滤机是将浆液送到设备底部的浆液箱，浆液箱中通过装有一个摆动叶片形搅拌器，以保持固体颗粒处于悬浮状态。滤布贴在旋转空心滚筒上，滚筒被划分成几个扇形区，旋转滚筒式真空过滤机的运行区域如图 3-40 所示。每个分区表面有一个浅槽，从滚筒内部使一个或多个分区形成真空，从而将浆液箱中的浆液抽到滚筒浸没部分的表面上，浆液中的固体颗粒被捕获到滤布表面形成滤饼，浆液中的液体，即“滤液”透过滤饼和滤布被抽出，排往过滤机和真空泵之间的滤液箱中。

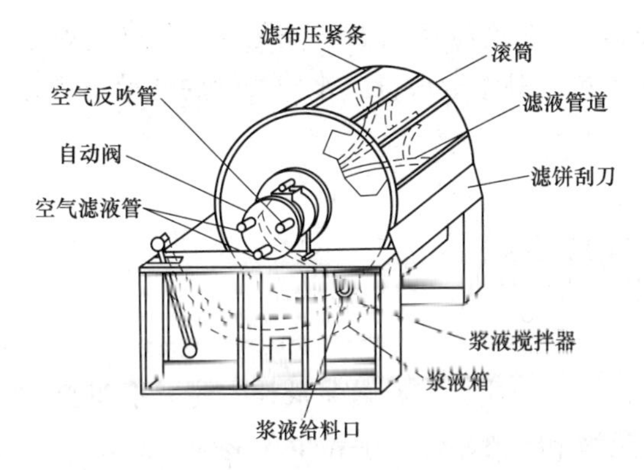

图 3-39 典型的旋转滚筒真空过滤机

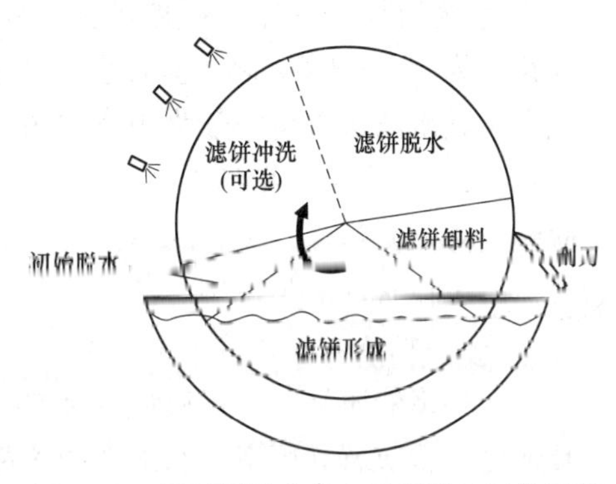

图 3-40 旋转滚筒式真空过滤机的运行区域

滚筒在浆液箱的浸没部分所形成的滤饼在滚筒转到浆液箱液面以上、滚筒顶部的过程中进行脱水。在转动一圈的后半部分可以用净水冲洗滤饼，降低残余的溶解盐。在滚筒旋转的末端，靠近滚筒表面处装有刮刀，用于刮落滤布上的石膏。为避免磨损滤布，刮刀片不能接触滤布。也可以采用压缩空气帮助清除滤布上的固体物，固体物由输送机送走，滚筒和滤布再进行新的循环。

连续旋转滚筒真空过滤机的典型流程如图 3-41 所示，它是过滤机、滤液箱和真空泵的一种典型布置方式。

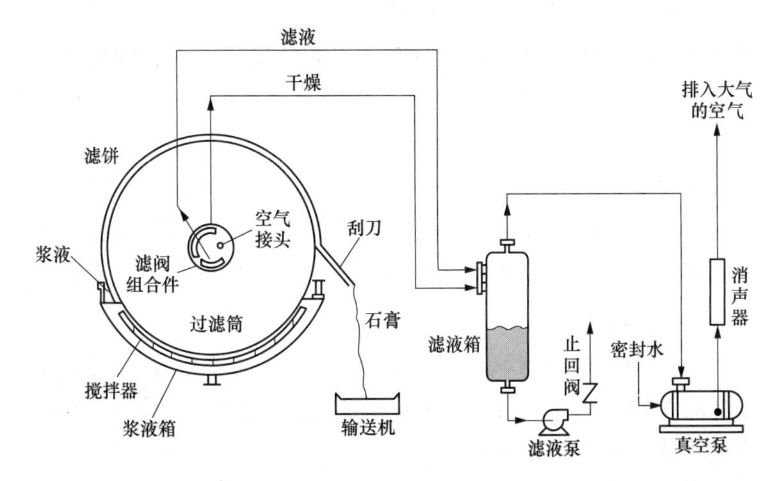

图 3-41 连续旋转滚筒真空过滤机的典型流程

四、脱硫石膏

石膏是强制氧化石灰石-石膏湿法烟气脱硫系统的副产物。目前，按脱硫副产物石膏的处置方式划分，有抛弃和回收利用两种方法。抛弃处置需要填埋或储存堆放的场地及填埋场的隔离、排水、防渗漏等的建设，以及副产物的运输、固化等运行费用。回收利用则需要对脱硫石膏的质量以及石膏的深加工提出较高的要求。从资源利用的角度出发，还是采用回收利用好。

（一）脱硫石膏的物理化学性质

FGD系统的脱硫副产物为脱硫石膏，又称排烟脱硫石膏、硫石膏或FGD石膏，其主要成分为湿态二水硫酸钙（$CaSO_4 \cdot 2H_2O$）晶体。

FGD系统的脱硫石膏呈颗粒粉状，颗粒较细，平均粒径约30～60μm。颗粒呈短柱状，径长比为1.5～2.5，颜色呈白色、灰色或黄色。其主要成分二水硫酸钙的含量一般为90%左右，其游离水含量一般为10%左右。

（二）脱硫石膏品质指标

脱硫石膏品质指标：①含水率小于10%；②石膏纯度为90%～95%；③Cl^-含量小于0.01%；④粗粒状（避免针型和薄片状）；⑤重金属含量低；⑥易脱水等。

（三）影响脱硫石膏品质的主要因素

（1）石膏浆液质量。石膏质量直接取决于石膏浆液质量。石膏浆液质量主要衡量指标有石膏纯度、石灰石利用率、水溶性盐含量、浆液pH值、烟气中粉尘含量等。

（2）石灰石品质。石灰石作为SO_2的吸收剂，其品质好坏直接关系到脱硫效率和石膏浆液品质。石灰石浆液品质主要指石灰石浆液的化学成分、粒径、表面积、活性等。脱硫系统一般要求$CaCO_3$含量不低于90%。

（3）浆液pH值。运行中要适当控制pH值，兼顾脱硫效率和石膏品质，同时要注意石灰石浆液的补充量。当补充大量石灰石而pH值上升不明显时，可能是石灰石活性差，必须要让石灰石有充分的时间在吸收塔内电离。

（4）石膏排出时间。石膏排出时间是指吸收塔氧化池浆液最大容积与单位时间排出石膏量之比。浆池容积大，石膏排出时间长，亚硫酸盐更易氧化，利于晶体长大。但若石膏排出时间过长，则会造成循环泵对已有晶体的破坏。

（5）氧化风量及其利用率。氧化风量对石膏浆液的氧化效果影响较大。应保证足够的氧化风量，使浆液中的$CaSO_3$氧化成$CaSO_4$，否则脱硫石膏中的$CaSO_3$含量过高将会影响其品质。

（6）烟气中灰尘含量。烟气中的灰尘在脱硫过程会因洗涤而进入浆液中，浆液中的杂质含量高时，不能随着脱水而全部排出，使成品石膏中的杂质含量增加，影响石膏品质。

（7）滤饼冲洗不充分。滤饼冲洗主要作用是降低石膏中的Cl^-浓度，正常要求成品石膏中Cl^-的浓度小于100μg/g。

（8）烟气中SO_2含量。燃煤含硫量或烟气SO_2含量是脱硫系统的重要设计参数。在实际运行中，如果烟气SO_2含量高于设计值，即超出吸收塔处理能力，脱硫效率就会显著下降，而且石膏浆液品质也得不到保证。

（9）脱水效果不佳，含水量超标。

（四）脱硫石膏的综合利用

目前，脱硫石膏利用途径主要可分为两类，一是脱硫石膏直接利用，主要作为水泥缓凝剂、盐碱地土壤改良等；二是将原状脱硫石膏经焙烧成建筑石膏后应用，可用于生产纸面石膏板、石膏砌块、粉刷石膏、石膏条板等石膏制品。

第五节　脱硫运行参数的检测及控制系统

脱硫装置运行控制的目的是提高脱硫效率，降低石灰石消耗，保证装置的安全与经济运行。由于脱硫装置中的某些被控对象具有较大的迟延和惯性，因此，在控制系统的设计中必须考虑这一特性。脱硫装置的动态特性主要反映在大量液固物料所具有的质量惯性和化学反应惯性上。另外，控制系统的设计不仅要考虑脱硫装置本体的特点，还需要考虑脱硫装置的运行对锅炉发电机组的影响。

在FGD系统中，需要检测与控制的参数，除了有温度与压力外，还包括浆液流量、液位、压力、烟气成分（SO_2、CO、O_2、NO、CO_2 等）、烟尘浓度和浆液 pH 值、浆液浓度等物性参数。

现代大型火电厂的烟气脱硫装置均采用与当前自动化水平相符，与机组自动化水平一致的分散控制系统（DCS），实现脱硫装置启动、正常运行工况的监视和调整、停机和事故处理。其功能包括数据采集与处理系统（DAS）、模拟量控制系统（MCS）、顺序控制系统（SCS）及联锁保护、脱硫变压器和脱硫厂用电源系统监控等。在机组正常运行工况下，对脱硫装置的运行参数和设备的运行状态进行有效监视和控制，并能够自动维持 SO_2 等污染物的排放总量及浓度在正常范围内，以满足环保要求；能完成整套脱硫系统的启动和停止控制；在出现危及单元机组运行的紧急情况下，能自动进行系统的联锁保护，停止相应的设备甚至整套脱硫装置的运行。全部热工和设备报警项目应能在显示器上显示和在打印机上打印。在启停过程中应抑制虚假报警信号。

一、运行参数的检测与测点布置

（一）脱硫装置运行参数检测的特点

运行参数的检测是脱硫装置自动控制系统的一个基本组成环节。脱硫装置运行中需要检测的过程参数包括温度、压力、流量、液位、烟气成分、石灰石浆液与石膏浆液 pH 值、浆液浓度（或密度）等。

温度、压力、液位及流量参数的检测在火电厂热力设备中被广泛采用。在脱硫装置中这类参数的测量原理与方法没有明显区别，且不涉及高温、高压条件下的参数检测。不同之处主要是脱硫装置运行中需要测量、控制高浓度石灰石、石膏浆液的温度、压力、液位及流量，考虑被测介质的氧化性、腐蚀性、高黏度、易结晶、易堵塞等特殊性。各个参数的具体检测系统由被测对象、传感器、变送器和显示装置组成。传感器、变送器和显示装置与火电厂采用的装置基本相同，这里仅介绍关于密度与 pH 值的测量。

（二）密度测量

石灰石浆液浓度一般为20%～30%，石膏浆液的浓度一般为10%～30%，主要采用质量流量计或放射性密度计进行测量。另外，还可采用差压式和超声波密度测量装置进行测量。

1. 科氏质量流量计

流体在旋转的管内流动时会对管壁产生一个力，简称科氏力。科氏力产生的条件：①旋转（或振动）；②流体沿旋转方向径向运动。科氏质量流量计以科氏力为基础，在传感器内部有两根对称的流量管，中部装有驱动线圈，两端装有检测线圈，变送器提供的激励电压加到驱动线圈上时，振动管做往复周期振动，质量流量测量原理如图 3-42 所示。当管内的液体开始流动时，在科氏力的作用下，直管也会产生一个振荡，且该振荡和流过的质量流量成正比。通过传感器检测管子的合成振动就可以得到流体的质量流量。

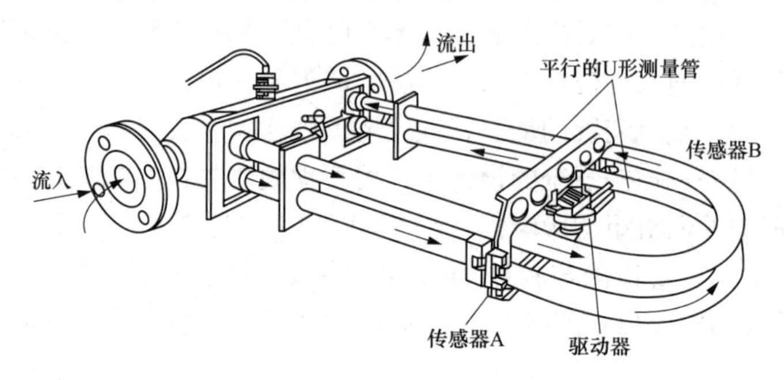

图 3-42 质量流量测量原理

振动管中介质的质量是介质密度与振动管体积的乘积。由于振动管的体积对每种口径的传感器来说是固定的，因此振动频率直接与密度有相应的关系，那么，对于确定结构和材料的传感器，介质的密度可以通过测量流量管的谐振频率获得。

科氏质量流量计能够直接测量质量流量，不受流体物性（密度、黏度等）的影响，测量精度高；无可动部件，可靠性高；测量值不受管道内流场影响，没有上、下游直管段长度的要求；可调量程比为 1∶100；可测各种非牛顿流体以及黏滞和含微粒的浆液。但阻力损失较大，零点不稳定，管路振动会影响测量精确度；密度计电极选用哈氏合金或钛合金，较高的材质要求必然增加密度计的费用；需根据密度计的口径控制流经密度计的流速，从而保证密度计不被堵塞。

2. 放射性密度计

放射性密度计如图 3-43 所示。由核放射源发射的核辐射线（通常为射线）穿过管道中的介质，其中一部分被介质散射和吸收，其余部分射线被安装在管道另一侧的探测器接

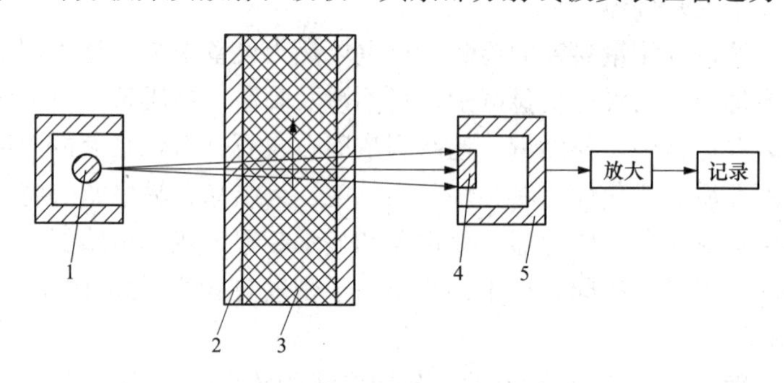

图 3-43 放射性密度计

1—发射源；2—管道；3—被测介质；4—探测器；5—铅屏蔽

收，介质吸收的射线量与被测介质的密度呈指数吸收规律，即射线的投射强度将随介质中固体物质的浓度增加而呈指数规律衰减。在已知核辐射源射出的射线强度和介质的吸收系数的情况下，只要通过射线接收器检测出透过介质的射线强度，就可以检测出流经管道的浆液密度。

放射性密度计安装在浆液管的外面，与浆液不直接接触。优点是因其安装方便，维护量小，不会造成浆液的压力损失。缺点是测量信号与浓度不呈线性；管道内壁结垢及磨损将引起测量误差；由于射线对人体有害，因此对射线的剂量应严加控制，且须有严格的安全防护措施。

（三）pH 值检测

pH 值被定义为水溶液中 H^+ 活度的负对数，pH 值小于 7 的溶液呈酸性，pH 值大于 7 的溶液呈碱性。检测 pH 值的仪表称为 pH 计，也称为酸度计，其是通过连续检测水溶液中 H^+ 的浓度来确定水溶液的酸碱度。

由于直接测量溶液中 H^+ 的浓度是有困难的，所以通常采用由 H^+ 浓度引起的电极电位变化的方法来实现 pH 值的测量。根据电极理论，电极电位与离子浓度的对数呈线性关系，因此，测量被测水溶液的 pH 值的问题就转化为测量电池电动势。

pH 计构造示意图如图 3-44 所示。pH 计的电极包括一支测量电极（玻璃电极）和一支参比电极（甘汞电极），两者组成原电池。参比电极的电动势是稳定且精确的，与被测介质中的 H^+ 浓度无关；玻璃电极是 pH 计的测量电极，其上可产生正比于被测介质 pH 值的毫伏电动势，原电池电动势的大小仅取决于介质的 pH 值，因此，通过测量电池电动势，即可计算出 H^+ 的浓度，从而实现了溶液 pH 值的检测。测量中，电极浸入待测溶液中，将溶液中的 H^+ 浓度转换成毫伏电压信号，将信号放大并经对数转换为 pH 值，由仪表显示。

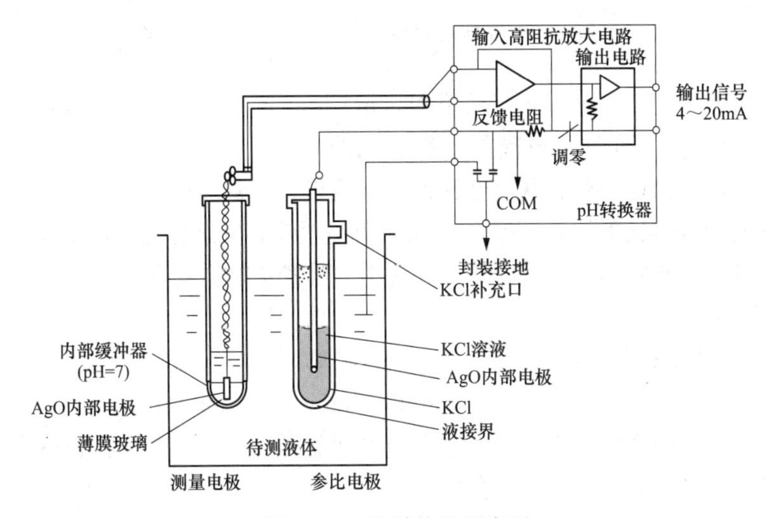

图 3-44　pH 计构造示意图

目前在湿法脱硫中常用的 pH 计探头都是复合型传感器，即传感器中带测量电极、参比电极、测温元件。pH 计测量传感器有浸入式、通流式和直接插入式三种。其中，浸入式传感器在测量时插入浆液箱罐中，维护和校准时从箱罐中取出，因此易于维护，但容易造成泄漏；通流式传感器安装在取样管上，容易堵塞；直接插入式传感器通过一根带阀门的短管直接插入浆液管路，需要维护和校准时，将传感器拔出并关上阀门。通流式和直接插入式传感器都容易受高速浆液的磨损。复合型传感器pH计具有结构简单、维护量小、使用寿命长的特点。

pH计在使用过程中，需要保持电极的清洁，并定期用稀盐酸清洗，且每次清洗后或长期停用后均需要重新校准。测量时须保持被测溶液温度稳定并进行温度补偿。

（四）主要检测参数的测点布置

FGD系统运行监测参数的测点布置示意图如图3-45所示。监测参数包括温度、压力、压差、液位、pH值、浓度（密度）、流量、烟气成分、石膏层厚度等，这些参数均实时被显示在控制系统的计算机画面上，并用于运行参数控制。

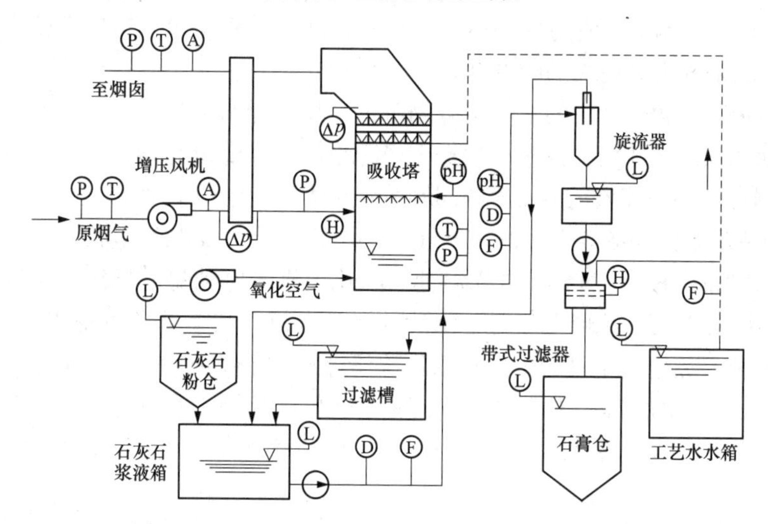

图3-45　FGD系统运行监测参数的测点布置示意图

当石灰石浆液经再循环泵补入吸收塔时，pH计布置在浆液箱出口管道；当石灰石浆液直接补入吸收塔时，pH计可布置在再循环泵出口管道。

为了检测送入脱硫塔中的石灰石浆液的质量流量，通常需要布置体积流量计（如电磁流量计）和浓度计（如核射线式浓度计）；pH值是脱硫装置运行与控制的重要参数，通常需要采用冗余设计，布置两台pH计并采取清洗与维护措施；检测浆液的压力或压差的取压装置必须安装隔离装置。

（五）烟气连续排放监测系统

火电厂烟气连续排放监测系统（continuous emission monitoring system，CEMS）是监测烟气污染物排放的现代化手段，用于在线自动监测燃煤电厂烟气排放的颗粒污染，气态污染物（SO_2、NO、CO）和排放总量。

烟气连续排放监测系统示意图如图3-46所示。整套完整的烟气连续排放监测系统包括颗粒物（烟尘）监测子系统、气态污染物（SO_2、NO、CO及O_2）监测子系统、烟气排放参数监测子系统、数据采集子系统及远程监测子系统。其中，气态污染物监测子系统包括烟气取样探头、气体预处理系统、气态污染物分析仪器监测装置。烟气排放参数监测子系统主要监测烟气压力、流量、温度和烟气湿度（含水量）。数据采集控制器汇集各种智能化仪器的测量数据和系统工作状态并上报给监控中心，同时控制整套监测仪器的运行流程。

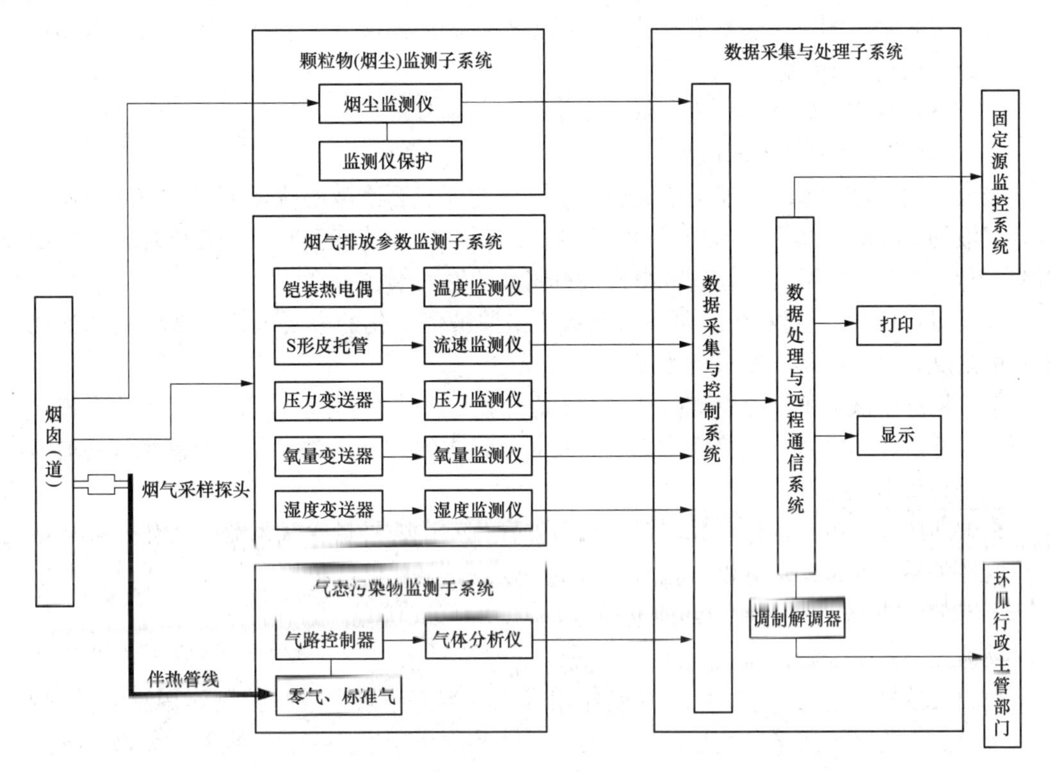

图 3-46　烟气连续排放监测系统示意图

1. CEMS 具有的重要功能

（1）提供环保法规所要求的污染物排放信息。

（2）向电厂管理部门提供控制锅炉运行的重要信息。

（3）提供 FGD 系统所需要的信息。

一个 CEMS 由一系列与系统控制和数据采集处理系统接口的分析仪和表计组成。分析仪和其他表计或者是抽气式的或者是就地式的，这取决于在何处对气样品进行分析。任何一种 CEMS 可能是抽气式和就地测量式分析仪和表计的组合。

2. CEMS 的主要分析仪和表计

（1）测量特定气态污染物的分析仪。

（2）氧量分析仪。

（3）烟气流量计。

（4）烟尘连续监测仪。

二、脱硫装置的控制系统

脱硫装置的控制系统按控制对象可以分为以下几个子控制系统：

（1）烟气控制系统包括增压风机的烟气流量、压力控制，旁路挡板压差控制等。

（2）吸收控制系统包括吸收塔浆液的 pH 值、吸收塔内浆液的液位控制，吸收塔石膏浆液排除流量控制等。

（3）石灰石浆液制备控制系统包括石灰石浆液箱液位控制与浆液浓度控制等。

（4）石膏脱水控制系统包括真空皮带脱水机石膏厚度控制与滤液箱水位控制等。

（5）工艺水控制系统包括除雾器冲洗控制、吸收塔浆液管道冲洗控制、工艺水箱液位控制、GGH 冲洗水控制等。

（6）废水处理系统的运行控制等。

（一）吸收塔浆液 pH 值控制

吸收塔内浆液的 pH 值控制是对送入吸收塔的石灰石浆液的流量进行调节和控制。通常，浆液的 pH 值应维持在 5.0～5.8。当吸收塔浆液 pH 值降低时，需要增加输入的石灰石浆液量；当 pH 值增大时，应减小石灰石浆液的输入量。

在 FGD 系统运行过程中，可能引起吸收塔浆液值变化的主要因素有烟气量和烟气中 SO_2 的浓度，以及石灰石浆液的浓度及供给量。

单独依靠浆液 pH 值的检测信号与 pH 值的设定值进行比较、反馈及控制的系统，不能得到良好的控制质量。而将锅炉烟气量及烟气量中的 SO_2 的浓度作为控制系统的前馈信号，对提高反馈速度和控制质量是有利的。

锅炉的送风量可以较好地反映锅炉负荷的变化，反映过量空气系数的变化，且与烟气量呈线性关系。通常锅炉侧设有检测送风量的仪表，因此可以将锅炉负荷与送风量及校验的 SO_2 浓度一起作为控制系统的前馈信号。

反馈控制系统是闭路系统，调节器是依据被控对象相对于设定值的偏差来进行调节的，检测的信号是被控量 pH 值，控制作用发生在偏差出现以后，控制作用影响被调量，而被调量的变化又反过来影响控制器的输入，使控制作用发生变化。吸收塔浆液 pH 值单回路加前馈复合控制框图如图 3-47 所示。

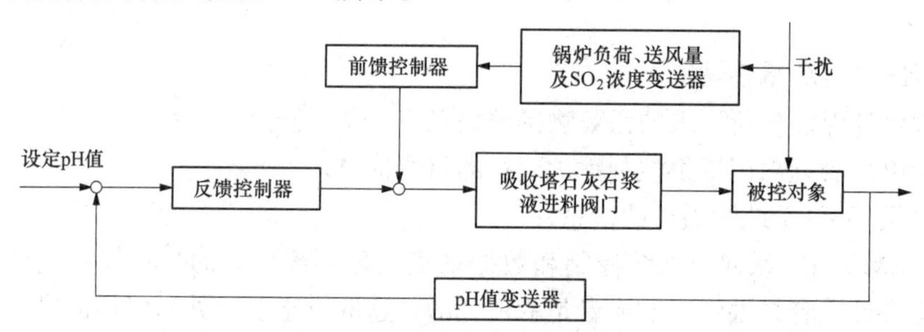

图 3-47　吸收塔浆液 pH 值单回路加前馈复合控制框图

将前馈控制与反馈控制结合起来的复合控制系统，可以利用前馈控制作用迅速调节；可利用反馈控制克服干扰并对前馈控制系统带来的偏差予以纠正；可以提高有延退性，干扰强的被控对象的控制质量。调节控制系统在系统考虑上，为了防止 pH 值过调，又将流量测量值构成一个负反馈，pH 值的测量仍是主反馈回路。

吸收塔浆液 pH 值串级加前馈复合控制框图如图 3-48 所示。在这个串级系统中，主副调节器分别接受来自被控对象的测量值。主调节器接受浆液 pH 测量值，副调节器接受送入吸收塔的石灰石浆液流量的测量值。主调节器的输出作为副调节器的设定值，副调节器的输出与前馈信号相叠加，控制石灰石浆液给料阀的开度，使吸收塔内浆液 pH 值维持在设定值上。由于引入了副回路，改善了对象的特性，使调节加快，具有超前控制作用，并有一定的自适应能力，有效地克服了滞后的影响，提高了控制质量。

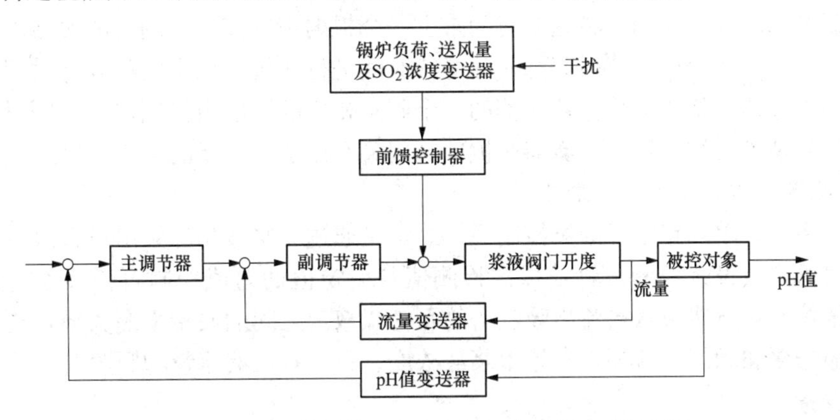

图 3-48　吸收塔浆液 pH 值串级加前馈复合控制框图

因此，在吸收塔的 pH 值控制系统中，可以采用两种复合控制系统。一是吸收塔内浆液 pH 值单回路加前馈的复合控制系统；二是吸收塔浆液 pH 值串级加前馈的控制系统。两者的主要区别在于增加了石灰石浆液流量测量仪表，相对而言，流量测量比 pH 值反应更快、更直接。

（二）吸收塔浆液池的液位控制

吸收塔浆液池的液位控制系统为闭环断续控制系统，通过调节进入吸收塔的工艺水量——除雾器的冲洗水量，即通过控制除雾器的冲洗间隔时间来实现。

在烟气中的 SO_2 被吸收脱除的过程中，烟气温度降低，烟气中的大部分 SO_2 被吸收脱除，烟气也达到饱和并从吸收塔顶部排出。而因石灰石浆液中的水大部分吸热蒸发在烟气中，同时也有部分水参加化学反应，并最终进入石膏及石膏浆液中。因此，由于吸收塔浆液损失的水量与进入的烟气量成正比关系，进入的烟气量增加，蒸发带走的水量也将增大，会使液位下降速率加快。由于吸收塔的横截面积较大，靠水位偏差信号来调节进水量的滞后性较大，调节速度慢。因此，常将烟气量作为水位调节的提前补偿信号，用于克服液位调节的较大惯性，以加快调节速度。

吸收塔液位控制系统逻辑图见图 3-49。

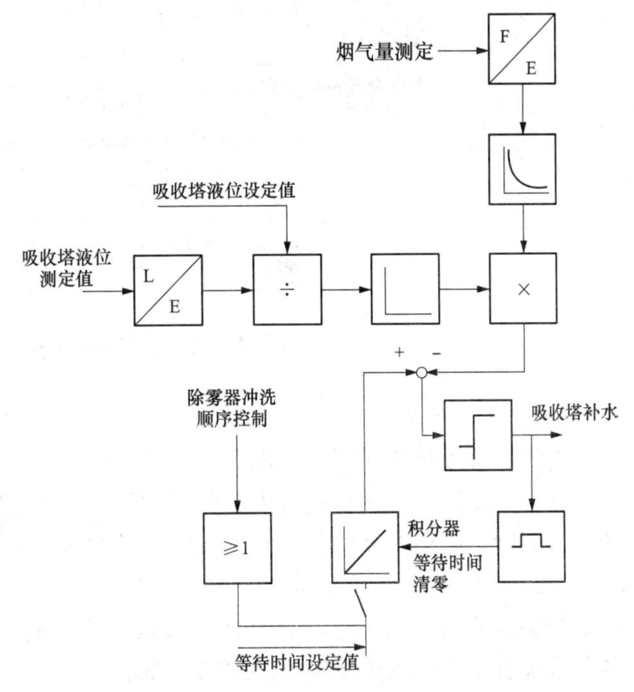

图 3-49　吸收塔液位控制系统逻辑图

由测定的烟气流量和烟气量与除雾器冲洗时间之间的函数关系，计算出开启除雾器冲洗顺序控制要求的等待时间。将这个时间乘上一个根据正常液位和测得的实际液位之间的比率因数。将计算所得的等待时间与实际等待时间进行比较，如果实际等待时间达到预期等待时间的设定值，将激活除雾器一侧的一个阀，相应的顺序组控制启动，同时积分器上的等待时间将清零。冲洗后，除雾器一侧的阀门又开始了一个新的等待时间。

（三）吸收塔石膏浆液排出控制

可以采用多种单回路闭环断续控制系统。一是通过在浆液循环泵出口管道或石膏浆液排出泵出口管道装设浆液密度计，根据检测值与设定值的差值控制石膏浆液输送泵的启闭。二是根据石灰石浆液量与流出吸收塔的石膏浆液量之间的质量平衡关系，比较差值来控制石膏输送泵和阀门的启闭。三是由浆液浓度、石灰石浆液流量和吸收塔的液位控制石膏浆液排放量。

吸收塔石膏浆液排出控制系统逻辑控制图如图 3-50 所示。

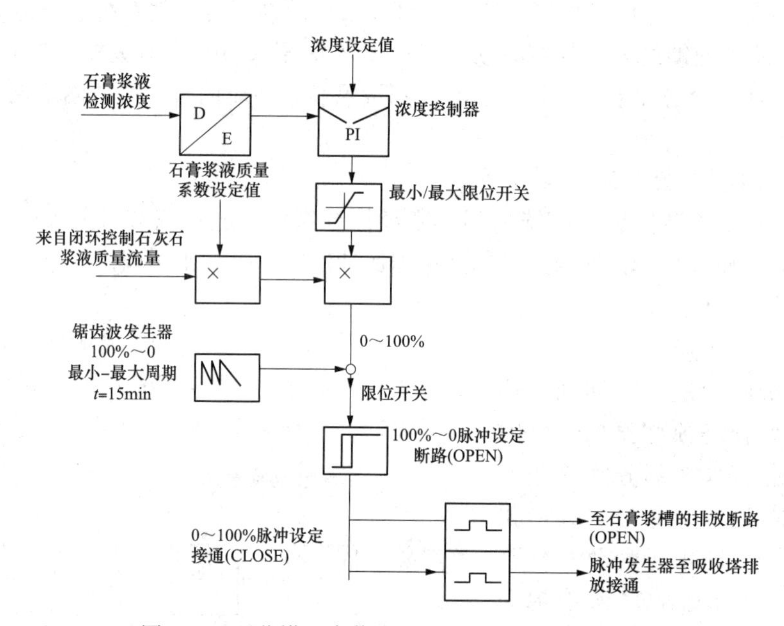

图 3-50　吸收塔石膏浆液排出控制系统逻辑控制图

（四）石膏饼厚度控制

石膏饼厚度控制示意图见图 3-51。

真空皮带脱水机运行过程中需要保持脱水机上滤饼厚度的稳定，根据厚度传感器监测的滤饼厚度，采用变频调节真空皮带脱水机的运行速度。

（五）湿式球磨机的控制

为保证石灰石浆液能够充分地在吸收塔内进行吸收反应，必须提供合格的石灰石浆液，石灰石浆液的浓度及细度必须满足要求。

湿式球磨机系统保证磨制出合格的石灰石浆液，送至石灰石浆液箱进行储存。该系统包含两个自动控制回路，即石灰石浆液浓度控制回路和湿式球磨机浆液循环箱液位控制回路（如图 3-52 所示）。

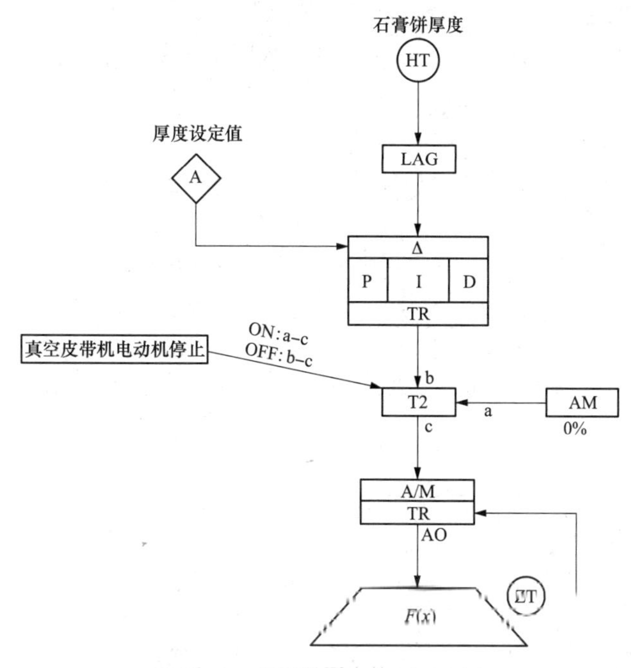

图 3-51 石膏饼厚度控制示意图

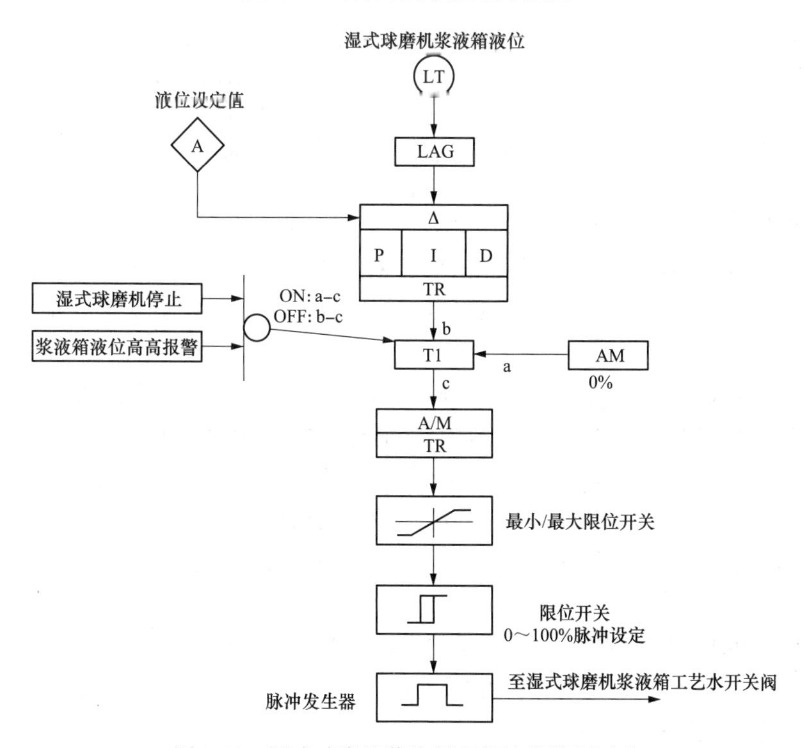

图 3-52 湿式球磨机浆液循环箱液位控制回路

通过控制石灰石的给料量、工艺水，保证石灰石浆液浓度达到设计值（25%～30%），湿式球磨机浆液箱液位稳定。

可采用给料量控制模式，由于球磨机进口水量是恒定的，因此可按照一定的配比

(7∶3左右)，通过改变球磨机进口的石灰石进给量，从而增加/减少了进入球磨机浆液箱的碾磨浆液量，达到控制来旋流站的石灰石浆液浓度，石灰石浆液浓度控制回路示意图如图3-53所示。

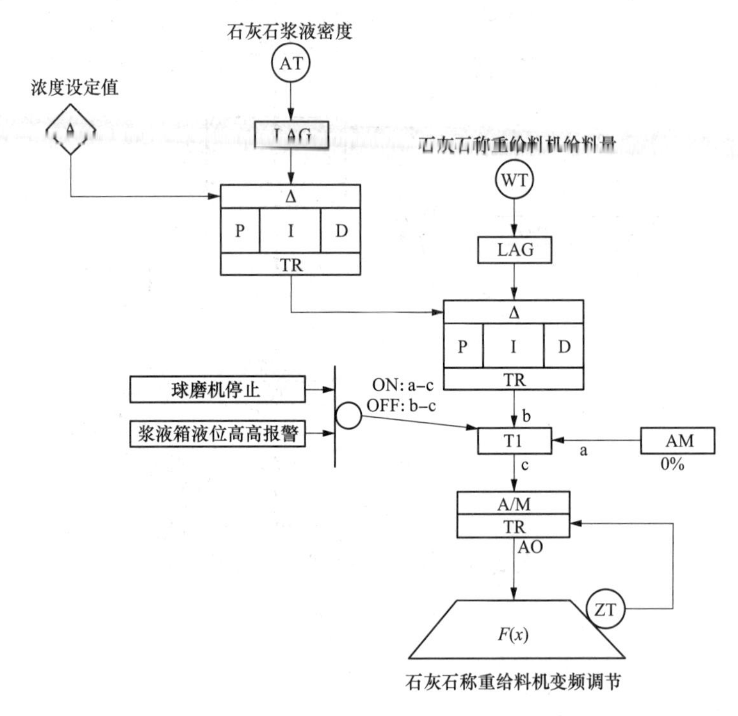

图3-53 石灰石浆液浓度控制回路示意图

三、脱硫装置的顺序控制

脱硫装置的顺序控制是为了满足脱硫装置的启动、停止和正常运行工况的控制要求，实现脱硫装置在事故和异常工况下的控制操作，以保证脱硫装置的安全。脱硫装置的顺序控制有：

(1) 脱硫装置烟气系统的顺序控制，FGD系统的进口与出口烟气挡板的启闭操作。

(2) 吸收塔浆液循环泵的顺序控制，浆液循环泵的电动阀、排污阀、冲洗水阀及循环泵的启闭操作。

(3) 除雾器系统的顺序控制，各层冲洗水的启闭操作。

(4) 石灰石浆液泵的顺序控制，浆液泵的电动阀、排污阀、冲洗水阀及循环泵的启闭操作。

(5) 石膏浆液泵的顺序控制，浆液泵的电动阀及泵的启闭操作。

(6) 工艺水泵的顺序控制，水泵的电动阀、排污阀、冲洗水阀及循环泵的启闭操作。

(7) 排放系统的顺序控制操作。

(8) 电气系统的顺序控制操作。

(9) 脱硫装置中的保护与联锁控制。

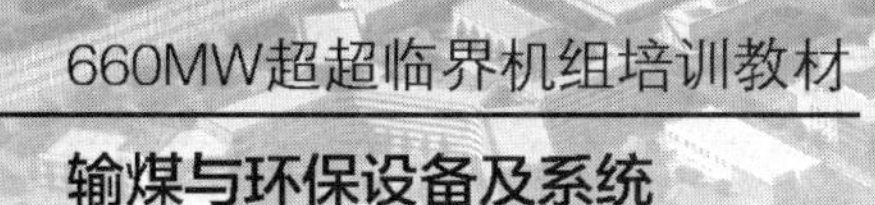

第四章　脱硫装置的运行与维护

为了保证脱硫系统持续稳定运行，保证脱硫设备的长期使用及在事故情况下的安全，脱硫运行人员必须对脱硫系统进行正确操作、及时调整和适当维护，使脱硫装置始终保持在良好的工况下运行。

第一节　脱硫装置的运行

FGD系统运行调整和维护的主要任务是在主机正常运行的情况下，满足机组烟气脱硫需要，实现FGD系统环保功能；保证机组和FGD系统安全、稳定运行；保持各参数在最佳工况下经济运行，降低电耗、石灰石粉消耗、水耗等各种消耗；保证FGD系统各项技术、经济指标达标，保证净烟排放、石膏品质、废水品质等满足要求。

FGD系统正常自动运行基本由DCS来实现，FGD系统主要的控制项目和方法见表4-1。

表4-1　　FGD系统主要的控制项目和方法

分类	控制项目	目的	控制方法
烟气系统	旁路差压调节	防止气体从旁路挡板中泄漏	当旁路挡板完全关闭时，为了保持旁路挡板差压，由增压风机（BUF）上的动叶角度的修正信号进行调节
	增压风机烟气流量调节	进入FGD系统的气体给定速度应由BUF上的动叶角度来完全控制	BUF系统上动叶角度由锅炉风量作为指令和校正信号来控制，从旁路挡板来的差压信号用来使进入FGD系统的风量给定得到完全控制
	旁路挡板门控制	旁路挡板门控制回路是对FGD系统出现事故时提供保护控制用的，FGD系统出现下列异常情况时，旁路挡板应该按顺序打开	FGD系统出现下列异常情况时，旁路挡板应该按顺序打开： （1）BUF跳闸； （2）全部吸收塔循环泵停止； （3）FGD系统入口烟气湿度过高； （4）FGD系统入口烟气压力过高/低； （5）锅炉事故（锅炉主燃料跳闸、汽轮发电机组事故跳闸、引风机或送风机跳闸）

续表

分类	控制项目	目的	控制方法
吸收系统	吸收塔液位调节	应控制吸收塔的液位	由FGD系统的工艺水进水量调节吸收塔的液位
	吸收塔pH值调节	为使FGD系统的SO_2排除效率大于等于95%，吸收塔的pH值应该被控制	吸收塔pH值是由石灰石浆液的流量控制的，以便维持脱硫性能指标。石灰石浆液的流量由吸收塔入口和出口的烟气流量和SO_2浓度来计算和控制
	吸收塔排出石膏浆液流量控制	维持吸收塔浆液的浓度在正常范围	从吸收塔排出的石膏浆液流量由石灰石浆液供给的流量来计算并由调节阀来调节
石灰石储备系统	石灰石浆液箱液位调节	控制石灰石浆液箱液位	通过石灰石和水的流量调节石灰石浆液箱液位
	石灰石浆液箱浓度控制	石灰石浆液箱浓度应该控制在一定的范围内	从石灰石储仓出来的石灰石流量应由石灰石浆液箱的补水流量控制
石膏脱水系统	真空皮带脱水机滤饼厚度控制	控制石膏饼厚度在正常范围内	为了保持滤饼稳定的厚度，皮带脱水机的速度根据厚度传感器检测的在皮带脱水机上的滤饼厚度，通过脱水机的驱动动力变频器加以调整和控制
	冲洗水箱水位控制	控制冲洗水箱的水位在正常范围内	从真空泵来的密封水和工艺水将被注入冲洗水箱，任何时候此水箱的溢流水将溢流至回收水箱。当冲洗水箱水位降低时，工艺水将予以补充
废水处理系统	废水流量控制	控制FGD系统废水流量保持在稳定状态	应控制从废水水箱流出的废水是以比较稳定的流量流出，如果废水箱的水位降低，废水处理站的废水将关闭以稳定液位
公用系统	工艺水箱液位控制	控制工艺水箱的液位在正常范围	进入工艺水箱的工艺水将被控制，以保持工艺水箱在规定的液位
冲洗系统	除雾器冲洗系统	维持吸收塔液位在正常范围内，防止除雾器结垢	除雾器冲洗系统应通过FGD系统启动/停止命令和顺序计数的定时器进行控制，并应洗净除雾器各元件
应急系统	应急烟气冷却系统	应急烟气冷却系统应被控制，用于紧急情况下保护FGD系统	应急烟气冷却系统应自动启动，用于紧急情况下冷却升高到异常温度的下行烟气，并且应在“所有吸收塔循环泵停止”或者“FGD系统入口烟气温度达到高值”时，对其进行控制

第二节 脱硫效率的调整

脱硫装置正常运行时，烟气脱硫效率不应小于95%。吸收塔内浆液pH值的大小和浆液密度的高低对脱硫效率影响很大，因此，运行中必须控制其 pH 值为 5～6，浆液的密度控制在正常值。

正常运行时，给浆量可根据 pH 值、吸收塔入口 SO_2 浓度、脱硫效率及石灰石浆液浓度联合进行调节，当 pH 值及石灰石浆液浓度降低时，可加大给浆量，当入口 SO_2 浓度增加时可适当开大石灰石给浆调节门的开度，增加石灰石给浆量。若脱硫效率太低，则加大给浆量，必要时可增加吸收塔浆液循环泵的投运数量。

1. 入口烟尘浓度高

原烟气中的飞灰在一定程度上会阻碍 SO_2 与脱硫剂的接触，降低石灰石中 Ca^{2+} 的溶解速率，同时飞灰中不断溶出的一些重金属会抑制 Ca^{2+} 与 HSO_3^- 的反应。一般要求脱硫系统入口粉尘含量小于 200mg/m³，最好能低于 100mg/m³。

2. 入口烟气温度偏高

吸收温度降低时，吸收液面上 SO_2 的平衡分压降低，将有助于气液传质。进入吸收塔烟气温度越低，越利于 SO_2 气体溶于浆液，形成 HSO_3^-，即低温有利于吸收，高温有利于解吸。通常，将烟气冷却到 60℃左右再进行吸收操作最为适宜，较高的吸收操作温度会使 SO_2 的吸收效率降低。当烟气温度过高时，可开启事故喷淋系统，使烟气温度降低后进入脱硫塔。

3. 入口烟气中 Cl^-、F^- 含量高

如果入口烟气中 HF、HCl 含量高，将导致进入脱硫浆液的 Cl^-、F^- 含量高。在运行中应严格控制工艺水中的 Cl^- 含量，及时排放废水以保证系统中 Cl^- 含量（一般控制在 20 000μg/g 以内）。F^- 会形成氟化物而包裹吸收剂，阻止其进一步溶解，降低吸收剂利用率及脱硫效率。

4. 吸收剂品质及磨制细度影响

一般而言，石灰石颗粒越细，其表面积越大，则反应越充分，吸收速率越快，石灰石的利用率越高；$CaCO_3$ 有效含量越高，活性越好。一般最低要求石灰石细度为 90%通过 250 目筛，石灰石纯度一般要求大于 90%。

5. 实际运行有效液气比低

烟气进入吸收塔后，自下而上流动，与喷淋而下的石灰石浆液雾滴接触反应，接触时间越长，反应进行得越完全，对脱硫越有利。但 SO_2 与吸收液存在气液平衡，液气比超过一定值后，脱硫效率将不再增加。

（1）有效液气比低的原因：

1）煤质变差。脱硫系统入口烟气量和 SO_2 浓度增加，导致实际液气比降低，脱硫效率下降。

2）循环泵实际出力不足。因循环泵选型缺陷或运行叶轮磨蚀等原因造成出力不足，循环浆液流量不够、实际液气比下降、脱硫效率降低。

3）喷淋层、喷嘴设计选型缺陷。此外，也有喷淋层管路设计不合理，到达各个喷嘴的流量和压力不均匀，雾化效果不一致，吸收塔断面各处烟气流速差别较大，局部液气比差别大以致影响脱硫效果。

（2）调整措施。若机组低负荷长期投运，则对其脱硫设施可采取对应于高位喷淋层的循环泵。而当 SO_2 浓度或烟气量增加时，为保证较高的脱硫效率，可加开一台循环泵以保

证足够的液气比，实现高效率脱硫。

若机组运行负荷较高，硫分或烟气量增加不是很多，加之提高液气比会使设备的投资和运行能耗增加，吸收塔内阻力增大，风机能耗增加。则应在尽可能保证脱硫效率的前提下尽量降低液气比。可以通过加入脱硫添加剂如镁盐、钠盐、己二酸（$C_6H_{10}O_4$）的浆液等，这样既可以弥补吸收剂活性较弱的缺点，适当降低液气比，同时还可以提高脱硫效率；也可以通过运行调整适当提高或补充吸收塔石灰石浆液含量，采用适度控制吸收塔高密度运行等方式达到提高脱硫效率的目的。

6. pH 值过低

浆液的 pH 值是脱硫的重要运行参数，当进入吸收塔的烟气量、烟气中的 SO_2 含量以及石灰石品质、石灰石浆液浓度发生变化时，吸收塔浆液的 pH 值也会随之发生变化。为保证脱硫装置的脱硫效率并防止 SO_2 吸收塔系统的管道发生堵塞，此时吸收塔浆液的 pH 值应在 5～6 的最佳范围内。吸收塔内浆液的 pH 值是通过调节进入吸收塔的石灰石浆液流量来控制的。增加石灰石浆液流量，可以提高吸收浆液的 pH 值；减小石灰石浆液流量，吸收浆液的 pH 值也随之降低。如果 pH 值过小（小于 4.0），就需要检查石灰石浆液密度，加大石灰石浆液量，检查石灰石的反应活性。此外，应关注烟气中 HF 或浆液中 F^- 含量的变化情况，因为有可能是 CaF_2 导致 pH 值下降的。

7. 钙硫比调整不当

在保持液气比不变的情况下，钙硫比增大，吸收剂的量相应增大，会使浆液 pH 值上升，进而加快中和反应速率，使 SO_2 吸收量增加，提高脱硫效率。实践证明，吸收塔的浆液浓度为 20%～30%，钙硫比为 1.02～1.05 最合适。

8. 吸收塔内的石灰石浆液浓度低

为保证脱硫效率和系统的安全运行，需要从吸收塔底部的浆液池中排放浓度较高的石膏浆液。循环浆液池的浆液浓度过高将会造成管路堵塞，这是由于浆液中既有一定浓度的石膏，又有一定浓度的石灰石。如果排放量过大，会导致浆液中石灰石浓度下降，脱硫效率和石灰石利用率降低，副产品石膏品质恶化，严重时还会导致脱硫装置因吸收塔液位过低而停运。因此，需对吸收塔排出的石膏浆液流量进行调节，保证浆液停留的时间。

9. 石膏氧化不好

在烟气脱硫的化学反应过程中，O_2 使 HSO_3^- 氧化为 SO_4^{2-}，随着烟气中 O_2 含量的增加，$CaSO_4 \cdot 2H_2O$ 的形成加快，脱硫效率也呈上升趋势。脱硫运行时多投运氧化风机可提高脱硫效率。考虑到脱硫的经济性，一般脱硫系统氧化空气倍率为 2～3，设计上一般取 2.5。

脱硫运行中，若实际参与氧化反应的空气量不足，则浆液中大量的 $CaSO_3$ 不能转化成 $CaSO_4$，SO_2 向液相的溶解扩散速度减缓，导致脱硫效率下降。另外，若硫分波动大，则部分时间内处理的硫总量增加将导致氧化倍率偏低。一般可以通过增开备用氧化风机或增设氧化风机来解决。

三、吸收塔内溢流及水平衡的分析及处理

在脱硫运行中，吸收塔的水平衡是一个很重要的因素。如果在运行中掌握不好水平衡，就会造成一些设备不能正常停运和吸收塔溢流等情况的发生。吸收塔溢流装置是为保证塔内水平衡，防止液位过高倒流进烟道而设置的。

1. 吸收塔内溢流水平衡失控原因分析

(1) 液位计显示偏低。

(2) 阀门内漏。

(3) 吸收塔带浆，除雾器冲洗频繁。

(4) 吸收塔起泡。泡沫也会造成虚假液位，一般可以通过添加消泡剂解决。泡沫多时启动第三台浆液循环泵以及停止氧化风机运行，极易造成浆液溢流。

(5) 浆液在溢流管道处形成虹吸现象。总之，在脱硫系统设备仪器正常的情况下，运行中为了避免溢流，可用的手段大致有适当降低浆液静态液位；坚持正常排放废水，减少塔内杂质浓度；在保证脱硫效率的前提下，停用一台浆液循环泵以减弱液面的波动；加消泡剂，此方式的效果最好。

2. 吸收塔水平衡

当脱硫装置运行时，由于水分蒸发进入烟气、生成的石膏浆液排出及反应等造成吸收塔系统的水损失，因此需要不断地向吸收塔补充水，以维持吸收塔的水平衡。

为了保证脱硫装置的正常运行，达到预期的脱硫效率，吸收塔内要维持一定的液位高度，当吸收塔浆液池的液位高值低于最低的设定值时，设置的控制系统实施联锁保护，使浆液循环泵和搅拌系统等停运；液位高于最高设定值时，石灰石浆液将产生溢流。

进入脱硫系统的水源主要有除雾器冲洗水，进入吸收塔的石灰石浆液中所含的水，其他各系统冲洗水，氧化空气冷却水等；脱硫系统的水损失主要是废水系统带走的，吸收塔内蒸发掉的和生成最终产物石膏所带走的水分。脱硫系统的水平衡即指二者之间的平衡。水平衡的直接体现就是吸收塔液位及浆液回收箱液位的稳定。吸收塔液位主要靠除雾器冲洗来维持，通过调整除雾器每一层冲洗的等待时间，达到维持吸收塔液位的目的。

加强脱硫系统设备的运行管理，及时消除设备缺陷，提高运行及检修人员的操作及维护水平是维持脱硫系统设备安全、正常运行的保证。同时，加强脱硫化学监测分析表单的管理，建立监测数据与运行操作的紧密联系，使监测数据真正起到监测、监督、指导运行的作用，可为脱硫运行问题的解决提供宝贵经验。

四、吸收塔内浆液 pH 值异常的分析及处理

在 FGD 系统正常运行时，系统根据锅炉烟气量和 SO_2 浓度的变化，通过石灰石供浆量进行在线动态调整，将 pH 值控制在指定范围内，一般为 5.0～5.6，以保证设计钙硫比下的脱硫效率以及合格的石膏副产品。但在实际运行过程中，会出现吸收塔内浆液 pH 值持续下降甚至低于 4.0，即使长时间增供石灰石浆液后仍难以升高的现象，脱硫效率也维持不住，最终导致系统操作恶化。当出现此情况时，可判定为产生了“石灰石盲区”现象，其原因大致有以下几种。

(1) FGD 系统进口 SO_2 浓度突变。由于烟气量或 FGD 系统进口原烟气中 SO_2 含量突变，造成吸收塔内反应加剧，$CaCO_3$ 含量减少，pH 值下降。

(2) 进入 FGD 系统中的灰分过高，造成“氟化铝致盲”。由于电除尘后粉尘含量高或重金属成分高，在吸收塔浆液内形成一个稳定的化合物 AlF_n（n 一般为 2～4），附着在石灰石颗粒表面，影响石灰石颗粒的溶解和反应，导致石灰石供浆对 pH 值的调节无效。

(3) 石灰石粉的质量变差，纯度远低于设计值。石灰石粉的含量降低，意味着其他成分含量增高，如惰性物质、MgO 等，它们使得石灰石粉的活性大大降低，使得吸收塔吸

收 SO_2 的能力也大大降低，即使大量供浆也无济于事。

（4）工艺水水质差，烟气中的 Cl^- 含量高等也会对吸收塔浆液造成影响而产生石灰石“盲区”。预防出现石灰石“盲区”的措施如下：

1）控制进入 FGD 系统中的 SO_2 含量，使其在设计范围内。

2）在每次锅炉负荷或原烟气 SO_2 含量突变时，如需快速加大石灰石的供给量时，把石灰石供浆调节阀改为手动控制，根据人工计算缓慢加大供浆量，避免由供浆阀自动调节使供浆量迅速增大，并根据运行参数趋势提前分析和判断以缩短处理时间。当原烟气 SO_2 含量或烟气量突然增大超出设计范围时，增开一台氧化风机以加强氧化效果，并掌握时机将吸收塔浆液外排脱水。

3）定期对吸收塔浆液和石灰石浆液取样并进行化学分析，掌握吸收塔浆液品质动态变化，根据吸收塔浆液中的 $CaCO_3$ 和 $CaSO_3 \cdot 1/2H_2O$ 含量调整 pH 值；要坚决更换品质差的石灰石（粉）。

4）通过调整电除尘电场运行参数和电场振打运行方式，以提高电除尘效率，使进入吸收塔的粉尘量减少，防止粉尘中的 Cl^-、Al_2O_3、SiO_2、F^- 对 $CaCO_3$ 溶解产生抑制作用。

5）做好各运行仪表的维护和校验，使其真实地反映运行状况，如在线 pH 计要同便携式 pH 计每周一次进行对比，发现偏差大时及时进行标定等。

6）适当加大废水排放量。当出现严重的石灰石“盲区”现象时，短时的最有效办法是加强碱（如 NaOH）或换浆，即将吸收塔内原品质恶化的浆液暂时外排，更换成新鲜的石膏/石灰石浆液，但这种方式治标不治本。

五、影响石膏品质因素的分析及处理

脱硫石膏的品质取决于脱硫岛入口条件，吸收塔运行控制以及脱水系统设备相关仪表的运行情况。

吸收塔中的石膏浆液通过石膏浆液排出泵送入石膏旋流器进行浓缩分离。浓缩后的石膏浆液（含固量为50%左右）流入或泵送到真空皮带脱水机进行脱水处理。经真空皮带脱水机脱水处理后的石膏表面含水率不超过10%为达标。若石膏水分过高，不仅影响脱硫系统和设备的正常运行，而且对石膏的储存、运输及后加工等都会造成一定的困难，因此，应对其加以控制。

影响石膏含水率的因素较多，如石膏晶体的颗粒形状和大小，石膏脱水设备的运行状态及参与反应控制过程的仪表的准确度等。

1. 外部输入条件的分析及处理

（1）脱硫入口烟气条件。与石膏品质相关的条件主要包括烟气参数、石灰石品质、工艺水水质等。

烟尘：对于新、扩、改建机组，脱硫岛入口烟气中的烟尘质量浓度必须控制在 $100mg/m^3$ 以内；对于现有机组的改造工程，必须控制在 $200mg/m^3$ 以下。

HCl、HF 含量：Cl^- 浓度过高除了会腐蚀系统外，还会降低脱硫效率，因此，需要定期排废水；HF 量虽然少，但随着在浆液中积累到一定程度，氟化物会在吸收剂表面形成包覆层，屏蔽吸收剂，降低脱硫效率，降低石膏品质。

（2）吸收剂。石灰石的品质对脱硫效率和石膏品质都有直接的影响。Al_2O_3 会与进入浆液的 F^- 形成氟化物，影响脱硫效率和石膏产品的黏性，以致脱水困难，石膏含水率高。

含 Mn^{2+}、Fe^{3+} 等的盐类会影响石膏色泽。

(3) 工艺水。工艺水水质对石膏的影响主要是其中的 Cl^-，石膏中 Cl^- 残留量增加会使其品质下降。

2. 吸收塔运行控制因素的分析及处理

由于吸收塔浆液密度控制、停留时间、pH 值以及氧化风的供应量等会影响石膏的结晶，因此，运行时需结合实际摸索出最佳控制参数综合考虑。

(1) 石膏晶体太小。在石膏的生成过程中，如果工艺条件控制不好，往往会生成层状或针状晶体。尤其是针状晶体，形成的石膏颗粒小、黏性大、难以脱水。而理想的石膏晶体应是短柱状，比前者颗粒大，易于脱水。因此，控制好吸收塔内化学反应条件和结晶条件，使之生成粗颗粒和短柱状的石膏晶体，同时调整好系统设备的运行状态是石膏正常脱水的保证。

如果生产中发现石膏产品黏性大、含水率高、黏堵滤布等问题，可尝试增开一台氧化风机，提高氧化风量，促使更多粒径细小的亚硫酸盐转化成硫酸盐。有时设施重新启动时会出现上述情况，可适当补充石膏晶种，也有利于石膏晶粒涨大。

(2) 石膏浆液固体含量低。吸收塔内浆液的密度直观地反映塔内反应物的浓度（固体含量）高低。密度升高，浆液的固体含量随之增加。工艺设计中在石膏排出泵出口管道上安装石膏浆液密度表。运行中根据该密度值的高低自动控制石膏浆液的排放，即密度低于设定值时，石膏旋流分离器双向分配器转换到吸收塔，也就是不排放石膏；一旦密度超过设定的最大值将开始排放石膏。

石膏浆液密度设定值根据反应产物石膏的形成和结晶情况确定，一般要求是形成大颗粒易脱水的石膏晶体，运行过程中根据浆液性质的不同，设定值有所不同，一般控制为 1050～1150kg/m^3，固体含量在 10%左右。

六、脱水设备问题分析及处理

1. 旋流站

如果石膏晶粒正常，含水率仍然超标，就要检测旋流子底流浆液密度或含固量是否偏低，进而检查旋流站旋流子提供的压力大小，不同旋流子的压力大小不一样。调整好压力后进行旋流子底流取样化验，检查含固量是否达到 50%以上，如果没有，应检查石膏旋流站旋流子沉沙嘴口径及其管道内部是否合理或损坏，石膏旋流站旋流子沉沙嘴口径不合理也会导致下溢流含水过多。

定期清理石膏旋流器，保证浆液的浓缩及颗粒分离效果。运行监测中如果发现石膏旋流底流固体含量低于 40%～45%时，及时检查旋流器运行情况；如果发现堵塞，需及时清理。制定定期清理制度，防止由于堵塞引起的石膏浆液密度、固体含量的降低，影响石膏的后续脱水步骤。

2. 脱水机

(1) 真空度不够。石膏脱水不好、含水率超标的另外一个原因是脱水机真空度不够，真空密封箱密封不严，包括以下几种情况。

1) 真空室对接处脱胶。

2) 真空室下方法兰连接处泄漏，这种情况通常会有吹哨声。

3) 滤液总管泄漏，只需拧紧泄漏处的螺栓，若是垫片有问题则需在停运装置后更换垫片。

4）在真空泵入口如果有滤网，滤网堵塞也有可能造成真空度不够。特别是当真空超过－50kPa时，应检查真空升高的原因并及时调整，联系监测站对石膏水分进行取样分析。

（2）石膏饼厚度调节。在运行过程中，维持真空皮带脱水机上石膏滤饼的厚度是保证石膏含水量不超标的重要条件。通过真空皮带脱水机变频器来调整和控制其运动速度，可以维持皮带脱水机上稳定的石膏滤饼厚度。

（3）滤饼冲洗。合理调整好石膏滤饼冲洗水流量及其布置位置也很重要。冲洗水流量过大会增大脱水难度。冲洗水太少，滤饼中的可溶盐未能被洗涤下来，会降低石膏品质。如果真空度稍微偏高，但是没有到需要停运的地步，脱水率仍然不能达标。这个时候就要分析浆液里面的污泥问题，污泥覆在滤饼上面，形成致密的一层污泥膜，隔绝了石膏滤饼和空气，滤饼中的水分无法排挤出来。对于这种情况，可以通过加装滤饼疏松器对滤饼进行适当的疏松，翻动表面的污泥加以解决。

（4）滤布堵塞。启动前对滤布进行冲洗，检查滤布是否堵塞，滤布冲洗水箱的水位要控制在一定范围内。滤布冲洗水箱的溢流是到滤液水箱，当滤布冲洗水箱水位降低时，采用工业水补充。如果滤布堵塞，可尝试采用一定浓度的稀盐酸浸泡，再用水冲洗。

3. pH计等测量仪表误差

吸收塔浆液的pH测量值是参与反应控制的一个重要参数，其输出值与锅炉负荷、脱硫装置入口SO_2的浓度值和新鲜石灰石浆液的密度综合起来，用于确定需要输送到烟气脱硫吸收塔的新鲜反应浆液的流量。pH值升高，新的反应浆液供应量将减少；反之pH值降低，新的反应浆液供应量将增加。若pH计测量不准，则需要添加的石灰石量就不能准确控制，而过量的石灰石使石膏纯度降低，造成石膏脱水困难。

加强在线检测仪表的维护，减小显示装置与实际值的偏差。按照吸收塔中反应物计量和生成物品质要求，石灰石浆液的密度、吸收塔pH值与脱硫效率有直接关系。吸收塔浆液密度控制着吸收塔生成物石膏品质。因此，石灰石浆液和石膏浆液密度计以及吸收塔pH计都是进行化学反应和控制的重要仪表，运行中必须加强对这些在线仪表的维护，保证其准确性。

七、烟羽与“石膏雨”问题分析

在一些FGD系统中，特别是无GGH的FGD系统，吸收塔出口净烟气由于处于湿饱和状态，在流经烟道、烟囱排入大气的过程中因温度降低，排放的烟气从感官上有滚滚白烟。烟羽是由携带细微颗粒物的饱和烟气、水蒸气遇冷凝结形成的白色（或多色）烟带。烟羽的形成与外部气温、气压密不可分。由于烟气中部分气态水和污染物会发生凝结，液体状态的浆液量会增加，并在一定区域内有液滴飘落，沉积至地面干燥后呈白色石膏斑点，称为“石膏雨”。

湿法脱硫使大量的烟羽飘浮在空中，是雾霾的成因之一。近两年来，“脱白”已经成为湿法脱硫不可或缺的必备功能。首先要通过喷淋、洗涤、降温和除尘、除雾装置尽可能多地去除烟气所含水雾，降低烟气湿度，同时通过清水洗涤和高效除尘脱除使烟气不易扩散的微尘粒子和气溶胶。除水、除雾、降低烟气湿度，同时要脱除气溶胶等超细颗粒物，这是“脱白”的基础。通过洗涤吸附，冷凝析出，高效除尘、除雾才能真正做到在深度净化超净排放的同时，达到“脱白”的目的。最后，在降温、去湿、“脱白”基础上，烟气进入烟囱前升温至适宜温度，使烟气变为不饱和烟气，抵消烟囱和大气温降，有效消除“白烟”现象。

（1）烟气加热技术。

1）GGH模式。在湿法烟气脱硫机组的前后安装GGH，充分利用锅炉烟气的低温余热，将排烟温度从50℃左右升至70℃以上，从而提高烟气的爬升力。这一模式在烟气脱硫后生成的气态水与污染物总量，在烟囱排放时保持不变，仅是提高了爬升高度，使弥散空间得到扩大，有效减轻烟囱周围的“石膏雨”现象，改善烟囱周边环境，消除部分烟羽。

2）MGGH模式。在锅炉空气预热器和除尘器之间与脱硫机组后安装MGGH，充分利用锅炉烟气的低温余热，将湿法烟气脱硫机组后的烟气排烟温度从50℃左右升高到80℃以上。

此外，还有在湿法烟气脱硫机组后混合高温除尘器过滤热烟气模式和管式换热器预热风模式、加装烟气加热器模式来提高湿法烟气脱硫机组后的烟气排烟温度。对于烟气脱硫后生成的气态水与污染物总量，在烟囱排放时仍然是保持不变，再热烟气的温度处于70～80℃，同样不能彻底地消除“石膏雨”与“有色烟羽”现象。

（2）烟气冷凝再热技术。湿法烟气脱硫机组后增加烟气冷凝再加热机组模式、烟气预热冷空气再加热机组模式、冷凝石灰石浆液和烟气再加热机组模式，都能够降低烟气温度，冷凝汽化水，降低烟气含水量，再加热烟气以提高烟气爬升力，消除“石膏雨”与“有色烟羽”现象。

（3）烟气喷淋再热技术。湿法烟气脱硫后机组增加烟气喷淋再加热模式，对烟气进行洗涤和进一步降温，去除部分液态石膏浆滴和冷凝汽化水，达到降低烟气粉尘浓度与湿度，再加热烟气以提高爬升力，消除“石膏雨“与“有色烟羽”现象。

（4）烟气深度除尘再热技术。通常燃煤电厂烟气经过电袋、布袋、电除尘器净化，经过脱硫机组处理后，烟气含尘量在20～30mg/m^3，再经过湿式静电除尘技术深度处理，可以实现烟尘浓度低于5mg/m^{3}的超低排放，彻底消除“石膏雨”现象。

（5）烟气预热空气水冷降温喷淋冷却旋流除尘再热技术。充分利用MGGH工艺，喷淋洗涤及旋流板塔除雾功能。同样可以实现超低排放，同时能够消除“石膏雨”与“有色烟羽”现象。烟气脱硫除雾再热流程见图4-1。

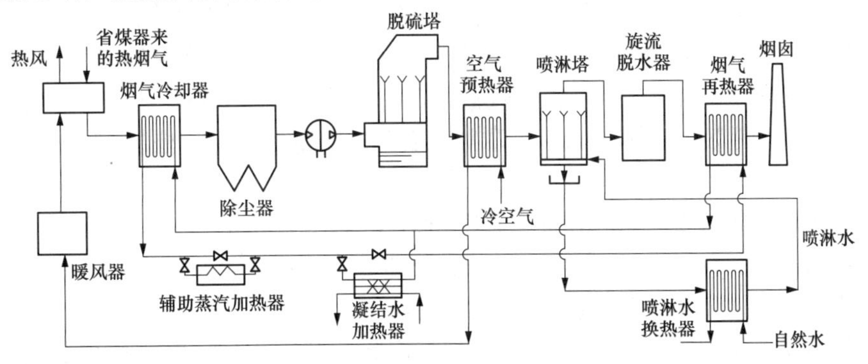

图4-1 烟气脱硫除雾再热流程

省煤器来的烟气首先加热锅炉助燃空气成热风，然后在烟气换热器内与烟气再热空气换热，经过电除尘精除尘后进入脱硫塔，接下来与锅炉助燃冷空气完成初次换热，进入喷淋塔喷淋洗涤，进一步降低烟气含尘量与温度，接下来再进入装有旋流板的旋流脱水器脱水与除雾，然后进入烟气再热器对烟气升温，提升烟气的爬升力，最后经过烟囱排放至大气。

八、设备结垢影响因素的分析及处理

在FGD系统中，由于在设备表面形成了严重的结晶析出和固体反应物的沉积，加之材料腐蚀、磨损使其可靠性变差，这种在设备表面发生的同质结晶和固体反应物的沉积通常称为结垢。在FGD系统中发生结垢堵塞现象十分普遍，燃用高硫煤的电厂尤其严重，这些垢物影响脱硫系统的物理、化学过程，导致系统阻力增加，塔内烟气流速不均，结垢严重时导致脱硫效率下降，石膏品质变差，垢物还可能脱落砸伤塔内件及防腐内衬，甚至造成喷嘴因严重堵塞而停运。

1. 结垢的形式

（1）灰垢。在吸收塔烟气入口、最高层浆液喷嘴与烟气出口之间的塔内壁面及烟气出口的斜坡段、氧化风管内及除雾器内壁最易形成此类垢体，垢体主要成分是灰分和石膏。高温烟气中的灰分在遇到喷淋液的阻力后，与喷淋的石膏浆液一起堆积在入口且越积越多，在吸收塔入口干湿交界处十分明显，故又名湿/干垢。

（2）石膏垢。石膏垢又名硬垢。石膏垢的形成主要与浆液中的石膏过饱和度有关。运行中需要通过适当控制吸收塔内石膏浆液浓度、液气比，提高氧化率，以避免大量结垢。吸收塔壁面及循环泵入口、石膏排出泵入口滤网、石膏旋流站管壁结的就是此类垢。

（3）软垢。软垢又名CCS垢。随着吸收塔浆液pH值的升高，$CaSO_3 \cdot 1/2H_2O$在水中的溶解度逐渐降低，在脱硫吸收区洗涤下来的SO_2在浆液中主要以SO_3^{2-}的形式存在。当浆液中$CaSO_3$浓度偏高时就会与$CaSO_4$同时结晶析出，形成$Ca(SO_3)_{0.8}(SO_4)_{0.2} \cdot 1/2H_2O$结晶产物，被称为软垢。当充分氧化时这种垢较少发生。在吸收塔底部，尽管有搅拌器搅拌，但仍存在“死区”使石膏沉积。除雾器、再热器管子因冲洗不充分，烟气携带的石膏浆液便黏结形成积垢。接触石膏浆液的各种管道和管件也有结垢的情况发生。

2. 防止FGD系统中发生结垢堵塞现象的对策

在脱硫系统中，防止系统发生结垢堵塞现象的技术措施主要有以下几个方面：

（1）合理控制系统的pH值。运行中过低的pH值容易形成$CaSO_4$硬垢，而过高的pH值不仅导致$CaSO_3$软垢的生成，还会使石膏品质变差及浆液中$CaSO_3$浓度升高。当对脱硫效率要求较高时，可以将石灰石系统pH值控制为5.5～5.8，钙硫比控制为1.02～1.05。

（2）控制吸收液中水分蒸发速度和蒸发量，控制吸收塔石膏浆液的密度，石膏的过饱和度最大不得超过140%。当浆液密度较低时，一般采取加入$CaSO_4 \cdot 2H_2O$或$CaSO_3$晶种的办法。当浆液密度过高时，可以采取加大石膏外排量的措施，控制石膏密度在正常的区间内。

（3）提供足够的氧化风量，保证$CaSO_3$的氧化率大于95%。

（4）定期对相关部件（除雾器、GGH、管路等）进行水冲洗和吹扫，保证冲洗水量和水压。检修维护中尤其注意对被损喷嘴的更换。

（5）使用脱硫添加剂。由于$CaSO_4$的结晶沉积与覆盖作用，吸收塔内部的垢物大都由$CaSO_4$、$CaSO_3$及$CaCO_3$三种物质组成。添加剂使用后可以缓冲pH值，加速了液相传质，促进了石灰石的溶解，从而使浆液循环槽内的垢体松散脱落。但该方法在短时间内极易导致石膏旋流系统堵塞。

(6) 加强电除尘器的维护，提高锅炉和电除尘器的效率和可靠性，控制烟气中的飞灰含量，维持烟气脱硫装置入口烟尘浓度在设计值范围之内。

(7) 适当增大液气比。增大液气比也是防止系统结垢的重要技术措施，可以稀释固态沉积物；同时应使塔内烟气和吸收浆液分布均匀，避免局部液气比下降甚至出现未湿化的“死区”。

(8) 设计上选择表面光滑、不易腐蚀的材料制作吸收塔；采用适宜的管道倾斜度，选择适宜的管道流速，以避免管道过度弯曲及积留浆液，在有积液停留的部位设置排放门；合理布置反应罐搅拌器，充分搅拌浆液，防止局部浓度过高和减少沉淀“死区”，有效防止结垢。

九、设备腐蚀与磨损影响因素的分析及处理

1. 磨损发生的机理

由于FGD系统内流动的主要是石灰石、石膏浆液及一些其他杂质，当流体以一定速度运动时，其中所含的固体物质会对设备、管道和管件造成磨损。当有些部位存在腐蚀现象时，这种磨损不断使材料暴露出新的表面，为腐蚀提供了良好的条件。在这种磨损与腐蚀的协同作用下，材料损坏会加速进行，危害十分严重。为了防止材料磨损，以及避免流体流速过高而导致局部湍流或撞击，除了使用耐磨材料以外，必须选定合适的流速，排除极端的节流构件。

2. 常见腐蚀的类型

金属材料的腐蚀形式有均匀腐蚀（一般腐蚀）和局部腐蚀（点腐蚀、缝隙腐蚀、晶间腐蚀、应力腐蚀、疲劳腐蚀），以及物理腐蚀（冲刷腐蚀和磨损腐蚀）、电化学腐蚀等。

(1) 点腐蚀。点腐蚀又称为孔腐蚀。金属表面不均匀处、氧化保护膜断裂处容易发生点腐蚀，金属表面卤化物浓度过高也容易造成点腐蚀。

(2) 缝隙腐蚀。缝隙腐蚀主要发生在溶液停滞的缝隙之中或屏蔽的表面。

(3) 应力腐蚀。材料在腐蚀介质和应力的作用下所引起的损坏称为应力腐蚀，表现形式为腐蚀与裂纹同时出现。

(4) 晶间腐蚀。晶间腐蚀是一种常见的局部腐蚀，腐蚀沿着金属或合金的晶粒边界或其邻近区域发展。晶粒本身腐蚀很轻微，但使晶粒间的结合力大大削弱，严重时可使机械强度完全丧失。不锈钢、镍基合金、铝合金等都是晶间腐蚀敏感性高的材料。

(5) 电化学腐蚀。电化学腐蚀是由不同的金属（或导电非金属）为两极形成腐蚀电池的结果。

非金属材料的化学腐蚀较缓慢而物理腐蚀破坏较迅速，是造成非金属腐蚀的主要原因。物理腐蚀主要表现为溶胀、鼓泡、分层、剥离、开裂、脱胶等现象，其起因主要由腐蚀介质的渗透和应力腐蚀所致。

3. 腐蚀发生的机理

从金属腐蚀机理来讲，可分为化学腐蚀、电化学腐蚀、晶间腐蚀和磨损腐蚀。

(1) 化学腐蚀。烟气中腐蚀介质在一定条件下与钢铁发生化学反应生成可溶性铁盐，使金属设备逐渐破坏。化学腐蚀发生在非电解质溶液中或干燥气体中，腐蚀过程不产生电流。烟气中的 SO_3 和 SO_2，以及 HCl 造成的金属腐蚀即属于此类。

（2）电化学腐蚀。当金属表面存在电解质溶液时，腐蚀过程中有局部电流产生，使金属逐渐锈蚀。

（3）晶间腐蚀。吸收剂浆液属于碱性液体，吸收 SO_2 后反应生成 $CaSO_4$ 和 $CaSO_3$，其溶液可以渗入到防腐层的毛细孔内。当脱硫系统停运后，在自然干燥状态下生成的结晶型盐，同时体积膨胀使设备自身产生内应力，致使表皮脱落、粉化、疏松或产生裂缝造成晶间腐蚀。特别是在干湿交替作用下，带结晶水盐类的体积可增长数倍乃至数十倍，腐蚀更加严重。这就是闲置的脱硫设备比经常运行时更容易发生腐蚀损坏的主要原因。

（4）磨损与腐蚀的协同作用。这种腐蚀是一种包括机械、化学和电化学联合作用的复杂过程。在快速流动的流体及其所携带固体颗粒的作用下，金属以水化离子的形式进入溶液。尤其当湍流较强烈时，腐蚀表现得更加明显。一方面，在流体作用下加快了金属表面腐蚀剂的补充及腐蚀产物的输运，从而增加了相关金属腐蚀的反应速率；另一方面，湍流对金属表面产生一个切应力，它可以将已经形成的腐蚀产物从金属表面剥离出来。若流体中含有固体颗粒，则这种切应力的力矩显著增大，造成金属磨损，磨损后的金属暴露出新的表面，腐蚀进一步深入。因此，这种磨损与腐蚀的协同致使材料损坏加速进行，危害更加严重。

FGD 系统中有机非金属材料一般是耐腐蚀的，其化学腐蚀是一个较缓慢的过程。相对而言，物理腐蚀则是一个较快的过程。造成非金属材料腐蚀主要有三个方面的原因，即腐蚀介质的渗透作用、应力腐蚀和施工质量。在腐蚀过程中三者互相促进。应力腐蚀和施工质量导致衬里缺陷增加，缺陷为介质渗透提供条件，渗入的介质又加剧应力腐蚀，使缺陷进一步扩大，周而复始，形成衬里物理腐蚀的恶性循环。

4. 防腐措施

（1）主要腐蚀区域及其腐蚀环境。烟道和吸收塔是 FGD 系统发生腐蚀的主要场所。根据腐蚀特性不同，可划分为 5 个主要的腐蚀区，即原烟气区、温烟气区、入口烟道干湿界面区、吸收塔内区和净烟气区。

原烟气区是指原烟气至烟气换热器的烟道，由于其烟气温度高于酸露点，因此该区域腐蚀性一般；温烟气区包括烟气换热器及吸收塔入口烟道，通常烟气温度低于酸露点，有少量的凝露发生，腐蚀性较强；入口烟道干湿界面区指烟气和吸收塔喷淋浆液接触区域，该区域干湿交替、冷热交替，低 pH 值和高湿环境使与浆液接触的烟道发生强烈的氧化还原反应，腐蚀极为强烈；吸收塔内区包括塔设备及构件，是与喷淋浆液和烟气接触的区域，该区域腐蚀和磨损并存，腐蚀性较强；净烟气区指吸收塔出口烟道至烟囱，脱硫后的低温烟气含有 HCl 和 HF，其凝结成酸性小液滴，对烟道造成强烈的腐蚀。不同区域的腐蚀环境见表 4-2。

表 4-2　不同区域的腐蚀环境

序号	区域	腐蚀物	温度（℃）	备注
1	原烟气至烟气换热器	SO_2、SO_3、HCl、HF、NO_x、烟尘、水蒸气等	130～150	停运时需要考虑防腐
2	烟气换热器本体	部分湿烟气、酸性洗涤物、腐蚀性的盐类（SO_4^{2-}、SO_3^{2-}、Cl^-、F^-）	60～150	因烟气温度小于酸露点，有凝露产生，需要防腐

续表

序号	区域	腐蚀物	温度（℃）	备注
3	烟气换热器至吸收塔入口烟道	烟气内含有 SO_2、SO_3、HCl、HF、NO_x、烟尘、水蒸气等	80～100	因烟气温度小于酸露点，有凝露产生，需要防腐
4	入口烟道的干湿界面处	喷淋液、湿烟气	45～80	吸收塔内腐蚀区 pH 值为 1～3，严重结露，腐蚀条件恶劣，需要防腐
5	吸收塔浆液池	大量的喷淋液	45～60	pH 为 4～6.2，因颗粒冲刷导致磨损发生，需要防腐
6	吸收塔喷淋和除雾区域	喷淋液、过饱和湿烟气	45～60	pH 为 4～6.2，因颗粒冲刷导致，磨损发生，需要防腐
7	吸收塔出口烟道至烟气换热器	饱和水蒸气，残余的 SO_2、SO_3、HCl、HF、NO_x，携带的 SO_4^{2-}、SO_3^{2-} 等	45～60	因烟气温度小于酸露点，有凝露发生，需要防腐
8	烟气换热器至烟囱	饱和水蒸气，残余的 SO_2、SO_3、HCl、HF、NO_x，携带的 SO_4^{2-}、SO_3^{2-} 等，热侧进入的飞灰	60～85	因烟气温度小于酸露点，有凝露发生，需要防腐
9	循环泵及管道	喷淋液	45～60	pH 为 4～6.2，因颗粒冲刷导致磨损发生，需要防腐

注　喷淋液成分为石膏晶体颗粒、石灰石颗粒、SO_4^{2-}、SO_3^{2-}、盐、Cl^-、F^- 等。

（2）烟气脱硫装置的防腐材料。

1）耐蚀金属材料。耐蚀金属在脱硫装置上一般有两种使用方式：一种是全合金材料，虽然成本高，但在某些腐蚀条件恶劣、环境温度高的区域，采用合金钢防腐显得很必要；另一种是采用复合轧制钢板或内贴耐蚀钢板，复合轧制钢板是在基板（一般为普通碳钢）的内侧（腐蚀侧）增加耐腐蚀材料并一次轧制而成。而内贴耐蚀钢板是在基板内侧采用全焊接方式贴一层耐蚀钢板，亦称“贴内衬”，如碳钢衬镍基合金薄板是一种性价比较高的防腐材料。

2）橡胶。天然橡胶的基本化学结构是异戊二烯，以异戊二烯为单体，通过与其他有机物、卤化物、无机物、元素等的反应或硫化，得到合成橡胶。主要产品有氯丁橡胶、丁基类橡胶等。合成橡胶的化学、物理性能较天然橡胶有很大变化，其中丁基橡胶具有良好的抗渗透性、抗热性、防 F^-、Cl^- 和 SO_2 性能。橡胶材料耐腐、耐磨且质地有弹性，对于基体的振动和冲击有很好的缓冲作用，对基体刚性要求不高，并能适应一定的温度条件。将橡胶材料粘贴在基体表面，形成完整连续的保护层，把介质与基体钢材隔离而达到防腐蚀目的。虽然耐磨性较天然软橡胶和氯丁橡胶稍弱，但是从烟气脱硫工程时间来看，该工艺技术成熟，是目前烟气脱硫防腐广泛采用的主要技术之一。

3）玻璃钢。玻璃钢是由基体材料和增强材料添加各种辅助剂而制成的一种复合材料。常用的基体材料有环氧树脂、酚醛树脂、呋喃树脂等。单一树脂的玻璃钢各有优缺点，难以满足烟气脱硫装置的防腐要求，通常采用复合玻璃钢。玻璃钢衬里技术大多用于脱硫系统中的输送管道和吸收塔内喷淋管道等部位。目前玻璃钢衬里防腐已在湿法脱硫系统的吸收塔塔体、石灰溶解罐、集液器、除雾器、浆液输送管路以及烟道、烟囱等部位得到了成功应用。

4）合成树脂涂层。用于烟气脱硫工程的合成树脂主要为玻璃鳞片树脂，是以耐蚀树脂作为成膜物质，以玻璃鳞片为骨料再加上各种添加剂组成的厚浆性涂料。由于玻璃鳞片穿插平行排列，形成迷宫效应，因而使抗介质渗透能力得到极大提高。树脂基玻璃鳞片涂料由于具有高的抗腐蚀性、耐高温性、耐磨性和整体性，使用寿命长，在经济上可和衬胶、衬玻璃钢及衬瓷砖相竞争；在喷涂法快速施工和易修理方面，也是上述几种防腐蚀工艺所不及的，非常适合作为烟气脱硫装置的防腐材料。如在烟气入口、出口烟道和换热器本体上常采用玻璃鳞片树脂衬里，其使用寿命很长，是目前烟气脱硫装置内衬防腐蚀的首选技术。

5）复合结构。鳞片树脂涂料——玻璃钢衬里结构应用于FGD系统可大大改善防护层的抗渗性、耐磨性、耐温性，增强了整体性和黏结力，为解决湿法燃煤烟气除尘脱硫设备的防腐问题提供了一种简便而易推广的新途径。

6）无机材料。无机材料如麻石、陶瓷等具有良好的性价比，在FGD系统中，一般可直接用其制作脱硫装置。

此外，在材料选择上可采取优化组合方案。目前，还没有一种材料能满足整个脱硫系统对材料的要求，无论是金属材料或合金材料，还是有机材料、无机材料及复合材料都存在这样或那样的问题。根据不同的环境条件，应用不同的单一材料或组合材料，充分发挥各种材料的长处。同时，在施工过程中，对施工质量必须严格把关，做到表面平整，减少缝隙的产生。

（3）工艺技术。湿法烟气脱硫装置中普遍存在的腐蚀问题，可以通过控制脱硫系统的运行参数来解决。

1）pH值控制。在FGD系统中，由于洗涤液的pH值偏低，会对净化器产生壁腐蚀。因此，在实际运行过程中必须严格控制洗涤液pH值的范围。

2）排烟温度控制。当经过FGD系统净化的烟气温度偏低时，FGD系统尾部设施易产生露点腐蚀。因此，在实际运用中，一般采用烟气再热装置，即采用烟气旁路系统调节技术以控制空气预热器的出口温度，将空气预热器出口的烟气温度控制在露点以上，减少露点腐蚀。

第二篇　火电厂燃煤机组脱硝技术

第五章　火电厂脱硝技术概述

大气中NO_x几乎有一半以上是由人为污染源所产生的，NO_x的人为污染源主要来自生产生活中所使用的煤、石油、天然气等化石燃料的燃烧（如汽车、飞机及内燃机的燃烧过程），以及来自硝酸及使用硝酸等的生产过程（如氮肥厂、有机中间体厂、炸药厂、有色及黑色金属冶炼厂的某些生产过程等）。NO_x是电力、化学、国防等工业及锅炉和内燃机等设备所排放气体中的有毒物质之一。

燃料燃烧过程产生的NO_x数量最多，其中在所有燃料燃烧排放的NO_x中，75%来自煤炭的直接燃烧，即固定源是NO_x排放的主要来源。随着汽车的数量成倍增加，流动源排放的NO_x量也在大量增加。目前流动源排放的NO_x虽然没占主导地位，但却大大加快了对中心城市的污染。

固定源排放的NO_x主要指的是燃煤过程中产生的NO_x。由于煤中氮的化学结合形式不同，其在燃烧时分解特性也不同，因此直接决定了NO_x的氧化还原反应过程和最终的NO_x生成量。

第一节　氮氧化物的危害及我国氮氧化物排放现状

氮和氧结合的化合物包括N_2O、NO、NO_3、NO_2、N_2O_4、N_2O_5等，总结起来用NO_x表示。造成大气污染的NO_x主要指的是NO和NO_2，其中NO_2的毒性比NO高4～5倍。人为活动排放的NO_x主要来自煤炭的燃烧过程。每燃烧1t煤产生8～9kg的NO_x。汽车尾气和石油燃烧的废气也含有NO_2，人类还通过使用肥料产生NO_x。化石燃料燃烧过程中的NO_x有90%以上是NO，NO进入大气后逐渐氧化成NO_2。NO_2有刺激性，是一种毒性很强的棕红色气体。当NO_2在大气中积累到一定量并遇到强烈的阳光、逆温和静风等条件，便参与了光化学反应形成毒性更大的光化学烟雾。光化学烟雾的危害性极大，能造成农作物减产，对人的眼睛和呼吸道产生强烈的刺激，会引起头痛和呼吸道疾病，严重的会导致死亡。

随着我国国民经济持续快速发展和能源消费总量大幅攀升，我国NO_x排放总量迅速增长，在2011年达到峰值2404万t。近几年，高效率、大容量机组增速较快，单位发电量的煤耗有所降低，且这些机组大多采用了较为先进的低氮燃烧技术，使单位发电量的NO_x排放水平呈下降趋势；另外，在役机组的低氮燃烧技术改造和一部分新建电厂烟气脱硝装置的建成并投入运行，对降低 NO_x 排放水平也起到一定作用，使 NO_x 排放量大幅下降。

根据中国电力企业联合会统计分析，截至 2017 年年底，全国已投运火电厂烟气脱硝机组容量约 10.2 亿 kW，占全国火电机组容量的 92.3%。其中，煤电烟气脱硝机组容量约 9.6 亿 kW，占全国煤电机组容量的 98.4%。常规煤粉锅炉以选择性催化还原烟气脱硝（简称 SCR）技术为主，循环流化床锅炉则以选择性非催化还原烟气脱硝（简称 SNCR）技术为主。全国累计完成燃煤电厂超低排放改造 7 亿 kW，占全国煤电机组容量比重已超过 70%，提前两年多完成 2020 年改造目标任务。2017 年，全国电力烟尘、SO_2 和 NO_x 排放量分别约为 26 万 t、120 万 t 和 114 万 t，比上年分别下降 25.7%、29.4%和 26.5%。火电机组单位发电量的烟尘排放量、SO_2 排放量和 NO_x 排放量分别为 0.06、0.26 和 0.25g/kWh，比上年分别下降 0.02、0.13g/kWh 和 0.11g/kWh。

第二节 煤炭燃烧氮氧化物的生成机理

燃烧过程中生成的 NO_x 可分为燃料型、热力型和瞬时型（或快速型）。燃料型 NO_x 是燃料中含有的氮的化合物（如杂环氮化物）在燃烧过程中氧化而生成的。热力型 NO_x 是燃烧过程中空气中的 N_2 在高温下氧化而生成的。快速型 NO_x 是由空气中的 N_2 与燃料中的碳氢离子团反应生成的。燃烧烟气中 NO_x 主要为 NO 和 NO_2，其中 NO 约占 NO_x 总量的 90%以上。

一、热力型 NO_x

空气中的 N_2 在高温下氧化，是通过一组不分支的链式反应进行的：

$$N_2 + O^{2+} \rightleftharpoons N^{2+} + NO \tag{5-1}$$

$$O_2 + N^{2+} \rightleftharpoons NO + O^{2+} \tag{5-2}$$

在富燃料火焰中有下列反应：

$$N^{2+} + OH^- \rightleftharpoons NO + H^+ \tag{5-3}$$

式（5-1）～式（5-3）被认为是热力型 NO_x 生成的反应机理，其中第一个反应式［见式（5-1）］是控制步骤，因为它需要高的活化能。由于 O^{2+} 和 N^{2+} 反应的活化能很大，反应较难发生；而 O^{2+} 和燃料中可燃成分反应的活化能很小，它们之间的反应更容易进行。因此在火焰中不会生成大量的 NO，NO 的生成反应基本上在燃料燃烧完了之后才进行，即 NO 是在火焰的下游区域生成的。

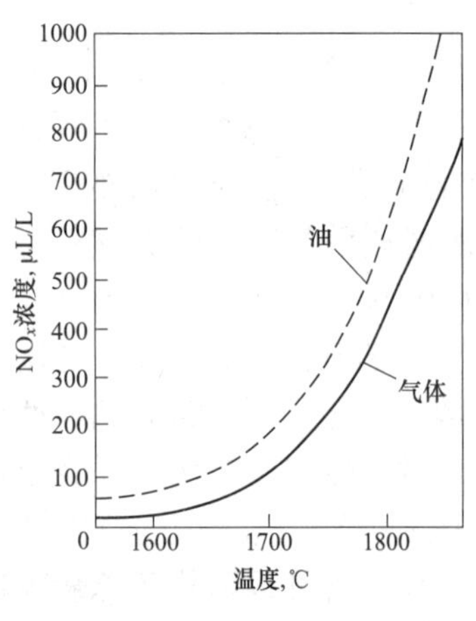

图 5-1 NO_x 生成量与温度的关系（停留时间为 5s）

温度对热力型 NO_x 的生成量影响十分明显，NO_x 生成量与温度的关系（停留时间为 5s）如图 5-1 所示。当燃烧温度低于 1500℃时，热力型 NO_x 生成极少。当温度高于 1500℃时，反应逐渐明显。随着温度的升高，NO_x 的生成量急剧升高。在实际燃烧过程中，由于燃烧室内的温度分布是不均匀的，若有局部的高温区，则在这些区域会生成较多的 NO_x，它可能会对整个燃烧室内的 NO_x 生成起关键性的作用。因此，在实际过程中应尽量避免局部高温区的生成。

过量空气系数（α）对热力型 NO_x 生成的影响也十分明显，热力型 NO_x 生成量与氧浓度的平方根成正比，即氧浓度增大，使热力型 NO_x 的生成量也增加。实际操作中过量空气系数增加，一方面增加了氧浓度，另一方面会使火焰温度降低。从总的趋势来看，随着过量空气系数的增加，NO_x 生成量先增加到一个极值后会下降。NO_x 生成量与过量空气系数的关系如图 5-2 所示。

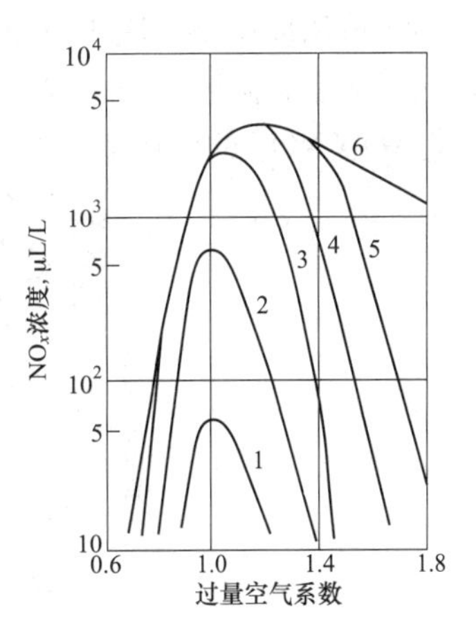

1—t=0.01s；2—t=0.1s；3—t=1s；4—t=10s；5—t=100s；6—t=∞

图 5-2　NO_x 生成量与过量空气系数的关系

气体在高温区的停留时间对 NO_x 生成也将产生较大影响。不同温度和停留时间下 NO_x 生成量见图 5-3。图 5-3 表示不同温度和停留时间下 NO_x 生成量［NO_x］与该温度下 NO_x 的平衡浓度［NO_x］$_{ban}$ 之比的关系。从图 5-3 中可以看出，在停留时间较短时，NO_x 浓度随着停留时间的延长而增大；但当停留时间达到一定值后，停留时间的增加对 NO_x 浓度不再产生影响。

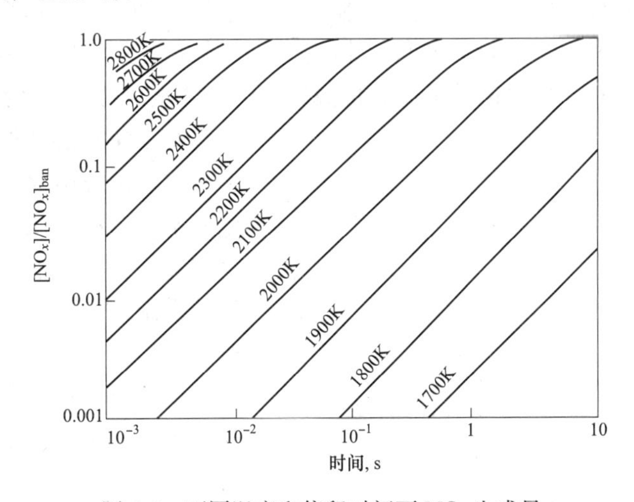

图 5-3　不同温度和停留时间下 NO_x 生成量

由上述热力型 NO_x 的生成机理和影响因素，可知控制 NO_x 生成量的方法主要有：①降低燃烧温度；②降低局部 O_2 浓度；③使燃烧在远离理论空气比的条件下进行；④缩短燃料在高温区的停留时间。

二、燃料型 NO_x

燃料型 NO_x 的生成量与燃料含氮量有关，燃烧所排放的 NO_x 浓度会随煤中氮含量增加而增加。因此，煤中氮含量是 NO_x 排放的一个重要来源。

燃料中的含氮化合物在氧化性条件下生成 NO_x，遇到还原性气氛如缺氧状态时，NO_x 会还原成氮分子。随着燃烧条件的改变，最初生成的 NO_x 有可能被破坏。因此，

NO_x的排放浓度最终取决于NO_x的生成反应和还原反应的综合结果。挥发有机氮生成NO的转化率随燃烧温度上升而增大，当燃烧温度水平较低时，燃料氮的挥发分份额明显下降，燃料型NO_x的生成随燃烧温度的变化情况如图5-4所示。

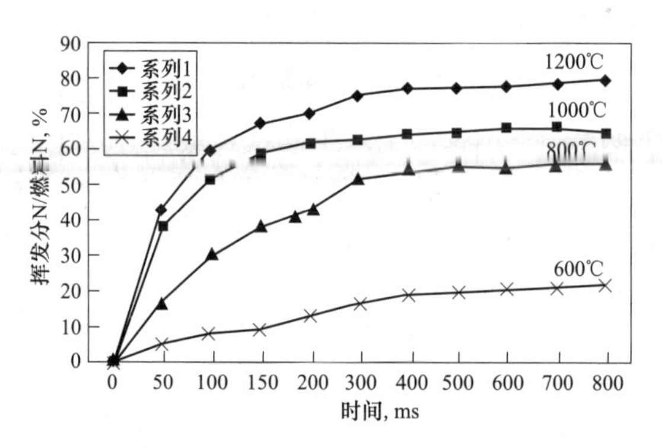

图5-4 燃料型NO_x的生成随燃烧温度的变化情况

但实验表明，过量空气系数越高，NO_x生成和转化率也就越高。控制燃料型NO_x产生的措施包括：①减少过量空气系数；②控制燃料与空气的前期混合；③提高入炉燃料的局部燃烧浓度；④利用中间生成物的反应降低NO_x的产量。

三、快速型NO_x

碳氢化燃料在富燃料燃烧时，反应区附近会快速生成NO_x。快速型NO_x的生成对温度的依赖性很弱。与燃料型及热力型NO_x相比，其生成量要少得多，一般占总NO_x的5%以下。通常情况下，在不含氮的碳氢燃料低温燃烧时，才重点考虑快速型NO_x。

四、NO_x三种形成机制的贡献

燃烧过程中多种因素影响NO_x的生成量，三种机制对形成NO_x的贡献随燃烧条件不同而不同。燃烧过程中三种机制对NO_x排放的贡献如图5-5所示。

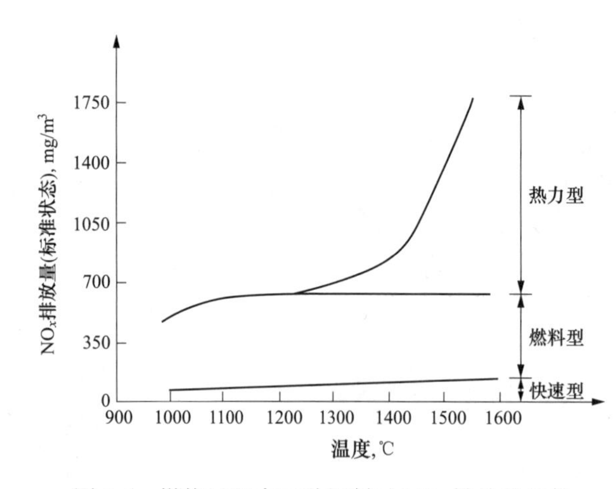

图5-5 燃烧过程中三种机制对NO_x排放的贡献

不同燃料燃烧时三种机制形成的NO_x量也不同。当燃料中氮的含量超过质量的1%时，化学结合在燃料中的氮转化成NO_x的量就越来越占主要地位。煤、重油和其他高氮燃料（如煤基燃料和页岩油），煤燃烧时75%～90%的NO_x来自燃料型NO_x。

第三节 影响燃煤电站氮氧化物生成的主要因素

燃煤电站锅炉烟气中的NO_x主要来自燃料中的氮，从总体上看燃料氮含量越高，NO_x的排放量也就越大。实验证明，燃料中氮的存在形式不同，NO_x生成量也就随之改变。实际工程中有很多因素都会影响燃煤电站烟气中 NO_x 含量：有燃料种类的影响，有运行条件的影响，也有锅炉负荷的影响。

一、锅炉燃料特性影响

煤挥发成分中的各种元素比会影响燃烧过程中 NO_x 生成量，煤中氧氮比越大，NO_x 排放量越高。即使在相同氧氮比条件下，转化率还与过量空气系数有关，过量空气系数大，转化率高，使 NO_x 排放量增加。NO_x 生成量与氧氮比的关系见图 5-6。此外，煤中硫氮比也会影响 SO_2 和 NO_x 的排放水平，硫和氮氧化时会相互竞争，因此，在锅炉烟气中随 SO_2 排放量的升高，NO_x 排放量会相应降低。

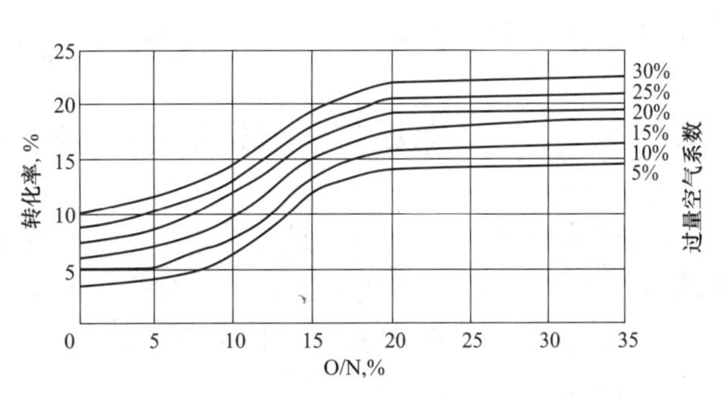

图 5-6 NO_x 生成量与氧氮比的关系

二、锅炉过量空气系数影响

当空气不分级时，降低过量空气系数在一定程度上会起到限制反应区内氧浓度的目的，因而对热力型 NO_x 的和燃料型 NO_x 的生成都有明显的控制作用，采用这种方法可使 NO_x 的生成量降低 15%～20%。但是 CO 浓度随之增加，燃烧效率下降。当空气分级时，可有效降低 NO_x 的排放量。随着一次风量减少，二次风量增加，N^{2+} 被氧化的速度降低，NO_x 的排放量也相应下降。

另外，过量空气系数的降低有利于还原气氛的形成。由于在缺氧状态下焦炭和 CO 对 NO 的还原能非常有效地降低 NO_x 的排放浓度，因此过量空气系数的降低对 NO_x 排放浓度的降低有着明显的作用。当过量空气系数低于 1.25 时，NO_x 排放质量浓度为 100～200mg/m^3。

三、锅炉燃烧温度影响

燃烧温度对 NO_x 排放量的影响已取得共识，较低的温度能有效抑制热力型 NO_x 的生成。当温度在 850～950℃时，热力型 NO_x 生成量可以忽略不计，同时燃料型 NO_x 生成量也随温度的降低而减小。即随着炉内燃烧温度的提高，NO_x 排放量上升。

四、锅炉负荷率影响

通常，增大负荷率、增加给煤量，燃烧室及尾部受热面处的烟气温度随之增高，挥发分 N^{2+} 生成的 NO_x 随之增加。

五、炉型影响

燃煤电厂锅炉一般采用煤粉炉及循环流化床锅炉。采用的燃烧器类型一般包括直流燃烧器和旋流燃烧器。炉型的影响实质上是炉膛温度和温度分布方式的影响。所有试验和测量数据表明 NO_x 排放浓度随锅炉炉膛平均温度的升高而升高，尤其是燃烧器区域附近的温度对 NO_x 排放浓度的影响最大。一般情况下，对于 NO_x 的排放量，固态排渣燃烧方式比液态排渣燃烧方式低，直流燃烧器比旋流燃烧器低，采用低氮燃烧技术比不采用低氮燃烧技术的煤粉炉低 20%～40%。作为具有低负荷运行能力，采取低温分段燃烧方式，炉膛温度一般为 800～900℃的循环流化床锅炉 NO_x 排放浓度一般在 150～280mg/m^3；而在相同烟气量情况下，烟煤煤粉锅炉 NO_x 实际排放量是循环流化床锅炉的 2 倍左右，为 450～

600mg/m^3。

六、停留时间影响

燃烧区中，若 O_2 充足，释放出的 N^{2+} 停留时间越长，则生成的 NO_x 越多；反之，若 O_2 缺乏，延长燃烧区中的停留时间，使 NO_x 与中间产物反应充分，因而使 NO_x 量减少。

第四节 降低氮氧化物排放的控制技术

与对燃煤电站 SO_2 控制的措施类似，对于燃煤 NO_x 的控制主要有三种方法：①燃料脱硝；②改进燃烧方式和生产工艺，在燃烧中脱硝；③烟气脱硝，即燃烧后的 NO_x 控制技术。前两种方法是减少燃烧过程中 NO_x 的生成量，第三种方法是对燃烧后烟气中的 NO_x 进行治理。

一、燃烧前 NO_x 控制技术

燃烧前对 NO_x 产生的控制，就是通过处理将燃料煤转化为低氮燃料。通常固体燃料的含氮量为 0.5%～2.5%，目前在我国未见使用低氮燃料实施业绩的报道或说明。

二、燃烧中 NO_x 控制技术

燃烧中脱硝技术就是通过燃烧技术的改进（包括采用先进的低 NO_x 燃烧器），可有效减少锅炉炉膛内煤燃烧生成的 NO_x 量。低 NO_x 燃烧技术只有初期投资而没有运行费用，是一种较经济的控制 NO_x 的方法。采用这种技术能使 NO_x 的生成量显著降低。若希望达到更高的 NO_x 排放标准的要求，可与燃烧后烟气脱硝技术结合，以降低燃烧后烟气脱硝的难度和成本。

在改进燃烧技术方面，目前主要是通过控制燃烧火焰温度峰值，限制在火焰峰和反应区内的 O_2 含量和停留时间或烟气再燃烧等方法来减少 NO_x 的生成，由此而产生了很多低 NO_x 燃烧方法、低 NO_x 燃烧器和低 NO_x 炉膛。在进行低 NO_x 燃烧时，要针对主要影响因素和具体情况（如燃料含氧量等），选用合适的方法。同时还要兼顾燃烧是否完全、烟尘量和热损失等其他方面因素。

（一）低氮燃烧技术

1. 空气分级燃烧

煤在传统的燃烧器中要求燃料和所有空气快速混合，并在过量空气状态下进行充分燃烧。从 NO_x 形成机理中可以知道，反应区的空气过量越多，NO_x 排放量就越大。

空气分级燃烧降低 NO_x 是几乎所有的燃烧方式均采用的技术，其基本的思路是希望避开温度过高和大过量空气系数的同时出现，从而降低 NO_x 的生成。

将燃烧用的空气分阶段送入，先将一定比例的空气（其量小于理论空气量）从燃烧器送入，使燃料先在缺氧条件下燃烧，燃料燃烧速度和燃烧温度降低，燃烧生成 CO。并且燃料中 N^{2+} 将分解成大量的 HN、HCN、CN 和 NH_3 等，它们相互复合生成 N_2 或将已经存在的 NO_x 还原分解，从而抑制了燃料 NO_x 的生成。然后，将燃烧所需空气的剩下部分以二次风形式送入，使燃料进入空气过量区域燃尽。在此区间，虽然空气量多，但由于火焰温度较低，在第二级内也不会生成大量的 NO_x。因此，NO_x 生成总量降低。第一级燃烧生成的大量 CO 之所以能导致 NO 快速减少，是因为烟气中的灰起催化作用，使 CO 与 NO 之间发生催化反应，将部分已生成的 NO_x 还原为无害的 N_2。空气分级燃烧可以在燃

烧器内实现，也可以在锅炉内完成。空气分级燃烧示意图如图5-7所示。

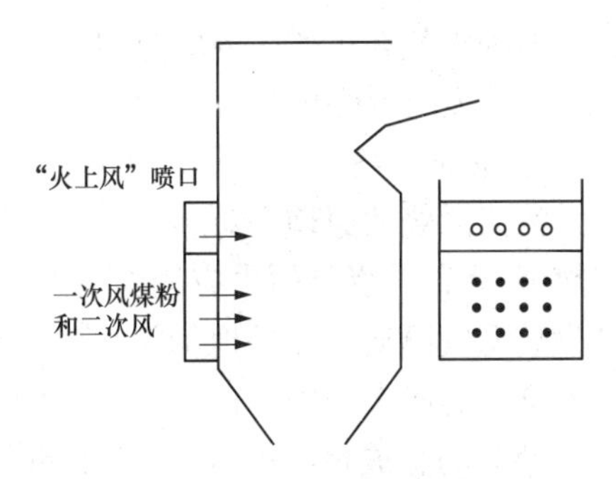

图5-7 空气分级燃烧示意图

空气分级燃烧存在的问题是二段空气量过大，会使不完全燃烧损失增大；由于还原性气氛使煤粉锅炉易结渣、腐蚀。

炉内空气分级燃烧的实现形式主要有以下几种：

(1) 同轴燃烧技术。同轴燃烧技术也称径向空气分级技术。该技术是将二次风向外偏转一定的角度，形成与一次风同轴但直径较大的切圆。二次风向外偏转之后，煤粉气流喷口处推迟了一次风与二次风的初期混合，在一次风区形成了缺氧燃烧，从而实现空气分级，降低NO_x排放。

(2) 煤粉浓淡燃烧技术。煤粉浓淡燃烧技术是将均匀的一次风煤粉刻意分成两股浓度不同的煤粉气流，使进入炉膛的一部分燃料缺氧燃烧，即处于富燃料燃烧；另外的一部分燃料在空气过量的条件下燃烧，即富氧燃烧。

(3) 沿炉膛高度的空气分级。沿炉膛高度的空气分级技术是在炉膛下部燃烧的整个区域内形成欠氧燃烧，大概80%的理论空气量从炉膛下部燃烧器送入，使送入的风量小于送入燃料所需要的空气量，从而进行富燃料燃烧。因为O_2的不足，可以使燃料型NO_x降低，与此同时，燃烧区火焰温度的峰值比较低，以及局部氧浓度也较低，使热力型NO_x的生成反应速率降低。剩余的20%空气量在燃烧器上部的燃尽风喷口喷入，快速与剩余燃料产物混合燃烧，保证完全燃烧。

2. 燃料分级

燃料分级也称为"再燃烧"，是把燃料分成两股或多股燃料流，这些燃料流经过三个燃烧区发生燃烧反应。首先将80%～85%的燃料送入第一级燃烧区，在$\alpha>1$的条件下燃烧并生成NO_x，被送入一级燃烧区的燃料称为一次燃料，其余15%～20%的燃料则在主燃烧器的上部被送入二级燃烧区。在$\alpha<1$的条件下形成很强的还原性气氛，使得在一级燃烧区中生成的NO_x在二级燃烧区内被还原成N_2，二级燃烧区又称再燃区，被送入二级燃烧区的燃料又称为二次燃料，或称再燃燃料。在再燃区中不仅使得已生成的NO_x得到还原，还抑制了新的NO_x的生成，可使NO_x的排放浓度进一步降低。

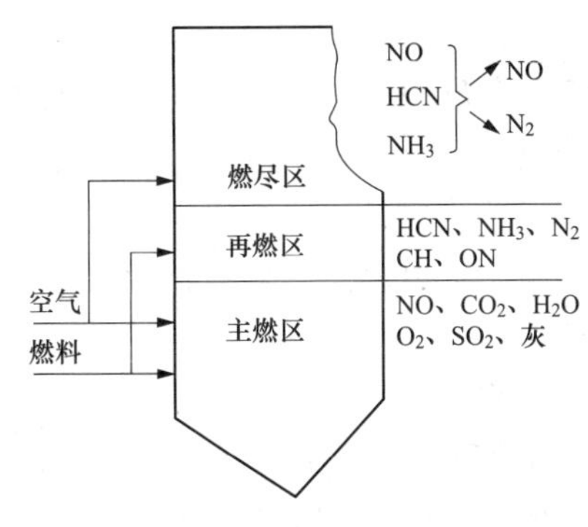

图5-8 炉内燃料分级燃烧示意图

一般情况下，采用燃料分级可使NO_x的排放浓度降低50%以上。在再燃区的上面还需布置火上风喷口，形成第三级燃烧区（燃尽区），以保证再燃区中生成的未完全燃烧产物燃尽。这种再燃烧法又称为燃料分级燃烧。炉内燃料分级燃烧示意图如图5-8所示。

燃料分级燃烧时所使用的二次燃料可以是和一次燃料相同的燃料，但目前煤粉锅炉更多采用碳氢类气体或液体燃料作为二次燃料，这是因为和空气分级燃烧相比，燃料分级燃烧在炉膛内需要有三级燃烧区，使燃料和烟气在再燃区内的停留时间相对较短，二次燃料若选用煤粉作为二次燃料，则需采用高挥发分易燃的煤种，而且要求煤粉细度非常细。

3. 浓淡燃烧

浓淡燃烧的原理是对装有两个燃烧器以上的锅炉，使部分燃烧器供应较多的空气（呈贫燃区），部分燃烧器供应较少的空气（呈富燃区），由于两者都偏离了理论空气量，因此使燃烧温度降低，较好地抑制 NO_x 的生成。实际应用中还发现，采用此种浓淡燃烧技术还有良好的稳燃作用。

NO_x 的生成量与一次风/煤比有关，一次风/煤比在 3～4kg/kg 时，NO_x 的生成量最高；偏离该数值，不管是煤粉浓度高还是低，NO_x 的排放量均下降。因此，如果把煤粉流分离成两股含煤量不同的气流（即含煤粉量多的浓气流和含煤量少的淡气流），分别送入炉内燃烧，对于整个燃烧器，其 NO_x 生成量与燃用单股 CO 浓度的煤粉流相比，生成的 NO_x 要低。

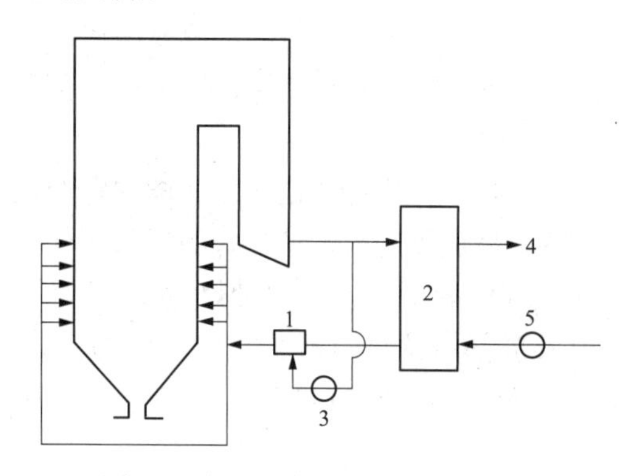

图 5-9 锅炉烟气再循环系统示意图
1—空气烟气混合器；2—空气预热器；3—再循环风机；4—去引风机；5—送风机

4. 烟气再循环燃烧

在锅炉的空气预热器前抽取一部分低温烟气或直接送入炉膛，或渗入一次风或二次风中，这样不仅降低了氧浓度，同时还使火焰温度降低，使 NO_x 的生成受到抑制。但这种方法会引起煤粉燃烧不稳定，甚至灭火。对于该技术也有在燃烧器中采用高温烟气再循环方式，这样既能抑制 NO_x 的生成，又能提高煤粉燃烧的稳定性。锅炉烟气再循环系统示意图如图 5-9 所示。

烟气再循环法的效果不仅与燃料种类有关，而且与再循环烟气量有关。当烟气再循环倍率增加时，NO_x 排放量减少，进一步再增大循环量，NO_x 的排放量变化不大，趋于一个定值。循环倍率过大、炉温降低太多会导致燃烧不稳定。因此烟气再循环率一般不超过 30%，一般大型锅炉限制在 10%～20%，此时 NO_x 排放量相比原来可降低 25%～35%。

（二）低 NO_x 燃烧器

1. DRB 型低 NO_x 燃烧器

DRB 型双调低 NO_x 燃烧器如图 5-10 所示，其具有 3 个同心环型喷口，中心为一次风喷口。一次风管内有文丘里装置，使一次风粉流中的煤粉分布均匀。一次风喷口外面是内、外层二次风喷口。内、外层二次风风管中设有轴向可动叶片，用于改变内、外二次风的比例和旋流强度以调节一、二次风的混合。

DRB 型低 NO_x 燃烧器主要通过控制煤粉与空气的混合，延迟燃烧过程，降低燃烧强度和火焰最高温度来降低 NO_x 的生成量。当它燃用烟煤时，一次风量约为 20%，内二次风量为 20%～25%，其余空气为外二次风，并以较高的旋流强度送入炉膛，一方面保证燃料燃尽；另一方面在火焰周围形成氧化性气氛，对防止结渣和高温腐蚀十分有利。采用 DRB 型低 NO_x 燃烧器进行空气分级燃烧后，距喷口 1.2m 处的火焰温度由 1600℃降至 1400℃，NO_x 排放浓度可降低 39%。

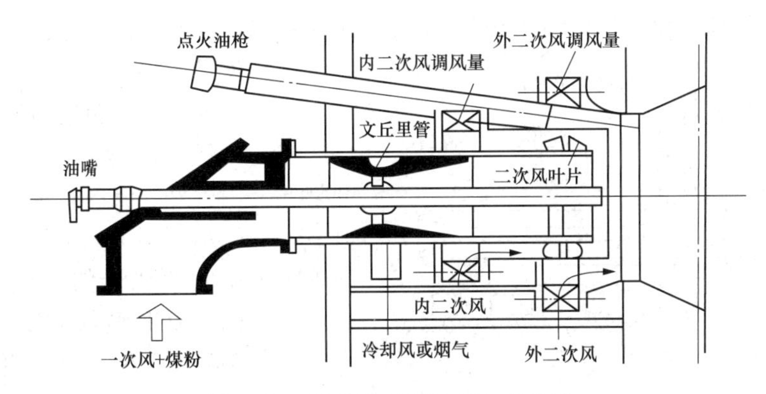

图 5-10　DRB 型双调低 NO_x 燃烧器

2. HT-NR 型低 NO_x 燃烧器

为改善飞灰中未燃炭的燃烧和进一步降低 NO_x 的生成，在双调风燃烧器基础上研究开发出 HT-NR 型低 NO_x 燃烧器如图 5-11 所示。该燃烧器是根据火焰内高温还原 NO_x 的原理降低 NO_x 浓度。

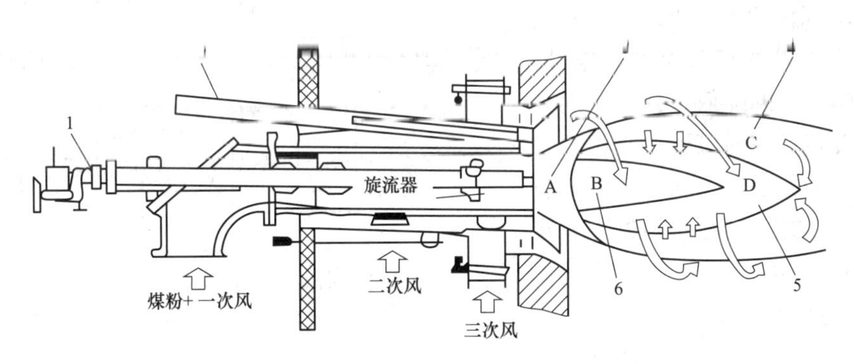

图 5-11　HT-NR 型低 NO_x 燃烧器

1—油枪；2—点火器；3—脱挥发分区；4—氧化区；5—NO_x 还原区；6—烃根产生区

HT-NR 型低 NO_x 燃烧器在喷嘴出口处装有陶瓷火焰稳定环，在喷嘴出口附近造成了回流，使煤粉离开燃料喷嘴后迅速着火，加速了脱挥发分期间的燃烧速率。由于燃料在 A 区低空燃比条件下释放出挥发分，同时产生大量的 NO_x 在富燃料的着火区域下游（B 区）形成烃根生成区，快速形成的烃根和中间氮类还原脱挥发分期间生成的 NO，形成 NO_x 还原区（C 区）。当火焰继续向前传送，高旋流的二次风重新进入火焰核心并向下游流动直至完全燃烧（D 区）。该燃烧器的风分级采用套筒结构。HT-NR 型低 NO_x 燃烧器的 NO_x 排放水平比双调风燃烧器的低 30%～50%。

HT-NR 型低 NO_x 燃烧器的陶瓷火焰稳定环使着火迅速稳定，它采用滑动挡板以调节控制二次风，可以有效地控制火焰的形状和 NO_x 的浓度。这种燃烧器的另一个优点是在达到很低的 NO_x 排放水平的同时，不会引起飞灰含碳量的明显增加。

3. XCL 型低 NO_x 燃烧器

DRB 和 HT-NR 型低 NO_x 燃烧器由于要使用联合的分隔风箱，因此不利于将其用于旧有锅炉的改造。因为旧有锅炉燃烧器布置空间的限制，使得安装分隔风箱复杂且昂贵。

另外，旧有锅炉在原设计时没有考虑低 NO_x 排放的要求，因而其炉膛热负荷相对较大而使炉膛尺寸过小，在燃烧器区域的高热负荷会使 NO_x 增加。XCL 型低 NO_x 燃烧器采用套阀调节内、外气流区，在内、外气流区采用可调节旋流度，并保持了双调风燃烧器的气流分离叶片结构。XCL 型低 NO_x 燃烧器相比于双调风燃烧器，更有效地降低了 NO_x 排放，可在较小的锅炉上使用。XCL 型低 NO_x 燃烧器如图 5-12 所示。

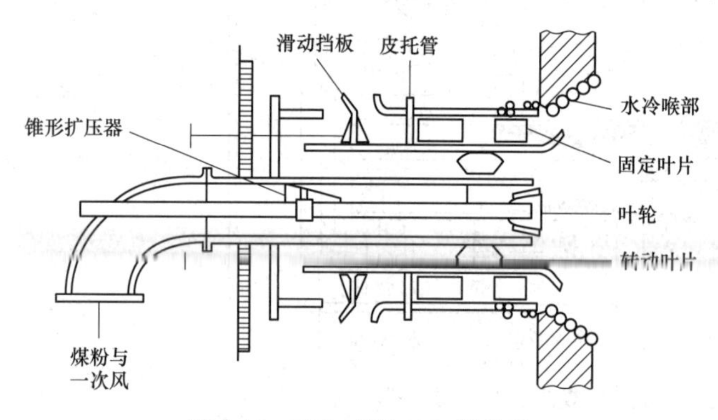

图 5-12 XCL 型低 NO_x 燃烧器

4. WS 型低 NO_x 燃烧器

WS 型低 NO_x 燃烧器如图 5-13 所示，和 DRB 型低 NO_x 燃烧器基本类似，所不同的是它增加了中心风，往炉膛供入少量的较低温度的空气，有利于火焰温度的降低；此外它的外二次风不旋转，因而可进一步推迟它与富燃料火焰的混合时间，从而减少着火区 NO_x 的生成量。一般 NO_x 排放量为 650mg/m^3。

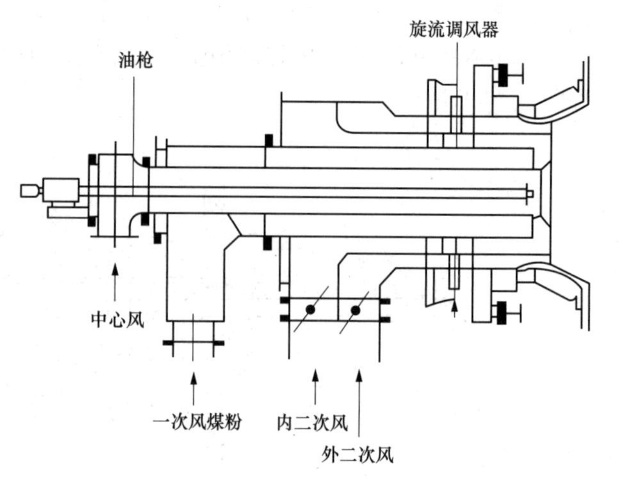

图 5-13 WS 型低 NO_x 燃烧器

5. DS 型低 NO_x 燃烧器

DS 型低 NO_x 燃烧器如图 5-14 所示。它充分考虑了 NO_x 生成量的减少和可能出现的燃烧不良等问题，具有如下结构特点：采用截面积较大的中心风管，减缓了中心风速，保证回流区的稳定；增大一次风射流的周界长度和一次风煤粉气流同高温

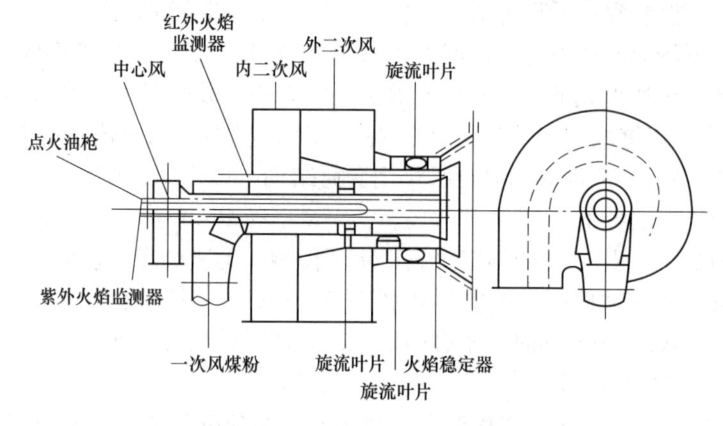

图 5-14 DS 型低 NO_x 燃烧器

烟气的接触面积，提高了煤粉的着火稳定性；在一次风道内安装了旋流导向叶片，使一次风产生旋流，并将喷嘴端部设计成外扩型；煤粉喷嘴出口加装了齿环型稳燃器；在外二次风的通道中则采用各自的扩张型喷口，以使内、外二次风不会提前混合；内、外二次风道为切向进风蜗壳式结构，保证燃烧器出口断面空气分布均匀，增加了优化燃烧所具备的旋流强度。DS 型低 NO_x 燃烧器不仅可实现 NO_x 低于 450mg/m^3 的排放标准，而且它既可用于前后墙对冲燃烧方式，也可用于切圆燃烧方式，对于燃用优质煤和劣质煤均适用。

6. SM 型低 NO_x 燃烧器

SM 型低 NO_x 燃烧器如图 5-15 所示，它的一次风、煤粉混合物不旋转，二次风通过轴向叶片形成旋转气流。其一次风加二次风的风量占燃烧总风量的 80%左右。因此，在燃烧器喷口处的着火区形成了 $\alpha<1$ 的富燃料燃烧。同时，当二次风掺混到一次风气流以后，仍然维持着富燃料燃烧工况，可进一步抑制 NO_x 的生成。燃料完全燃烧所需的其余空气从燃烧器喷口周边外一定距离处对称布置的 4 个二级燃烧喷口送入炉膛。此二级燃烧空气为不旋转的自由射流，有较长的射程和穿透性，它与来自喷口的富燃料燃烧的一次火焰保持在一定距离后混合，以保证燃料的燃尽。显然，这些抑制 NO_x 生成的措施延迟了燃烧过程，也降低了火焰的温度。

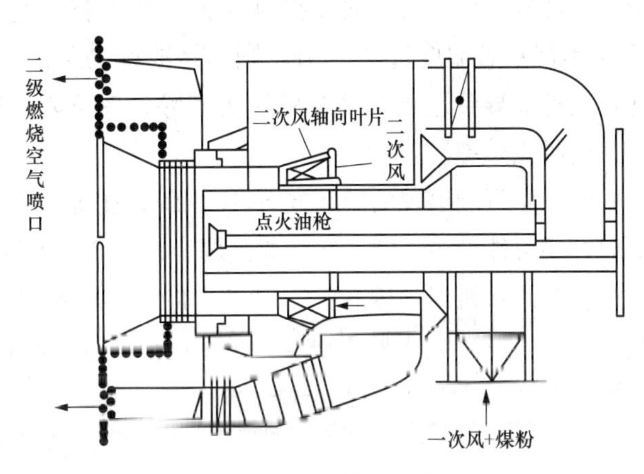

图 5-15 SM 型低 NO_x 燃烧器

三、燃烧后对 NO_x 排放量的控制技术

燃煤过程中通过低氮燃烧技术可以使燃烧的火焰更长且温度较低，从而降低了燃煤过程中的温度，减少了燃煤装置中的热力型 NO_x 的排放；又可以在风煤比例中煤比例较高的燃烧区域形成还原气氛，减少燃料型 NO_x 的产生。对于燃煤锅炉，采用改进燃烧技术可以达到一定的除 NO_x 效果，但脱除效率一般不超过 60%。为了进一步降低 NO_x 的排放，必须对燃烧后的烟气进行脱硝处理。

目前通行的烟气脱硝工艺大致可分为干法、半干法和湿法三类。其中，干法包括 SNCR、SCR、电子束联合脱硫脱硝法；半干法有活性炭联合脱硫脱硝法；湿法有臭氧氧化吸收法等。目前干法脱硝占主流地位。

（一）SCR

SCR 是指在催化剂的作用下，以 NH_3 作为还原剂，有选择性地与烟气中的 NO_x 反应并生成无毒、无污染的 N_2 和 H_2O。目前 SCR 已成为世界上应用最多、最成熟且最有成效的一种烟气脱硝技术。SCR 对锅炉烟气 NO_x 控制效果十分显著，是我国燃煤电厂控制 NO_x 污染的主要手段之一，其优点是占地面积小、技术成熟、易于操作。同时 SCR 消耗 NH_3 和催化剂，也存在运行费用高、设备投资大的缺点。

（二）SNCR

SCR的催化剂费用通常占到SCR系统初始投资的一半左右，其运行成本很大程度上受催化剂寿命的影响。SNCR是把含有NH_x基的还原剂（如NH_3、尿素），喷入炉膛温度为800～1100℃的区域，该还原剂迅速热分解并与烟气中的NO_x进行SNCR反应生成N_2。该方法以炉膛为反应器，可通过对锅炉进行改造而实现。

SNCR的NO_x脱除效率主要取决于反应温度、NH_3与NO_x的化学计量比、混合程度、反应时间等。SNCR的温度控制至关重要，若温度过低，NH_3的反应不完全，容易造成NH_3泄漏；若温度过高，NH_3则容易被氧化为NO，抵消了NH_3的脱除效果。温度过高或过低都会导致还原剂损失和NO_x脱除效率下降。通常设计合理的SNCR能达到30%～70%的脱除效率。

SNCR可能出现的问题同SCR相似，比如氨泄漏、N_2O的产生；当采用尿素作还原剂时，还可能产生CO二次污等问题。SNCR与SCR相比运行费用低，旧设备改造少，尤其适合于改造机组，因其仅需要氨水储槽和喷射装置，投资较SCR小、但存在还原剂耗量大、NO_x脱除效率低等缺点，温度窗口的选择和控制也比较困难，设计难度较大。SCR与SNCR的比较情况如表5-1所示。

表5-1　SCR与SNCR的比较情况

工艺名称	SCR	SNCR
NO_x脱除效率（%）	70～90	30～80
操作温度(℃)	200～500	800～1100
NH_3与NO_x的摩尔比	0.4～1.0	0.8～2.5
氨泄漏（μL/L）	<5	5～20
总投资	高	低
操作成本	中等	中等

第六章　选择性催化还原烟气脱硝技术

目前控制燃煤锅炉 NO_x 排放的技术主要有低 NO_x 燃烧技术和烟气脱硝技术两大类。低 NO_x 燃烧技术具有系统简单、投资少等优点，但一般情况下最多只能降低 NO_x 排放量的50%。随着环境保护标准的日益严格，对 NO_x 的排放要求越来越高，仅采用低 NO_x 燃烧技术还不够。SCR技术能极大降低 NO_x 排放值，有运行经验，技术成熟，脱硝效率高，无二次污染，已成为我国火电厂燃煤脱硝技术的主流。

第一节　选择性催化还原烟气脱硝技术原理及工艺

一、选择性催化还原烟气脱硝技术原理

SCR技术原理是在一定的温度和催化剂的作用下，还原剂（如 NH_3）有选择性地把烟气中的 NO_x 还原为无毒、无污染的 N_2 和 H_2O。

还原剂可以是碳氢化合物（如 CH_4、C_3H_6 等）、NH_3、尿素等。工业应用的还原剂主要是 NH_3，其次是尿素。以 NH_3 为还原剂的SCR反应如下：

$$4NO + 4NH_3 + O_2 \xrightarrow{\text{催化剂}} 4N_2 + 6H_2O \tag{6-1}$$

$$2NO_2 + 4NH_3 + O_2 \xrightarrow{\text{催化剂}} 3N_2 + 6H_2O \tag{6-2}$$

式（6-1）是主要反应，这是因为烟气中几乎95%的 NO_x 以NO的形式存在。在没有催化剂的情况下，上述化学反应只在很窄的温度范围内（800～980℃）进行，即选择性非催化还原反应。当温度为1000～1200℃时，NH_3 会氧化成NO，而且，NO_x 还原速度会很快降下来；当温度低于850℃时，反应速度很慢，此时需要添加催化剂。通过选择合适的催化剂，可以降低反应温度，并且可以扩展到适合电厂实际使用的290～430℃。SCR基本原理如图6-1所示。

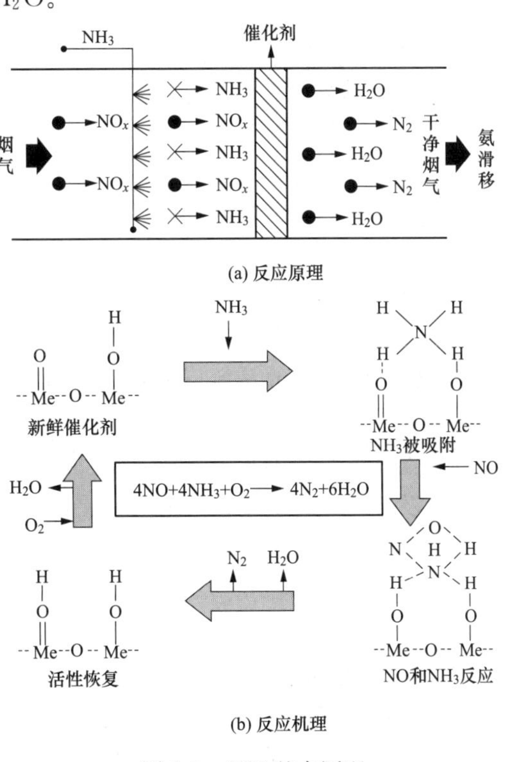

图6-1　SCR基本原理

SCR反应为气固催化反应，该反应过程主要由以下步骤组成：

（1）NO_x、NH_3 和 O_2 自烟气扩散至催化剂的外表面。

（2）NO_x、NH_3 和 O_2 进一步向催化剂中的微孔表面扩散。

（3）气相中的 NO_x 和 O_2 与被吸附在催化剂表面活性中心的 NH_3 反应生成 N_2 和 H_2O。

（4）N_2 和 H_2O 从催化剂表面上脱附到微孔内。

（5）脱附下来的 N_2 和 H_2O 从微孔内向外扩散到催化剂外表面。

（6）N_2 和 H_2O 从催化剂外表面扩散到主流气体中被带走。

研究表明，式（6-1）、式（6-2）主要是在催化剂表面进行的，催化剂的外表面积和微孔特性很大程度上决定了催化剂的反应活性。在上述步骤中，步骤（1）～步骤（4）为控制步骤。

催化剂有贵金属催化剂和普通金属催化剂之分。贵金属催化剂由于和 SO_x 反应且昂贵，实际上不予采用。普通催化剂效率不是太高，也比较贵，而且要求的温度较高（300～400℃）。最常用的金属基催化剂含有氧化矾（V_2O_5）、氧化钛（TiO_2）、氧化钼（MoO_3）、氧化钨（WO_3）等。

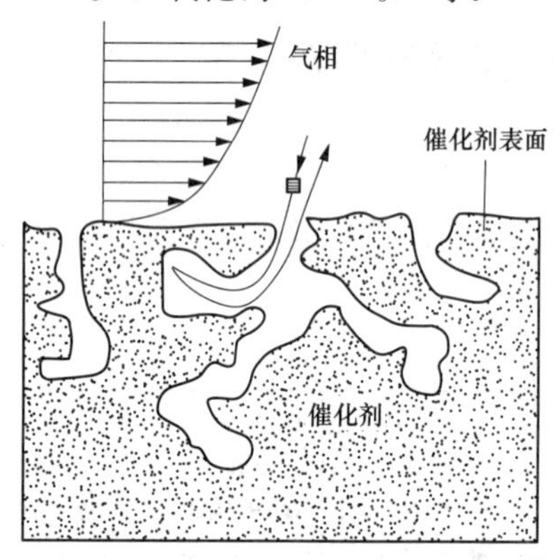

图 6-2　SCR反应过程机理示意图

在反应条件改变时，还可能发生以下副反应。

SCR反应过程机理示意图如图 6-2 所示。

反应温度常在 300℃以下时仅可能有 NH_3 氧化为 N_2 的副反应式［见式（6-3）］。发生 NH_3 分解的反应式［见式（6-4）］和 NH_3 氧化为 NO 的反应式［见式（6-5）］都在 350℃以上才能进行，450℃以上时开始激烈起来。

$$4NH_3 + 3O_2 \longrightarrow 2N_2 + 6H_2O \quad (6\text{-}3)$$

$$2NH_3 \longrightarrow N_2 + 3H_2 \quad (6\text{-}4)$$

$$4NH_3 + 5O_2 \longrightarrow 4NO + 6H_2O \quad (6\text{-}5)$$

二、SCR技术工艺

（一）SCR工艺流程

选择性催化剂还原系统安装在锅炉省煤器之后的烟道上。NH_3 通过固定于注氨格栅上的喷嘴喷入烟气中，与烟气混合均匀后一起进入填充有催化剂的脱硝反应器，反应器通常垂直放置（也有个别水平放置），反应器中的催化剂分上下多层，NO_2 与 NH_3 在催化剂的作用下发生还原反应。经过最后一层催化剂后，烟气中的 NO_2 被控制在排放限制以内。

省煤器旁路是用来调节温度的，通过调节经过省煤器的烟气与通过旁路烟气的比例来控制反应器中烟气的温度。氨喷射器安装在反应器的上游足够远处，以保证喷入的氨与烟气充分混合。典型火电厂SCR系统流程示意图如图 6-3 所示。

（二）工艺布置

SCR反应系统在火电厂置于锅炉之后，其布置方式有三种，即高温高尘布置方式、高温低尘布置方式以及低温低尘布置方式，脱硝反应系统布置情况如图 6-4 所示。

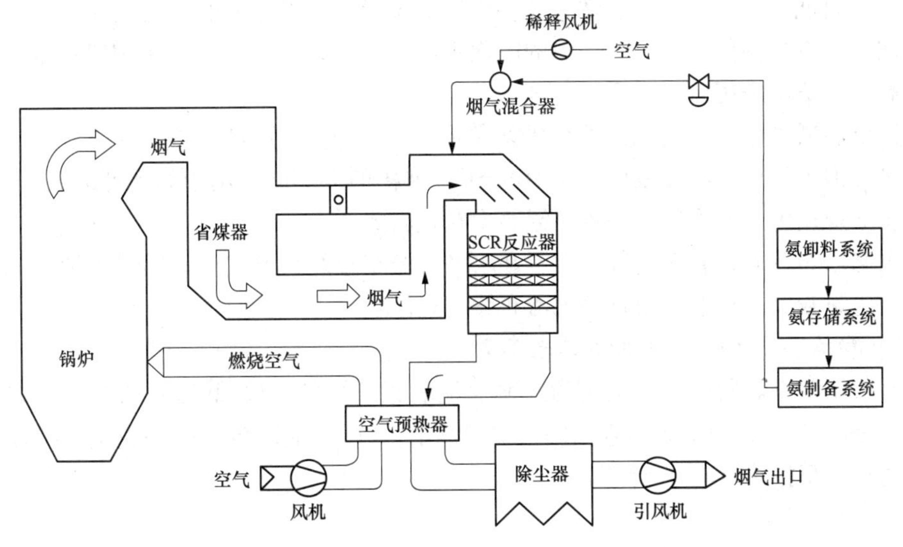

图 6-3 典型火电厂 SCR 系统流程示意图

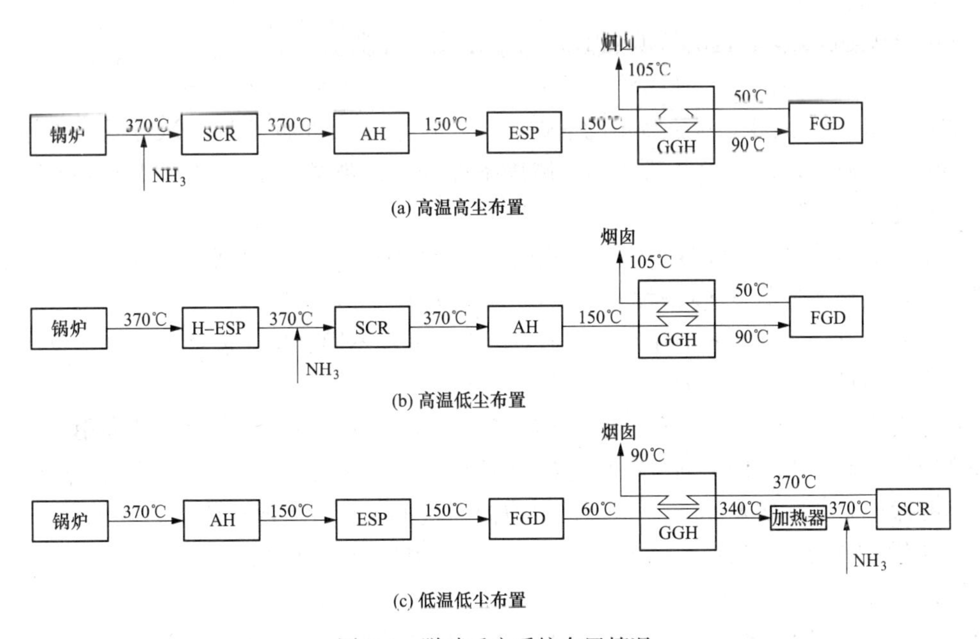

图 6-4 脱硝反应系统布置情况

AH—空气预热器；ESP—电除尘器；H-ESP—高温除尘器；GGH—气-气换热器；FGD—湿法脱硫

（1）高温高尘布置方式。这种布置的优点是进入反应器的烟气温度达 300～500℃，多数催化剂在此温度范围内有足够的活性，烟气不需加热可获得好的 NO_x 净化效果。这种布置方式往往需要加大催化剂体积，以弥补各种因素对催化剂的不利影响。另外，由于催化反应器的下游还有空气预热器和烟气脱硫系统等重要设备，部分未反应的 NH_3 和烟气中的 SO_3 生成的 $(NH_4)_2SO_4$、NH_4HSO_4 可能对后面的设备产生损害，甚至会影响粉煤灰的质量，造成粉煤灰难以综合利用。

（2）高温低尘布置方式。这种布置将反应器布置在省煤器后的高温电除尘器与空气预热器之间，虽有多种优点，但是一般的电除尘器在300～400℃的高温下很难正常运行，可靠性不高，一般不采用。

（3）低温低尘布置方式。这种布置方式是将SCR反应器置于FCD系统之后，虽然好处也较多，但由于烟气温度较低，目前的SCR催化剂都不能应用于如此低的温度。因此，目前在工业应用中普遍采用第一种高温高尘布置方式。

高温高尘布置方式有垂直气流布置和水平气流布置两种形式。在燃煤锅炉中，由于烟气中的含尘量较高，一般采用垂直气流布置方式。

（三）影响SCR的反应条件和工艺参数

（1）脱硝效率。脱硝效率定义为脱硝反应装置脱除的NO_x量与未经脱硝的烟气中所含NO_x量的百分比。脱硝效率直接反映了烟气中NO_x的脱除效率，是脱硝系统性能的重要指标之一，可按式（6-6）计算：

$$\eta=\left(1-\frac{C_2}{C_1}\right)\times 100\% \tag{6-6}$$

式中 η——脱硝效率，%；

C_2——脱硝反应装置出口烟气中NO_x的浓度（标准状态），mg/m^3；

C_1——脱硝反应装置入口烟气中NO_x的浓度（标准状态），mg/m^3。

（2）入口NO_x浓度。对于特定的锅炉，SCR反应器入口烟气NO_x浓度受锅炉运行条件的影响，煤质变化、锅炉负荷变化、燃烧条件的变化都会使反应器入口烟气中NO_x的浓度发生变化。

对于反应器的设计，需规定一个基准的入口烟气浓度，称为基线浓度（一般为锅炉燃用设计煤种在额定负荷下运行时的烟气NO_x浓度）。

（3）反应温度。不同的催化剂，其适宜的反应温度不同。反应温度不仅决定反应物的反应速度，而且决定催化剂的反应活性。

催化剂成本占SCR总投资的40%～60%，只有尽可能地提高催化剂的利用效率，才能提高经济效益。由于催化剂只在特定的温度范围内起作用，因而SCR系统运行时要选用最佳的操作温度。如果SCR反应器的反应温度过低，就会造成反应动力减小和氨泄漏，进而造成锅炉尾部受热面的积灰结垢；泄漏的NH_3与SO_3反应形成$(NH_4)_2SO_4$和NH_4HSO_4，会造成空气预热器等设备的堵塞与腐蚀。因此，氨泄漏必须小于5μL/L（最好低于3μL/L）。烟气温度高于其反应温度时，催化剂的通道与微孔发生变形，导致有效通道和面积减少，加速催化剂老化，容易引起催化剂的烧结。另外，温度过高还会使NH_3直接转化为NO_x。目前SCR系统温度大多设定在280～420℃。

在SCR系统中，最佳的反应温度由所使用的催化剂类型和烟气成分来决定。对大多商用金属氧化物催化剂来说，SCR反应器的最佳反应温度为250～420℃。如常用的商用钛基氧化钒SCR催化剂的最佳反应温度为343～399℃；铁类氧化物催化剂的最佳反应温度为300～400℃；而非金属氧化物催化剂的最佳反应温度较低，如活性焦炭类催化剂的反应温度为100～150℃。实际操作时，选择合适的SCR反应器的反应温度。一些设备在低负荷运行时采用省煤器旁路来维持理想的反应温度，当烟气温度接近最佳反应温度时，反应速率会增加，这时使用较少量的催化剂可达到同样的脱硝效果。

某金属氧化物催化剂的脱硝效率与温度的变化关系如图 6-5 所示。由图 6-5 可看出：在370～400℃时 NO_x 的脱硝效率随温度的升高达到最大；反应温度大于 400℃时，脱硝效率下降。这是由于在 SCR 过程中受温度的影响存在两种趋势：一方面，温度升高使脱 NO_x 反应速率增加，NO_x 脱除效率升高；另一方面，随着温度的升高，NH_3 氧化反应开始发生副反应，使 NO_x 脱除效率下降。因此，最佳温度是这两种趋势对立统一的结果，最佳温度为 310℃。

（4）NH_3 与 NO_x 的摩尔比。NH_3 与 NO_x 的摩尔比（NSR）是指喷入 NH_3 的物质的量与烟气脱硝装置入口 NO_x 物质的量之比。

根据化学反应方程式，脱除 1mol 的 NO_x 需要消耗 1mol 的 NH_3，NSR 为 1。NSR 与脱硝效率、氨逃逸率的关系如图 6-6 所示。由图 6-6 可知：当催化剂的体积确定后，NO_x 脱除效率随 NSR 的增加而增加，NSR 小于 1 时，影响更明显；当 NSR 达到 0.95 时，脱硝效率接近 90%；当 NSR 继续增加时，脱硝效率增加趋于缓慢，直至 95%后该值几乎不再增加，也就是说，此时氨逃逸率迅速增加。

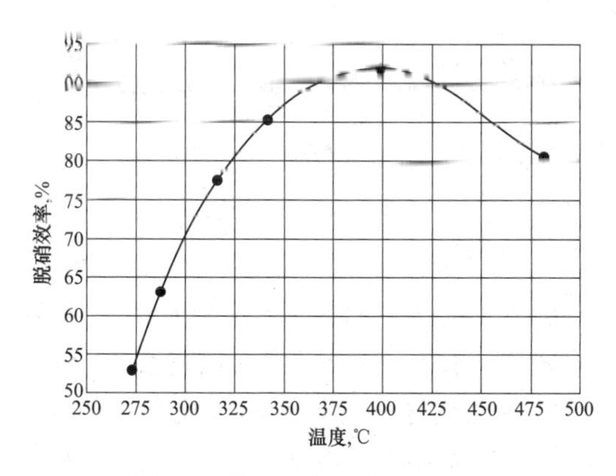

图 6-5 某金属氧化物催化剂的脱硝效率与温度的变化关系

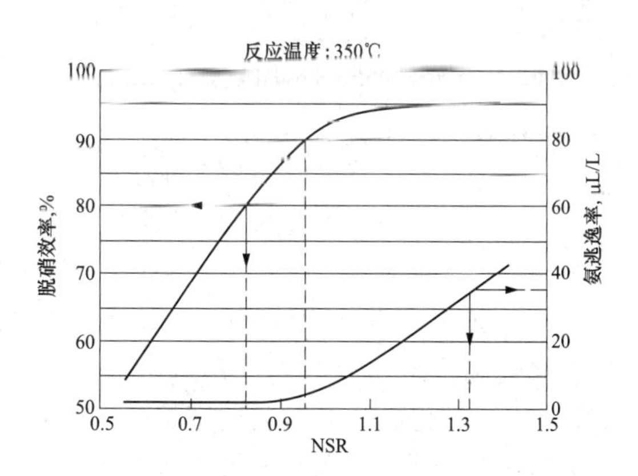

图 6-6 NSR 与脱硝效率、氨逃逸率的关系

还原剂 NH_3 的用量一般根据期望达到的脱硝效率，通过设定 NSR 来控制。因催化剂的活性不同，达到相同转化率时，所需要的 NSR 不同。各种催化剂都有一定的 NSR 范围，当其 NSR 较小时，NO_x 与 NH_3 的反应不完全，NO_x 转化率低。当 NSR 超过一定范围时，NH_3 氧化等副反应的反应速率增大，NO_x 转化率不再增加，氨逃逸率增大，造成还原剂 NH_3 的浪费，会对环境造成二次污染以及产生铵盐等腐蚀性物质。

通常喷入的 NH_3 量随着机组负荷的变化而变化，NH_3 量与 NO_x 脱除效率的关系必须通过现场调试来实现。在实际工程中，与大型火电机组相匹配的 SCR 反应器的尺度通常很大，其进口段内的物理参数很难达到均匀，当脱硝装置要求较高的脱硝效率（如 90%以上）时，氨逃逸率迅速增加的可能性大增。工程上必须将该值控制在较低的范围内，这对大尺度 SCR 反应器进口段内物理参数的设计提出了严格要求。这些参数包括烟气速度场、温度场及催化剂表面 NH_3 与 NO_x 的混合效果。

在设定的脱硝效率下，如果喷氨调节阀的性能越好，喷氨格栅的混合性能越强，实际的 NSR 就越接近理论值。在 SCR 工艺中，一般控制 NSR 小于 1.2。

通常，经过简单调整，烟气速度场就能够满足要求。但如果考虑其对 NH_3/NO_x 混合效果的影响，在喷氨截面上烟气速度场的分布便较难满足要求，但却是非常关键的。

当机组高负荷运行时，温度场一般能够满足要求；在低负荷运行时，可以通过减少喷氧量，停止喷氨或者通过旁路烟道来避免较高的氨逃逸率。如果在低负荷工况下需要实现较高的脱硝效率，温度场就很难满足要求。

NH_3/NO_x 混合效果是 SCR 装置设计和运行中的重点和难点，当装置设计脱硝效率较高时，其难度更大。在喷氨前后采取适当的策略，可以不同程度地提高 NH_3/NO_x 混合效果。以较低代价实现良好的 NH_3 与 NO_x 混合效果是混氨技术研究的主要目标。

（5）SO_2 转化成 SO_3 的转化率。在 SCR 反应过程中，由于催化剂的存在，促使烟气中部分 SO_2 被氧化成 SO_3，在气体混合物中转变成 SO_3 的 SO_2 的物质的量与起始状态的物质的量之比，称为转化率，可按式（6-7）计算：

$$X=\frac{M_{SO_2}}{M_{SO_3}}\times\frac{c_{SO_{3out}}-c_{SO_{3in}}}{c_{SO_{2in}}} \tag{6-7}$$

式中 X——SO_2 转化成 SO_3 的转化率，%；

M_{SO_2}——SO_2 的摩尔质量，g/mol；

M_{SO_3}——SO_3 的摩尔质量，g/mol；

$c_{SO_{3out}}$——反应器出口的 SO_3 浓度，mg/m^3；

$c_{SO_{3in}}$——反应器入口的 SO_3 浓度，mg/m^3；

$c_{SO_{2in}}$——反应器入口的 SO_2 浓度，mg/m^3。

SO_2 转化成 SO_3 的转化率是 SCR 系统中的重要指标之一。SO_2 转化成 SO_3 的现象在锅炉燃烧和脱硝过程中都存在。在锅炉燃烧过程中，一般有 1%～1.5%的硫会转变为 SO_3。SO_2 转化成 SO_3 的转化率越高，说明催化剂的活性越好，所需要的催化剂量越少。但如果高尘布置的脱硝反应器中 SO_2 转化成 SO_3 的转化率越高，会使空气预热器的堵塞更为严重。在酸的露点以下，SO_3 会形成 H_2SO_4 并在空气预热器的下游管道形成严重的腐蚀；同时由于 SO_3 以气雾状态存在，颗粒直径非常小，难以捕捉，即使下游装设脱硫装置，也是难以脱除的，一般湿法脱硫系统对 SO_3 的脱除效率在 50%左右，烟气中的 SO_3 排放浓度过高的会增加酸雾的形成，形成棕色的烟。

烟气温度越高，SO_2 转化成 SO_3 的转化率越高。SO_2 转化成 SO_3 的转化率与烟气流量也存在一定的关系，流量越大，转化率越低。目前，国内要求的 SCR 催化剂对 SO_2 转化成 SO_3 的转化率是不大于 1%。

（6）氨逃逸率。一般来说，反应器出口未参与还原反应的 NH_3 与出口烟气总量的体积占比，一般计量单位为μL/L；若用质量占比，则为 mg/m^3，也叫氨逃逸浓度。

对于行业标准，一般有两个解释口径，分别如下：

1）DL/T 260—2012《燃煤电厂烟气脱硝装置性能验收试验规范》对氨逃逸浓度如此解释：烟气脱硝装置出口烟气中氨的质量和烟气体积（标准状态、干燥基、6% O_2 含量）之比，用 mg/m^3 表示。

2）DL/T 335—2010《火电厂烟气脱硝（SCR）系统运行技术规范》对氨逃逸率如此

描述：在 SCR 脱硝反应器出口中氨的浓度，用μL/L 表示。

氨逃逸造成二次污染；逃逸的 NH_3 生成 NH_4HSO_4 和 $(NH_4)_2SO_4$，黏结于下游设备，增大了阻力，并腐蚀相关设备；生成 $(NH_4)_2SO_4$ 沉积在催化剂和空气预热器上，造成催化剂中毒和空气预热器的腐蚀；造成 FGD 废水及空气预热器清洗水中含 NH_3；增加飞灰中的氨化合物，改变飞灰的品质。

HJ 562—2010《火电厂烟气脱硝工程技术规范　选择性催化还原法》中规定氨逃逸浓度宜小于 2.5mg/m^3。某电厂的沿程氨逃逸量分布如图 6-7 所示。

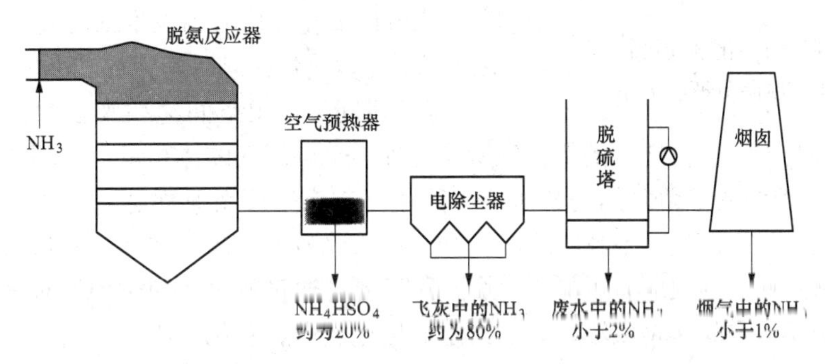

图 6-7　某电厂的沿程氨逃逸量分布

一般来说，氨逃逸的影响因素有喷氨的不均匀性和催化剂层的活性下降。在实际运行中，因这两者均无法及时发现，而通过脱硝效率又不能很好地反映氨逃逸率，这时通过分析飞灰中的含氨量能及时、准确地获知氨逃逸率。根据国外火电厂运行经验，在 SCR 正常运行的条件下，飞灰中含氨量控制在 30mg/kg 以下时，可有效控制氨逃逸率在安全运行范围之内。

通常对于 SCR 工艺来说，氨逃逸率选取的范围为 2～5μL/L，SO_2 氧化率选取的范围为 0.5%～1.5%。一般来讲，两者分别按照 3μL/L 和 1%来选取。但在实际过程中，当燃料中的含硫量大于 2%时，应酌情选取较低的数值；当燃料中的含硫量小于 1%时，可选取较高的数值。

氨逃逸率越低，催化剂末端烟气中氨的浓度就越低，还原反应的速度就越慢，催化剂用量也就越多。某脱硝效率为 80%的项目要求的氨逃逸率与催化剂用量的关系曲线如图 6-8 所示。

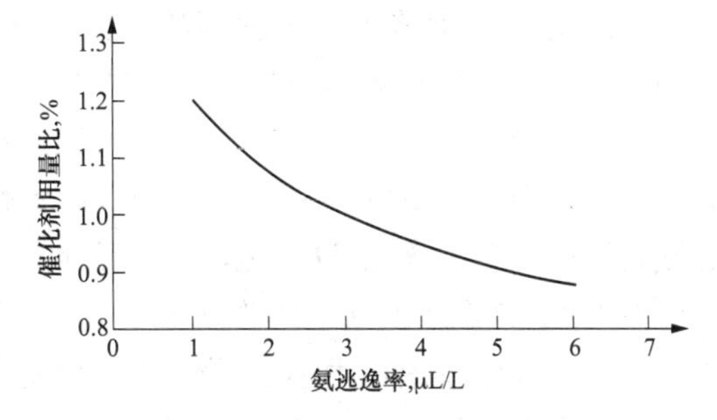

图 6-8　某脱硝效率为 80%的项目要求的氨逃逸率与催化剂用量的关系曲线

(7) 停留时间和空间速率。停留时间是指反应物在反应器中与 NO_x 进行反应的时间，或定义为烟气流经反应器在所有催化剂孔道内停留的总时间。反应物在反应器中停留的时间越长，脱硝效率越高。反应温度对所需停留时间有影响，当操作温度与最佳反应温度接近时，所需的停留时间越低。在反应温度为 310℃，NH_3 与 NO_x 的摩尔比为 1

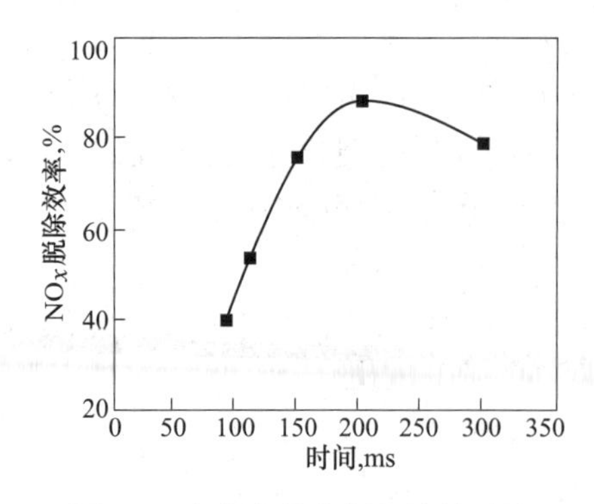

图 6-9 烟气与催化剂的接触时间与 NO_x 脱除效率的关系

的条件下，烟气与催化剂的接触时间与 NO_x 脱除效率的关系如图 6-9 所示。

由图 6-9 可知，脱硫效率随时间的增加而迅速增加，时间增至 200ms 左右时，NO_x 脱除效率达到最大值，随后又开始下降。这主要是由于反应气体与催化剂的接触时间增大，有利于反应气体在催化剂微孔内的扩散、吸附、反应和产物气的解吸、扩散，从而使 NO_x 脱除效率提高。但是，若接触时间过大，NH_3 氧化反应开始发生副反应，会使 NO_x 脱效除率下降，最佳接触时间为 200ms。

停留时间经常用空间速率来表示。空间速率的定义为单位时间内，单位体积的催化剂所能处理的单位烟气的体积量。空间速率反映了烟气在 SCR 反应器内的停留时间的长短。空间速率越大，停留时间越短。对一定流量的烟气，当增加催化剂的用量、空速降低时，NO_x 的去除效率提高。空间速率过大，烟气在反应器内停留时间短，则反应有可能不完全，这样氨逃逸量就大，同时烟气对催化剂骨架的冲刷也大。相反，空间速率太小，对于给定的烟气流速，催化剂用量要增加，运行经济性下降。对于固态排渣煤粉锅炉高粉锅尘区布置的 SCR 反应器，反应器的空间速率由试验决定。

空间速率是 SCR 反应器的一个关键设计参数，也是主要的设计依据。空间速率的确定除受催化剂特性的影响外，还需要考虑脱硝效率、运行温度、氨的允许逃逸量以及烟气中的粉尘含量、锅炉类型、催化反应器布置位置等诸多因素。

（8）催化剂中 V_2O_5 含量对 NO_x 脱除效率的影响。催化剂中 V_2O_5 含量增加，催化效率增加，NO_x 脱除效率提高。但是，当 V_2O_5 含量超过 6.6%时，催化效率反而下降。当 V_2O_5 含量在 1.4%～4.5%时，V_2O_5 均匀分布于 TiO_2 载体上；当 V_2O_5 含量为 6.6%时，V_2O_5 在载体 TiO_2 上形成新的结晶区——V_2O_5 结晶区，从而降低了催化剂的活性。催化剂中 V_2O_5 含量对 NO_x 脱除效率的影响如图 6-10 所示。

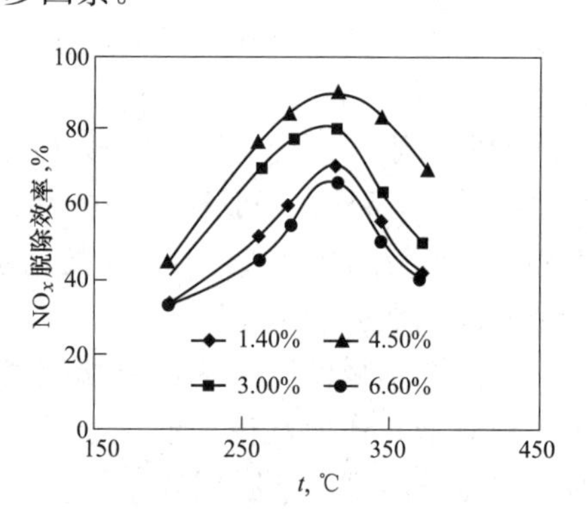

图 6-10 催化剂中 V_2O_5 含量对 NO_x 脱除效率的影响

V_2O_5 是 SCR 反应催化剂的活性组分，在 NH_3 的作用下将烟气中 NO_x 还原为 N_2 和 H_2O 的同时，也将烟气中的 SO_2 氧化为 SO_3，因此工业应用的催化剂中 V_2O_5 含量较低（一般为 0.3%～1.5%）。

（9）SCR 系统的压力损失。SCR 系统的压力损失是指烟气由 SCR 系统入口经反应器到反应器后空气预热器入口烟道之间的压力降。

SCR 系统的压力损失的大小，将直接影响到锅炉主机及引风机的安全运行和厂用电的多少。SCR 系统的压力损失一般在 1kPa 左右。

（10）催化剂的运行寿命。SCR 系统催化剂的运行寿命是指催化剂的活性自系统投运开始能够满足脱硝设计性能的时间，简单地说，就是从开始使用到需要更换的累计运行时间。催化剂运行一段时间后，由于催化剂的中毒及烧结，其活性会逐渐下降，当不能满足设计效率时，氨的逃逸会增加，此时必须进行清洗或更换。通常催化剂的运行寿命在2.4万h左右。

第二节 选择性催化还原烟气脱硝还原剂及还原剂制备系统

一、SCR系统还原剂

用于燃煤电厂SCR烟气脱硝系统的还原剂有液氨、氨水和尿素等。

（一）*液氨*

液氨又名无水氨，分子式为NH_3，为GB 12268—2005《危险货物品名表》规定的危险品，编号为1005。常温常压下呈气态、无色、有刺激性气味，相对分子质量为17.03，标准状态下的密度是0.771 4g/L（比空气的密度小），沸点是－33.35℃，熔点是－77.7℃，水溶液呈强碱性。无水氨通常以加压液化的方式储存，液态氨转变为气态时会膨胀850倍，并形成氨云。无水氨泄漏到空气中时，会与空气中的水形成云状物且不易扩散，会对其附近的人身安全造成危害。

NH_3与空气混合物的爆炸极限为16%～25%（最易引燃浓度为17%），NH_3和空气混合物达到上述浓度范围遇明火会燃烧和爆炸。若有油类或其他可燃性物质存在，则爆炸性更高。NH_3具有较高的体积膨胀系数。液氨钢瓶超装极易发生爆炸。为此氨罐周围设置了降温喷淋装置。NH_3与H_2SO_4或其他强无机酸反应放热，化合物可达到沸腾。NH_3泄漏时，会对人身安全造成相当程度的危害。

液氨可以侵蚀某些塑料制品、橡胶和涂层，不能与乙烯、丙烯酸、硼、卤素、环氧乙烷、次氯酸、硝酸、汞、氯化银、硫、锑、双氧水等物质共存。

NH_3很容易液化，在常压下冷却至－33.35℃，或在常温下加压至700～800kPa时，NH_3就会液化成无色液体，同时放出大量热。因为液氨气化时要吸收大量的热，使周围物质的温度急剧下降，所以NH_3常作为制冷剂。NH_3极易溶于水，溶于水后的氨溶液通常又称为氨水。

长期暴露在NH_3中，会对肺造成损伤，导致支气管炎。直接与NH_3接触会刺激皮肤，灼伤眼睛，使眼睛暂时或永久失明，并导致头痛、恶心、呕吐等，严重时会导致死亡。出现病状应及时吸入新鲜空气，并用大量水冲洗眼睛，严重时应送医院治疗或抢救。

（二）*氨水*

氨水又称氨水溶液、阿摩尼亚水，主要成分为$NH_3 \cdot H_2O$，较液氨相对安全，是NH_3的水溶液，无色透明且具有刺激性气味，由NH_3通入水中制得。氨水溶液呈弱碱性和强腐蚀性。其暴露途径与液氨类似，对人体有害。

（三）*尿素*

尿素分子式为$CO(NH_2)_2$，相对分子质量为56，含氮量通常大于46%，为白色或浅黄色的结晶体，吸湿性较强，易溶于水，水溶液为中性。尿素可作为化肥和其他工业原料。在烟气脱硝工艺中，尿素越来越多地作为氨的替代品充当还原剂使用。

与液氨和氨水相比，尿素是无毒、无伤害的化学品，无须附设安全设备，所以使用尿作还原剂的脱硝系统成本较低。常温、常压下尿素呈固态，运输和储存都较容易。液态尿素有较好的药物分配特性，输送系统易安装，容易对其雾化形态进行控制。利用尿素作为还原剂时的运行环境较好，因为尿素是在喷入混合燃烧室后转化为 NH_3，实现氧化还原反应的。因此，可以避免在存储、管理及阀门泄漏时造成的危害。

由于在燃煤电站 SCR 系统中，以尿素为还原剂的制氨工艺流程：固体尿素首先是溶解在除盐水中，然后通过输送泵、计量装置将尿素溶液输送到热解或水解系统中分解制氨。

目前在尿素生产中加入石蜡等疏水物质，其吸湿性大大下降。尿素在水中的溶解度见图 6-11。不同浓度尿素溶液的结晶温度见表 6-1。

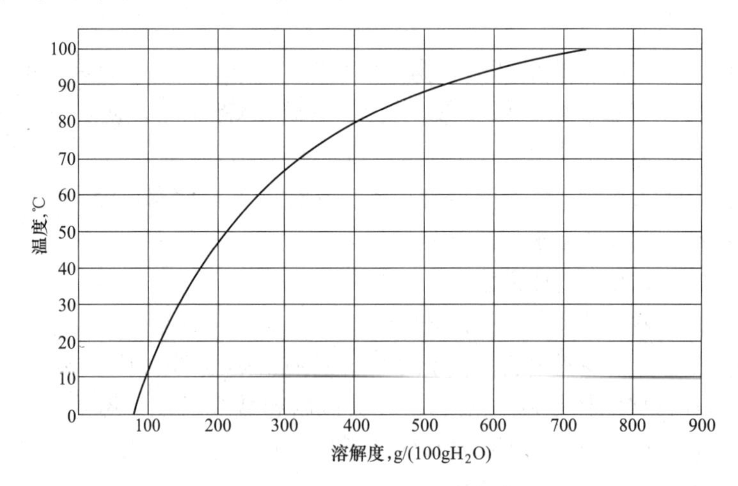

图 6-11　尿素在水中的溶解度

表 6-1　不同浓度尿素溶液的结晶温度

尿素溶液浓度（%）	40	45	50	55	60	65	70	75	80
结晶温度（℃）	2	10	18	28	37	48	58	68	80

（四）安全性比较

从还原剂的输送及储存角度考虑，从管路、储存罐、槽车罐等的泄漏事故或交通事故中分析，液氨泄漏出的 NH_3 要比尿素水溶液或氨水危险性大得多。因此氨水和尿素正越来越多地得到应用。

（五）经济性比较

使用液氨作为原料的 SCR 系统，只需将液氨蒸发即可得到 NH_3；而使用尿素作为原料的系统需要经过热解或者水解才能得到 NH_3。在尿素转化为 NH_3 的过程中，即使不考虑尿素本身纯度因素，还会产生 H_2O、CO_2 等副产品，其反应器出口成分：NH_3 占 22%～28%，CO_2 占 14%～27%，H_2O 占 50%～58%。而液氨作为最纯的反应剂，直接跟 NO_x 反应生成无害的水和 N_2，没有副产品。由于液氨系统采用电加热形式，且液氨的储存制备系统采用闭式系统，加热器一年的大部分时间不运行，电耗和燃气耗量都比尿素系统小。因此，从能耗和物耗的角度分析，尿素系统的运行费用要高于液氨系统。

由于尿素的产物中有水蒸气的存在，从尿素热解槽或水解槽出来的混合蒸汽在进入混合器前，为了防止水蒸气的凝结和高腐蚀性的氨基甲酸铵的形成，其管材和阀门需要使用不锈钢，并且采用伴热措施。而在液氨作为还原剂原料的系统中，液氨储罐、NH_3 缓冲罐、液氨稀释槽、液氨蒸发器等设备和管道全部都可以使用碳钢。

综上所述，在这三种脱硝还原剂中，液氨的投资、运输和使用成本为三者最低，但此方法具有一定的安全隐患，必须有严格的安全保证和防火措施。液氨的运输、储存涉及当地的法规和劳动卫生标准，许多电站仅允许使用铁路运输液氨。脱硝所用氨水的质量百分比一般为20%～30%，较液氨安全，但运输体积大、运输成本相对高。尿素是一种颗粒状的农业肥料，安全无害，但用其制氨的系统复杂、设备占地大、初始投资大，以及大量尿素的储存还存在潮解问题。

二、还原剂制备系统

（一）液氨为还原剂的SCR工艺

利用液氨作为还原剂的SCR系统由催化反应器、氨储存及供应系统、氨喷射系统及相关的测试控制系统等组成，液氨为还原剂的SCR工艺如图6-12所示。

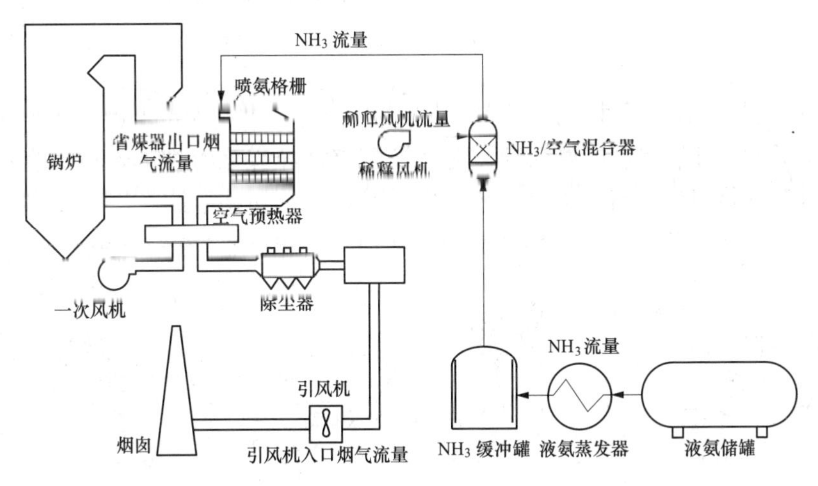

图6-12　液氨为还原剂的SCR工艺

液氨由槽车运送至液氨储罐，液氨储罐输出的液氨在蒸发器内蒸发为 NH_3，NH_3 经加热至常温后送至缓冲罐备用。NH_3 缓冲罐中的 NH_3 经调压阀减压后，与稀释风机送来的空气混合成 NH_3 体积含量为5%的混合气体，通过喷氨格栅的喷嘴喷入烟气中，然后 NH_3 与 NO_x 在催化剂的作用下发生氧化还原反应，生成 N_2 和 H_2O。

1. 氨储存和供氨系统

在SCR系统的构成中，氨储存及供应系统最复杂，主要包括液氨卸料压缩机、液氨储罐、液氨蒸发器、NH_3 缓冲罐及 NH_3 稀释槽等设备。另外，还必须备有喷淋设施、废水泵、废水池等附属设施，同时要安装计量和检测仪表。

液氨的供应由液氨槽车运送，利用液氨卸料压缩机将液氨由槽车输入液氨储罐内，槽车与系统由挠性软管连接。用液氨泵将液氨储罐中的液氨输送到液氨蒸发器内蒸发为 NH_3，经 NH_3 缓冲罐来控制一定的压力及其流量，然后与稀释空气在混合器中混合均匀，再送至脱硝系统。NH_3 系统紧急排放的 NH_3 则排入 NH_3 稀释槽中，经水吸收后排入废水池，再经废水泵送至废水处理系统。NH_3 储存和供应系统的工艺流程如图6-13所示。

加氨方式有两类，一类是无水加氨，另一类是有水加氨。对于无水加氨系统，氨从液

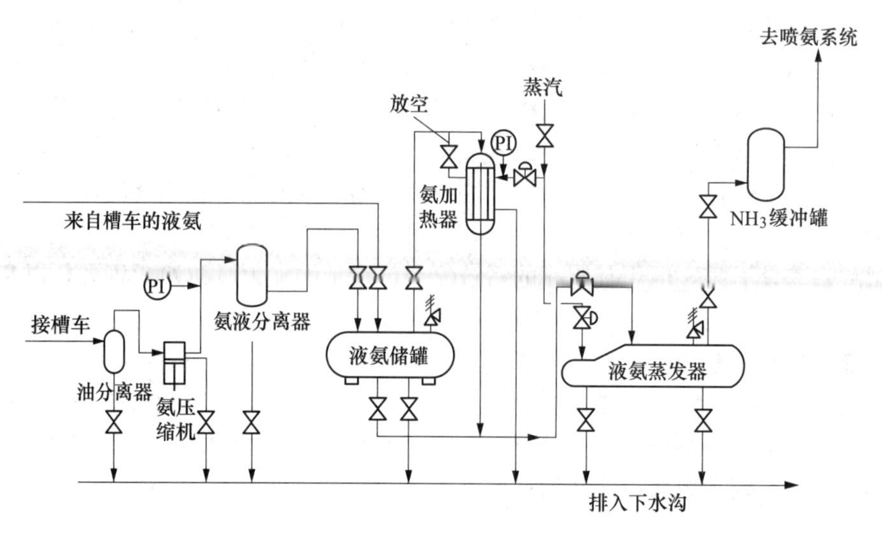

图 6-13　NH_3 储存和供应系统的工艺流程

氨储罐依次进入蒸发器和缓冲罐，经减压后与空气混合，再喷入烟道中。无水加氨工艺流程如图 6-14 所示。对于有水加氨系统，氨从液氨储罐经雾化喷嘴进入高温蒸发器，蒸发后的 NH_3 被喷入烟道中。有水加氨工艺流程如图 6-15 所示。

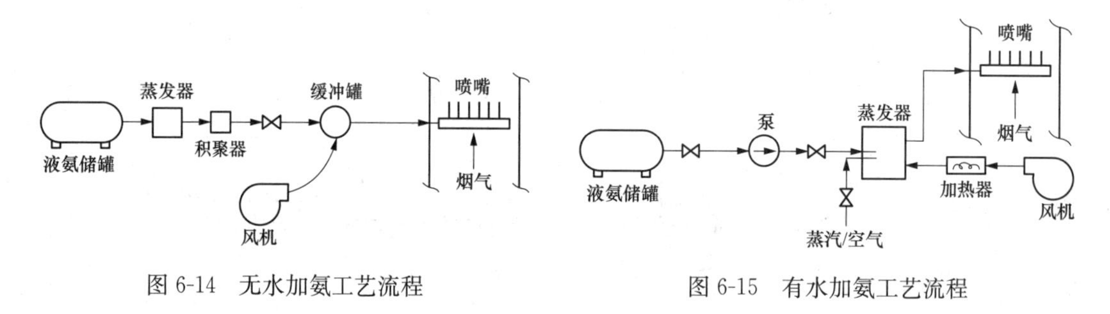

图 6-14　无水加氨工艺流程

图 6-15　有水加氨工艺流程

2. NH_3/空气喷雾系统

NH_3 和空气在混合器和管路内充分混合后进入 NH_3 分配总管。NH_3/空气喷雾系统包括供应箱、喷氨格栅和喷嘴等。每一供应箱安装一个节流阀和节流孔板，可使氨混合物在喷氨格栅达到均匀分布。手动节流阀的设定是靠烟气风管的取样所获得的 NSR 来调整。氨喷雾管位于催化剂上游烟气风道内。NH_3/空气混合物喷射配合 NO_x 浓度分布，通过雾化喷嘴来调整。

（二）以尿素为还原剂的 SCR 工艺

与液氨不同，利用尿素作为脱硝还原剂时需要利用专门的设备将尿素转化为 NH_3，之后输送至 SCR 反应器。尿素制氨方法主要有尿素水解法和尿素热解法两种。

1. 尿素水解法制氨工艺

水解法的原理是把 40%～50%的尿素溶液（38℃），通过预热器加热到 121℃，泵入水解反应器，在 130～180℃和 0.17～0.2MPa 的反应条件下，先生成中间产物氨基甲酸铵，随后氨基甲酸铵分解，生成 NH_3 和 CO_2，其组成一般为：氨蒸气（混合物）浓度是

28%、CO_2 浓度是 14%、水蒸气浓度是 58%，反应式如下：

$$NH_2CONH_2 + H_2O \longrightarrow NH_4CO_2NH_2 \tag{6-8}$$

$$NH_4CO_2NH_2 \longrightarrow 2NH_3 + CO_2 \tag{6-9}$$

分解出来的氨基产物作为 SCR 反应的还原剂，在催化剂的作用下发生化学反应生成 N_2 和 H_2O。尿素水解制氨系统包括尿素颗粒储仓、尿素溶解罐、尿素溶液泵、尿素溶液储罐、供给泵、水解反应器、缓冲罐、蒸汽加热器及疏水回收装置等。

固体尿素一般储存在钢制储仓中，由于尿素吸潮性很强，为了避免板结，储仓需要装设流化风系统，配有电加热器，将加热后的空气注入仓底气化板，干料通过螺旋输送机送往溶解箱，螺旋输送机采用变频电动机驱动，实现给料的计量。

固体尿素在溶解箱内溶解成 40%～50%浓度的溶液，通过计量泵送往水解反应器。水解反应器为压力容器，采用 316L 不锈钢材料制造，内置多层隔板，装设有蒸汽预热器，通过辅助蒸汽系统对尿素溶液进行预热，水解蒸汽通过装设在水解反应器底部的喷嘴直接喷射到尿素溶液中，使其达到 130～180℃的反应温度，水解反应器的压力通过蒸汽压力维持，多层隔板是为增加反应时间，使反应更加充分。

尿素溶液水解后的产物为 NH_3、CO_2 和 H_2O 的混合蒸汽，经捕滴器除掉夹带的水滴后，通过自身压力或者泵送往 NH_3 稀释系统。与液氨不同的是，稀释空气需要加热到 175℃以上，避免 NH_3 与 CO_2 在低温下逆向反应，生成氨基甲酸盐。同样原因，成品 NH_3 输送管道需要进行伴热，介质温度维持在 175℃以上。

在水解反应器内，尿素溶液并不能完全水解，部分尿素和 NH_3 将残留在溶液中，通过自身压力将水解反应器内的残液送往尿素溶液储备箱。由于残液温度较高，为了避免能量损失，通过设节能器回收热量来加热水解反应器入口的尿素溶液。

该反应是尿素生产的逆反应。反应速率是温度和浓度的函数。反应所需热量由电厂辅助蒸汽提供，通常生产 1kg/h 的 NH_3 只需要 5kg/h 的辅助蒸汽，如 300MW 机组常规 SCR 脱硝的需氨量为 150kg/h，则仅需要 0.75t/h 的电厂辅助蒸汽即可满足水解反应器的热量供给，可极大降低脱硝还原剂制备系统的运行费用。

影响水解反应的主要因素有反应温度、尿素溶液的浓度、溶液停留时间、反应的活化能等。其次是要不断地将生成物中的 NH_3 和 CO_2 移走，使反应始终向水解方向进行。

尿素水解是吸热反应，提高温度有利于化学平衡，在 60℃以下水解速度几乎为零，至 100℃左右水解速度开始提高。在 140℃以上，尿素水解速度急剧加快；尿素的水解率随停留时间的增加而增大，随着停留时间的延长水解率增大；尿素的水解率还与尿素溶液的浓度有关，溶液中尿素浓度低，则水解率大，实际工程中尿素溶液浓度需要根据 SCR 系统的需要试验确定；尿素的水解率与溶液中氨含量的关系也是密切相关的，氨含量高的尿素溶液水解率较低。在水解反应器中，能否有效地将水解生成的 NH_3 和 CO_2 从水溶液中解吸出来（即移走生成物），是水解反应能否有效进行下去的关键，如果反应环境中 NH_3 和 CO_2 的含量降低为原来的 10%，即使进料中尿素含量提高 6 倍，最终废液中尿素含量将降低为原来的 5%左右。

2. 尿素热解法制氨工艺

热解法是将尿素溶解为约 70%的溶液，然后将其注入分解器，在 0.31～0.52MPa、343～454℃的反应条件下，尿素首先分解成 HNCO 和 NH_3，HNCO 再分解成 NH_3 和

CO_2，反应式如下：

$$NH_2CONH_2 \longrightarrow NH_3 + HNCO \quad (6\text{-}10)$$

$$HNCO + H_2O \longrightarrow NH_3 + CO_2 \quad (6\text{-}11)$$

分解室提供尿素分解所需要的混合时间、停留时间以及温度，分解出来的氨基产物作为SCR脱硝反应的还原剂，在催化剂的作用下发生化学反应生成 N_2 和 H_2O。典型尿素热解制 NH_3 系统流程图如图6-16所示。

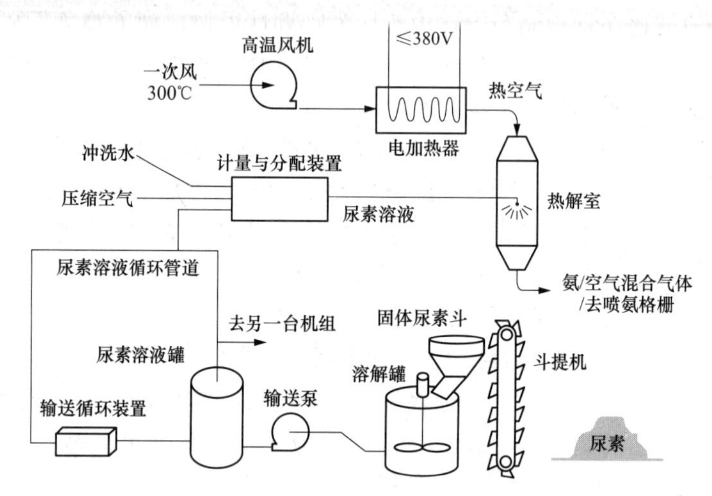

图6-16 典型尿素热解制 NH_3 系统流程图

尿素热解法的系统构成如下：

（1）尿素装卸和储存系统。包括汽车或火车气力装卸或传送带装卸子系统、尿素储存库、干空气吹扫子系统，以及从储存库到溶解器的尿素运输子系统。

（2）尿素溶解和混合系统。包括尿素溶解罐、溶解槽混合器、U形管热交换器、溶液输送泵。

（3）尿素溶液储存系统。包括尿素溶液储存槽、储存槽循环泵、循环温液加热器。

（4）尿素分解室。包括尿素溶液测量泵、分解室、一次热空气源（来自烟气/空气热交换器、天然气、烟道、燃烧器或者电加热器）、二次热空气源（来源与一次热空气源相同）。

在尿素热解法制氨系统中，氨基甲酸铵作为一种中间产物具有较高的腐蚀性，所以除了尿素储存库外，其余的设备和管道全部为不锈钢，并且需要将尿素溶液加热在氨基甲酸铵的形成温度之上。此外，由于尿素溶液的易结晶性，不论是水解法还是热解法，对于所有尿素溶液的容器和管道必须进行伴热（蒸汽伴热或者电伴热），将溶液的温度保持在其相应浓度的结晶温度以上。

在上述两种尿素分解制氨工艺中，尿素热解法设备紧凑，负荷调节响应快，但是尿素转化氨的效率低，尿素、燃料消耗量大，不完全热解所产生的副产物易沉积；尿素水解法工艺成熟，在国外电力行业和国内外化工行业应用广泛，反应条件温和，除需要电厂低压蒸汽外不需要其他辅助能源，运行费用低，但是对设备材料的耐腐蚀性有一定要求，对产氨负荷的动态响应特性需要通过工艺设计进行优化，同时要使用高压转化反应器，存在安全隐患。尿素热解法和水解法的比较见表 6-2。

表 6-2　尿素热解法和水解法的比较

方法	热解法	水解法
加热方式	使用电加热，气体燃料或柴油燃烧加热	蒸汽加热
操作条件	高温、常压	高温、高压
动态反应	响应时间快，跟随能力强	响应时间与跟随能力较差
尿素溶液浓度	喷入 40%～50%浓度尿素溶液	低浓度尿素溶液
优缺点	（1）NH_3 排出控制良好； （2）简单直接操	（1）用水量大，浪费能量； （2）负荷变化时易生成尿素聚合物堵塞管道

（三）以氨水为还原剂的 SCR 脱硝工艺流程

用氨水作为还原剂时，可以在安全方面较液氨得到较大改善。氨水储罐可以设计成非耐压型的锥顶罐，与液氨的耐压储罐相比，可以节约大量费用。同时由于氨水上方 NH_3 的蒸气压力较液氨低得多，因此装运氨水的槽车不会像液氨那样危险。

使用氨水的一个问题是，供应商提供的氨水是用含盐的自来水稀释的，如果将这种氨水直接喷入主热烟道气中，氨水便会蒸发，无论是 V_2O_5/TiO_2 催化剂（工作温度在 350℃左右），还是 Pt 型催化剂（工作温度在 290℃左右），都会因 NaCl、KCl 等盐类而使催化还原反应效率迅速降低。因此，使用氨水作为脱硝还原剂时，需要使用一个氨汽提塔，将 NH_3 和水分离开。用水蒸气从氨水中抽提氨的流程示意图如图 6-17 所示。

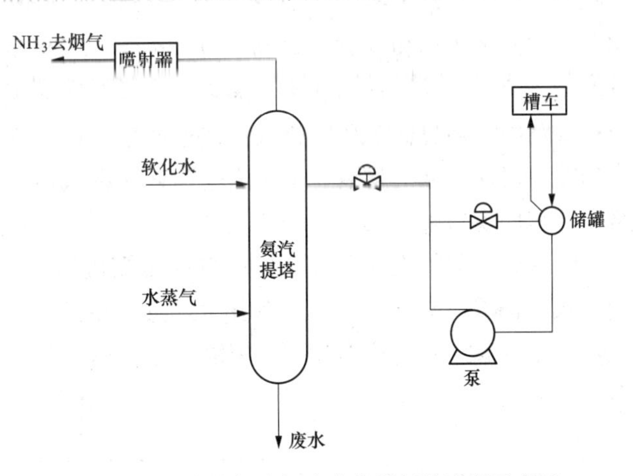

图 6-17　用水蒸气从氨水中抽提氨的流程示意图

通过改变进入氨汽提塔的氨水流量，可以控制供给烟道 NH_3 的量。氨汽提塔得到纯净的 NH_3 通过喷射器（如喷氨格栅）喷入烟气中，烟气中的 NO_x 与 NH_3 在催化剂的作用下发生反应，产物为 N_2 和 H_2O。

与液氨相比，使用氨水作为脱硝反应的氨源时运输费用和操作费用等有所增加，但是氨水的车运、储存和处理过程有较大的安全保证，同时，氨水储存和蒸发设备的费用也比较低。另外，在环保方面氨水的使用要求较液氨低。

三、SCR 系统还原剂制备系统主要设备

（一）储氨和供氨设备

1. 卸氨压缩机

卸氨压缩机的作用是把液态的氨从运输的槽车中转移到液氨储罐中。卸氨压缩机一般为往复式压缩机，它抽取槽车的液氨，经压缩后将液氨槽车的液氨推挤入液氨储罐中。压

缩机卸氨工作原理如图 6-18 所示。

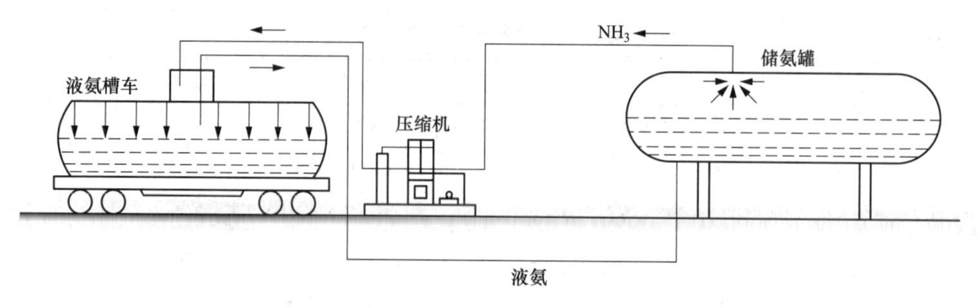

图 6-18 压缩机卸氨工作原理

由于在槽车向储罐供氨的过程中，随着槽车氨量的减少，其压力也不断下降，甚至影响继续供氨，因此用卸氨压缩机提高槽车罐内压力，以保证其罐内的液氨可全部顺利卸出。

因为卸氨过程液氨减压后蒸发吸热，所以卸氨管道上经常会大量结冰或化霜。为减少此类问题的发生，确保卸氨过程的安全，经常在槽车之后的卸氨管上连接一台蛇形管自然吸热器，以减少液氨管道的结冰或化霜现象。一般情况下，两个氨储罐公用一套卸氨管路，一套卸氨管路包含有一路卸 NH_3 相平衡管路和一路卸氨液相管路，每一管路上均装有气动总门、气动隔离门和手动隔离门。两台卸氨压缩机分别并联在气相平衡管路和卸氨液相管路内，通过卸氨压缩机入口四通改变工作管路连接方式，以满足不同液氨卸载和倒换功能。每一管路上均装有两个安全门连接在氨稀释吸污管路上，以防止管路超压造成管路损坏和环境污染事故。

储氨罐上部的饱和 NH_3 通过 NH_3 压缩机增压，增压后的高压 NH_3 进入槽车，将液氨压入储氨罐。槽车中余下的 NH_3 可通过压缩机反向旋转把 NH_3 压回储氨罐。

当储氨罐需要进行维修时，压缩机还可用于两个储氨之间液氨的倒罐输送以及用来放出储氨罐里的 NH_3。NH_3 卸料压缩机工作系统示意图如图 6-19 所示。

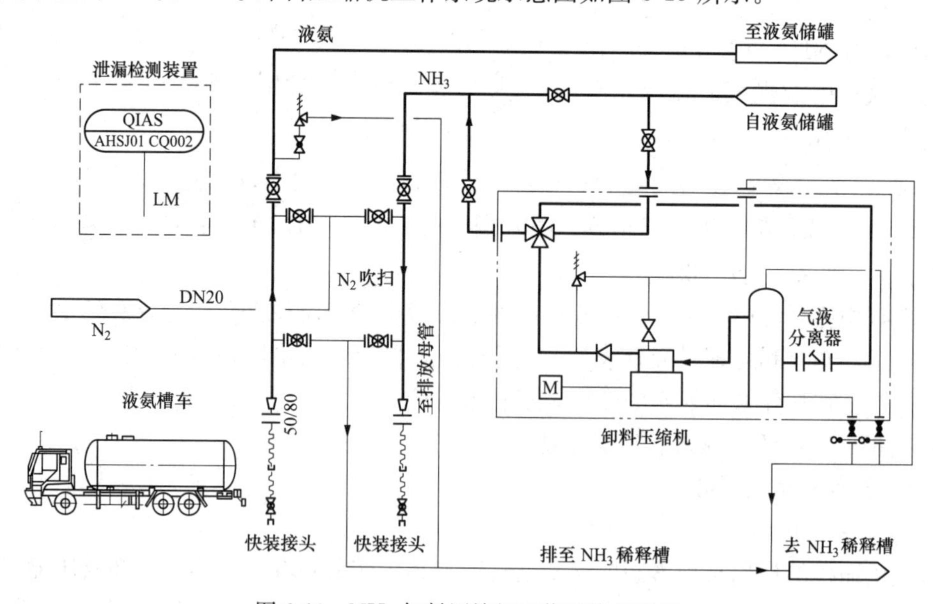

图 6-19 NH_3 卸料压缩机工作系统示意图

卸料压缩机组整体结构如图 6-20 所示。压缩机运转时，通过曲轴、连杆及十字头，将回转运动变为活塞在气缸内的往复运动，并由此使工作容积周期性变化，完成吸气、压缩、排气和膨胀 4 个工作过程。当活塞由外止点向内止点运动时，进气阀开启，气体介质进入气缸，吸气开始。当活塞到达内止点时，吸气结束。当活塞由内止点向外止点运动时，气体介质被压缩，当气缸内压力超过其排气管中的背压时，排气阀开启，即排气开始。当活塞到达外止点时，排气结束。活塞再从外止点向内止点运动时，气缸余隙中的高压气体膨胀，当吸气管中压力大于正在缸中膨胀的气体压力并能克服进气阀弹簧力时，进气阀开启，在此瞬时，膨胀结束，压缩机就完成了一个工作循环。

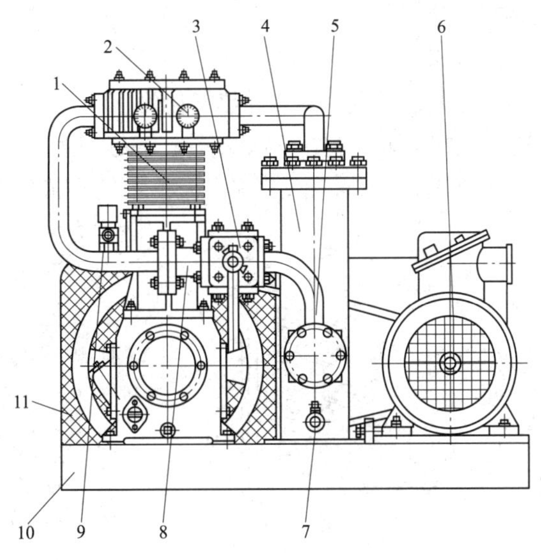

图 6-20　卸料压缩机组整体结构

1—压缩机；2—仪表；3—两位四通阀；4—气液分离器；5—进气过渡器；6—防爆电动机；7—排液阀；8—止回阀；9—安全阀；10—底座；11—防护罩

2. 液氨储罐

液氨储罐是 SCR 系统液氨储存的设备，一般为能够承受一定压力载荷的罐体。液氨储罐上用安装超流阀、止回阀、紧急关断阀和安全阀作为液氨储罐泄漏保护。液氨储罐四周安装有工业水喷淋管线及喷嘴，当液氨储罐罐体温度过高时，自动淋水装置开启，对罐体喷淋降温。同时，液氨储罐还必须有必要的接地装置。液氨储罐的结构示意图如图 6-21 所示。

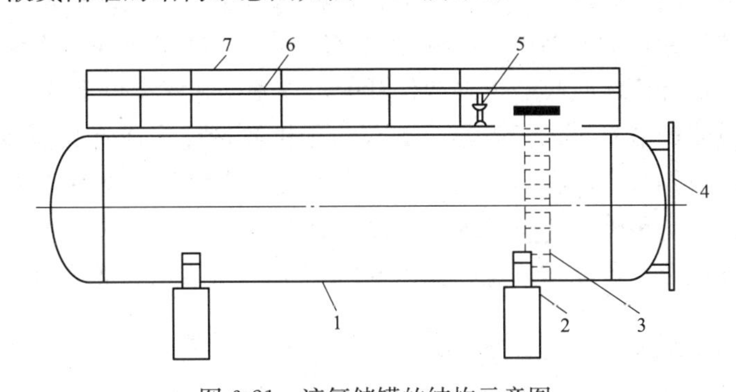

图 6-21　液氨储罐的结构示意图

1—罐体；2—支架；3—内部梯子；4—液位计；5—安全阀；6—喷淋管线；7—作业台

每个厂最少配备两个液氨储罐，每个液氨储罐只装一半液氨，以便需要时可用泵将一个罐里的氨送到另一个罐里去。这样做除了是从安全方面考虑外，还可以保证一个罐在检修时，SCR 反应器仍能不间断地工作。

液氨储罐可以放置在地面或地下，但位于市区内电厂的液氨储罐必须放置在地下。液氨储罐外面要涂敷防护层，其中地下式液氨储罐需要涂沥青防腐层，地面式液氨储罐需要涂特殊的热反射层。

3. 液氨蒸发器

液氨通过液氨蒸发器加热气化为NH_3，液氨蒸发器一般采用蒸汽加热，也可用电加热头加热，加热温度控制在50℃左右。液氨蒸发器的气化能力一般为最大需氨量的1.2～1.5倍。

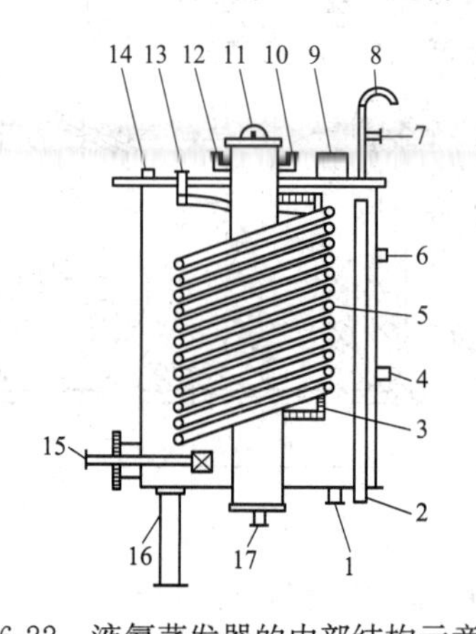

图6-22 液氨蒸发器的内部结构示意图

1—工业水入口；2—溢流口；3—支架；4—温度显示；5—蒸发盘管；6、7—液位指示口；8—通风口；9、11—观察口（带盖板）；10—NH_3出口；12—预留口；13—液氨入口；14—液位开关；15—蒸汽入口；16—支柱；17—排污口

液氨蒸发器一般为螺旋管式。管内为液氨，管外为温水浴，以蒸汽直接喷入水中加热至一定温度，再以温水将液氨气化，并加热至常温。蒸汽流量受蒸发槽本身水浴温度控制调节。当水的温度过高时切断蒸汽来源，并在控制室DCS上报警显示。蒸发器上装有压力控制阀将NH_3压力控制在0.2MPa。当出口压力达到0.38MPa时，切断液氨进料。

在NH_3出口管线上装有温度检测器。当温度低于10℃时切断液氨进料，使NH_3至缓冲罐维持适当温度及压力。蒸发器也安装安全阀，可防止设备压力异常过高。液氨蒸发器的内部结构示意图如图6-22所示。

蒸发器用30%乙二醇水溶液作为热媒，溶液用电加热器加热。液氨从管内流过吸收热媒的热量使得液氨蒸发，当SCR系统耗氨量增加时，供氨管路压力下降，蒸发器内吸热管内压力下降，进入蒸发器内的液氨增加；当SCR系统耗氨量减少时，供氨管路压力增加，蒸发器内吸热管内压力增加，进入蒸发器内的液氨减少，从而保证进口的液氨量与出口的NH_3使用量相平衡。在NH_3消耗量为零时，蒸发器进出口压力相等，因此没有液氨流进蒸发器，蒸发器内充满温态的NH_3，为再次给SCR系统供气做好准备。

安装在蒸发器内部气体收集器上的液位开关可以根据触媒温度下降情况控制进入蒸发器的液氨，防止过多的液氨进入蒸发器。如果由于供氨量过大或者其他原因造成NH_3供应阀关闭，此时蒸发器管内液氨会继续蒸发，为了避免蒸发器安全阀动作，在供气阀旁路上装有止回阀，以防止额外的液氨进入加热器供氨管道。

卧式管壳式液氨蒸发器结构示意图如图6-23所示，其在我国部分燃煤电站的SCR工程中仍被应用。

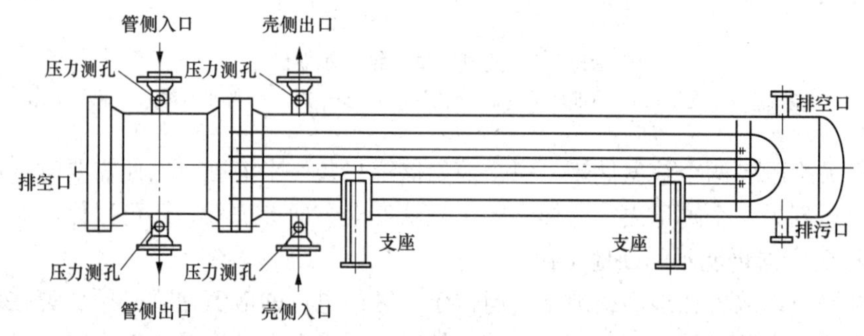

图6-23 卧式管壳式液氨蒸发器结构示意图

4. 蓄积槽

蓄积槽又叫缓冲罐，液氨经过液氨蒸发器蒸发为 NH_3 后进入蓄积槽，其作用是对 NH_3 进行一个缓冲，保证了 NH_3 有一个稳定的压力。蓄积槽的结构相对简单，主要有 NH_3 的进出口、安全阀以及排污阀等，立式 NH_3 缓冲罐基本结构如图 6-24 所示。

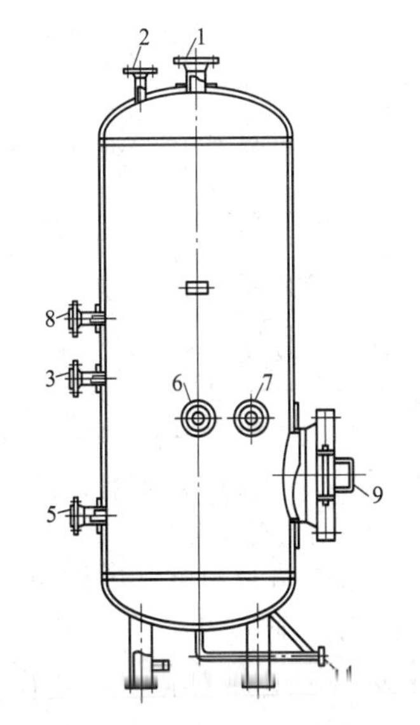

图 6-24　立式 NH_3 缓冲罐基本结构

1—NH_3 出口；2—安全阀接口；3—温度计接口；4—排污口；5—NH_3 进口；6—压力表就地接口；7—压力表远程接口；8—远传温度计接口；9—人孔

以一个 600MW 的机组脱硝装置为例，蓄积槽需要 3 个，每个蓄积槽的容积约 3.95m^3。设计参数：直径为 1400mm；矩形高度为 2100mm；壁厚为 9mm；设计压力为 0.9MPa；设计温度为 90℃；静态水压测试压力为 1.35MPa。

通过液氨蒸发器气化的 NH_3 被送入蓄积槽，在液氨蒸发器的上游设置有压力控制阀，通过压力控制阀的流量控制，使氨的消耗量和稳压器内的压力均保持恒定。由于氨供给设备有可能设置在远离需求点的场所，所以稳压器的内压设定应充分考虑到途中压头的压力损失。通过控制液氨蒸发器进口调节阀，控制液氨蒸发量，使 NH_3 储罐压力保证在 0.2MPa，进口调节阀正常流量为 356kg/h。

5. NH_3 泄漏检测器

液氨储存及供应系统周边设有若干个 NH_3 监测仪，用以监测 NH_3 的泄漏，可显示大气中氨的浓度。当检测器测得大气中氨的浓度过高时，会在机组控制室发出警报，并通过联锁的自动喷水装置自动喷水，以吸收空气中泄漏的 NH_3。同时操作人员可采取必要的措施防止 NH_3 泄漏。

6. 排放系统

脱硝装置在氨制备区设有排放系统，使液氨储存和供应系统的氨排放管路为一个封闭系统。NH_3 系统紧急排放的液态氨或 NH_3 通过装有水的 NH_3 稀释槽进行吸收，稀释槽吸收成氨水后排放至废水池，再经废水泵送到废水处理系统。

NH_3 稀释槽属于可能出现危险情况时处理 NH_3 排放的设备，其结构较为简单，不同的制造商制造的 NH_3 稀释槽是不同的，废氨稀释系统把位于氨区内的设备排出并对泄漏的 NH_3 进行稀释。NH_3 稀释槽为一立式水槽，液氨系统排放处所排出的 NH_3 由管线汇集后从稀释槽底部进入，通过分散管将 NH_3 分散至稀释槽的水中，利用大量的消防水来吸收安全阀排出的 NH_3。罐中的稀释水需要经过周期性更换后被排到废水池中。稀释槽工艺系统如图 6-25 所示。

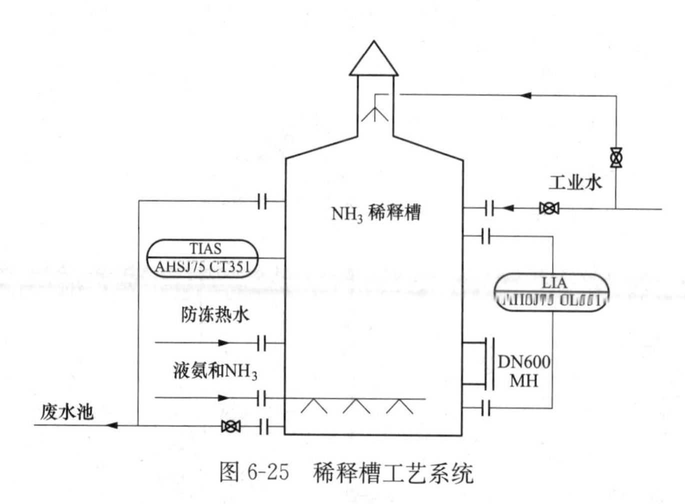

图 6-25　稀释槽工艺系统

（二）注氨系统及设备

1. 稀释风机

SCR 系统采用 NH_3 作还原剂，其爆炸极限为 15%～28%。为保证 NH_3 注入烟道的绝对安全以及均匀混合，需要引入稀释风将 NH_3 浓度降低到爆炸极限以下，一般控制在 5% 以内。NH_3 稀释风机为 NH_3 的稀释与混合提供稀释风。稀释风机多采用高压离心式鼓风机，其出力按烟气最大量时稀释 NH_3 所需的风量来考虑，并留有裕度（风机裕度不低于 10%）。稀释气流流量的控制在开始启动时手动调整，以后无须再调。

稀释风的作用有三个：一是作为 NH_3 的载体，降低 NH_3 的浓度使其到爆炸极限下，保证系统安全运行；二是加热后的稀释风有助于 NH_3 中的水分汽化，避免在管道和喷嘴中结露；三是通过喷氨格栅将 NH_3 喷入烟道，有助于加强 NH_3 在烟道中的均匀分布，便于系统对喷氨量的控制。因此在引入稀释风后需要增加一个稀释风的加热器，通常采用燃气或电加热器加热的方法，个别的工艺流程采用以蒸汽加热为主，电加热为辅的方式。

稀释风机一般选用高压离心风机（也有选择罗茨风机的），在风机的入口一般设置自动控制阀门，并根据实际情况决定是否设置入口消声器；出口加装止回阀，避免因备用风机投入时停运风机倒转。稀释风机的选择需要满足 SCR 系统脱除最多 NO_x 时 NH_3 所需要的稀释风量的要求，并保证按照电力相关规程的要求留有一定的裕量：风量裕量不低于 10%，温度裕量不低于 10℃，风压裕量一般不低于 20%。

2. NH_3/空气混合器

NH_3 在进入喷氨格栅前需要在 NH_3/空气混合器中充分混合，NH_3/空气混合器有助于调节 NH_3 的浓度，同时 NH_3 和空气在这里充分混合有助于喷氨格栅中喷氨分布的均匀。NH_3 与来自稀释风机的空气混合成 NH_3 体积含量为 5%的混合气体后被送入烟气中。

为保证 NH_3 不外泄，稀释风机出口阀一般应设故障联锁关闭，异常时能发出故障信号。

3. 供氨母管/集管

混合的 NH_3 注入烟道之前，供氨母管沿着烟道的垂直断面又分成若干个支管，使喷入的 NH_3 均匀分布在烟道的各个断面上，NH_3 稀释后注入烟道前的供氨管道示意图如图 6-26 所示。

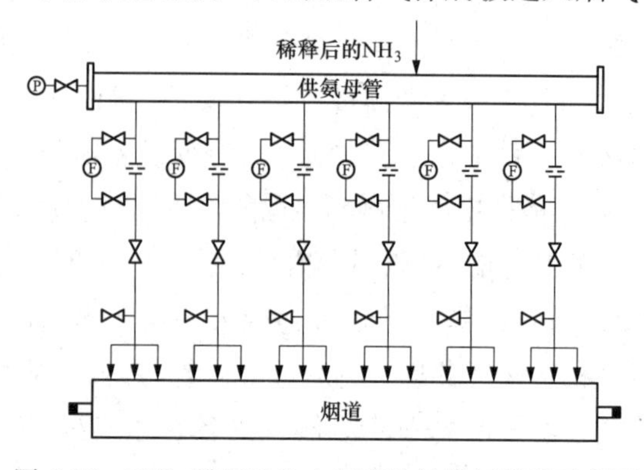

图 6-26　NH_3 稀释后注入烟道前的供氨管道示意图

4. 喷氨混合装置

在烟气脱硝装置中，NH_3 的扩散及其中 NH_3 与 NO_x 的混合和分布效果是影响烟气脱硝效率的关键因素之一。

5. 喷氨格栅

目前，SCR 系统普遍采用的是喷氨格栅的方法。即烟道截面分成 20～50 个大小不同的控制区域，每个区域有若干个喷射孔，每个分区的流量单独可调，以匹配烟气中 NO_x 的浓度分布。喷氨格栅包括喷氨管道、支撑、配件和 NH_3 分布装置等。设计时，喷氨格栅的位置及喷嘴形式是根据锅炉尾部烟道的布置情况，通过模拟试验来选择的。同时，应通过烟道设计的优化及加设烟气导流挡板，使进入 SCR 催化反应器内的烟气气流保持均匀。当喷氨格栅的位置及喷嘴形式选择不当或烟气气流分布不均匀时，容易造成 NO_x 与 NH_3 的混合及反应不充分，不但影响脱硝效果及经济性，而且极易造成局部喷 NH_3 过量。此外，脱硝装置投入运行前，应根据烟气气流的分布情况，调整各 NH_3 喷嘴阀门的开度，使各 NH_3 喷嘴流量与烟气中需还原的 NO_x 含量相匹配，以免造成局部喷氨过量。

为了使还原剂与 NO_x 充分混合，最理想的状况是使还原剂的浓度分布与 NO_x 的浓度分布相一致，即在 NO_x 浓度高的位置，喷入的 NH_3 相应多一些；在 NO_x 浓度低的位置，喷入的 NH_3 也相应少一些。而要达到这一要求就需要根据 NO_x 浓度的分布单独调整每一个喷嘴的喷氨量，通过对每一个喷嘴的喷氨量的调节，建立与 NO_x 的分布规律相一致的 NH_3 的喷入量，有助于大幅度提高脱硝效率。

注氨格栅喷射点的密度是影响混合均匀度的重要因素。喷嘴数量越多越有利于形成混合均匀的流动，但数以百计的喷嘴无疑增加了设计、安装与运行维护的复杂性，所以，利用较少喷嘴达到同样效果的探索一直是该领域研究的一个重点。为了克服该问题，提出了一种自适应喷氨装置。流场自适应型喷氨装置由若干根带有均布 NH_3 喷射口的 NH_3 注入管排列在烟道的横截面上所构成。在每个 NH_3 喷射口上设有一个 NH_3 流量调节阀，NH_3 喷射口是 NH_3 注入管上的一段狭长缝隙，NH_3 流量调节阀由左右两片弹性膜片构成。两片弹性膜片之间的夹道就是 NH_3 喷射通道，该通道与 NH_3 注入管上的狭长缝隙对准。该结构利用烟气流速和 NH_3 流速之间的速度差引起的压力差作为驱动力，随着烟气各处流速的不同改变 NH_3 喷射口的面积以达到控制 NH_3 流量的目的。该结构使得 NH_3 喷射口在烟气流速高的位置多喷入 NH_3，而在烟气流速低的位置减少 NH_3 喷入量，实现 NH_3 在烟气中的均匀分布。同时，该结构可以使喷出的 NH_3 射流产生剧烈的紊动，能够加快 NH_3 在烟气中的混合扩散。

流场自适应型喷氨装置可以实现 NH_3 注入量和当地烟气量的良好匹配，O_2 和烟气的混合均匀、迅速，为脱硝反应器提供了理想的入口烟气条件。该喷氨装置较一般喷氨装置具有更强的流场适应能力。流场自适应型喷氨装置如图 6-27 所示。

当 NH_3 从 NH_3 喷射口喷出时，速度较快，而周围的烟气流速相对较低，所以两者之间存在一个速度差。喷射口水平布置，故速度小时静压头大，速度大则静压头小，因此在膜片的两侧就有一个压差。该压差使得膜片向内收缩，引起 NH_3 流通面积的变化。在烟气流速较高处，NH_3 和烟气速度差较小，所引起的压差也较小，NH_3 喷射通道变化不大，NH_3 喷入量较多；而在烟气流速较低时，NH_3 和烟气速度差较大，所引起的压差也较大，NH_3 喷射通道变小，NH_3 喷入量也随之减少。NH_3 调节阀利用烟气流速和 NH_3 流速之

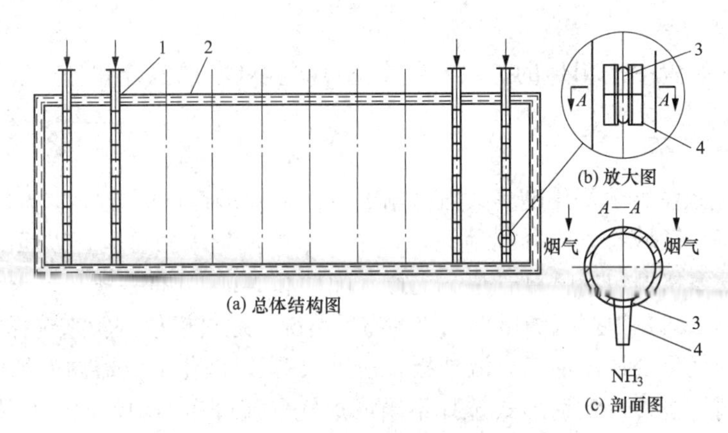

图 6-27 流场自适应型喷氨装置

1—NH_3 注入管；2—烟道；3—NH_3 喷射口；4—NH_3 流量调节阀

间的速度差所引起的压力差作为推动力，可以根据烟气各处流速的不同来改变 NH_3 喷射口的面积，达到控制 NH_3 流量的目的。

第三节 选择性催化还原烟气脱硝系统主要设备

一、脱硝反应器

燃煤电站 SCR 反应器是烟气脱硝系统的核心设备，其主要功能是承载催化剂，为脱硝反应提供空间，同时保证烟气流动的顺畅与气流分布的均匀，为脱硝反应的顺利进行创造条件。

SCR 工艺的核心——催化剂反应器装置，SCR 反应器水平和垂直气流布置方式如图 6-28 所示。

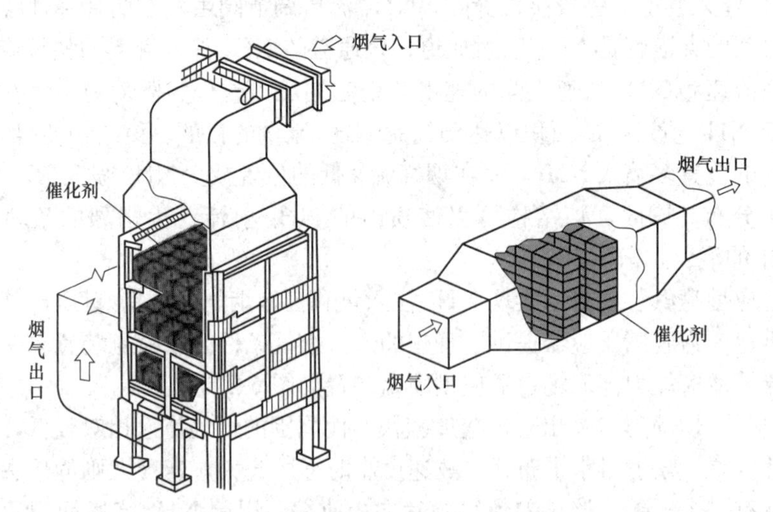

图 6-28 SCR 反应器水平和垂直气流布置方式

在燃煤锅炉中，由于烟气中的含尘量很高，一般采用垂直气流布置方式。

省煤器的出口烟气温度是催化剂发挥效力的最佳温度区间。因此，反应器布置在省煤器之后，空气预热器之前。SCR反应器是还原剂与烟气中NO_x发生催化还原反应的容器，与尾部烟道相连，内装催化剂。通常由带有加固肋的碳钢塔体、进出口烟道、催化剂放置层、人孔门、检查门、催化剂安装门孔、导流叶片及连接件等组成。

当催化剂反应器在尾部烟道的位置确定以后，含有NO_x的烟气和混有适当空气和NH_3的混合气在反应器入口处和烟气混合，然后进入反应器内的催化剂层。

通常，先将催化剂制成板状或蜂窝状的催化剂元件，然后再将这些元件制成催化剂组块，最后由这些组块构成反应器内的催化剂层，某工程反应器内催化剂布置如图6-29所示。催化剂层数取决于所需的催化剂反应表面积。对于工作在未除尘的高尘烟气中的催化剂反应器，典型的布置方式是布置三层催化剂层。在最上一层催化剂层的上面，是一层无催化剂的整流层，其作用是保证烟气进入催化剂层时分布均匀。通常，在三层催化剂中留下一层先不安装催化剂，以便在上面某一层的催化剂失效时加入此层催化剂层。

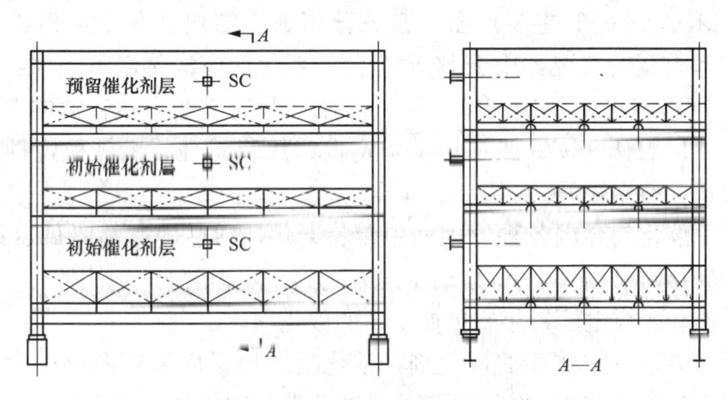

图6-29 某工程反应器内催化剂布置

反应器进出口设置柔性接头与机组主体连接。在烟气进口段，液氨汽化后与稀释空气混合，经喷氨格栅喷入反应器。反应器入口处设烟气导流板接应烟气顺畅进入反应器内部空间。当进入SCR反应器前烟气分布不均匀时，会导致脱硝效率降低，这时就需要在SCR反应器的入口加装导流板，从而使烟气和NH_3的混合更充分，使烟气进入反应器的分布更加均匀。同时，安装SCR装置后，回到空气预热器的烟气流场分布应该均匀，否则会影响空气预热器的换热效果，在一定程度上影响锅炉效率和排烟温度。在连接烟道内装设若干导流板可以消除流场的不均匀性，保证反应器内催化还原反应充分进行。

催化剂模块固定在框架上。为了保持催化剂清洁和反应活性，催化剂清灰采用声波或蒸汽清灰器，反应器出口采用机械振动清灰。将催化剂支撑框架梁外伸作为反应器的承载支点，直接落在外部框架上。反应器内的导流板及催化剂支撑框架同时作为反应器的内撑加强结构。催化剂的支撑结构在保证牢固的情况下，还应排列合理，尽量减小对烟气的阻碍，并避免产生涡流和烟气回流现象。

SCR反应器外壁一侧在催化剂层处开有检修门用于将催化剂模块装入催化剂层。每个催化剂层都设有人孔，在机组停运时可通过人孔进入，检查催化剂模块。

烟气与注入的NH_3接触后，首先经过混合栅，提高NH_3与烟气的混合程度。混合栅一般是呈网状布置的金属构件。经过混合栅后，烟气与NH_3经过折角导流栅后流向发生变化。在最后进入催化反应层之前，烟气与NH_3流过小尺寸的正方形整流栅，混合均匀性再度提高，并保证在催化剂层的水平断面上均匀分配。催化剂箱由底部的支撑钢梁组成。关于混合栅、导流栅、整流栅的最佳几何尺寸、安装形式及设置的必要性，可通过流体模拟试验方法确定。

吹灰器装在每个催化剂层的上方，采用过热蒸汽吹掉催化剂上的积灰。反应器横截面和催化剂的层间距应能保证吹灰器的安装和正常运行需要。

反应器壳体通常采用标准的板箱式结构，由钢架支撑，辅以各种加强筋和支撑构件来满足防震、承载催化剂、密封、承受荷载和抵抗应力的要求，并且实现与外界的隔热。反应器还设有门孔、观察口、单轨吊梁等装置，用于催化剂的安装、运行观察和维护保养。

SCR反应器的体积大小是根据煤质、烟气条件、烟气粉尘量、燃烧介质元素成分、烟气流量、NO_x进口浓度、脱硝效率、SO_2浓度、反应器压降、使用寿命等因素决定的。

二、催化剂

催化剂是SCR系统中的主要设备，其成分组成、结构、寿命及相关参数直接影响SCR系统脱硝效率及运行状况，用于SCR工艺的催化剂应满足以下条件：①有较高的选择性，即较低的SO_2转化成SO_3的转化率；②在较低的温度下和较宽的温度范围内，具有较高的催化活性；③具有较好的抗化学稳定性、热稳定性、机械稳定性；④压力损失小；⑤使用寿命长，费用较低。

运行过程中，催化剂会因各种原因而中毒、老化，活性会逐渐降低，催化NO_x还原效果变差。当反应器出口烟气中NH_3的浓度升高到一定程度时，须用催化剂的备品替换。按设计要求，燃油和燃煤电厂每年要更换1/3的催化剂。

每个反应器内装填一定体积的催化剂，催化剂装填量的多少取决于设计的处理烟气量、脱硝效率及催化剂的性能。催化剂模块是商业催化剂的最小单元结构，若干个催化剂模块组成箱体结构，若干只箱体再组成催化剂层，每个反应器一般由3～4层的催化剂层组成。催化剂模块、箱体、层之间的关系如图6-30所示。催化剂安装模块如图6-31所示。

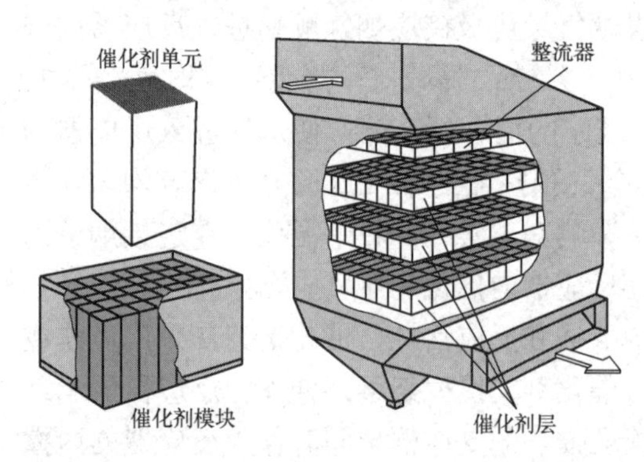

图6-30 催化剂模块、箱体、层之间的关系

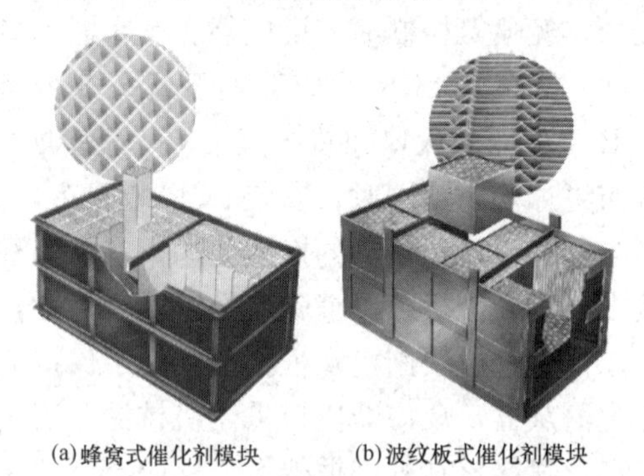

图6-31 催化剂安装模块

(1) 催化剂模块。以蜂窝式催化剂为例，每个模块上开有若干个气流口。气流孔径d的大小取决于锅炉所用燃料的种类。催化剂模块的断面随着设计的变化而变化，但长度一般不超过1m。

(2) 催化剂箱。催化剂模块以箱体组合的形式安装。设计成箱体是为了方便将催化剂模块安装到适宜固定的位置，同时箱体也充当运输容器，在运输过程中保护催化剂模块免遭损坏。

（3）催化剂反应层。每层催化剂由若干个装有催化剂单元的钢箱均匀排列组成。为防止催化剂箱体间烟气短路，在箱体与箱体顶部间隙之间焊有密封板和密封条。箱体和反应器壁之间设有斜板，这些部件可以有效防止催化剂模块间烟气短路。在SCR壁板和催化剂之间的死角处装设屋脊状密封装置，可有效避免灰尘的堆积和碳粒的聚集。

三、吹灰器

燃煤机组的烟气中飞灰含量较高，通过在燃煤锅炉的下游和高灰区布置SCR系统的运行经验表明，颗粒在催化剂上面的积聚是不可能完全避免的。基于这个原因，必须在SCR反应器中安装吹灰器，以除去可能遮盖催化剂活性表面及堵塞气流通道的颗粒物，从而使反应器的压降保持在较低的水平。吹灰器还能够保持空气预热器通道畅通，从而降低系统的压降，这在对现有锅炉进行SCR改造中尤为重要，因为空气预热器的板间距一般都较小，易造成$(NH_4)_2SO_4$的沉积和阻塞。颗粒沉积会导致阻力增加，从长期来看也会损坏催化剂。反应器内安装的催化剂清洁装置一般为蒸汽吹灰器或者声波吹灰器。

（一）耙式蒸汽吹灰器

吹灰器通常为可伸缩的耙形结构，采用蒸汽或空气进行吹扫，且每层催化剂的上面都设置吹灰器。一般各层吹灰器的吹扫时间是错开的，即每次只吹扫一层催化剂层或一层中的部分催化剂。耙式蒸汽吹灰器结构示意图如图6-32所示。吹扫蒸汽可以从现有的蒸汽系统引出，如高压辅助蒸汽，配备全套供气、疏水和控制等辅助系统。

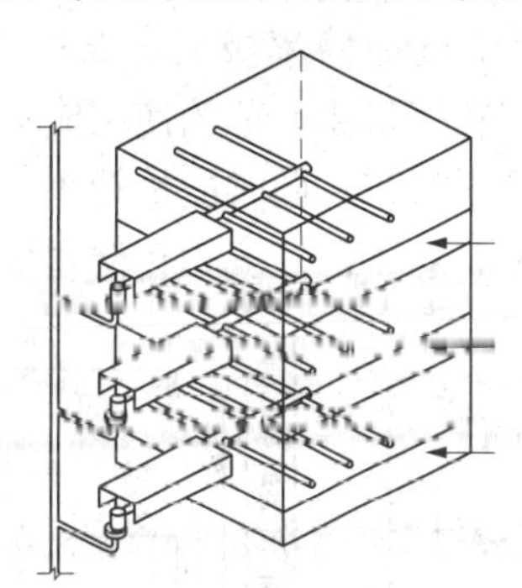

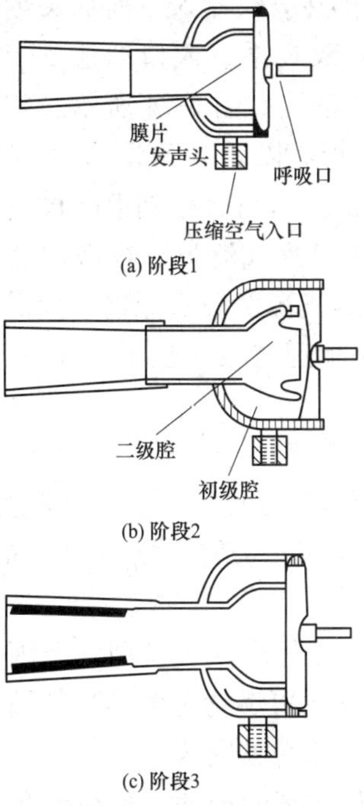

图6-32　耙式蒸汽吹灰器结构示意图

根据具体运行状况可以对吹灰周期进行调整。通常来讲，每天启动吹灰器吹扫一次，停机之前也必须用吹灰器吹扫一次。在用吹灰器清洁催化剂之前，需要先将所有的蒸汽管线加热到运行温度，由此所产生的凝结水通过疏水装置排出。吹灰期间吹灰器喷嘴前蒸汽的压力将被减到0.5MPa。吹灰器从上到下逐次启动。为了避免吹扫周期内整个蒸汽管道冷却，一部分蒸汽通过一个喷孔和蒸汽管道连接，以维持其温度。为了确保在任何运行情况下都不会有腐蚀性气体进入敏感的耙式蒸汽吹灰器管道系统，而导致阀门的腐蚀和故障，在每个吹灰器上应安装有密封风机，向反应器内鼓入少量压力稍高的空气以避免烟气进入吹灰器。目前耙式蒸汽吹灰器在国应用广泛，属于常规成熟的设备。

（二）声波吹灰器

膜片
发声头
呼吸口
压缩空气入口
(a) 阶段1
二级腔
初级腔
(b) 阶段2
(c) 阶段3

图6-33　声波吹灰器工作过程

声波吹灰器工作过程如图6-33所示，是利用声波发生头将压缩空气携带的能量转化为高强声波，声波对积灰产生高加速度剥离作用和振动疲劳破碎作用，使积灰产生松动而脱离催化剂表面，以便烟气或自身重力将其带走。在声波的高能量作用下，粉尘不能在催化剂表面积聚，可有效阻止积灰的生长。

SCR系统采用声波吹灰器，每层催化剂设10个左右，备用层可不安装吹灰器。采用声波吹灰器的吹扫频率比蒸汽吹灰要高得多，主要原因是声波吹灰的强度比蒸汽吹灰强度小，需要避免灰尘积聚过于严重的现象出现，但是声波吹灰每个流程的能耗要远远小于蒸汽吹灰，总能耗也是经济的，同时带来的好处是吹灰时产生的瞬间烟气含尘量大大降低，整个系统的阻力波动也大大降低了。

相对于蒸汽吹灰器而言，声波吹灰器具有以下优点：①能量衰减慢，离蒸汽喷口3m处动能基本为零，声能在离声源5m处为声源处的1/5；②声波具有绕射特性，不存在清灰死角；③无毒副作用，不存在磨损，声波吹灰器以空气为介质，不会引起腐蚀，是靠疲劳效应清灰，不会使管壁受损或者磨损，能够持续高频率对催化剂进行吹灰而不影响催化剂寿命；④故障率极低，维护成本低；⑤结构紧凑，占地面积小；⑥价格低廉，安装简单；⑦耗气量小，节约使用成本。但是声波吹灰器清灰具有一定的选择性，一般情况下比较适合干松灰；同时能量较小，吹灰强度不高，无法清除黏结性积灰、严重堵灰以及坚硬的灰垢，对于已经沉积在催化剂表面的灰几乎没有太大作用，它主要是防止积灰。

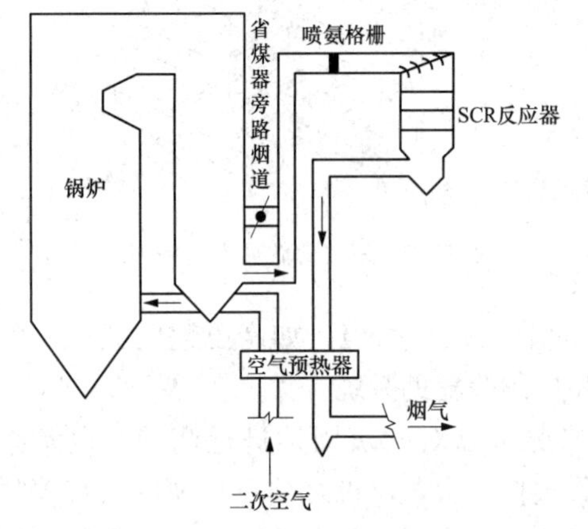

图6-34 带省煤器烟气旁路的SCR系统

吹灰方式的选择建议：①当烟气吹灰负荷较小时，首先选择声波吹灰；②当催化剂表面大量沉积灰尘时，蒸汽吹灰更有效。

四、烟气旁路

在有些燃煤电站的SCR系统中，有时会考虑增设反应器旁路管路和省煤器烟气旁路。

（一）省煤器烟气旁路

省煤器烟气旁路即在省煤器入口前加装烟道将高温烟气引出送入SCR系统入口烟道，带省煤器烟气旁路的SCR系统如图6-34所示。省煤器旁路烟道上装有挡板，以调节SCR系统入口高温烟气量；在省煤器出口与旁路烟道间设置挡板以提高SCR系统入口烟气流量。在锅炉高负荷工况下，省煤器烟气旁路挡板关闭；在锅炉低负荷工况下，烟气温度低于催化剂最低喷氨温度时，打开旁路挡板；烟气温度更低时，可通过打开旁路烟道挡板，减小SCR系统入口烟道挡板开度以获得充足的高温烟气。

（二）反应器旁路

在燃煤电站SCR系统中，不管脱硝装置有无喷氨，只要有烟气通过催化剂，催化剂的活性就会逐渐变低，催化剂寿命就产生损耗，并且烟气中部分SO_2会转化成SO_3，加剧空气预热器等部件的低温腐蚀。

反应器旁路的主要作用是在烟气条件不佳（如入口烟气温度过高、入口烟气温度过低、飞灰浓度过高、灰中有害成分过多、烟气中水分过多、烟气中可燃物过多等）的情况下保护催化剂，延长催化剂的使用寿命。有关反应器旁路的烟气系统见图6-35。

设置SCR旁路系统，可以在锅炉低负荷时减少SCR系统催化剂的损耗，有利于SCR系统的检修。但旁路挡板的密封和积灰问题严重，投资、运行和维护费用较高。

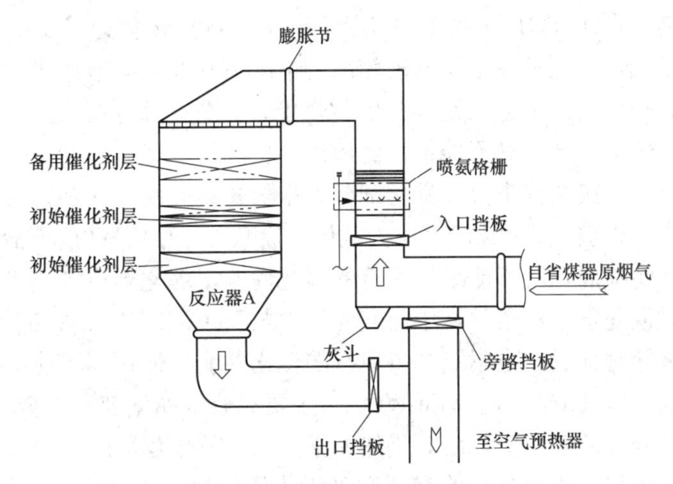

图 6-35　有关反应器旁路的烟气系统

第四节　选择性催化还原烟气脱硝系统催化剂

催化剂是 SCR 系统中最关键的部分，其类型、结构和表面积都对脱除 NO_x 效果有很大影响。在 SCR 系统方案中，催化剂投资占整个系统投资的较大比例，催化剂的寿命一般在 2～3 年，因此，催化剂更换频率的高低直接影响整个脱硝系统的运行成本，催化剂的选择也是整个 SCR 系统的重点。

一、催化剂的分类

（1）按原材料分类。按原材料来分，应用于 SCR 工程中的催化剂有贵金属类催化剂、金属氧化物类催化剂、沸石分子筛催化剂和活性炭催化剂。

1）贵金属类催化剂。Pt、Rh 和 Pd 等贵金属类的催化剂，通常以 Al_2O_3 等整体式陶瓷作为载体，在 20 世纪 70 年代前期就已经作为排放控制类的催化剂而有所发展，在 20 世纪 80 年代和 90 年代以后逐渐被金属氧化物类催化剂所取代，目前仅应用于低温条件下以及天然气燃烧后尾气中 NO_x 的脱除。

2）金属氧化物类催化剂。广泛应用的 SCR 催化剂大多是以 TiO_2 为载体，以 V_2O_5 或 V_2O_5（WO_3）、V_2O_5（MoO_3）为活性成分；其次是氧化铁基催化剂，以 Fe_2O_3 为基础，添加 CrO_x、Al_2O_3、ZrO_2、SiO_2 及微量的 MnO_x、CaO 等组成，这种催化剂活性较氧化钛基催化剂活性要低 40%。通常催化剂载体主要作用是提供具有大的表面积的微孔结构，在 SCR 反应中具有极小的活性。

当采用金属氧化物类催化剂时，通常以 NH_3 或尿素作为还原剂。反应机理通常是 NH_3 吸附在催化剂的表面，而 NO_x 的吸附作用很小。

3）沸石分子筛催化剂。沸石分子筛催化剂最早应用于催化裂化、加氢裂化、歧化、芳香烃烷基化和甲醇制汽油等领域中。其作为 SCR 反应的催化剂最早主要应用于具有较高温度的燃气电厂和内燃机的 SCR 系统中。沸石分子筛催化剂由于其操作温度高，主要用于燃气锅炉。

4）活性炭催化剂。活性炭在 NO_x 的治理中，它不仅可以作为吸附剂，还可以作为催化剂，在低温（90～200℃）和 NH_3、CO 或 H_2 的存在下，选择还原 NO_x；没有催化剂时，它作为还原剂，在400℃以上使NO_x还原为N_2，自身转化为CO_2。单独以活性炭作为催化剂时活性很低，特别是在空气速度较高的情况下。在实际应用中，常常需要经过预活化处理，或负载一些活性组分以改善其催化性能。另外，用于催化剂的活性炭与O_2接触时具有较高的可燃性，导致其不能被广泛应用。

（2）按结构分类。按结构来分，催化剂分为平板式、波纹板式和蜂窝式。平板式催化剂为非均质催化剂，以玻璃纤维和TiO_2为载体，涂敷V_2O_5和WO_3等活性物质，其表面遭到灰分等的破坏磨损后，就不能维持原有的催化性能，催化剂再生几乎不可能。波纹板式催化剂为非均质催化剂，以柔软纤维为载体，涂敷V_2O_5和WO_3等活性物质，催化剂表面遭到灰分等的破坏磨损后，也不能维持原有的催化性能，催化剂不能再生。蜂窝式催化剂属于均质催化剂，以TiO_2、V_2O_5和WO_3为主要成分，催化剂本体全部是催化剂材料，因此其表面遭到灰分等的破坏磨损后，仍然能维持原有的催化性能，催化剂可以再生。

全世界大部分燃煤发电厂使用蜂窝式和平板式催化剂。从目前已投入运行的SCR看，70%的技术是采用了蜂窝式催化剂，新建机组采用蜂窝的比例也非常大。

（3）按载体材料分类。按载体材料来分，催化剂分为金属载体催化剂和陶瓷载体催化剂。陶瓷载体催化剂耐久性强、密度小，此外陶瓷载体的主要成分为董青石，高岭土中蕴藏着丰富的董青石原料，属于我国丰富的自然资源，价格相对较低。

（4）按工作温度分类。从原理上讲，最好能使NO_x直接分解，因在低温时受到热力学限制，其反应速度十分缓慢，至今没有发现有效的催化剂。因此，目前能使NO_x转化为N_2的工艺过程中必须使用还原剂（如NH_3）。根据所使用催化剂的催化反应温度，SCR工艺分为高温、中温和低温。一般大于400℃为高温，300～400℃为中温，小于300℃为低温。根据选择的催化剂种类不同，反应温度可以选择为250～420℃，甚至可以低至80～150℃。前者就是常规SCR技术，后者为目前正在研究的低温SCR技术。已开发应用的催化剂及其使用温度见表6-3。

表6-3　已开发应用的催化剂及其使用温度

催化剂	使用温度（℃）	特　性
沸石催化剂	345～590	脱硝率高，氨逃逸率低，抗SO_2的侵蚀能力强
氧化钛基催化剂	300～400	应用广泛，运行时间长，抗SO_2的侵蚀能力好
氧化铁基催化剂	380～430	
活性炭/焦催化剂	100～150	反应温度范围窄，抗SO_2的侵蚀能力差

二、固态催化剂的组成

固态催化剂的组成从成分上可分为单组元和多组元催化剂，其中多组元催化剂在工业上使用较多，它由多种物质组成，根据这些物质在催化剂中的作用可分为主催化剂、共催化剂、助催化剂和载体。

（1）主催化剂。主催化剂又称为活性组分，它是多元催化剂的主体，是必备的组分。例如，V_2O_5/TiO_2催化剂中V_2O_5就是主催化剂，是降解NO_x的主要物质。

（2）助催化剂。加入催化剂的少量物质，这种物质本身没有活性或活性很小，但却能显著改善催化剂的效能，包括活性、选择稳定性、定性、抗毒性等。例如，燃煤烟气脱硝工程中使用的V_2O_5-$WO_3(MoO_3)/TiO_2$催化剂中，加入少量的WO_3（或MoO_3），可增加主催化剂的稳定性，延长催化剂寿命。

(3) 载体。主要对催化剂活性组分及催化剂起机械承载作用，并可增加有效的催化反应表面积及提供合适的孔结构，通常能显著改善催化剂的活性与选择性，提高抗磨蚀、抗冲击和受压的机械强度，增加催化剂的热稳定性和抗毒能力，减少催化剂活性组分的用量，降低催化剂的制备成本，并使催化剂具备适宜的形状和颗粒。

载体和助催化剂所起的作用在有些情况下不易严格区分，一般来说助催化剂用量很少，载体用量很多。

概括地说，载体是主催化剂和助催化剂的分散剂、黏合剂、支撑体，同时起到传热和助催化作用。例如，V_2O_5-WO_3（MoO_3）/TiO_2 催化剂中，TiO_2 是 V_2O_5（主催化剂）、WO_3 和 MoO_3（助催化剂）的载体，起到支撑、分散、稳定催化活性物质的作用，同时 TiO_2 本身也有微弱的催化能力。

三、催化剂的性能

固态催化剂的性能主要是指它的活性、选择性、稳定性和再生性，这是衡量催化剂质量最直接、最有现实意义的参数，活性和选择性是催化剂在动力学范围内变化最为灵敏的指标，因它们是选择和控制反应参数的基本依据。一种良好的催化剂必须具备高活性、高选择性、高稳定性和可再生性，只有这样，才有工业使用价值。催化剂的生产和研制单位一般要进行这些性能的测试后，才能对催化剂的质量做出正确评价。

(1) 催化剂活性。催化活性是指催化剂加快 NO_x 还原反应速率的一种量度。换句话说，催化剂活性是指有催化剂存在时的反应速率与无催化剂存在时的反应速率之差。一般无催化剂存在时，反应速度小，可忽略不计。催化剂的活性实际上就相当于是有催化剂存在时的化学反应速度。催化剂活性越高，反应速率越快，NO_x 的脱除效率越高。

(2) 催化剂选择性。当反应按热力学定律可能同时发生几个不同的反应时，某一种催化剂只能加速某一特定的反应，而不能加速所有反应，这种性质称为催化剂选择性。利用催化剂的选择性可使化学反应朝着人们期望的方向进行，从而抑制某些不需要的反应。

(3) 催化剂稳定性。催化剂在化学反应中保持活性的能力称为催化剂稳定性。催化剂稳定性包括热稳定性、机械稳定性、抗毒性稳定性、化学稳定性，它们共同决定了催化剂在工业装置中的使用期限。

1) 大多数催化剂都有极限使用温度，超过一定的范围，活性就会降低甚至完全损失。催化剂耐热的温度越高、时间越长，催化剂的热稳定性越好。

2) 催化剂对有害杂质毒化的抵抗能力称为催化剂的抗毒稳定性。催化剂可逆性中毒的长期积累可能变成永久性中毒。

3) 固态催化剂抵抗气流产生的冲击力、摩擦力，承受上层催化剂的质量负荷的作用，温度变化的作用及应变力的作用的能力统称为机械稳定性或机械强度。催化剂机械稳定性通常用压碎强度和磨损率来表示。

4) 化学稳定性即指催化剂能保持稳定的化学组成和化合状态的性能。通常，催化剂使用寿命可以表示其稳定的程度。工业催化剂的使用寿命，是指在给定的设计操作条件下，催化剂能满足工艺设计指标活性的持续时间（总寿命）。

此外，催化剂还可用失活率来表示其稳定程度。通常以一稳定运转时间内温度的增加，即升温速率来表示失活率，单位为℃/h。

(4) 催化剂的可再生性。催化剂的性能降低甚至失活后又能再次（或多次）得以部分乃至完全恢复的特性称为催化剂的可再生性。催化剂再生周期的长短与可再生次数的多少是催化剂再生性能的重要指标。

一般认为，催化剂两次再生间隔的时间越短，催化剂的可再生性能就越好。催化剂的可再生性既与催化剂原有的组分构成元素、配比、结构、比表面积等有关，又与催化剂的操作工况及实际失活程度有关。

除了上述催化剂的4大性能之外，催化剂还有许多其他工业性能，如形状特性、堆积密度等。这些性能指标也是选择催化剂和设计反应器的重要依据。

四、SCR催化剂的结构及特点

(1) 常见的几种催化剂。当前流行的成熟催化剂形式有蜂窝式、波纹板式和平板式等。平板式催化剂一般是以不锈钢金属网格为基材，负载上含有活性成分的载体压制而成；蜂窝式催化剂一般是把载体和活性成分混合物整体挤压成型；波纹板式催化剂外形如起伏的波纹，经压制形成小孔。

(2) 各种催化剂的特点。

1) 蜂窝式催化剂。蜂窝式催化剂元件（陶瓷）的制作一般是通过挤压工具整体成型，经干燥、烧结、切割成满足要求的元件。这些元件被装入钢框架内，形成催化剂模块。蜂窝式催化剂具有模块化、相对质量较小、长度易于控制、比表面积大、易改变节距、适应不同工况、回收利用率高等优点。

2) 平板式催化剂。平板式催化剂的制作是采用金属板作为基材浸渍烧结成型。平板式催化剂在世界催化剂市场上占有25%左右的份额。

3) 波纹板式催化剂。

加工工艺是先制作玻璃纤维加固的 TiO_2 基板，再把基板放到催化活性溶液中浸泡，以使活性成分能均匀吸附在基板上。其优点是比表面积较大、压降较小。

上述三种结构的催化剂各有特点，只要正确设计，都能满足脱硝装置的性能要求。具体根据每个项目的设计条件，有针对性地选用催化剂的配方、催化剂的型号（节距、壁厚等）及催化剂的体积，全面满足高脱硝效率、低 SO_2 转化成 SO_3 的转化率、低 NH_3 泄漏率、抗磨损、防积灰等性能设计要求。

五、催化剂的失活

催化剂在使用过程中随着时间的延续，其活性会逐渐下降，从开始使用到不能使用的这段时间通常被称为催化剂的寿命。催化剂活性和选择性下降的过程，也常被称为催化剂老化。

催化剂失活是一个复杂的物理和化学过程，通常将失活过程分为三阶段：①催化剂中毒失活；②催化剂的热失活和烧结；③催化剂积炭的堵塞失活。

(1) 催化剂中毒失活。催化剂的活性和选择性受某种有害物质的影响而下降或丧失的过程称为催化剂中毒。催化剂中毒的本质是由于催化剂表面活性中心吸附了毒物，或进一步转化为较为稳定的表面化合物，因此钝化了活性中心，使催化剂不能正常地参与对反应物的吸附，降低了活性或选择性，甚至完全丧失了活性。

1) 水的毒化。一般来讲，对于特定的催化剂，烟气中含水率越高，对催化剂的活性越不利。烟气中含水率对催化剂活性的影响曲线见图6-36。

防止水毒化催化剂的措施：在催化剂运输、储存中，应防止催化剂被水淋；在催化剂停运后，启用催化剂停运保护系统，严格控制反应器中气体的相对湿度。

2）碱金属中毒。含 Na^+ 等腐蚀性混合物如果直接与催化剂表面接触，可直接与催化剂活性组分反应，致使它们失去活性。碱金属盐与催化剂活性成分反应会造成催化剂的中毒，催化剂碱金属中毒原理如图6-37所示。也有研究认为，碱金属的存在改变了催化剂表面的酸碱性，使吸附态 NH_3 以高选择性进行氧化反应生成 NO_x，从而导致高温下催化剂的脱硝活性降低。

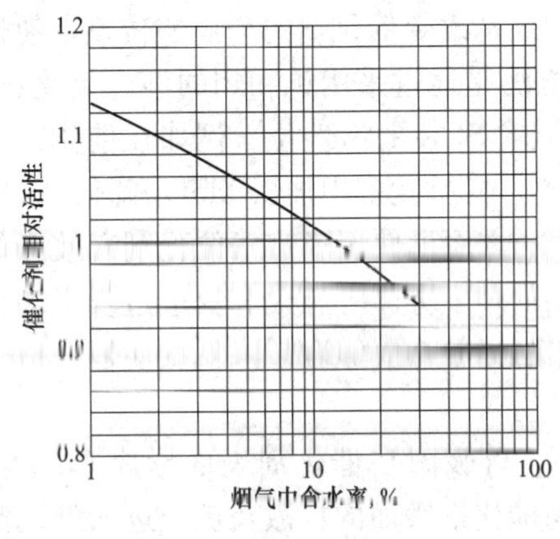

图6-36 烟气中含水率对催化剂活性的影响曲线

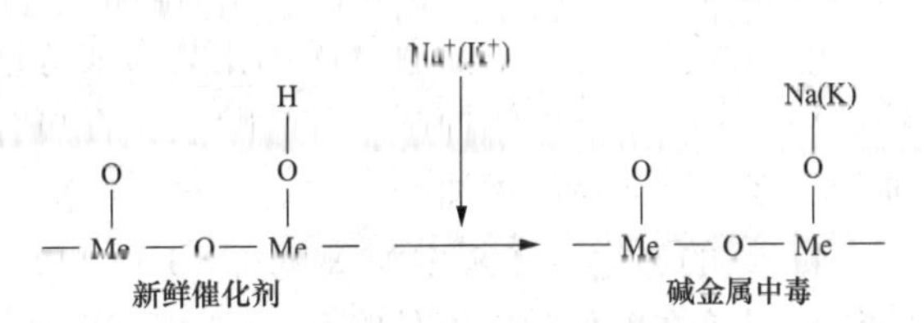

图6-37 催化剂碱金属中毒原理

由于SCR反应集中发生在催化剂的表面，为了降低因碱金属在催化剂表面积聚对催化剂活性的影响，避免催化剂表面水蒸气的凝结是非常有效的措施。

潮湿和干燥状态下碱金属对催化剂性能的影响如图6-38所示。由图6-38可知，在潮湿的环境下，碱金属对催化剂的影响更为严重和明显。对于燃煤锅炉，这种危险比较小，因为在煤灰中多数的碱金属是不溶的；对于燃油锅炉，碱金属中毒的危险较大，这是由于水溶性碱金属的含量较高；对于燃用生物质燃料（如麦秆或木材等）的锅炉，碱金属中毒会非常严重，这是由于这些燃料中水溶性 K^+ 含量很高的原因。

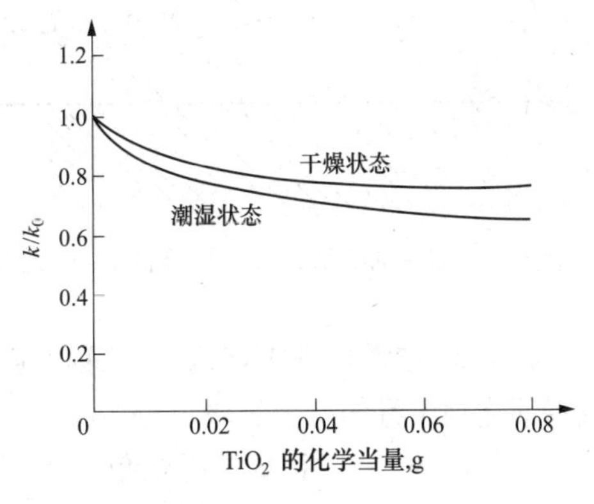

图6-38 潮湿和干燥状态下碱金属对催化剂性能的影响

3）砷中毒。煤炭是一种复杂的天然矿物，各种煤中砷的含量区别很大，一般为3～45mg/kg。催化剂砷中毒原理如图6-39所示。

砷中毒具有以下特点：①砷饱和层几乎没有活性，即催化剂表面活性被砷完全破坏；②砷并不从饱和层扩散到催化剂内部，因此内部催化剂保持初始活性；③砷饱和层阻挡反

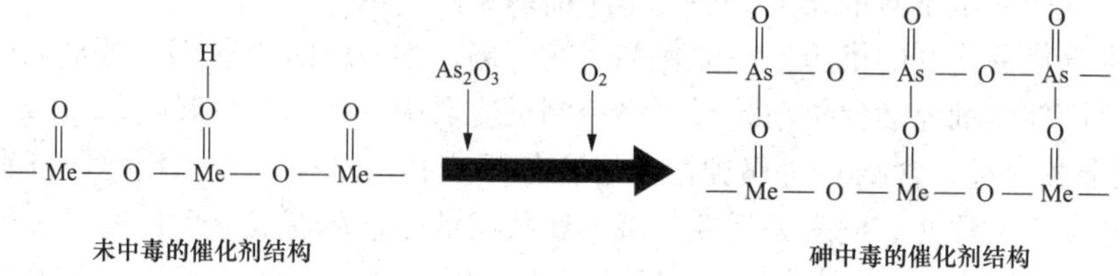

未中毒的催化剂结构　　砷中毒的催化剂结构

图 6-39　催化剂砷中毒原理

应物扩散到内部催化剂；④这种阻碍能力的大小与砷饱和层的厚度成正比。由于这种由相变引起的催化剂中毒是不可逆的，对 SCR 催化剂的效率影响巨大。

防止砷中毒的方法：①改善催化剂的化学特性，一是改变催化剂的表面酸位点，使催化剂对砷不具有活性，从而不吸附 As_2O_3；另一种方法是通过采用钒和钼的混合氧化物，经高温煅烧获得稳定的催化剂，使砷吸附的位置不影响 SCR 的活性位。例如在催化剂中加入 MoO_3，与催化剂表面的 V_2O_5 构成复合型氧化物，即催化剂中加入 MoO_3 降低 As 的毒化（如图 6-40 所示）。②改善催化剂的物理特性，一方面可使用蜂窝式催化剂有效降低表面砷的浓度；另一方面通过优化孔结构来防止催化剂砷中毒。③燃烧和反应过程中加入添加剂（主要是通过钙抑制，如高岭土、石灰石、醋酸钙等）能够有效降低反应器入口中砷的浓度；尾部喷射添加剂（如活性炭、硅藻土等）粉末。

4）钙的毒化。飞灰中游离的 CaO 和 SO_3 反应，可吸附在催化剂表面形成 $CaSO_4$，$CaSO_4$ 覆盖在催化剂表面的微孔上，阻止了反应物向催化剂表面的扩散及扩散进入催化剂内部，从而影响催化剂的催化效果。CaO 降低催化剂活性机理如图 6-41 所示。

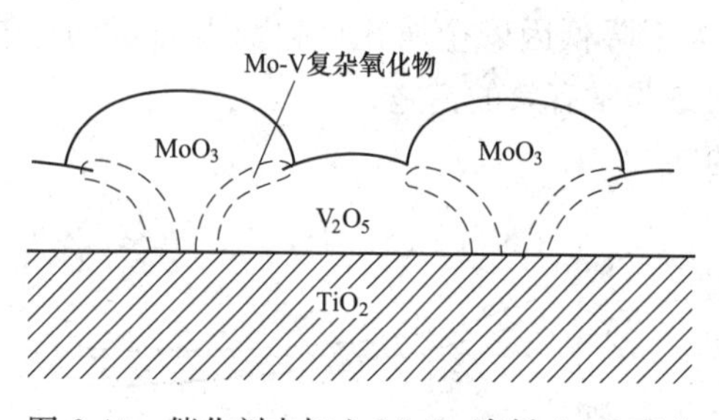

图 6-40　催化剂中加入 MoO_3 降低 As 的毒化

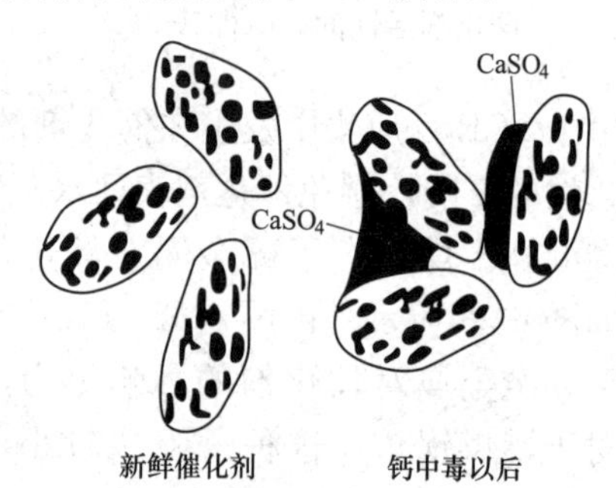

图 6-41　CaO 降低催化剂活性机理

在 CaO 中毒机理中，CaO 的沉积速度相对较慢，降低 CaO 在催化剂表面的沉积量是减缓催化剂中毒的有效手段。

催化剂的 CaO 中毒在所难免，为了延长催化剂的使用寿命，可以采用的技术手段如下：

a. 在 SCR 工艺中，如果条件许可，可设置预除尘装置和灰斗，降低进入催化剂区域的烟气飞灰量；

b. 加强吹灰频率，降低飞灰在催化剂表面的沉积；

c. 对于高 CaO 含量的飞灰，选用合适的催化剂；

d. 选择合适的催化剂量，增加催化剂的体积和表面积；

e. 通过适当的制备工艺，增加催化剂表面的光滑度，减少飞灰在催化剂表面的沉积。

（2）催化剂的热失活和烧结。催化剂在高温下反应一定时间后，活性组分的晶粒长大、比表面积缩小，这种现象称为催化剂烧结。因烧结引起的失活是工业催化剂失活的主要原因。

催化剂的烧结过程是不可逆的，烧结导致的催化剂活性降低不能通过催化剂再生的方式恢复。一般在烟气温度高于 400℃时，烧结就开始发生。用于 SCR 催化剂的 TiO_2 晶型为锐钛型，被烧结后会转化成金红石型，从而导致晶体粒径成倍增大，以及催化剂的微孔数量锐减，催化剂活性位数量锐减，催化剂失活。催化剂的热力烧结如图 6-42 所示。按照常规的催化剂设计，烟气温度低于 420～430℃，催化剂烧结速度处于可以接受的范围。烟气温度高于 450℃，催化剂的寿命就会在较短时间内大幅降低。

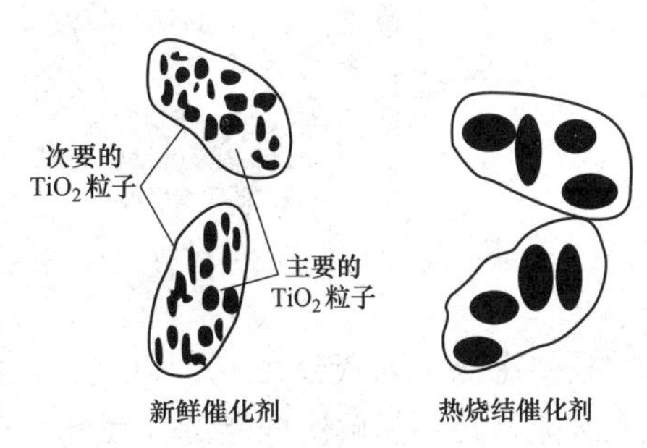

图 6-42　催化剂的热力烧结

高温除了引起催化剂烧结外，还会引起其他变化，主要有化学组成和相组成的变化，活性组分被载体包埋，活性组分由于生成挥发性物质或可升华的物质而损失等，这些变化称为热失活。但烧结和热失活之间有时难以区分，烧结引起的催化剂变化往往也包含热失活的因素在内。通常温度越高，催化剂烧结越严重。

作为 SCR 催化剂的载体和活性元素，必须在一定的温度范围内有良好的热稳定性能，以避免催化剂在长期使用过程中出现微晶结构变化而造成烧结的现象，从而导致比表面积的丧失，并最终致使脱硝活性下降。适当提高催化剂中 WO_3 的含量，可以提高催化剂的热稳定性，从而提高其抗烧结能力。

在锅炉炉膛吹灰器不能正常吹灰，脱硝系统入口烟气温度大幅度上升等故障情况下，为了避免催化剂的烧结失活，应通过果断降低锅炉负荷保护脱硝催化剂。

（3）催化剂磨蚀与堵灰。

1）堵灰。催化剂的堵灰主要是由于铵盐以及飞灰的小颗粒沉积在催化剂小孔中，导致烟气不能顺利流动，阻碍 NO_x、NH_3、O_2 到达催化剂活性表面，引起催化剂钝化，造成催化剂的活性降低，催化剂堵灰失活过程示意图如图 6-43 所示。严重的堵灰除了使催化剂失活以外，还会使催化剂内烟气流速大大增加，使催化剂磨蚀加剧以及烟气阻力增大，这除了影响脱硝性能外，对锅炉烟风系统的正常运行也会带来不利的影响。催化剂堵灰如图 6-44 所示。

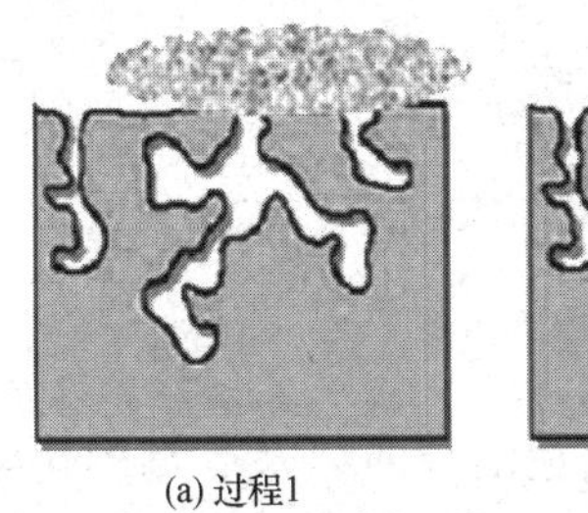

(a) 过程1

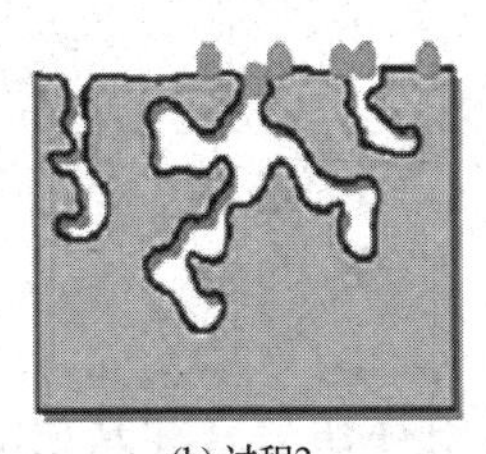

(b) 过程2

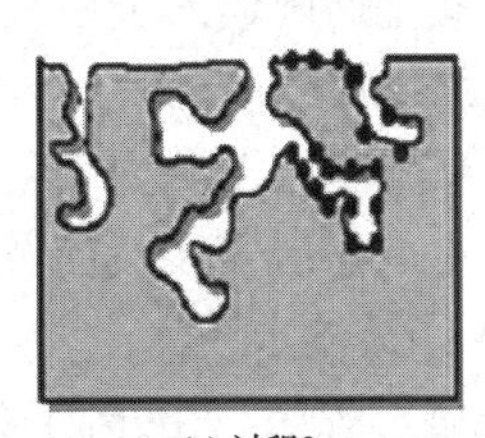

(c) 过程3

图 6-43　催化剂堵灰失活过程示意图

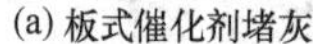

(a) 板式催化剂堵灰

(b) 蜂窝式催化剂堵灰

图 6-44 催化剂堵灰

只要燃煤中的灰分在10%以上，灰颗粒在催化剂表面的聚集就不可避免，采用烟气的自吹灰能力是不能解决问题的。因此，在脱硝装置运行时，需要根据设计条件考虑防止催化剂堵灰的措施，保证催化剂通道的通畅，确保脱硝系统的性能可靠。在脱硝装置（包括催化剂）的设计中，需要考虑的防堵灰措施主要有以下几点：

a. 进行合理的系统设计，选用合适的催化剂节距。

b. 选用合适的SCR反应温度和催化剂内烟气速度。

c. 布置吹灰器，根据煤质的变化以及实际运行的效果等因素，合理布置吹灰器和设定吹扫周期。

d. 合理设计烟道和反应器，并在反应器入口加设导流装置，保证催化剂入口烟气速度均匀，避免出现烟气流动低速区或者死角。

图 6-45 催化剂磨蚀后的情况

2）磨蚀。催化剂的磨蚀与很多因素有关，包括烟气中飞灰的浓度、飞灰的粒径、飞灰的入射角、烟气流速、催化剂运行时间以及催化剂本身的硬度等因素。在正常情况下，工程中催化剂的飞灰磨蚀主要是发生在催化剂的迎灰面而不是催化剂的内部面，这是由于因流通面积的缩小而引起的“入口效应”使磨蚀主要发生在催化剂的上端表面。催化剂磨损后的情况见图 6-45。由于催化剂自身结构的不同，一般的蜂窝式催化剂防飞灰磨蚀能力不如平板式催化剂。

一般来说，催化剂的使用寿命为 2～3 年，催化剂要在这段时间经历成分复杂的高温带尘高速烟气的冲刷，同时仍要保持较高的活性，就要有足够大的强度和极好的抗蚀性。

催化剂的防磨机理如图 6-46 所示。同时可以采取以下措施降低催化剂的磨蚀：

a. 可以在催化剂中加入金属板或玻璃纤维。

b. 提高边缘硬度。

c. 利用计算流体力学模型优化气流分布。

d. 垂直催化剂床层安装气流调节装置等。

六、失效催化剂的处理

在SCR脱硝过程中，由于烟气中存在灰分和其他的杂质以及有毒的化学成分等，从而降低了催化剂的活性。当催化剂的活性降低到一定的程度而不能满足脱硝性能要求时，就必须对催化剂进行分析并处理。根据失效的原因和程度，催化剂的处理方式主要有：①清

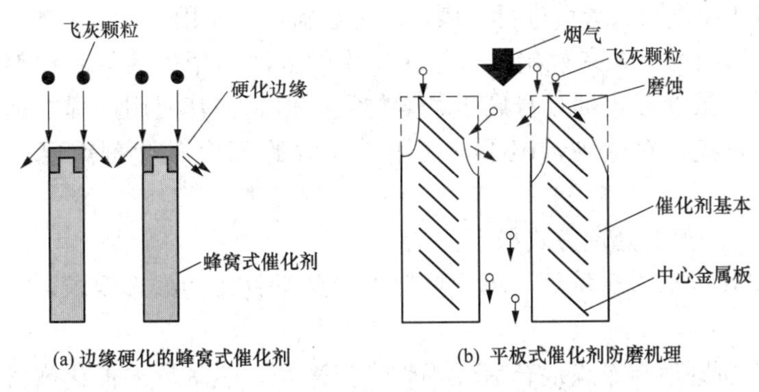

图 6-46　催化剂的防磨机理

洗回用：对于结构保持完整，仍有较高活性的催化剂，一般由催化剂厂家采用专用设备进行清洗，经检验合格后可继续使用。②再生：已经残破但仍有较高活性的催化剂可以由催化剂原料提供商回收经粉碎提炼出催化剂制造所需原料，再提供给催化剂厂家制造新催化剂。③填埋：对于没有经济价值的旧催化剂，一般采用破碎后填埋的方法来处理。

（1）催化剂清洗回用。对于失活的催化剂，首先要取样化验确定催化剂活性降低的原因是物理原因还是化学原因。为节约成本，对于结构保持完整，仍有较高活性的催化剂可清洗后回用。

对于被飞灰堵塞的 SCR 催化剂的简单冲洗可以在反应器内部进行，但有时简单地冲洗并非是有效的清洗手段。其主要原因是灰颗粒很难从催化剂通道中冲洗出来，在孔隙口的细小颗粒由于固液表面的滞留作用而紧紧贴覆在孔隙口，因此灰的去除有时需要用超声波等的扰动方式使颗粒悬浮在壁面和通道中。先进的清洗手段是采用将催化剂完全浸入到使用了超声波振荡的液体中的方式去除积灰。

催化剂的完全清洗需要将其移出反应器，一般放置在电厂合适的位置由专业化的公司来完成。需要说明的是，在清洗积灰的同时，一部分催化剂的活性物质（如钒化合物）也会溶解于水中，造成部分催化剂的流失。因此在催化剂清洗后，一定要将催化剂完成性能检验后才能继续使用。

（2）催化剂的再生。催化剂的再生是把失去活性的催化剂通过浸泡洗涤，添加活性组分及烘干的程序使催化剂恢复大部分活性。SCR 催化剂再生要请专业人员在现场进行，但并不是所有失活的催化剂都能够通过再生方式回用。例如由于烟气温度过高使催化剂烧结造成的失活，是不能通过催化剂再生恢复活性的。对于不同的情况，活性恢复的程度及成本都是不同的，要通过对失活催化剂的样品进行技术和经济分析，再确定催化剂是否有再生的必要。

与更换新催化剂相比，催化剂现场再生工艺是一种延长 SCR 催化剂使用寿命、减少投资费用的经济且高效的解决方案，该工艺取决于催化剂活性成分类型。根据经验，由于催化剂运行环境的各异性，不同电厂需要应用到不同的活化机制来还原催化剂，需根据具体的烟气条件而专门设计适合的处理工艺以解决诸如阻塞、碱金属沉淀等诸多问题。

首先将活性降低后的催化剂层投入预漂洗池，将其完全浸入溶液中，使催化剂中的有毒物质溶解。其次将其放入超声波池中利用超声波将催化剂表面污物去除，并清通催化剂中被堵塞的通道。再次进行冲洗去除催化剂中溶解的有毒物质，并加入活性物质进行特殊处理，进一步清洗催化剂。最后进行干燥，即可重新投入使用。

（3）催化剂的填埋。如果确定了不采用再生的方法回用失活的催化剂，那么就要对其进行废弃处理。虽然催化剂自身属于微毒物质，但是在其使用过程中烟气中的重金属可能在催化剂内聚集。在这种情况下，使用后失效的SCR催化剂就要被当作危险物品处理。

对于催化剂，一般的处理方式如下：

1）把催化剂压碎后进行填埋，填埋按照微毒化学物质的处理要求，在填埋坑底部做好防渗透处理。

2）将催化剂研磨后与燃煤混合后经锅炉高温燃烧，热解后的催化剂材料与粉煤灰一起被处理。

3）交由有危险固废物处理资格和经验的处理厂处理。

七、催化剂的寿命管理

一般来说，催化剂的使用寿命为2～3年或更长时间，催化剂要在这么长的时间里经历成分复杂的高温、带尘、高速烟气冲刷并仍然能保持较高的活性，就需要有相当的强度和活性，也就是要求催化剂要有较长的机械寿命和化学寿命。

SCR催化剂的化学寿命（也称催化剂的活性），是指催化剂的活性能够满足脱硝系统的脱硝效率、氨逃逸率等性能指标时的催化剂连续使用时间。目前，国内普遍统一要求该时间大于2.4万h，就是指所选择的催化剂到了这个时间，SCR的脱硝效率等技术指标的保证值仍然能够满足设计要求。

SCR催化剂的机械寿命，是指催化剂的结构及其强度能够保证SCR的脱硝设计效率时的运行时间。目前，国内普遍统一要求机械寿命大于9年，并可再生利用且不发生机械损伤。

为了保证SCR系统的安全运行，既要保证催化剂的机械寿命，又要保证催化剂的化学寿命。影响燃煤电站SCR催化剂寿命的因素很多，其中烟气温度的变化造成催化剂的“烧坏”是致命的、不可再生的，因此在使用运行中应严格控制系统运行的烟气温度。

工程上催化剂寿命的管理并不是某层催化剂活性降低到了什么数值以下就更换，而是根据整个反应器的脱硝效率综合管理。在实际工程的正常运行中，脱硝效率下降的原因很多，有催化剂活性自然退化的因素，也有运行管理不当的因素。系统的脱硝效率下降后，首先应按照相关内容进行检查和维护；各种因素都排除后，再结合催化剂测试单元的测试结果确定催化剂的更换量和时间。

工程催化剂寿命管理示例如图6-47所示，假设工程中采用“3＋1”的催化剂层布置方案，确保在氨逃逸率小于3μL/L时脱硝效率为80％。初投运时，在3μL/L的氨逃逸率下，脱硝效率应该大于80％，比如说为83％。三年后，催化剂效率就降到80％，这时，就要加一层催化剂，加了催化剂以后的脱硝效率就大于80％，比如说为86％。6年以后，脱硝效率再次降低到80％，这时就需要更换一层催化剂，这时脱硝效率就会增加到80％以上，比如说在83％左右。以后大致是每三年更换一层催化剂。按照上面例子，催化剂换了一轮，被换掉的催化剂的平均寿命大约为13年。若无意外，催化剂的活性都是慢慢失去的。催化剂用到了15年，其脱硝效率仍然在50％以上。

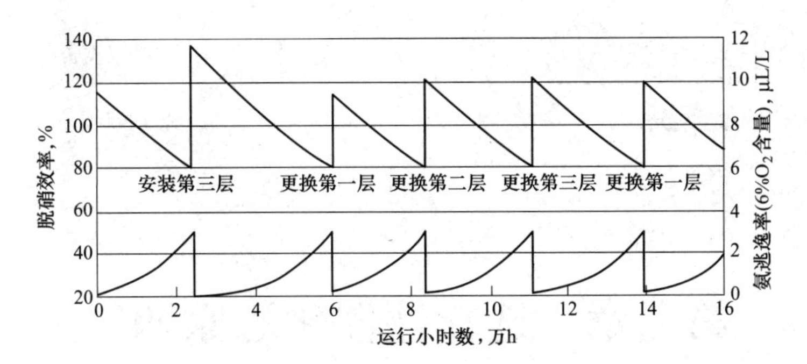

图 6-47　工程催化剂寿命管理示例

第七章 选择性催化还原烟气脱硝装置的运行及故障处理

第一节 选择性催化还原烟气脱硝系统过程控制

现在应用的对控制系统的处理，主要是将SCR系统的控制纳入锅炉机组DCS控制系统中的SCR控制器中。通过脱硝的控制模块对整套系统的效果和运行状态进行控制。

热工自动化功能包括MCS、SCS、DAS。热工自动化范围包括：①脱硝反应器SCR监控；②脱硝公用系统监控；③脱硝岛电气系统监控；④烟气检测、成分分析；⑤SCR反应器吹灰系统监控。

一、模拟量控制

根据脱硝系统工艺流程及特点，主要模拟量调节包括SCR反应器NH_3流量控制，液氨蒸发器温度控制，NH_3缓冲罐压力控制等，其中脱硝模拟量调节系统中最为重要和核心的控制为SCR反应器NH_3流量控制。

（一）SCR反应器NH_3流量控制

燃煤电站脱硝系统NH_3流量控制（见图7-1）策略在实施过程中需要对以下几个问题进行特殊考虑：①NO_x测量信号存在较长时间的滞后问题；②NO_x在催化剂作用下的时间复杂性；③氨逃逸率的控制问题。

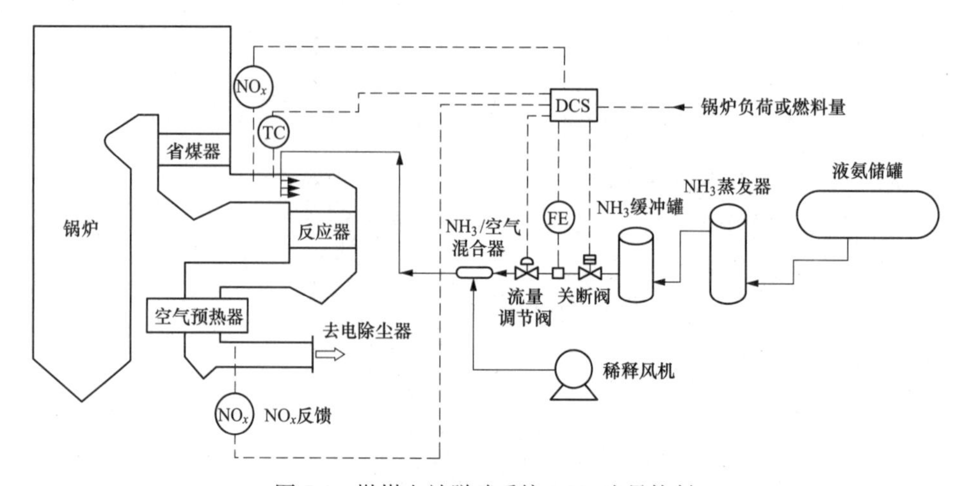

图7-1 燃煤电站脱硝系统NH_3流量控制

脱硝喷氨系统控制通常采用两种方式：固定摩尔比控制（典型控制）方式和出口 NO_x 定值控制方式。

1. 固定摩尔比控制方式

SCR 系统利用固定的 NH_3 与 NO_x 的摩尔比来提供所需要的 NH_3 流量，固定摩尔比控制调节原理见图 7-2。

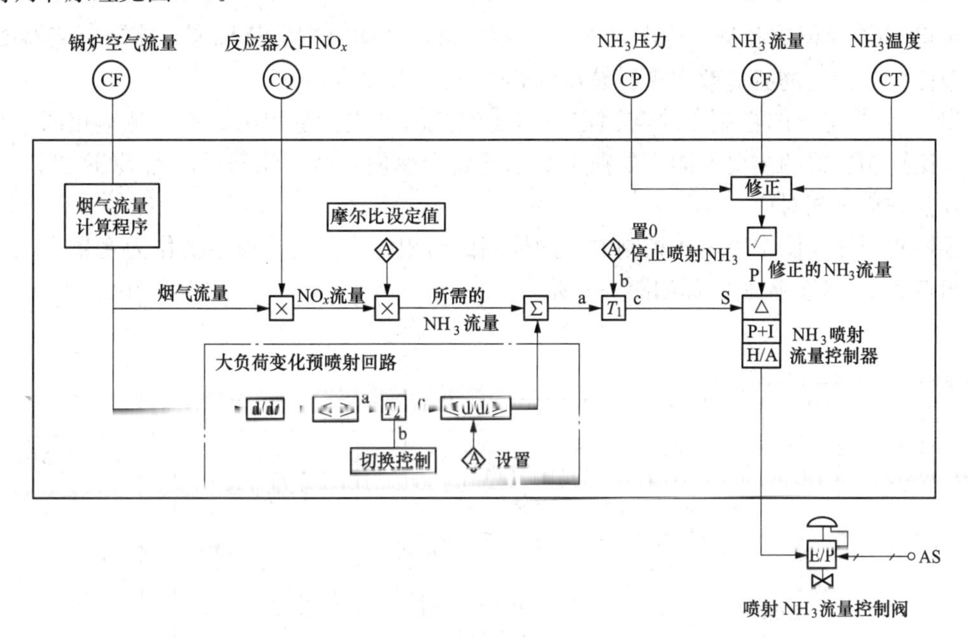

图 7-2 固定摩尔比控制调节原理

SCR 反应器进口的 NO_x 浓度乘以烟气流量得到 NO_x 信号，该信号乘以所需 NH_3 与 NO_x 的摩尔比就是基本 NH_3 流量信号，此信号作为给定值送入 PID 控制器与实测 NH_3 的流量信号比较，由 PID 控制器经运算后发出调节信号控制 SCR 入口 NH_3 流量调节阀的开度以调节 NH_3 流量。

固定摩尔比控制调节原理：①由于烟气流量不易于直接准确测量，因此烟气流量通常是通过锅炉空气流量和锅炉燃烧等相关数据计算得到的（数据由机组 DCS 提供）。由于测量信号存在滞后性的问题，锅炉空气流量被用来快速检测负荷变化。②计算出的 NO_x 流量乘以摩尔比就是所需的 NH_3 流量，摩尔比是根据系统设计的脱硝效率计算得出的，在固定摩尔比控制方法中为预设常数。③净 NH_3 的质量流量由在 NH_3 喷射母管测得的体积流量通过温度和压力修正后取得。④因为脱硝系统存在明显的 NO_x 反应器催化剂反馈滞后和 NO_x 分析仪响应滞后的问题，因此，在控制回路中加入大负荷变化预喷 NH_3 措施。其原理是将烟气流量信号作为预示负荷变化的超前信号（对于负荷变化信号有必要采用一个极速预测 NO_x 变化的信号，在某些情况下，发电量需求信号、主蒸汽流量信号等能比烟气流量信号更迅速地预测 NO_x 的变化）。喷氨流量与锅炉负荷关系见图 7-3。

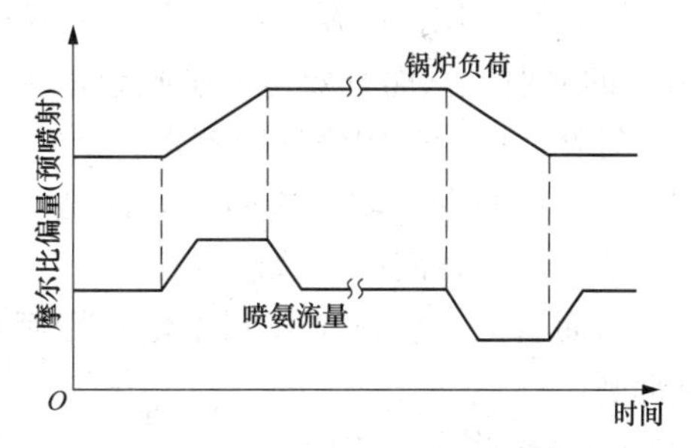

图 7-3 喷氨流量与锅炉负荷关系

如果因为脱硝催化剂反应缓慢等原因导致控制效果不能很好满足调节要求，除根据系统特点调整调节系统从而改变调节品质外，还应从以下几个方面进行处理：①缩短 NO_x 分析仪采样管以保证即时的检测响应；②采用能够灵敏地预测 NO_x 变化的信号；③催化剂在 NO_x 变化前提前吸收足量的 NH_3 来弥补反应滞后。

2. 出口 NO_x 定值控制

出口 NO_x 定值控制是保持出口 NO_x 恒定。根据环境空气质量标准，控制反应器 NO_x 为定值比控制固定的脱氮效率更容易，同时 NH_3 消耗量更少。

出口 NO_x 定值的控制方式与固定摩尔比的控制方式在主控制回路上基本相同，与固定摩尔比控制方式的主要不同之处在于摩尔比是个变值，摩尔比与反应器 SCR 出口 NO_x 值以及锅炉负荷相对应。

主控制回路与固定摩尔比控制方式的控制回路相同，仅是将摩尔比作为变量变化摩尔比，出口 NO_x 定值控制原理如图 7-4 所示。

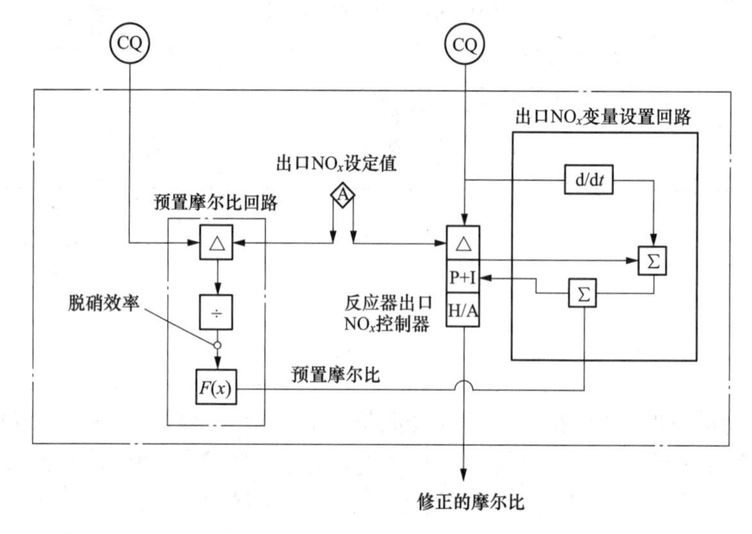

图 7-4 出口 NO_x 定值控制原理

(1) 根据入口 NO_x 实际测量值以及出口 NO_x 定值计算出预脱硝效率和预置摩尔比。

(2) 预置摩尔比作为摩尔比控制器的基准来输出，出口 NO_x 实际测量值与出口 NO_x 设定值进行比较后通过 PID 调节器的输出作为修正，最终确定控制系统当前需要的摩尔比值。

(3) 摩尔比控制器输出的摩尔比信号作为固定摩尔比控制回路中摩尔比设定值，控制 NH_3 的喷射，从而有效地控制脱硝系统，保证出口 NO_x 稳定在设定值上。

另外，由于受脱硝反应器催化剂特性的影响，即使在锅炉负荷已确定的条件下，出口 NO_x 浓度也将会波动较长时间。因此，当采用固定脱硝装置出口 NO_x 值为控制方式时，应该考虑对这种波动现象进行补偿。

简而言之，应调整控制策略和控制参数确保出口 NO_x 变化可以在一个很短的时间内被抑制。

3. 氨逃逸率的控制

反应器出口控制氨逃逸率小于 5×10^{-6}。当氨逃逸率等于 5×10^{-6} 时，调低脱硝效率设定，使进氨量减少，控制氨逃逸率小于 5×10^{-6}。

4. 脱硝效率的控制

脱硝效率控制在设定值，当实测进出口 NO_x 浓度通过计算未达到设定值，而且其他条件未达到限值时，控制系统就会给 NH_3 调节阀信号开大阀门。当通过计算进出口 NO_x 浓度达到设定值，而且其他条件没有达到限值时，控制系统就会给 NH_3 调节阀信号使其关小阀门。

5. 液氨蒸发器水温控制

该调节系统通过控制蒸发器的电加热器实现蒸发器内水浴温度的恒定。水温设定值送入 PID 控制器与实测值比较后，输出调节信号控制电加热器调节水浴温度，使 NH_3 至缓冲罐能维持一定的温度和压力。调节回路为简单 PID 调节。

6. NH_3 缓冲罐压力控制

通过调节蒸发器入口的压力调节阀控制 NH_3 缓冲罐的压力，以保证系统稳定的供氨压力及调节回路为简单 PID 调节。

7. 稀释风系统控制

稀释空气对 NH_3/空气的混合比在调试期是利用风门来手动调整的。空气调整稳定后，空气流就不需随锅炉负荷再调整。NH_3 和空气流设计稀释比为 3%，通过联锁控制风机之间切换。

二、主要测量仪表

对于脱硝系统主要有 5 大测量参数：烟气成分分析、压力、温度、液位、流量。其中由于脱硝系统的特殊性，在烟气成分分析、液氨液位测量及 NH_3 流量等测量中需要合理选择仪表。在仪表选型、附件选择以及安装中通用的设计原则如下：

（1）同 NH_3 直接接触的仪表及阀门、垫片等配件必须选择合适的材质，严禁采用铜等材质。

（2）氨区等防爆要求区域仪表选型必须考虑防爆要求。

（3）对 NH_3 流量测量、液氨液位测量等设计，必须考虑介质受环境温度或压力的影响对仪表测量造成的影响。

（4）由于 NH_3 的特殊性，必须充分考虑到安装方式对未来仪表在线拆装或检修的影响。

下面仅介绍 SCR 系统较为特殊的液位测量仪表和氨逃逸的测量：

（1）脱硝系统主要的液位测量有液氨储罐液位、液氨蒸发器液位以及废水池液位等。

1）液氨储罐液位及液氨蒸发器液位的测量。液氨储罐具有如下特性：有毒，易挥发、泄漏；气、液两态不稳定，随温度压力变化互相转换；液氨密度不确定，随温度和压力变化而变化。因此，在液位测量仪表的选择中需要注意以下几点：

a. 选择仪表形式和安装方式要便于在线拆卸；

b. 避免采用高压、低压取样管，避免出现气侧冷凝；

c. 不适合采用差压密度折算液位的测量方法。

根据上述分析，液氨储罐的测量较适合采用磁翻板液位计或导波雷达液位计，但考虑到 NH_3 冷凝、气体干扰等易使导波雷达测量出现偏差以及不易在线拆装等问题，推荐采用磁翻板液位计。

磁翻板液位计以浮子为测量元件，磁钢驱动翻标显示。磁性浮子式液位计和液氨储罐采用侧部安装方式，形成连通器，保证被测量容器与测量管体间的液位相等。仪表的在线维修通过关闭一次门即可实现。

磁翻板液位计由于有运动部件，一般不适合用于测量含有悬浮物的介质。磁翻板液位计可配液位变送器及控制开关，用以输出模拟量液位信号及高低液位开关量信号。

2）废水池液位测量仪表。一般废水池为地下构造，采用顶部安装进行液位测量。常用的测量仪表有静压缆式液位计、浮球液位计及超声波液位计等。废水池液位信号主要用于废水泵启停控制。根据工程使用经验，废水池易受外界气温等条件影响产生水雾，造成对超声波液位计的影响；而静压缆式液位计易受水池水质影响，当含有较多杂质时易导致取压口堵塞。因此在实际工程中需要根据具体情况进行选择。

（2）氨逃逸的测量。氨逃逸在线分析仪的核心测量模块采用的是TDLAS技术，即可调谐二极管激光吸收光谱技术的简称，由于激光二极管采用半导体材料制成，通常又称为可调谐半导体激光吸收光谱技术。

TDLAS技术本质是一种吸收光谱技术，也是通过光被气体的选择吸收测得气体浓度。通过发射一束光通过待测气体，并在另一端接收，根据发射器与接收器间的距离确定了光程。通过对吸收率的测量来反演计算吸收分子浓度。

首先选定被测气体某条吸收谱线的频率位置，然后选择相应发射频率范围的激光二极管，设置适宜的温度值以确定激光中心频率，通过注入低频率的锯齿波电流，使激光频率扫描过整条吸收谱线从而获得单线吸收光谱数据。吸收光谱的单线特性可以避免背景气体组分对被测气体的交叉吸收与干扰，保证测量的准确性。

三、顺序控制系统及逻辑保护

脱硝系统的顺序控制系统应根据工艺的要求实行分级控制，分级原则包括：①驱动级控制作为自动控制的最低程度；②子组级控制，一个辅机为主及其相应辅助设备的顺序控制。

脱硝系统中一般主要涉及的设备有液氨储罐（包括液氨卸料压缩机、液氨储罐入口关断阀、液氨储罐卸NH_3关断阀、液氨储罐到蒸发器关断阀）；NH_3蒸发器（包括NH_3蒸发器入口NH_3关断阀、NH_3蒸发器热媒温度加热蒸汽调节阀、NH_3蒸发器加热蒸汽关断阀）；NH_3缓冲罐（包括NH_3缓冲罐入口NH_3压力调节阀、NH_3缓冲罐出口气动关断阀）；SCR反应器（包括SCR反应器混合器入口关断门、稀释风机等）。

脱硝系统在保护逻辑设计中主要需要考虑的是NH_3的特殊性，从毒性和爆炸性两个方面考虑保护逻辑，保护逻辑主要围绕下面几个问题进行设计。

（1）在SCR反应器附近，主要是通过监视NH_3浓度和NH_3稀释比来关闭主要设备实现保护。

（2）在氨区内，必须防止液氨泄漏及爆炸，主要是通过关闭设备主要阀门，并采用水喷淋方式瞬间稀释释放出来的NH_3进行保护。

脱硝系统主要保护逻辑有SCR反应器跳闸逻辑，液氨蒸发器跳闸逻辑，卸氨系统跳闸保护逻辑和氨区喷淋保护逻辑等。

SCR反应器跳闸逻辑示例如下：

跳闸条件（OR）：手动跳闸；或SCR反应器A出口温度低或SCR反应器A入口温度低；或锅炉烟气系统跳闸；或稀释风流量低，延时30s；或NH_3在空气中的比例大于

8%，延时30s；或1号稀释风机跳闸且2号稀释风机跳闸。

跳闸动作：快关SCR反应器入口喷氨关断阀和调节阀。

第二节 选择性催化还原烟气脱硝系统的自动控制、运行及故障处理

本文以尿素为还原剂，通过水解制氨法介绍燃煤电站典型SCR系统正常启动前的检查，正常启停的基本程序，紧急停运操作及相关的注意事项等。

一、燃煤电站SCR系统正常运行启动前的准备

在整个SCR系统启动前，需要对所有的设备、烟道、管道和SCR系统的电控设施进行检查，以确定它们处在无障碍的工作状态。

（1）确认反应器外形及内部构件没有变形或者损坏，反应器内无任何杂物。

（2）确认催化剂之间没有堆积物或积灰。发现灰尘积累过多时，需用干空气吹灰。

（3）NH_3蒸发器：确保蒸发器内部没有被腐蚀或者有淤泥堵塞。检查管口、液位计等处是否有泄漏等。

（4）NH_3稀释槽：保证稀释槽内没有杂物、腐蚀和淤泥堆积。检查确认工艺水等各管口是否都畅通。

（5）烟道：确保烟道的每一部分既没有灰尘的过度积累，也没有任何过大的变形。检查各检测管口是否有堵塞。此外，对补偿器部位应重点检查，保证烟道的适当热胀。

（6）管道系统：确保在法兰和连接处没有松动，每个阀门都可以打开或者关闭。

（7）仪器：校准每台仪器的精准度和安装位置。确认每个设定值及联锁系统的试验已完成。确保每台仪器都保持在待工作状态。

（8）确保所有电动机都已经受电且试运正常，相关系统防雷接地设施完好。

二、SCR系统正常启动

1. SCR系统投入步骤

（1）首先对还原剂系统的设备和管道进行N_2吹扫，检查系统严密性。

（2）启动尿素水解系统，将还原剂加热为NH_3。

（3）启动稀释风机。

（4）烟气进入SCR反应器。

（5）启动吹灰器。

2. SCR反应器投入步骤

（1）观察锅炉燃烧工况和微波烟气温度。

（2）烟气分析仪投入运行。

（3）启动循环取样风机系统。

（4）启动吹灰系统。

（5）关闭NH_3/空气混合器入口NH_3切断阀，将NH_3流量控制回路切换到手动模式，关闭NH_3/空气混合器入口NH_3流量控制阀。

（6）启动稀释风机，启动稀释风机加热器，开始供应热稀释空气。

（7）核实NH_3压力为设计值。

（8）反应器进口烟气温度应符合设计值，还原剂制备区设备和所有仪表投入运行参数

正常，打开 NH_3 切断阀。

(9) 烟气达到要求的喷氨温度后，确认喷氨混合器 NH_3 入口调节阀打开。

(10) 将 NH_3 流量控制回路切换到手动模式，启动喷氨系统，通过 NH_3 流量控制回路手动调节，开始喷氨。

(11) 逐渐提高喷氨流量，控制氨逃逸率在设计范围内。

(12) 达到设定的脱硝率后，将氨流量控制回路切换到自动模式。

(13) 确认 SCR 脱硝系统稳定。

(14) 对要求的参数进行测试，并记录脱硝系统运行参数。

三、SCR 系统的运行调整

1. 运行调整的主要原则

为保证脱硝系统安全运行，在满足排放指标要求下，对运行中的脱硝系统进行运行调整，提高脱硝系统运行经济性。脱硝系统运行调整应遵循以下主要原则：

(1) SCR 系统正常稳定运行，参数准确可靠。

(2) SCR 系统运行调整服从于机组负荷变化，且在机组负荷稳定的条件下进行调整。

(3) 脱硝系统运行调整宜采取循序渐进方式，避免运行参数出现较大的波动。

(4) 在满足排放指标的前提下，优化运行参数，提高经济性。

2. SCR 系统运行的主要控制参数

SCR 系统在正常运行中，运行人员应该控制的主要参数有脱硝效率、温度、氨逃逸率、NH_3 与 NO_x 的摩尔比、SO_2 转化成 SO_3 的转化率等。

(1) 脱硝效率。脱硝效率表示 SCR 系统能力的大小。脱硝效率是由许多因素决定的，诸如 SCR 系统运行的空间速率、NH_3 与 NO_x 的摩尔比、温度烟气。但是 NO_x 排放标准往往要求烟气中 NO_x 浓度或总量在任何情况下均不超过规定的控制值。因此，应保证在锅炉的最差工况下，SCR 系统运行的最低脱硫效率仍能满足排放标准的要求，同时尽量使 SCR 系统长期经济运行。

(2) NH_3 与 NO_x 的摩尔比。理论上，1mol NO_x 需要 1mol NH_3 脱除，NH_3 量不足会导致 NO_x 脱除效率降低，但 NH_3 过量又会带来对环境的二次污染。通常喷入的 NH_3 量随着机组负荷的变化而变化。

(3) 烟气温度。烟气温度是影响 NO_x 脱除效率的重要因素。一方面，当烟气温度低时，不仅会因催化剂的活性降低而降低 NO_x 脱除效率，而且喷入的 NH_3 还会与烟气中的 SO_2 反应生成 $(NH_4)_2SO_4$ 附着在催化剂的表面；另一方面，当烟气温度高时，NH_3 会与 O_2 发生反应，导致烟气中的 NO_x 增加。因此，在运行时，控制好烟气温度尤为重要。

(4) 氨逃逸率。在高尘 SCR 工艺中，氨逃逸率的控制之所以至关重要，是因为若控制不好，不仅使成本增加，而且将导致两个主要问题：空气预热器换热面的腐蚀和飞灰的污染。由于多余的 NH_3 与烟气中的 SO_3 反应生成 NH_4HSO_4，当后续烟道烟气温度降低时，NH_4HSO_4 就会附着在空气预热器表面和飞灰颗粒物表面。这种 NH_4HSO_4 物质在烟气温度低于 150℃时，以液态形式存在，会腐蚀空气预热器管板，并通过与飞灰表面物反应而改变飞灰颗粒物的表面形状，最终形成一种大团状黏性的腐蚀性物质。由于这种飞灰颗粒物和在管板表面形成的 NH_4HSO_4 会导致空气预热器的压损急剧增大，因此需要频繁地清洗空气预热器。同时，由于 NH_3 过剩导致飞灰化学性质发生改变，使飞灰变得不可能再作为建材原料而利用。

（5）SO_2 转化成 SO_3 的转化率。SO_2 是工业锅炉排放的一种常见气体，也是在工业燃煤锅炉的 SCR 脱硝反应中常遇到的气体物质。如果 SCR 反应发生在含有 SO_2 的烟气中，SO_2 会在催化剂的作用下被氧化成 SO_3。这一反应对于 SCR 脱硝反应而言是非常不利的。因为 SO_3 可以与烟气中的水以及 NH_3 反应，生成 $(NH_4)_2SO_4$ 和 NH_4HSO_4。而这些硫酸盐，尤其是 NH_4HSO_4 可以沉积并积聚在催化剂表面，为防止这一现象的发生，需严格控制 SCR 的反应温度。

3. SCR 系统的主要运行调整内容

（1）烟气温度调整内容如下：

1）反应器入口烟气温度应满足催化剂最高连续运行温度和最低连续运行温度的要求。

2）当反应器入口烟气温度高于最高连续运行温度或低于最低连续运行温度时，停止喷氨。

3）其他要求应按照催化剂供应商提供的催化剂使用说明书进行。

（2）喷氨量调整内容如下：

1）根据锅炉负荷、燃料量、反应器入口 NO_x 浓度和脱硝效率调节 NH_3 喷入量。

2）当氨逃逸率超过设定值，而反应器出口 NO_x 浓度高于设定值时，应减少 NH_3 喷入量，将氨逃逸率降至设计值后，查找氨逃逸率高的原因。

（3）稀释风流量调整内容如下：

1）根据脱硝效率对应的最大喷氨量设定稀释风流量，使 NH_3 与空气混合物中 NH_3 的体积浓度小于 5%。

2）在 NH_3 与空气混合器内，NH_3 与空气应混合均匀，并维持一定的压力。

3）对于喷嘴型氨喷射系统，当停止氨喷射时，应随锅炉运行一直投运稀释风机。

（4）喷氨混合器喷氨平衡优化调整内容如下：

1）当脱硝效率较低而局部氨逃逸率过高时，应对喷氨混合器流量控制阀门进行调节。

2）喷氨混合器的优化调节应在机组额定/长期运行负荷下进行。

3）喷氨混合器喷氨平衡优化调整采取循序渐进的方式进行：首先，将脱硝效率调整到设计值的 60%左右，根据反应器出口的 NO_x 浓度分布调节喷氨混合器阀门；然后，在反应器出口 NO_x 浓度分布均匀性改善后，递渐增加脱硝效率到设计值，并继续调节喷氨支管阀门，使反应器出口 NO_x 浓度分布比较均匀。

（5）吹灰器吹灰频率调整内容如下：

1）脱硝装置投运后，监视催化剂进出口压力损失变化，若压力损失增加较快，加强催化剂的吹灰。

2）对于声波式吹灰器，每组吹灰器运行后，间隔一定时间运行下一组吹灰器，所有吹灰器采取不间断循环运行。

3）对于耙式蒸汽吹灰器，需检查耙的前进位移是否能够到达拖定位置，并适当增加吹灰频率。

4）采用耙式蒸汽吹灰器时，应在检修期间注意检查催化剂表面磨损状况并评估破损原因。

四、SCR系统的正常停运

1. 还原剂制备区停运步骤

(1) 关闭液氨储罐出口阀门和液氨蒸发器入口压力调节阀，停止液氨供应。

(2) 继续加热氨蒸发器数分钟，然后逐渐关小温度调节阀，净少蒸汽进入量，直至完全关闭。

(3) 关闭缓冲罐出口阀门，使系统完全停止输出。

(4) 将氨流量控制器从“自动”切换到“手动”，并关闭氨流量控制阀，关闭氨切断阀。

(5) 对液氨卸料、储存、蒸发和输送等设备、容器和管道进行 NH_3 吹扫管线。

2. 脱硝装置反应器停运步骤

(1) 按机组停运步骤停炉。最后停炉阶段，用空气吹扫反应器。

(2) 保持稀释风机运行，供应空气对混合器进行吹扫，防止发生爆炸；停炉后，用稀释空气吹扫反应器。若稀释风机出现故障不能运行，则用自然通风吹扫反应器。

(3) 停运稀释风机。

(4) 关闭氨储存及供应系统的切断阀和隔离阀。

(5) 停止为脱硝系统提供仪用空气。

(6) 如果脱硝系统长期停运，应将各箱罐、地坑内的氨液排放干净。

五、脱硝系统主要故障处理

1. 故障处理的一般原则

脱硝系统发生故障时，应按规程规定正确处置，保证人员和设备安全，保障机组安全运行。故障处理完毕，运行人员应记录故障发生的时间、现象和所采取的措施，组织有关人员对事故进行分析、讨论并总结经验。

2. 脱硝系统故障停运

(1) 脱硝系统故障下的紧急停运。发生下列情况之一时，应立即中断喷氨，停运脱硝系统：

1) 锅炉故障停运（MFT）。

2) 反应器入口烟气温度小于最低极限值。

3) 反应器入口烟气温度大于最高极限值。

4) 反应器出口氨逃逸率高于设计极限值。

5) 喷氨的 NH_3 浓度超过8%。

6) 稀释风流量低于最低风量。

7) 发现危及人身、设备安全的因素。

(2) 脱硝系统故障下的异常停运。发生下列情况之一时，应停运脱硝系统：

1) 氨逃逸率超过设计值，经过调整后仍不能达到设计值。

2) 氨供应系统故障，必须中断喷氨系统。

3) 催化剂堵塞严重，经过吹灰后仍不能维持正常差压。

4) 仪用气源故障。

5) 电源故障。

(3) 液氨蒸发系统的故障处理。

1）液氨蒸发系统出现故障，应停止液氨蒸发系统，隔离故障蒸发罐，切断液氨供应系统。

2）查明故障原因，处理后恢复脱硝系统运行。

3）若短时间内不能恢复运行，按紧急停机的有关规定处理。

（4）稀释风机的故障处理。

1）确认喷氨系统联锁保护动作正常，中断喷氨系统，停止液氨蒸发系统。

2）查明稀释风机跳闸原因，处理后恢复脱硝系统运行。

3）若短时间内不能恢复运行，则按紧急停机的有关规定处理。

（5）吹灰器的故障处理。

1）隔离故障吹灰器，检查故障原因。

2）若短时间内不能恢复运行，则按紧急停机的有关规定处理。

（6）催化剂运行的故障处理。

1）催化剂压损过大引起系统阻力增加，应启动吹灰器及时吹扫，降低压损。

2）催化剂活性降低时，加备用层，更换催化剂或再生催化剂。

3）催化剂效率降低、氨逃逸率高时，应减少喷氨量，降低脱硝效率。

4）催化剂烧结时，应停运脱硝系统，更换催化剂。

5）催化剂受潮时，应按催化剂有关要求处理。脱硝装置长期停运时，应采取防潮措施。

3. 脱硝装置运行故障处理对策

脱硝装置运行故障处理对策见表 7-1。

表 7-1　　脱硝装置运行故障处理对策

现象	原因	措　施
脱硝效率低	供氨量足	检查氨逃逸率； 检查 NH_3 压力； 检查氨流量控制阀开度和手动阀门的开度； 检查管道堵塞情况； 检查氨流量计及相关控制器
	出口 NO_x 设定值过高	检查氨逃逸率； 调整出口 NO_x 设定值为正确值
	催化剂活性降低	取出催化剂测试块，检验活性； 加装备用层； 更换催化剂
	NH_3 分布不均匀	重新调整喷氨混合器节流阀使得 NH_3 与烟气中 NO_x 均匀混合； 检查喷氨管道和喷嘴堵塞情况
	NO_x/O_2 分析仪给出信号不准确	检查 NO_x/O_2 分析仪是否校准过； 检查烟气采样管是否堵塞或泄漏； 检查仪用气系统是否正常
压损高	积灰	清理催化剂表面和孔内积灰； 烟道系统清灰； 检查吹灰系统
	仪表取样管道堵塞	吹扫取样管，清除管内杂质

六、燃煤机组低负荷运行时的SCR系统应对措施

在我国，由于绝大多数燃煤机参与电网调度，因此在实际运行过程中，尤其是非用电高峰时，机组常常不能满负荷运行，甚至运行于50%以下的负荷区间。虽然机组在满负荷运行时省煤器出口温度大于350℃，但在中低负荷下的SCR反应器入口烟气温度经常会低于SCR催化剂的最佳反应温度窗口，此时NH_3将与烟气中的SO_3反应生成铵盐，造成催化剂堵塞和磨损，降低催化剂的活性，使SCR系统无法正常运转或脱硝装置将被迫退出运行，难以满足全负荷下低NO_x排放的要求。

适用于电站燃煤锅炉全负荷运行的SCR低NO_x排放控制技术，主要分为SCR反应器入口烟气温度优化调整和开发高效"宽温度窗口"SCR催化剂，或在未进行设备改造而提高SCR反应器入口温度的前提下，通过运行策略的调整来提高低负荷时SCR系统的投运率，从而确保NO_x达标排放。

1."宽温度窗口"SCR催化剂

开发适用于更低温度的脱硝催化剂是目前SCR的一个重要课题，目前国内部分高校及环保科研院所均在进行"宽温度窗口"SCR催化剂的研发。然而目前国内对"宽温度窗口"SCR催化剂的研究工作还停留在实验室阶段，尚未进行大规模的商业应用，或者反应时间过长，或者成本太高，无法满足当前电站燃煤锅炉进行烟气脱硝的迫切需求。

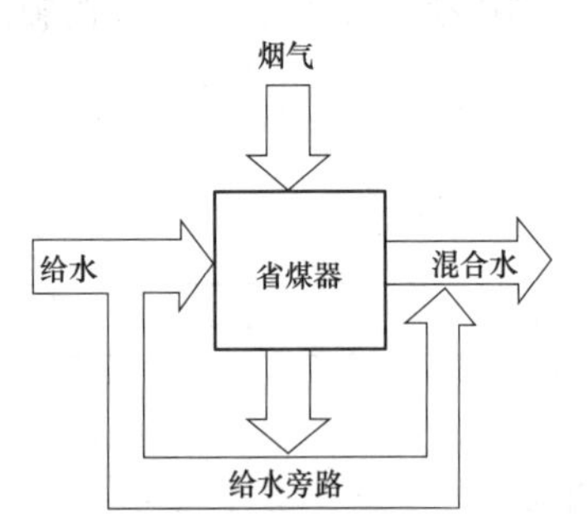

图7-5 省煤器给水旁路

2.SCR反应器入口烟气温度优化调整

(1) 省煤器给水旁路。省煤器给水旁路如图7-5所示。该省煤器给水入口处分为主流水量和旁路水量，主流水量进入省煤器中防热升温，旁路水量则绕过省煤器，最终两者在省煤器出口混合，SCR反应器入口烟气温度是通过调整旁路水量和主流水量的比例来调节的。

由于水侧传热系数远大于烟气侧传热系数（约83倍），经过给水旁路的调节，SCR反应器入口烟气温度有一定提升，但烟气温度提升幅度较小。随着旁路水流量的增加，进入省煤器的主流水量减少，省煤器出口水温升高，严重时会在省煤器出口产生汽化现象，使省煤器无法正常运行甚至烧坏。尽管省煤器出口水温变化很大，但总的省煤器出口混合水温降低不多，对锅炉主要参数的影响不大。排烟温度则随着SCR反应器入口烟气温度的提高而不断提高，排烟损失增加将影响锅炉效率。由于给水旁路调节对于省煤器传热系数的影响较小，尽管省煤器吸热量有所变化，但是从热平衡的角度来看，烟气放热量变化不明显，导致需要调节大量的旁路给水才能提高SCR反应器入口烟气温度。因此，省煤器给水旁路调节方案的SCR反应器入口烟气温度调节特性较差。

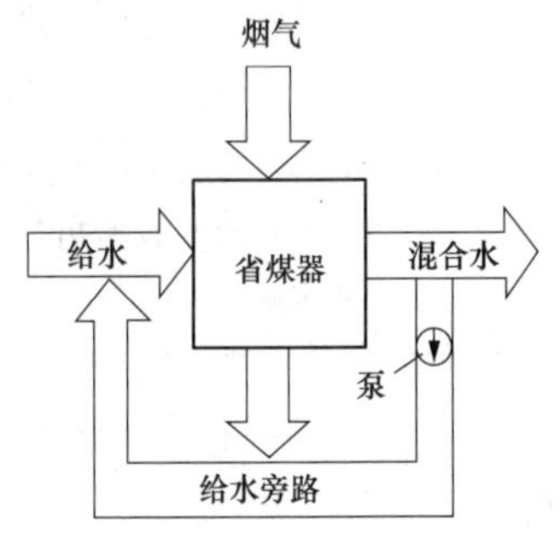

图7-6 省煤器加装循环泵

(2) 省煤器加装循环泵。省煤器加装循环泵见图7-6。对现有锅炉水系统进行改造就是利用水泵抽取省煤器出口工质或将汽包下降管高温工质送入省煤器的入口，提高省煤器内工质的平均温度，减小省煤器内的传热温差，从而提高省煤器出口烟气温度。

该方法较水侧的其他方法而言，对烟气温度的提升幅度大。其系统简单，改造投资小。考虑到压力等因素的影响，该升温系统仅适用于亚临界和超高压的汽包锅炉，包括自然循环汽包锅炉和强制循环汽包锅炉。另外该方案对所增加的泵的可靠性要求比较高，同时使机组的经济性下降。

（3）省煤器内部烟气旁路。省煤器内部烟气旁路见图7-7。在省煤器进口位置的烟道上开孔设置烟气旁路，通过控制烟气挡板来控制旁路烟气流量。在高负荷时，烟气挡板全关将旁路隔离，而在低负荷时，通过调整烟气挡板开度从而引出省煤器入口部分烟气与出口烟气混合，提高省煤器出口烟气温度。

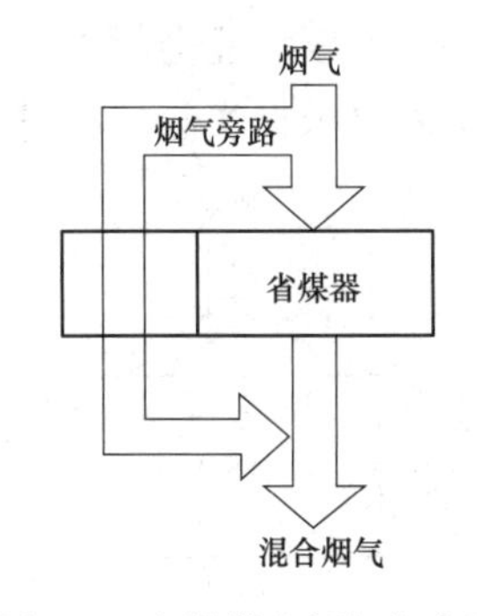

图 7-7 省煤器内部烟气旁路

该方案提升烟气温度效果好，但控制难度大。同时机组的经济性会有所下降。另外机组高负荷时撤出旁路，由于省煤器入口烟气温度能达到500℃以上，旁路调节挡板在高温下极易变形产生内漏，同样会使排烟温度升高，影响锅炉经济性。而低负荷时，挡板若内漏量大，可能会使省煤器出口烟气温度超过400℃，从而使催化剂烧结失活。

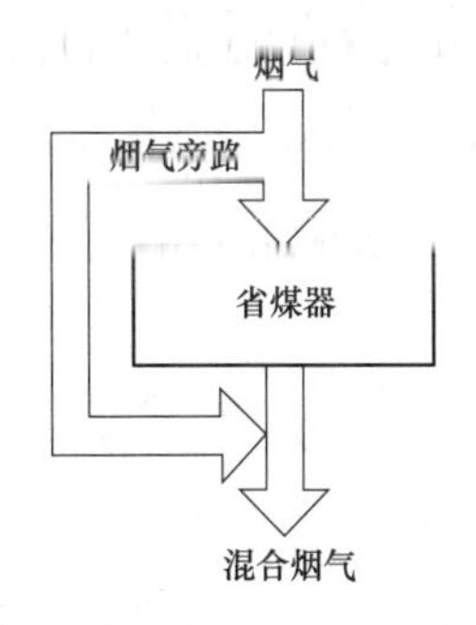

图 7-8 省煤器外部烟气旁路

（4）省煤器外部烟气旁路。省煤器外部烟气旁路示意图如图7-8所示。在省煤器入口与省煤器出口这段烟道区域外部设置旁路烟道，外部旁路烟道出口处设置旁路烟气挡板，通过调节旁路烟气挡板的开度来调节外旁路烟气和省煤器出口烟气的混合比例，进而达到调节SCR反应器入口烟气温度的目的。

与省煤器内部烟气旁路方案相比，不考虑因省煤器面积减少带来的省煤器出口烟气温度的自我提升，在两种方案中同样的烟气份额下，烟气温度调节能力很接近。但是内部烟气旁路具有抬升烟气温度的作用，因此，省煤器外部烟气旁路的烟气温度调节能力更占优势。

增加省煤器旁路将引起以下问题：

1）旁路运行时，降低了锅炉效率并增加了煤耗及热损失。

2）增设旁路烟道及挡板，增加了脱硝系统投资和运行维护费用。旁路挡板可能因积灰阻塞影响系统运行。

3）省煤器旁路将造成进入SCR系统的烟气流场紊乱，降低总的脱硝效率。

4）该旁路需在锅炉包覆开孔，对锅炉烟气温度和烟气量都提出新要求，对锅炉性能及热平衡均有一定影响。

（5）省煤器分级。分级省煤器如图7-9所示。

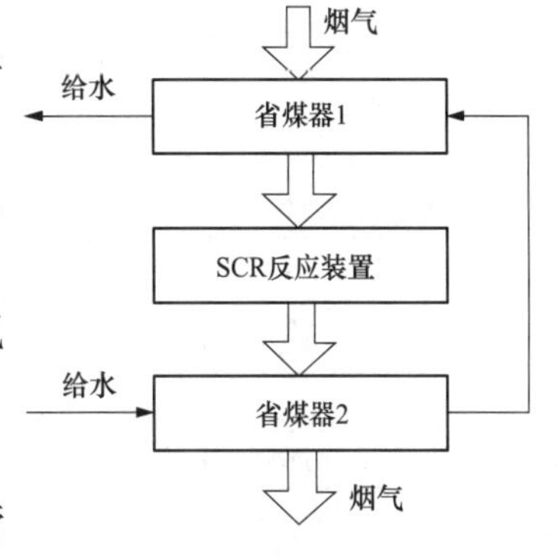

图 7-9 分级省煤器

重新布置省煤器管组，如拆除原有省煤器下半部分管组，在SCR反应器出口烟道内增设一定量的省煤器受热面，通过减少SCR反应器前省煤器的吸热量，提高SCR反应器的入口烟气温度。烟气通过SCR后，进一步通过SCR反应器后的省煤器来吸收烟气中的热量，以保证空气预热器进出口烟气温度基本保持不变。

在不影响锅炉整体效率的情况下提高SCR反应器入口烟气温度，同时还能降低排烟温度，提高锅炉效率。但该方案投资成本相对较高且不能调节，在满负荷时SCR反应器入口烟气温度可能会超过400℃，从而使催化剂烧结失活。另外受空间位置限制，具体布置方案需要根据实际情况进行设计。

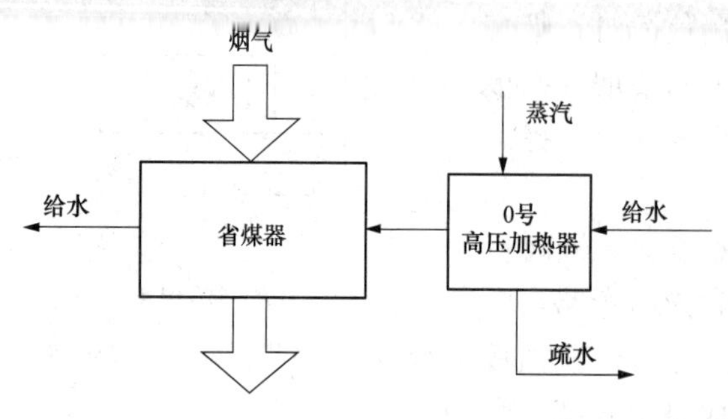

图7-10 设置的0号高压加热器

(6) 设置的0号高压加热器。设置的0号高压加热器见图7-10。在1号高压加热器出口与省煤器间增加一级加热器，利用主蒸汽或者三抽高温蒸汽加热给水，通过提高省煤器进口给水温度从而缩小传热温差，使省煤器出口烟气温度提高。在负荷降低时，通过调节门可控制该加热器的入口压力基本不变，从而维持给水温度基本不变。

通过实施该技术，低负荷下省煤器入口水温得以提高，使其出口烟气温度相应上升，确保SCR的全负荷范围处于催化剂的高效运行区间。但该方案在提升SCR反应器入口烟气温度的同时也使排烟温度有所升高，降低机组经济性，且投资成本较大，控制难度较高。

(7) SCR循环加热回路。SCR循环加热回路见图7-11，外加一套带有换热装置的循环回路系统通过循环介质将热量传递给SCR反应器入口烟气，或直接加热催化剂将反应温度维持在期望值附近。将催化剂覆盖在换热元件的表面，即该元件由催化剂载体组成，这样在机组运行过程中催化剂便可始终维持在最优反应温度范围内。换热元件是一个闭合管路，介质在管路内流动，管外设置鳍片。催化剂覆盖在鳍片上一方面加强了传热，另一方面增加了催化剂的接触表面积。

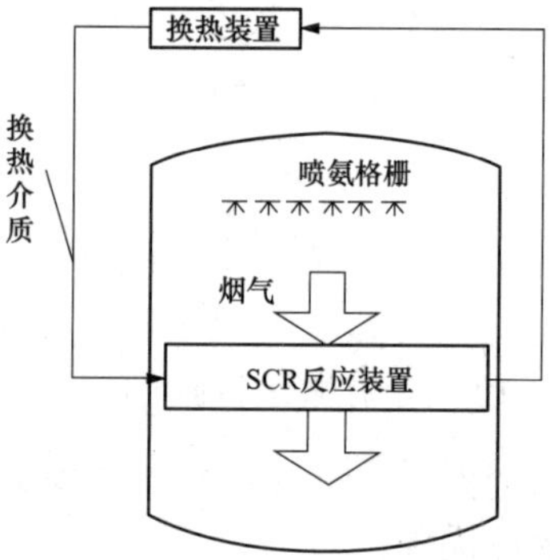

图7-11 SCR循环加热回路

该方案能很好地维持催化剂表面温度在指定温度范围内，同时将所述的循环回路独立于系统外，对整个系统的影响较小并且便于控制。但该方案经过介质换热会造成热量损失且同样会造成排烟温度升高。

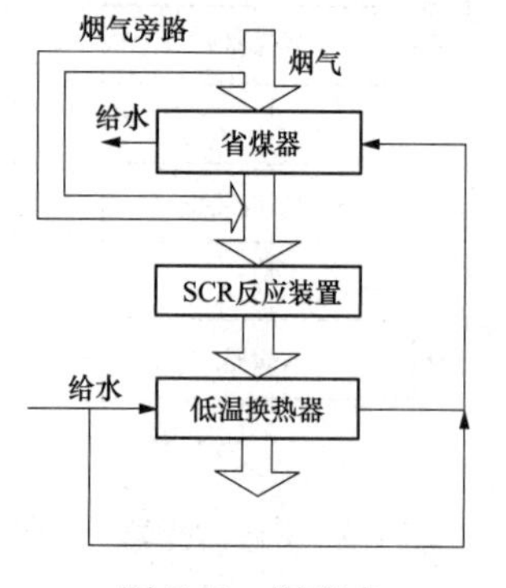

图7-12 限流式

(8) 限流式（见图7-12）。在SCR反应器出口与空气预热器之间烟道内安装低温加热器，利用管道将低温加热器与省煤器实现并联或串联。当机组处于中低负荷工况运行时，一方面通过省煤器烟气旁路调节省煤器出口烟气温度；另一方面控制进入低温加热器的给水流量，配合控制省煤器出口烟气温度，如此可降低排烟温度，提高锅炉效率。

以增加低温换热器并改变省煤器内给水流通方式为依据，不改变烟道结构对烟气流场是无影响的。但对已建机组进行此方法改造时需对原省煤器材质重新进行热力计算和校核，以防止出现爆管现象。

在不影响锅炉效率的前提下，使脱硝装置在机组低负荷下正常投运，同时还满足脱硝装置在较高温度下稳定运行的要求。对排烟温度较高的锅炉采用限流式方法，在高负荷下串联使用省煤器和低温换热器能够有效降低锅炉排烟温度，提高锅炉效率。

3. 运行策略的调整

根据SCR系统最低运行温度的形成机理和影响因素，低负荷运行时可通过对运行方式的调整来提高SCR系统的投运率，主要包括以下内容：

（1）燃烧调整。低负荷时进一步降氧燃烧，控制燃烧氧量。对停用燃烧器的顺序进行调整，尽可能保持中上层燃烧器运行，同时调整燃烧器的摆角，力求火焰中心上移，从而提高省煤器的出口烟气温度，即SCR反应器入口温度，同时尽量降低SCR反应器入口的NO_x的浓度，间接减少SCR系统的喷氨量，降低氨逃逸率。

（2）SCR系统最低运行温度的调整设置。通过试验测定SO_2转化成SO_3的转化率，根据燃煤硫分及时计算并调整SCR系统最低运行温度，使系统在低负荷时尽可能地投运，在确保NO_x排放达标的前提下，根据SCR反应器进口NO_x浓度适当下调控制效率，降低喷氨量并通过控制氨逃逸率来保证脱硝系统的安全运行。使用动态的投运策略，根据烟气的含硫量调整SCR系统的最低运行温度范围，在不进行设备改造的前提下提高SCR系统的投运率，从而确保NO_x的达标排放。

SCR系统的最低连续运行温度与烟气中SO_3的含量以及未参加SCR反应的NH_3量存在一定函数关系，可行的方法是根据燃煤硫分、SO_2转化成SO_3的转化率及燃烧调整，动态调整控制SCR系统在锅炉低负荷时的投运率，确保NO_x的排放达标。

第三篇　火电厂除尘及除渣技术

中国的能源结构决定了燃煤机组在总电源结构中占主体地位。2013 年全国发电装机容量首次跃居世界第一，达到 12.5 亿 kW。目前，燃煤火力发电面临两大困境：节能和环保。提高火电机组经济性的主要途径是通过发展超（超）临界技术和研究制造超（超）临界设备所需的高温、高压材料，配合发电设备的优化设计技术以及先进的设备状态监测技术来实现。除了通过节能实现减排外，降低火电厂环境污染的措施还有烟气净化及废水处理。燃煤电厂排放的大气污染物主要为烟尘、SO_2 和 NO_x。我国燃煤电厂烟气污染物控制已于 2014 年开始进入超低排放阶段。超低排放在大气污染物的烟尘治理中难度最大。

实施新的大气污染物排放标准大大降低我国火电厂烟尘、SO_2、NO_x 和 Hg 等污染物的排放量，引导了我国燃煤发电机组全力转向"清洁型"，推动了火电厂烟气脱硝、脱硫及除尘技术面向更高效的方向发展。GB 13223—2011《火电厂大气污染物排放标准》中的燃煤锅炉烟气排放指标见表 1。

表 1　GB 13223—2011《火电厂大气污染物排放标准》中的燃煤锅炉烟气排放指标

污染物标准	SO_2（mg/m^3）	NO_x（mg/m^3）	烟尘（mg/m^3）
国家重点地区	100	50	20
新建机组	100	100	30
2012 年 1 月 1 日前获得环评批复的现役机组	200	100	30
欧盟	200	200	30
美国	184	135	30

2014 年 9 月 12 日国家发改委、国家环保部、国家能源局联合印发的《煤电节能减排升级与改造行动计划（2014—2020 年）》的通知（简称《计划》），《计划》中要求东部地区新建燃煤发电机组烟尘排放限值为 10mg/m^3（标准状态），因此对传统除尘设备的选型又提出了新的要求。

第八章 火电厂烟气除尘概述

第一节 火电厂烟尘特性

一、燃煤锅炉灰渣的组成

粉尘是由自然力或机械力产生的、能够悬浮于空气中的固体微小颗粒。火电厂排放的颗粒物是大气中PM10和PM2.5的重要来源之一。

煤粉高温燃烧形成的细颗粒物上富集了许多有毒重金属，它们在大气中的赋存浓度高于自然界土壤中100～1000倍，长期被人体吸入或沉积在呼吸器官中将对人们的健康造成致命的威胁。当前火电厂使用的大多数除尘技术无法完全去除烟气中的粉尘，尤其是1μm以下的颗粒无法被彻底除去，粉尘通过烟气排放到空气中，是导致锅炉污染环境的重要原因。大气中粉尘的存在是保持地球温度的主要原因之一。大气中过多或过少的粉尘将对环境产生灾难性的影响。在生活和工作中，生产性粉尘是人类健康的天敌，是诱发多种疾病的主要原因。

煤粉锅炉的煤粉磨制得很细，燃料在炉膛中悬浮燃烧。在炉膛火焰中心高温区，由于灰分一般处于熔融状态而具有黏结性，使得有少量灰分在炉膛中燃烧时不可避免地相互黏结，形成较大颗粒，因烟气无法浮托，便从炉底冷灰斗以炉渣的方式排出炉外。但是大部分灰分还是以飞灰的形式随着烟气经锅炉烟道从尾部排出。从尾部烟道收捕下来的细灰，称为飞灰，也称烟尘或粉尘，火电厂中将收集的粉尘通称为粉煤灰。

燃煤锅炉烟气中飞灰量占燃料燃烧产生的总灰量的份额，称为飞灰份额α_{fh}。炉底排出的灰渣占燃料总灰量的份额，称为炉渣份额α_{lz}，煤粉锅炉飞灰和炉渣份额推荐值见表8-1。

表8-1 煤粉锅炉飞灰和炉渣份额推荐值

锅炉类型			α_{fh}	α_{lz}
固态排渣煤粉锅炉			95%	5%
液态排渣煤粉锅炉	开式炉	无烟煤	0.85	0.15
		贫煤	0.80	0.20
		烟煤	0.80	0.20
		褐煤	0.70～0.80	0.20～0.30
	半开式炉	无烟煤	0.85	0.15
		贫煤	0.80	0.20
		烟煤	0.70～0.80	0.20～0.30
		褐煤	0.60～0.70	0.30～0.40

燃煤锅炉除渣部分包括炉底渣和石子煤，除灰部分包括电除尘器收集飞灰、省煤器后收集飞灰、空气预热器后收集飞灰以及脱硫废弃物等。

二、燃煤锅炉粉尘的组成

粉尘一般为颗粒状物质，粒径范围为0.5～300μm，多孔结构，有很强的吸水性，硬度较高，密度为2.0～2.2t/m^3，松散时密度一般为0.65～0.70t/m^3，承压能力较差，输送时会对管道、设备、沟道产生磨损。

火电厂粉尘的成分十分复杂，各种粉尘均不相同。粉尘主要化学成分为SiO_2、Al_2O_3、FeO、Fe_2O_3、CaO、MgO、H_2O、SO_3等氧化物。粉尘是煤粉锅炉排量较大的工业废渣之一。

三、粉尘的特性

火电厂经烟气排往大气中的粉尘的主要特性有形状、粒径、分散度、密度、比表面积等特征，还具有磨损性、荷电性、比电阻、浸润性、黏附性及爆炸性等重要性质。

1. 粉尘的形状

粉尘颗粒的形状是指一个尘粒的轮廓或表面上各点所构成的图像。粉尘的形状有针状、球状、枝状、片状、纤维状等。粉尘的形状直接影响除尘器的捕集效果和清灰状况。

2. 粉尘的粒径

粒径表示颗粒的大小，是表征粉尘颗粒状态的重要参数。一个光滑圆球形粉尘的粒径是指它的直径，能被精确测定。而对通常碰到的非球形颗粒，精确地测定它的粒径是困难的。颗粒的粒径有几何学粒径、筛分径、有效径等，火电厂粉尘粒径可以采用显微镜法测定，包括定向粒径、定向面积等分粒径、投影面积粒径等。粉尘粒径见图8-1。

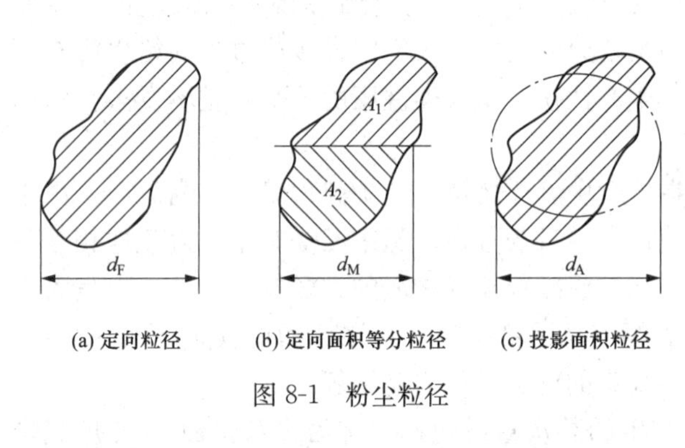

图8-1　粉尘粒径

粉尘按照粒径大小分为：①可见粉尘，一般粒径大于10μm，肉眼可见；②显微粉尘，粒径在0.25～10μm，一般光学显微镜可见；③超显微粉尘，粒径小于0.25μm，只有用超显微镜或电子显微镜才可以观察到。

3. 粉尘的分散度

粉尘的分散度表征粉尘的粒径分布，是指粉尘中各种粒径的颗粒所占的百分数，可分为计重分散度和计数分散度。粉尘的分散度不同，对人体的危害、除尘机理和除尘方式也不同，所以说粉尘分散度是评价粉尘危害程度、除尘器性能和选择除尘器的基本依据。

4. 粉尘的密度

粉尘的密度分为真密度ρ_p和堆积密度ρ_b。粉尘的真密度是指不考虑粉尘颗粒之间的间隙，粉尘的质量与其总体积之比。实际上，粉尘的颗粒与颗粒之间有很多空隙，在粉尘自然堆积时，单位体积的粉尘质量就是堆积密度。粉尘的堆积密度受到粉尘空隙率ε的影响。粉尘的空隙率ε表示粉尘粒间的空隙体积与自然堆放粉尘的总体积之比，对于一定种类的粉尘，其真密度为一定值，而堆积密度随空隙率ε变化，见式（8-1）。

$$\rho_b = (1-\varepsilon)\rho_p \tag{8-1}$$

5. 粉尘的比表面积

比表面积是指单位质量粉尘的表面积。粉尘的比表面积与粒径的平方成反比，粒径越小，比表面积越大。粉尘比表面积增大，其物理和化学活性增强。比表面积对粉尘表面活性、附着、吸附、燃烧、爆炸等特性均有影响。在除尘技术中，对同一类粉尘来说，比表面积越大，越难捕集。

6. 粉尘的安息角

粉尘的安息角是指粉尘通过小孔连续下落到水平板面上时，堆积成的锥体母线与水平板面的夹角。粉尘的安息角也称休止角、（自然）堆积角、安置角等，与粉尘的种类、粒径、形状、含水率、黏附性、颗粒表面光滑程度、粉尘黏性等有关。粉尘粒径越小，其接触面积增大，相互吸附力增大，安息角就越大；粉尘含水量增加，安息角就越大；表面越光滑和越接近球形，安息角就越小。

多数粉尘安息角的平均值为35°～40°。安息角小于30°时流动性好，安息角大于45°时流动性差。安息角的大小是设计除尘器灰斗角度的重要依据，通常灰斗壁与水平面的夹角设计比安息角大3°～5°。

7. 粉尘的磨损性

粉尘在流动过程中对器壁（或管壁）的磨损程度称为粉尘磨损性。硬度大、密度大、带有棱角的粉尘一般磨损性大。粉尘的磨损性受气流速度影响大，与气流速度的2～3次方成正比。在除尘技术中，为了减轻粉尘的磨损，需要适当地选取除尘管道中的气流流速和壁厚。对磨损性大的粉尘，最好在易磨损的部位，如管道的弯头、旋风除尘器的内壁等处采用耐磨材料作为内衬。

8. 粉尘的黏附性

粉尘黏附于其他粒子或其他物质表面的特性称为尘粒的黏附性。粉尘的主要附着力有三种，即范德华力、静电力和液膜的表面张力。微米级粉尘的附着力远大于重力，由于存在这一特性，当悬浮粉尘相互接近时，彼此吸附聚集成大颗粒，当悬浮微粒接近其他物体时即会附着其表面，必须有一定的外加力才能使其脱离。

粉尘相互间的凝并会使粉尘增大，有利于粉尘的分离和捕集。粉尘在固体表面上的堆积会引起管道和除尘器的堵塞和结垢。粉尘的含水率、形状、粒径及分散度等对它的黏附性均有影响。

使用袋式除尘器处理黏附性强的粉尘时，应适当增加清灰次数和清灰强度，避免滤袋黏附粉尘。灰斗上的振打电动机的功率也应稍大些，使粉尘不至于在灰斗下料口搭桥堵塞。

9. 粉尘的浸润性

粉尘浸润性也叫润湿性，是指粉尘颗粒与液体接触后能够互相附着或表示附着难易程度的性质。浸润性与粉尘的种类、粒径、形状、生成条件、组分、温度、含水率、表面粗糙度及荷电性有关，还与液体的表面张力及尘粒与液体之间的黏附力和接触方式有关。

粉尘的浸润性是选择除尘设备的主要依据之一。有的粉尘（如锅炉飞灰、石英砂等）容易被水浸润，与水接触后会发生凝并、增重，有利于粉尘从气流中分离，这种粉尘称为亲水性粉尘。有的粉尘（如炭黑、石墨等）很难被水浸润，这种粉尘称为疏水性（或憎水性）粉尘。各种湿式除尘器就是利用粉尘与水的浸润效果来进行除尘的。对于浸润性差的疏水性粉尘，可在水中加入一些浸润剂（如皂角素等）降低水的表面张力，提高浸润效果，从而使小粉尘凝聚为较大的粉尘而易被除去。

10. 粉尘的荷电性

天然粉尘和工业粉尘几乎都带有一定的电荷。粉尘在其产生和运动过程中，由于相互碰撞、摩擦、放射线照射、电晕放电及接触带电体等原因而带有一定电荷的性质称为粉尘的荷电性。颗粒获得的电荷受周围介质的击穿强度影响。在干燥空气下，粉尘表面的最大荷电量约为 1.66×10^{10} 电子/cm^2，天然粉尘和人工粉尘的荷电量一般为最大荷电量的1/10。

电除尘器就是利用粉尘荷电的特性进行工作的，粉尘从气体离子获得电荷，较大粉尘与气体离子碰撞产生荷电，微小粉尘则由于扩散而产生荷电。

粉尘的荷电量随温度升高、表面积增大及含水率减小而增加，且与化学组成有关。粉尘荷电后其某些物理性质会发生变化，如凝聚性、附着性及其在气体中的稳定性等，同时对人体的危害也将增强。

11. 粉尘的导电性

粉尘的导电有两种，一种是依靠粉尘颗粒内的电子或离子导电，为体积导电；另一种是依靠颗粒表面吸附的水分和化学膜的表面导电。粉尘究竟依靠什么导电，取决于粉尘、气体的温度和组成成分。一般而言，在200℃以上的相对高温条件下，粉尘主要靠容积导电；在100℃以下的低温条件下，粉尘主要依靠表面吸附的水分或其他化学物质来导电，即表面导电；在中间温度，表面导电和体积导电同时起作用。

粉尘的导电性用比电阻表示。粉尘比电阻代表了粉尘电阻的大小，与金属导电性相同，也用电阻率表示，但粉尘的电阻率与测定时的条件有关，仅是一种可以相互比较的表观电阻率，简称为比电阻（指面积为1cm^2、厚度为1cm的粉尘层所具有的电阻值，包括粉尘颗粒本身的容积比电阻和颗粒表面因吸收水分等而形成的表面比电阻，单位为Ω·cm）。随含尘气体的温度、湿度变化，粉尘比电阻有很大变化。

在选用电除尘器时，需掌握粉尘的比电阻并充分考虑含尘气体温度的选择和含尘气体的性质。最有利电除尘器电捕集的比电阻范围为 $10^4\sim10^{10}$ Ω·cm。当粉尘比电阻不利于电除尘器捕尘时，需要采取措施来调节粉尘比电阻值，使其处于适合于电捕集的范围。在工业中经常遇到高于 5×10^{10} Ω·cm的高比电阻粉尘，可采取喷雾增湿、调节烟气温度和在烟气中加入导电添加剂（如 SO_3、H_2）等措施来降低粉尘比电阻，以扩大电除尘器的使用范围。

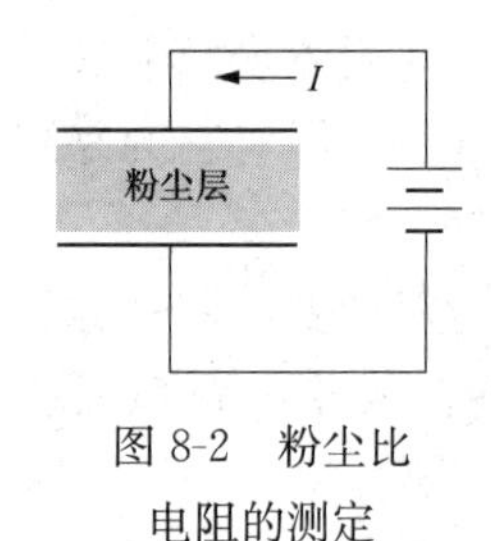

图8-2 粉尘比电阻的测定

粉尘的比电阻通常采用圆板电极法测定。粉尘比电阻的测定如图8-2所示。根据实验，可以得到粉尘的比电阻，见式（8-2）。

$$\rho=\frac{U}{I}\times\frac{A}{d} \tag{8-2}$$

式中 ρ——粉尘的比电阻，Ω·cm；

U——施加在粉尘层上的电压，V；

I——通过粉尘层的电流，A；

A——粉尘层的面积，cm^2；

d——粉尘层的厚度，cm。

通过式（9-2）就可以计算出粉尘的比电阻大小。

第二节　火电厂除尘器概述

一、除尘器分类

除尘器是把粉尘颗粒从烟气中分离出来的设备。在燃煤火力发电厂中，除尘器用以降低随烟气排入大气中的粉尘量。除尘器按分离、捕集的作用原理，主要可分为机械除尘器、电除尘器、过滤除尘器、电袋复合除尘器等。为了提高除尘效率，火电厂中还会使用几种除尘器组合来降低烟尘排放浓度。

（1）机械除尘器。机械除尘器是利用重力、惯性力、离心力等将粉尘从气体中分离出来。常用的机械除尘器有重力沉降室、惯性除尘器、旋风除尘器等。由于机械除尘器的除尘效率比较低，所以在火电厂中经常只起到辅助除尘作用。

（2）电除尘器。电除尘器的除尘效率高达90%～99.9%，是1906年F·G·科特雷尔首先研制成功，因此也称科特雷尔电除尘器。它是利用强电场使气体发生电离，气体中的粉尘荷电在电场力作用下定向迁移与气体分离后被收集。电除尘器的优点是适用于去除粒径为0.05～50μm的粉尘，可用于高温、高压的场合，能连续操作。缺点是设备庞大、投资较高。近年来，电除尘器以它特有的优点已成为防止粉尘污染的一种重要手段，在我国火电厂得到广泛应用。

（3）过滤除尘器。袋式除尘器属于一种典型的过滤除尘器，是利用滤袋进行过滤除尘的。含尘气流引入滤袋，在穿过滤布的空隙时，粉尘因惯性、接触和扩散等作用而被拦截下来。若粉尘和滤料带有异性电荷，则粉尘吸附于滤料上，可以提高除尘效率，但清灰较困难；若带有同性电荷，则降低除尘效率，清灰较容易。袋式除尘器可清除粒径在0.1μm以上的粉尘，除尘效率达99%以上。袋式除尘器的布袋材料可用天然纤维或合成纤维的纺织品或毡制品；净化高温气体时，可用玻璃纤维作为过滤材料。

（4）电袋复合除尘器。在一个箱体内，前端安装电除尘器电场，后端安装滤袋场，含尘烟气首先经过电场区，粉尘在电场区荷电并有80%～90%的粉尘被收集下来（发挥电除尘的优点，降低袋场负荷）。经过电场的烟气通过电场区后进入袋区，经滤袋外表面进入滤袋内腔，粉尘被阻留在滤袋外表面，纯净的气体从内腔排出进入烟道。电袋复合除尘器结合了电除尘器及袋式除尘器两者的优点，是新一代的超净排放除尘技术。

二、除尘器的性能指标

除尘器的性能可以采用气体通过除尘器时的压力损失、除尘效率和可处理的气体流量等来描述。

（1）除尘器的压力损失。除尘器的压力损失是指除尘器进、出口测定全压的差值。除尘器压力损失的大小取决于除尘器的结构形式、气流的密度和速度。压力损失大的除尘器，运行时能量消耗大、费用高，还直接关系到所需要的烟囱高度，以及是否需要安装引、送风机等。

（2）除尘效率。除尘效率又称分离效率，分为总除尘效率或分级除尘效率。总除尘效率指同时间内除尘器捕集的粉尘量与进入粉尘量的百分比，反映装置除尘程度的平均值。

分级除尘效率指除尘器对某一粒径 d_p 或粒径范围 Δd_p 内粉尘的除尘效率，表示除尘效率随粒径的变化。根据分级除尘效率和粉尘粒度分布可计算总除尘效率；根据实验测得的总除尘效率和分析出的除尘器入口和出口的粉尘粒径分布，可计算分级除尘效率。总除尘效率定义式见式（8-3）～式（8-5）。

$$\eta=\frac{G}{G_{in}}\times100\%=\frac{G_{in}-G_{out}}{G_{in}}\times100\%=\frac{G}{G+G_{out}}\times100\% \tag{8-3}$$

式中 η——除尘效率，%；

G——除尘器捕集的粉尘量，kg/s；

G_{in}——进入除尘器的粉尘量，kg/s；

G_{out}——离开除尘器的粉尘量，kg/s。

两台除尘器串联使用时，总除尘效率为：

$$\begin{aligned}\eta_{1\sim2}&=\eta_1+(1-\eta_1)\eta_2\\&=1-(1-\eta_1)(1-\eta_2)\end{aligned} \tag{8-4}$$

n 台除尘器串联，总除尘效率为：

$$\eta_{1\sim n}=1-(1-\eta_1)(1-\eta_2)\cdots(1-\eta_n) \tag{8-5}$$

式中 η_1、η_2、…、η_n——第1、第2，…，第 n 级除尘器的除尘效率。

电除尘器的设计效率公式是多依奇于1922年从理论上推导出来的，见式（8-6）。

$$\eta=1-\exp\left(-\frac{A\omega}{Q}\right) \tag{8-6}$$

式中 η——除尘效率，%；

A——收尘面积，m^2；

Q——处理烟气量，m^3/s；

ω——驱进速度，m/s；

按照式（8-6）计算除尘器效率，关键在于求得驱进速度 ω 的值。

当板式电除尘器异级间距 B 和管式电除尘器的半径 r 相等时，对一定的除尘效率而言，管式电除尘器的气流速度比板式电除尘器增加一倍。当气体流量一定时，板式电除尘器的效率与间距无关，而管式电除尘器的效率则随管径增加而增加。

多依奇公式还表明，除尘效率和电场长度成正比，这意味着在同一台电除尘器内，单位电场长度的除尘效率相等。除尘效率一定时，除尘器的尺寸与驱进速度成反比，与处理的气体流量成正比。按照多依奇公式计算的除尘效率与指数 $A\omega/Q$ 的关系见表8-2。

表8-2 除尘效率与指数 $A\omega/Q$ 的关系

指数 $A\omega/Q$	1.0	2.0	2.3	3	4.61	6.91
除尘效率 η(%)	53.2	86.5	90.0	95.0	99.0	99.1

表8-3说明当除尘效率由90%提高到99%时，指数 $A\omega/Q$ 的值由2.3增大到4.61，若 ω 保持不变，则电除尘器的尺寸要增加一倍。因此设计电除尘器的效率并不是越高越先进，既满足排放要求，又有较高的技术经济性，能获得预期的投资效果，才算是先进合理的。

由于多依奇公式是在许多假定条件下推导出来的纯理论公式，在电除尘器工作过程中要对多依奇公式予以修正，使其尽可能地接近实际。

（3）烟气温度。为了保证除尘器工作的安全性和可靠性，每种除尘器对经过的烟气气流温度有一定的要求。烟气温度对除尘器性能有很大的影响，烟气温度降至露点以下，就会造成酸腐蚀。为了防止烟气腐蚀，电除尘器外壳应加保温层，使烟气温度保持在和湿度相对应的露点温度之上。烟气温度上升会导致烟气处理量增大，电场风速提高，引起除尘效率下降。当烟气温度超过300℃时，就需要考虑温度对材料的影响并且要考虑电除尘器的热膨胀变形问题。电除尘器通常适用温度范围是100～250℃。湿式电除尘器操作温度较低，一般烟气需先降温至40～70℃，然后进入湿式静电除尘器。

（4）处理烟气量。处理烟气量是指除尘器处理气体体积大小的指标，以体积流量来表示。标准状态下除尘器的进口气体量为 V_{in}，出口气体量 V_{out}，除尘器处理的气体量 V_p（单位为 m^3/s）可采用式（8-7）计算。

$$V_p = \frac{1}{2}(V_{in} + V_{out}) \tag{8-7}$$

每一种形式的除尘器，都有一定范围的除尘气体量，若是高于或是低于此值，将会对除尘效率带来严重影响。有的除尘装置的除尘效率会随着实际处理气体量的增加而提高，如旋风除尘器和文丘里除尘器等；还有的除尘器的除尘效率会随着实际处理量的增加而减少，如电除尘器和袋式除尘器等。

通常，引风机布置在除尘器之后，可以提高引风机的寿命和工作可靠性，并使除尘器工作在负压条件下。因此，在除尘器工作过程中，会有空气漏入，不仅会影响除尘器的除尘效率，还会导致出口烟气流量增大。关于除尘器的漏风率 δ 的计算公式见式（8-8）。

$$\delta = \frac{(V_{in} + V_{out})}{V_{in}} \times 100\% \tag{8-8}$$

第九章 电除尘器

电除尘器（electrostatic precipitator，ESP）是利用电场力收尘的。因其高效率、低排放、低能耗，且对我国煤种具有广泛的适应性、运行稳定可靠，在我国火力发电厂应用中占有很大的份额。近年来，除着烟尘排放标准及超低排放要求的实施，燃煤电厂电除尘器的应用比例虽有所减少，但依然保持70%以上的市场占有率。我国全面系统地对电除尘器技术进行研究和开发始于20世纪60年代，在1980年以前，我国在电除尘器领域还处于非常落后的地位，通过对引进技术的消化、吸收和合理供鉴，到20世纪90年代末，我国电除尘器技术水平基本上赶上国际同期先进水平。

目前，电除尘器已广泛应用于火力发电、钢铁、有色冶金、化工、建材、机械、电子等众多行业，在技术水平上都已进入国际先进行列。电除尘器技术从设备本体到计算机控制的高低压电源，以及绝缘配件、振打装置、极板极线等已全部实现国产化，并且已有部分产品出口到30多个国家和地区。

第一节 电除尘器概述

电除尘器具有收尘效率高，处理烟气量大，使用寿命长，维修费用低等优点。基本工作原理是在两个曲率半径相差较大的金属阳极和阴极上，通以高压直流电，维持一个足以使气体电离的电场。气体电离后所产生的电子、阴离子和阳离子吸附在通过电场的粉尘上，从而使粉尘获得电荷。荷电粉尘在电场的作用下向与其电极性相反的电极运动，沉积在电极上以达到分离粉尘和气体的目的。电极上的积灰经振打、卸灰、清出本体外，再经过输灰系统（分有干输灰和湿输灰）输送到灰场或者便于利用的存储装置中。净化后的气体从所配的排气装置中排出。

一、电除尘器的特点

1. 电除尘器优点

当前电除尘器在我国大型火电厂中被广泛使用，同其他除尘器相比，具有以下优点：

（1）除尘效率高。对不同粒径的粉尘可进行分类捕集，对细粉尘有很高的捕集效率。一般电除尘器最小可收集到百分之一微米级的微细粉尘，达到了很高的除尘效率。根据需要，设计效率可以达到99.5%以上。

（2）处理烟量大。现在电除尘器处理烟气量为$10^5 \sim 10^6 m^3/h$已是很平常的，我国已建成处理$2.2 \times 10^6 m^3/h$烟气量的大型电除尘器。

(3) 可在高温或强腐蚀气体条件下工作。常规电除尘器可以处理350℃以下的烟气，如果进行特殊设计，可以处理500℃以上的烟气。经过特殊设计的电除尘器还能捕集腐蚀性强的物质。

(4) 能耗低。电除尘器对粉尘的捕集作用是直接作用于粉尘本身，而不是作用于含尘气体，所以气流速度低，烟气经过电除尘器的阻力损失小，一般为200～500Pa。相应的引风机耗电量小，能耗低，一般为0.2～0.4kWh/1000m^3。

(5) 检修周期长，维护费用低。正常情况下，电除尘器的运动零部件少，需要更换的也少，维护较为简单。一台良好的电除尘器大修周期要比锅炉长。

2. 电除尘器缺点

电除尘器作为火电厂烟尘捕集并降低颗粒物排放的装置，也存在有一些缺点，主要是：

(1) 一次性投资高，钢材耗量大，占地面积相对大。

(2) 对制造、安装精度和运行操作水平要求较高。

(3) 应用范围受到粉尘比电阻的限制。粉尘比电阻过高或过低时采用电除尘器捕集都比较困难，它适应的粉尘比电阻范围为10^4～$10^{11}\Omega\cdot cm$。

(4) 除尘效率受粉尘物理性质影响很大，不适宜直接净化高浓度含尘气体。当使用于粉尘浓度特别高的烟气时，常常需要设置预收尘装置。

二、电除尘器的类型

电除尘器有多种类型，根据不同的分类方法，可以分为不同的类型。

(1) 根据收尘极和电晕极在电除尘器中的配置不同，可分为单区电除尘器和双区电除尘器两类。

1) 单区电除尘器。粉尘粒子的荷电和捕集是在同一区域内进行的，即收尘极系统和电晕极系统都在一个区域内，通常采用负电晕放电。因为工业烟气除尘多用这种除尘器，所以“单区”两个字通常被省略，单区电除尘器示意图见图9-1。

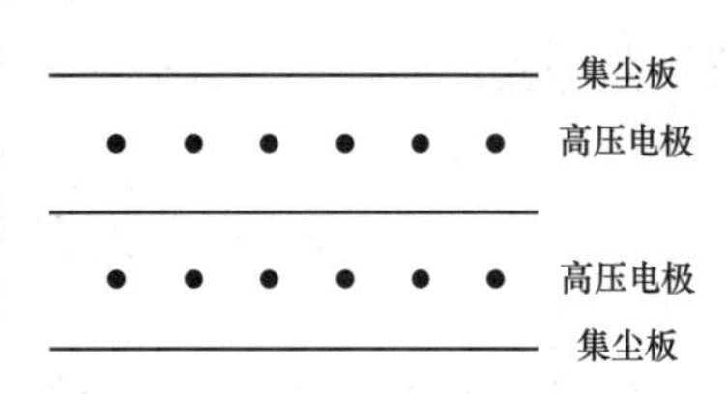

图9-1 单区电除尘器示意图

2) 双区电除尘器。双区电除尘器具有前后两个区域。前区安装电晕极，称为电离区，粉尘进入此区荷电。后面相邻区域安装有收尘极，称为收尘区，荷电的粉尘在此区域被捕集。双区电除尘器的电压等级较低，通常采用正电晕放电，它主要用于空气调节系统的进气净化，现在已经很少被应用了，双区电除尘器示意图见图9-2。

高压电极　　集尘板

图9-2 双区电除尘器示意图

(2) 按烟气在电场中的流动方向，可以分为卧式电除尘器和立式电除尘器两种。

1) 卧式电除尘器。烟气沿水平方向运动的电除尘器为卧式电除尘器。它与立式电除尘器相比较的主要特点是沿烟气流动方向分为若干个电场，能分段供电且采用不同的工作制，从而提高除尘效率；可以根据不同的除尘效率要求，增加电场的长度和个数；在处理较大的烟气量时容易保证气流沿断面均匀分布；适合于负压操作，可以延长引风机的寿命；各电场捕集到的粉尘粒径不同，便于综合利用；整个电除尘器的高度比立式电除尘器低，方便维护和检修，但占地面积大。

2）立式电除尘器。烟气在电除尘器中自下而上地垂直运动，一般用于烟气量较小、除尘效率要求不太高的场合。因为立式电除尘器较高，气体通常直接排入大气，所以统称在正压下运行。它的主要优点是占地面积小，但现在已很少被应用了。

（3）按清灰方式分为干式电除尘器和湿式电除尘器两种。

1）干式电除尘器。烟气中干燥的尘粒被捕集到电除尘器的收尘极板上，然后通过机械振打从极板上剥离下来。收集的粉尘是干燥的，便于综合利用。

2）湿式电除尘器。在电除尘器的收尘极板表面形成一层水膜，被捕集到收尘极板上的尘粒通过这层水膜的冲洗而被清除。

（4）按收尘极板的形式分为板式电除尘器、管式电除尘器和棒式电除尘器三种。

1）板式电除尘器。收尘极板呈板状，为了减少粉尘的二次飞扬和增加极板的刚度，通常把极板的段面轧制成各种不同的凸凹形状，如C形、Z形、波纹形等。

2）管式电除尘器。收尘极板是由一根根或一组截面呈圆形、六角形或方形的管子构成，放电极布置于管子的中心，含尘气体自下而上地进入管内。

3）棒式电除尘器。收尘极板由一根根 $\phi 8$ 的钢筋编成棒帏状，其结实、耐腐蚀、不易变形，但自重大、耗钢材多。随着火电厂环境保护及烟尘排放标准要求日益严格，有的电厂因仅仅采用电除尘器已经不能满足烟气排放标准的要求，就采用了袋式除尘器或者其他高效除尘器，如：采用电袋除尘器或者在烟气脱硫系统之后加装湿式除尘器等。

第二节　电除尘器的工作原理

电除尘器的基本工作原理：在两个曲率半径相差较大的金属阳极（集尘级）和阴极（放电极）上，通以高压直流电，维持一个足以使空间气体电离的电场。气体电离后产生大量的电子、阴离子和阳离子吸附在通过电场的粉尘上，从而使粉尘获得电荷（粉尘荷电）。荷电粉尘在电场力的作用下，向与其电极极性相反的电极运动，沉积在电极上以达到分离粉尘和气体的目的，电除尘器的工作原理见图9-3。

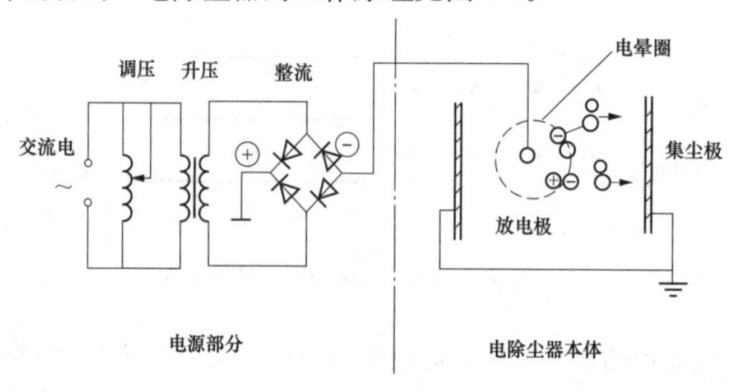

图9-3　电除尘器的工作原理

图 9-3 中，电除尘器的电源部分是维持电除尘器可靠工作的关键部分，其作用是对一般的工频交流电升压、整流，为电除尘器提供可靠的高压直流电源，并调节电除尘器的工作电压。

电极上收集的粉尘先经振打、卸灰、清出锅炉本体，再经过输灰系统输送到灰场或者便于利用的存储装置中去，净化后的烟气便从所配的排气装置中排出。

尽管电除尘器的类型和结构很多，但都是按照相同的基本原理设计出来的。用电除尘的方法分离气体中的悬浮尘粒，主要包括 4 个复杂而又相互关联的物理过程：气体电离，悬浮尘粒的荷电，荷电尘粒向电极定向迁移和荷电尘粒的捕集，振打清灰及灰料输送。

一、气体电离

（一）原子结构

物质是由分子组成的，分子是保持物质化学性质的一种颗粒。分子由原子构成，而原子又是由带负电荷的电子、带正电荷的质子以及中性的中子三类亚原子粒子组成的。在各种元素的原子里，电子的负电荷与质子的正电荷是相等的。在各种元素的原子里，气体原子都以一定的规律排列，质子和中子总是组成紧密结合的一团，称为原子核。在原子核的外面有电子，电子围绕原子核沿一定的轨道运行，不同原子的电子运行轨道形状和层数是不同的，原子结构示意图如图 9-4 所示。

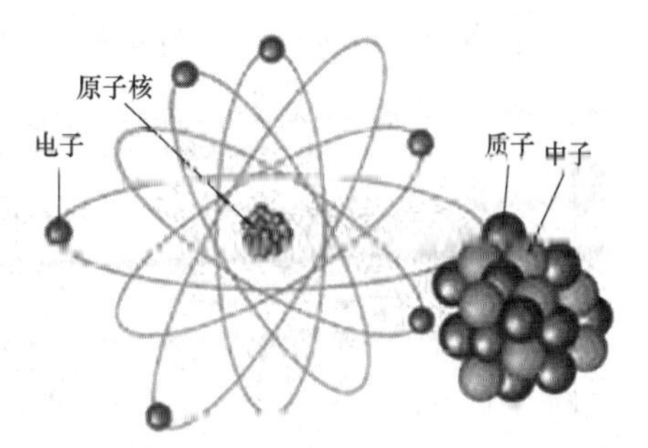

图 9-4 原子结构示意图

空气在通常情况下几乎不能导电，但是当气体分子获得一定能量时，就可能使气体分子中的电子脱离，这些电子就成为输送电流的媒介，气体就有了导电的性能。

（二）负电性气体

负电性气体分子是指电子附着容易的气体，气体分子捕获电子的概率（用碰撞次数表示概率大小）见表 9-1。实验表明卤族元素与分子结构中有氧原子的气体大多数都有良好的电子附着性。负电性气体得到电子后就成为在工业电除尘器中起主要作用的荷电粒子——负离子。电厂锅炉排烟中 CO_2、O_2、水蒸气之类负电性气体是大量存在的，在这里，负电性气体是粉尘荷电的中间媒介。

表 9-1 气体分子捕获电子的概率（用碰撞次数表示概率大小）

气体	β	气体	β
惰性气体	∞	N_2O	6.1×10^5
N_2H_2	∞	C_2HCl_3	3.7×10^5
CO	1.63×10^8	H_2O	4.0×10^4
NH_3	9.9×10^7	O_2	8.7×10^3
C_2H_4	4.7×10^7	Cl_2	2.1×10^3
C_2H_2	7.8×10^6	SO_2	3.5×10^3
C_2H_6	2.5×10^6	空气	4.3×10^4

（三）气体的电离和导电过程

气体原子中电子是按一定的轨道环绕原子核运动的。在常态下，气体原子呈中性，但在一定的条件下，气体原子中的电子从外面获得足够的能量，就能脱离原子核的引力成为自由电子，同时原子失去电子而成为正离子，气体变为导电体。这种使中性的气体分子或原子释放电子形成正离子的过程称为气体电离。

气体的电离可分为非自发性电离和自发性电离两类。气体的非自发性电离是在电离剂（如火焰、紫外线、X射线等）作用下，气体分子分裂为带有不同电荷的微粒，即带有自由电子的原子、分子或其他的混合体，当气体中的电子和阴、阳离子均发生定向运动，就形成电晕电流。

在电除尘器中，气体的自发性电离是在高压电场作用下产生的，是电除尘器的工作基础。在电除尘器的电晕极和收尘极（阴极与阳极）之间，施加足够高的直流电压，两极间产生极不均匀的电场，电晕极附近的局部电场强度非常高，周围的气体电离产生电晕放电。由于均匀强电场中维持电晕放电十分困难，而且即使产生电晕放电，两极间空气也易被击穿而停止电离，因此电除尘器要采用非均匀强电场。

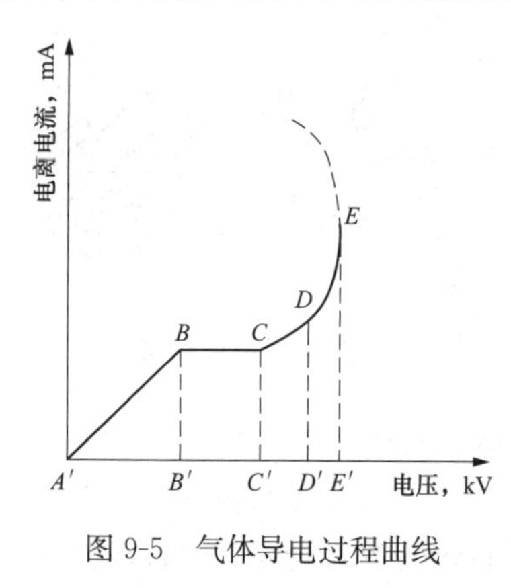

图 9-5　气体导电过程曲线

气体的导电现象分为两种，一种属于低压导电，另一种属于高压导电。低压导电是通过放电极所产生的电子或离子来传递电流，而气体本身并不起传递电流的作用，如电弧的应用就是这种导电的例子。在电场中，自由电子获得能量而传递的电流是微不足道的，所以它不能使粉尘荷电而沉积在收尘极上。当阴阳两极间电压再继续增大时，气体中通过的电流可以超过饱和值，从而发生辉光放电、电晕放电和火花放电。高压导电差不多全部依靠由气体分子电离所产生的离子来传递电流，电除尘器就属于这一类，电极的作用只是为了在通过电极间的气体中，维持一定强度的电场而已。气体导电过程曲线见图 9-5。

在 AB 段，气体中仅存在少量的自由电子，在较低的外加电场电压作用下，自由电子定向运动，形成很小的电流。随着电压的升高，向两极运动的离子也增加，速度加快，而复合成中性分子的离子减少，电流逐渐增大。

在 BC 段，电场内自由电子的总数未变，虽然电压有所升高，气体导电仍然是仅借助于气体中存在的少量自由电子，电流并未增加，电压自 B'增加至 C'时，由于气体中的电子获得足够的功能，使与之碰撞的更多气体中性分子发生电离，结果在气体中开始产生新的离子，并开始由气体离子传送电流，于是电流开始缓慢增加，而且电压越高，电流增大越快。所以 C'点的电压就是气体开始电离的电压，通常也称为始发临界电压或临界电离电压。

在 CD 段，随着电场强度的增加，电场中导电粒子越来越多，电流急刷增大。电子与气体中性分子碰撞时，将其外围的电子冲击出来，使中性分子成为阳离子，而被冲击出来的自由电子又与其他中性分子结合成为阴离子。由于阴离子的迁移率比阳离子的迁移率大得多，因此在 CD 段使气体发生碰撞电离的离子只是阴离子。将电子与中性分子碰撞而产生新离子的现象，称为二次电离或碰撞电离。这样 C' 点的电压就是开始二次电离的电压。

在 DE 段，随着电压的升高，不仅迁移率大的阴离子与中性气体碰撞产生电离，迁移率较小的阳离子也因获得较大能量与中性分子碰撞使其电离。当一个电子从放电极（阴极）向收尘极（阳极）运动时，若电场强度足够大，电子被加速，在运动的路径上碰撞气体原子会发生碰撞电离。气体原子第一次碰撞引起电离后，就多了一个自由电子。这两个自由电子继续向收尘极运动时，又与气体原子碰撞使其电离，每一个原子又多产生一个自由电子，于是第二次碰撞后，就变成 4 个自由电子，这 4 个自由电子又与气体原子碰撞使其电离，产生更多的自由电子。所以一个电子从放电极到收尘极，由于碰撞电离，电子数目由 1 变 2，由 2 变 4，由 4 变 8，……电子数按等比级数像雪崩似的增加，这个现象就称为电子雪崩。电子雪崩示意图如图 9-6 所示。为满足电除尘的需要，电场中 $1cm^3$ 的空间就要存在有上亿个离子。将开始发生电晕放电时的电压（即 D' 点的电压），称为起始电晕电压或者临界电晕电压。

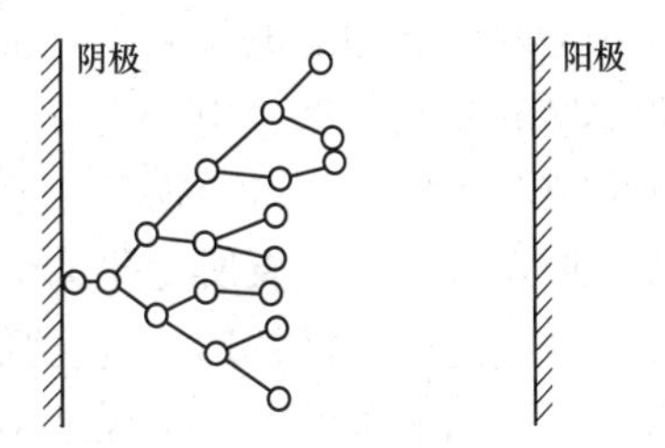

图 9-6 电子雪崩示意图

随着电压的升高，通过电场的电流也随之增加，同时也伴有离子的复合现象，复合过程也趋于激烈。在曲线 D 到 E 这一段，由于电子与阴、阳（正、负）离子都参与碰撞作用，电场的离子浓度大幅度增加。此时放电极周围的电离区内，在黑暗中可以观察到围绕着放电极有淡蓝色的光点，同时还可以听到较大的“咝咝”声和“噼啪”的爆裂声。随着电压的继续升高，放电极周围的电晕区范围越来越大。在电压由 D' 点升高到 E' 点的过程中，围绕放电极周围的光点或光环常延伸成刷毛状或树枝状，因此称曲线 DE 为电晕放电段。在电晕放电区，通过气体的电离电流，称为电晕电流。

当电压升高到 E' 点时，正负极之间可能产生火花放电甚至是发生电弧，气体介质局部电离击穿，电场阻抗突然减小，通过电场的电流急剧增加，电场电压下降趋于零，电场遭到破坏，于是气体电离过程中止。相对于 E' 点的电压，通常称为火花放电电压或临界击穿电压。击穿电压是指使电介质击穿、极间空气部分电离的电压。

电除尘器就是利用阴阳两极间的电晕放电来工作的，从临界电晕电压到临界击穿电压的电压范围，就是电除尘器的电压工作带，而火花放电是应受限制的。电除尘器电压工作带的宽度除了和气体的性质有关外，还和电极的结构形式有关。电压工作带越宽，允许电压波动的范围越大，电除尘器的工作状态也越稳定。

电压超过 E' 点，若电极是一个平板和一个尖端，两者的距离又比较大，则只在尖端附近产生气体击穿，而不会扩展到整个空间。这时，气体不需要外界的电离源也能自行产生足够的高能电子，维持放电，进入“自持放电”阶段。在这一阶段，电离区的电流可以自行大幅度增加，而消耗的电压反而减少。如果两电极是平行极板，两极板间气体介质全部击穿，并不能维持自持放电。

在气体电离导致的气体放电过程中，随着两极电压的不断升高，先后可能会出现电晕放电、火花放电和电弧放电等现象。电晕放电只发生在非均匀电场中放电极表面附近的小距离区域内；火花放电在两极之间有若干条狭窄的通道被击穿，瞬间电流急剧增大，气体压力和温度上升；电弧放电使两极间整个空间被击穿，出现持续放电，爆发出强光并伴有高温的现象，会破坏设备。

（四）电除尘器的电晕放电

电除尘器是利用两电极之间的电晕放电进行工作的。维持稳定的电晕放电，取决于产生非均匀电场所需电极的几何形状和大小。若在由两块相互平行的金属板组成的电极间建立一个电位差，由于电场中任一点的电场强度相同，则形成的是一个均匀的电场，故不能产生电晕放电。

当两极之间的电位差增高到某一临界值（对于一个标准大气压下的空气来讲，约为30kV/cm）时，整个电场击穿，发生火花放电的短路现象。为了能使电除尘器电场中的气体电离产生电晕放电，而又不至于使整个电场被击穿短路，就必须采用这样一组电极形式：即在电位梯度有所变化的情况下，它能够产生非均匀电场，在电晕极周围附近电场强度很大，离电晕极越远，电场强度越小。适合这种条件的电极只能是一对曲率半径相差很大的电极（一极的曲率半径很小，另一极的曲率半径很大）。

出现电晕放电后，在电除尘器的电极之间划分出两个彼此不同的区域，即电晕区和电晕外区。

围绕着电晕线（放电极线）附近形成的电晕区，通常仅限于放电极周围几毫米之内。在此区域内，电晕极表面的高电场强度使气体电离，产生大量自由电子及正离子，这时所产生的电子移向正极，正离子移向负极。

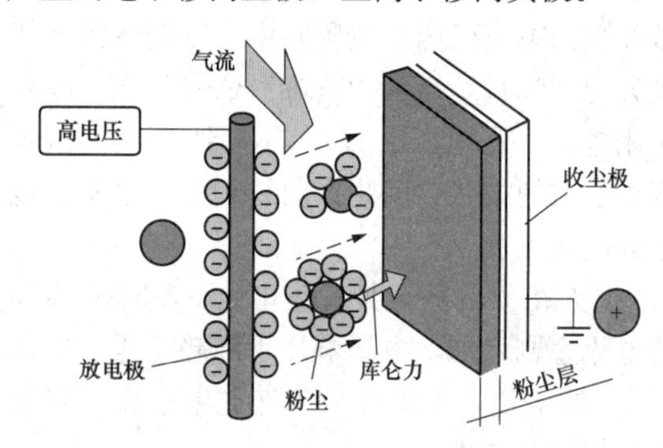

图 9-7　电除尘器两极间发生的电晕放电

电晕外区是从电晕区以外到达另一个电极之间的区域。它占据了阴阳两电极间的大部分空间，其中电场强度急剧下降，并不产生气体电离，但因电晕区内产生的离子或电子进入这一区域后，碰撞到其中的中性分子，使其形成与放电极供电电压极性相同的负离子（负电晕放电）。粉尘的荷电主要在这一区域进行，电除尘器两极间发生的电晕放电如图 9-7 所示。

根据电晕极所接电源极性的不同，电晕有阳电晕和阴电晕之分。当电晕极与高压直流电源的负极相连接，就产生阴电晕（也就是负极放电），阴电晕的外观是在电晕极的周围有一连串局部辉光点或刷毛状的辉光，并伴有“嘶嘶”声。

当电晕极与高压直流电源的正极相连，就产生阳电晕（也就是正极放电）。在阳电晕的情况下，靠近阳极电晕线的强电场空间内，自由电子和气体分子碰撞，形成电子雪崩过程。这些电子向着电晕极运动，而气体阳离子则离开电晕线向电场强度逐渐降低的电场运动，成为电晕外区空间内的全部电流。在阳离子向收尘极运动时，因为不能获得足够的能量，所以发生碰撞电离很少，而且也不能撞击收尘极使其释放电子。而维持阳电晕所必需的原始电子，最有可能的来源是由可见的辉光区辐射出来的紫外线作用在气体分子上而释放出来的电子。

在工业用的电除尘器中，几乎全部采用阴电晕。不仅因为在相同条件下，阴电晕可以获得比阳电晕更高的电晕电流，而且其击穿电压也远比阳电晕高出好多，即阴极电晕放电能以较高的电压运行，阳电晕和阴电晕在空气中的电晕电流-电压曲线如图 9-8 所示。图 9-8 中 U_0 是起始电晕电压。电除尘器为了达到所要求的除尘效率，保持稳定的电晕放电过程是十分重要的。

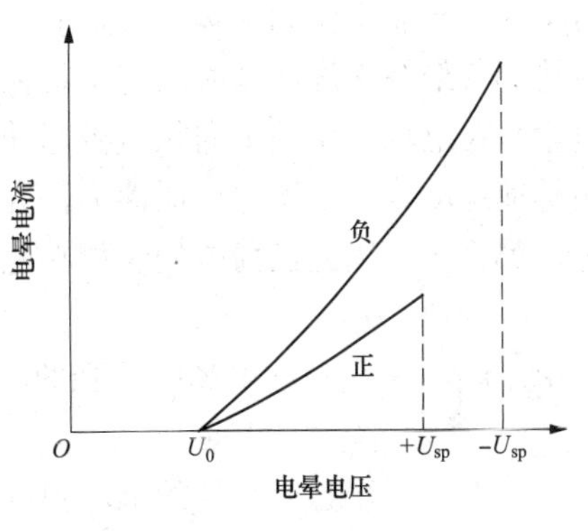

图 9-8 阳电晕和阴电晕在空气中的电晕电流-电压曲线
U_{sp}—击穿电压

二、悬浮尘粒的荷电

尘粒荷电是电除尘器工作最基本的过程。

在电除尘器工作中，使尘粒分离的力主要是库仑力，而库仑力与尘粒所带的电荷量和除尘区电场强度的乘积成比例。所以，要尽量使尘粒多荷电，若荷电量加倍，则库仑力会加倍。若其他因素相同，意味着电除尘器的尺寸可以缩小一半。根据理论和实践证明：单极性高压电晕放电使尘粒荷电效果更好，所以，电除尘都是采用单极性荷电。

在电除尘器的电场中，尘粒的荷电量与尘粒的粒径、电场强度和停留时间等因素有关。而尘粒的荷电机理基本有两种，一种是电场中离子的依附荷电，这种荷电机理通常称为电场荷电或碰撞荷电；另一种则是由于离子扩散现象产生的荷电过程，通常这种荷电过程为扩散荷电。对于大多数工业电除尘器所捕集的尘粒范围，电场荷电更为重要。

尘粒荷电后，在电场的作用下，带有不同极性电荷的尘粒分别向极性相反的电极运动，并沉积在电极上。工业用电除尘器多采用负电晕，在电晕区内少量带正电荷的尘粒沉积在电晕极上。而在电晕外区的大量尘粒带负电荷，向收尘极运动。

在电除尘器中，处于收尘极和电晕极之间荷电极性不同的尘粒，在电场内受到尘粒的重力、电场作用在荷电尘粒上的电场力、尘粒的惯性力以及尘粒运动时的阻力作用。尘粒荷电越多，所处位置电场强度越大，迁移速度也就越大。当荷电尘粒到达到集尘极，便沉积在集尘极表面而被捕集，尘粒上的荷电与集尘极上的电荷中和，从而使粒子恢复中性，这就是尘粒的放电过程。

尘粒在电场里的运动轨迹主要取决于气流状态和电场的联合影响。在电场中悬浮于气体中的尘粒若小于 10～20μm，其运动状态主要取决于气流，而电场的影响就是次要的因素。对于较大的尘粒，电场力在决定尘粒的运动轨迹方面，却有较大的作用。但是，在电除尘器中，影响除尘效率最主要的因素还是细微粒子，所以气体的状态和性质是影响尘粒捕集效果的主要因素。

三、荷电尘粒向电极定向迁移

尘粒荷电后，在电场力的作用下，带有不同极性电荷的尘粒分别向极性相反的电极运动，并沉积在电极上。工业电除尘器多采用负电晕，在电晕区内少量带正电荷的尘粒沉积在电晕极上，而电晕外区的大量尘粒带负电荷，因而向收尘极运动。

尘粒随气流在电除尘器中运动，受电场作用力、流体阻力、空气动压力及重力的综合作用，尘粒由气体驱向于电极的过程称为沉降。沉降速度是指在斯托克斯区域尘粒运动时电场力与流体产生的阻力达到平衡后尘粒向极板方向运动的速度。沉降速度通常称作驱进速度，大小主要由尘粒的荷电量决定。

荷电尘粒在电场中向集尘极移动时先是加速运动，当尘粒受到的电场力等于空气阻力时尘粒向集尘极做匀速运动，这时尘粒的运动速度就称为驱进速度 ω。在正常情况下，尘粒达到其最终速度所需时间与尘粒在电除尘器中停留的时间相比是很小的，也就意味着荷电尘粒在电场力作用下向收尘极运动时，电场力和介质阻力在瞬间达到平衡，并向收尘极做等速运动，相当于忽略惯性力，并且认为荷电区的电场强度 E_0 和收尘区的场强 E_p 相等，都为 E，因此已荷电的尘粒在电场中受到的电场力 F_1 可用式（9-1）计算：

$$F_1 = qE \tag{9-1}$$

式中 F_1——尘粒在电场中受到的电场力，N；

q——尘粒荷电量，C；

E——尘粒所在处的电场强度，N/C。

介质受到的阻力用 F_2 表示，计算见式（9-2）：

$$F_2 = 6\pi d_p \mu\omega \tag{9-2}$$

式中 F_2——尘粒在电场中受到的阻力，N；

d_p——尘粒半径，μm；

μ——黏性系数；

ω——驱进速度，m/s。

在工业电除尘器中，有效驱进速度大致在0.2～2m/s。它是一个半径验参数。驱进速度 ω 可以采用式（9-3）来进行计算。

$$\omega = \frac{qE}{3\pi\mu d_p} \tag{9-3}$$

由式（9-3）可知，尘粒驱进速度与收尘区的电场强度 E 成正比，而与气体的黏性系数 μ 成反比。

理论驱进速度公式是含尘气流在电除尘器内做层流运动这一假设下导出的，然而实际上层流状态仅在某些双区电除尘器中才有可能达到。不同大小的荷电粒子在电场中的驱进速度是不同的。目前还没有办法直接测定荷电粒子在电场中的运动速度。实际工作中，先测出捕集效率，再代入多依奇捕集效率方程［见式（8-6）］，反算出驱进速度，即有效驱进速度 ω_p。

试验尘粒是由不同粒径的粉尘组成的，其整体驱进速度应是等效驱进速度，不同粒径粉尘的驱进速度见表9-2。

表9-2　不同粒径粉尘的驱进速度

粉尘粒径（μm）	风速（m/s）	驱进速度 ω 测定值（m/s）	距进口的距离（mm）				
			45	90	180	360	550
原始粉尘	1.0	0.45	0.667	0.446	0.198	0.039	0.007
小于2	1.0	0.136	2.40	2.13	1.67	1.00	0.61
2～5	1.0	0.231	3.75	3.05	2.01	0.88	0.36
5～10	1.0	0.259	4.11	3.25	2.04	0.80	0.30
10～20	1.0	0.262	4.13	3.27	2.04	0.79	0.29

续表

粉尘粒径 (μm)	风速 (m/s)	驱进速度ω测定值（m/s）	距进口的距离（mm）				
			45	90	180	360	550
原始粉尘	2.0	0.73	5.26	3.78	1.96	0.53	1.13
小于2	2.0	0.40	3.34	2.79	1.95	0.95	0.44
2～5	2.0	0.53	4.18	3.29	2.04	0.79	0.29
5～10	2.0	0.60	4.56	3.49	2.04	0.70	0.22
10～20	2.0	0.47	3.80	3.08	2.02	0.87	0.35

粉尘粒径 (μm)	风速 (m/s)	驱进速度ω测定值（m/s）	距进口的距离（mm）				
			45	90	180	360	550
原始粉尘	3.5	0.42	2.17	1.94	1.56	1.01	0.64
小于2	3.5	0.24	1.24	1.14	0.97	0.69	0.49
2～5	3.5	0.26	1.40	1.30	1.14	0.87	0.66
5～10	3.5	0.38	1.95	1.77	1.46	0.99	0.66
10～20	3.5	[illegible]	1.23	1.17	1.04	0.82	0.61

四、荷电尘粒的捕集

在电除尘器中，荷电极性不同的尘粒在电场力的作用下，分别向不同极性的电极运动。在电晕区和靠近电晕区很近的一部分荷电尘粒与电晕极的极性相反，于是就沉积在电晕极上。因为电晕区的范围小，所以荷电粉尘数量也小。而电晕外区的尘粒，绝大部分带有与电晕极极性相同的电荷，这些荷电尘粒接近收尘极表面时，便沉积在极板上而被捕集。

尘粒的捕集与许多因素有关，如尘粒的比电阻、介电常数和密度，气体的流速、温度和湿度，电场的伏安特性，以及收尘极的表面状态等。

工业上用的电除尘器，通过的烟气气流都是以不同程度的紊流进行的。层流条件下的尘粒运行轨迹可视为气流速度与驱进速度的矢量和，紊流条件下电场中尘粒运动的途径几乎完全受紊流的支配，只有当尘粒偶然进入库仑力能够起作用的层流边界区内，尘粒才有可能被捕集。因此，尘粒能否被捕集应该说是一个概率问题。就单个粒子来说，收尘效率或者是零，或者是100%。电除尘尘粒的捕集概率就是除尘效率。

五、振打清灰及灰料输送

荷电粉尘到达电极后，在电场力和介质阻力的作用下附集在收尘极上形成一定厚度的尘粒层。电除尘器中通常设计有振打装置，能给电极一个足够大的加速度，在已捕集的尘粒层中产生惯性力，用来克服尘粒在电极上的附着力，将尘粒振打下来。尘粒层受到振打后脱离电极，一部分会在重力的作用下落入灰斗，而另一部分会在下落过程中重新回到气流中，已被电极捕捉的尘粒重新回到气流中称为尘粒的二次飞扬或者二次扬尘。虽然二次扬尘影响除尘效率，但在电除尘过程中又不能完全避免。电除尘器除了设计有利于克服二次扬尘的收尘极结构外，选取一个合理的振打方案也是很重要的。尘粒层应在电极上形成一定厚度后再振打，让尘粒成块状下落可以避免引起较大的二次扬尘。下落到灰斗中的尘粒通过合适的卸、输灰设备输送到灰库或灰场。

电除尘器的除尘过程如图9-9所示。

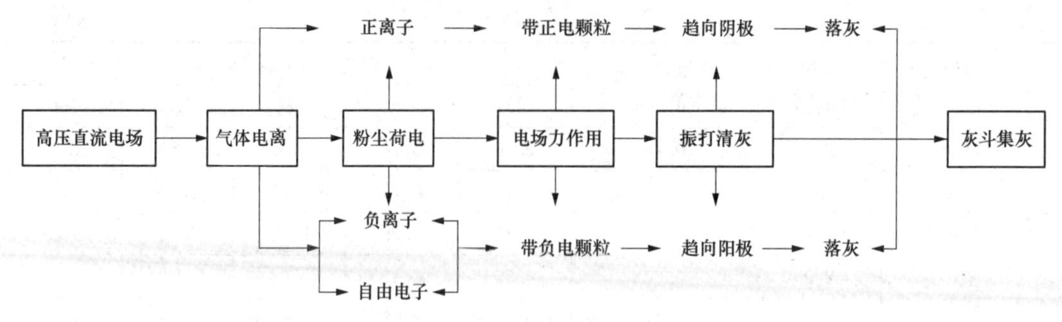

图 9-9 电除尘器的除尘过程

六、电除尘器的工作条件

随着环境保护意识的不断增强，关于火电厂排入大气中的烟气含尘量的要求越来越高。电除尘器要想确保高效除尘，就需要满足以下条件：

(1) 极不均匀的电场。电晕极和收尘极组成的电场应是极不均匀的电场，以实现气体的局部电离。

(2) 高压直流电源。提供足够大电流的高压直流电源在两电极之间施加足够高电压，为电晕放电、尘粒荷电和捕集提供充足的动力。

(3) 密闭的外壳。电除尘器应具备密闭的外壳，保证含尘气流从电场内部通过，防止气流不经过电场而发生短路现象。

(4) 电负性气体。气体中应含有电负性气体（如 O_2、SO_2、Cl_2、NH_3、H_2O 等），在发生电晕放电的时候产生足够多的负离子，以满足尘粒荷电的需要。

(5) 气体有足够的停留时间。气体流速不能过高或电场长度不能太短，以保证荷电尘粒向电极驱进所需的时间。

(6) 具备保证电极清洁和防止二次扬尘的清灰和卸灰装置。

七、电除尘器的异常荷电现象

(1) 反电晕。沉积在收尘极板表面上的高比电阻粉尘层所产生的局部放电现象称为反电晕。其表现为电流增大、电压降低、粉尘二次飞扬严重，使得电除尘器的收尘性能显著恶化。通常当粉尘比电阻高于 $2\times10^{10}\Omega\cdot cm$ 时，较易发生火花放电或反电晕，破坏正常电晕过程。

(2) 电晕闭塞。电晕闭塞也称电晕封闭，指当烟气中的粉尘浓度较高时，荷电粉尘粒子倍增，并把阴极线附近的电场强度减小到电晕放电的始发值，使电晕电流大大降低，甚至趋于零。当发生电晕封闭时，虽然荷电尘粒所形成的电晕电流不大，但是所形成的空间电荷却很大，严重抑制了电晕电流的产生，使尘粒不能获得足够的电荷。

第三节 电除尘器本体结构

电除尘器主要由两大部分组成。一部分是电除尘本体（机械部分），主要部件包括壳体、烟气进出口系统、阴极系统、阳极系统、槽板系统、储灰系统、管路系统、保温及护壳、梯子及平台，以及钢支柱、卸灰平台、顶部起吊装置、顶部防雨棚等，烟气在本体内完成净化过程。另一部分是产生高压直流电场的高压供电装置和维持电除尘器正常运行必不可少的低压控制装置，统称为电除尘器的电气部分。

电除尘器的本体是实现烟尘净化的场所，通常为钢结构，约占总投资的85%。目前火电厂除尘器应用最广泛的是板式、卧式、干式单区电除尘器，其主要部件有壳体、烟箱系统、槽形板系统、阳极系统（阳极板）、阴极系统（阴极线）、振打装置和气流分布装置及附件等，电除尘器本体结构如图 9-10 所示。

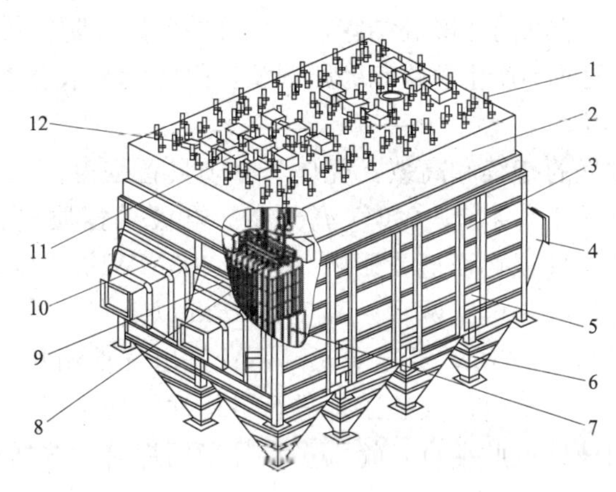

图 9-10 电除尘器本体结构

1—电磁锤振打器；2—绝缘子保温箱；3—壳体；4—出口喇叭；5—双层密封人孔门；6—灰斗；7—阳极系统；8—阴极系统；9—气流均布板；10—进口喇叭；11—高压进线；12—保温箱人孔门

一、电除尘器的壳体

电除尘器的壳体主要由立柱、上下端板、顶梁、顶板、墙板、下部承压件、中部承压件、内部走道、内部阻流板等焊接组合而成。为了便于检修和检查除尘器内部情况，壳体上适当位置设有检修门。壳体是整个设备的承力结构，承受来自各方的载荷，其中载荷主要来自阴阳极系统的全部质量，电极表面积灰与灰斗储灰的质量，以及风载荷、雪载荷、地震载荷、负压等载荷。

壳体是维系电除尘器各部件的主体，前设进口喇叭，后设出口喇叭，下接灰斗及卸输灰装置，顶设高压支撑绝缘子、户外式整流变压器、顶部振打器等。壳体内容纳阴、阳极系统，是密封高压电场的工作室。因此，壳体必须有足够的强度和良好的密封性能，电除尘器壳体如图 9-11 所示。

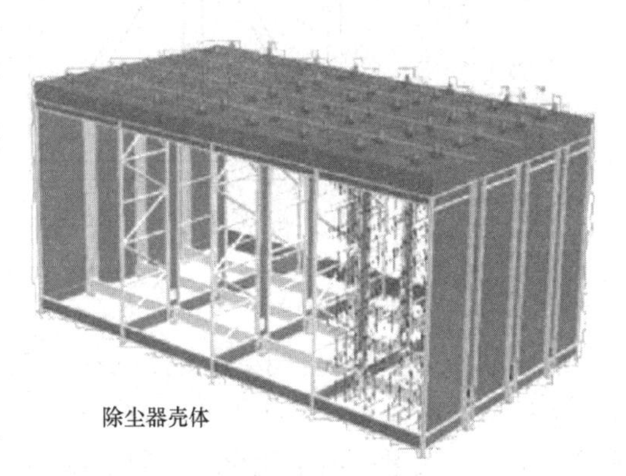

图 9-11 电除尘器壳体

（一）电除尘器的框架

电厂锅炉进行烟气净化的电除尘器几乎都采用钢质壳体。钢质壳体是维系电除尘器各部件的主体，可以分为两部分，一部分是承受电除尘器全部结构质量及外部附加荷载的框架，框架由立柱、大梁、底梁和支撑构成，是电除尘器的受力体系，电除尘器内部结构的质量全部由顶部的大梁承受，并通过立柱传给底梁和支座；另一部分是用以将外部空气与电除尘内部隔开，独立形成一个电除尘环境的墙板。墙板一般是由厚 5mm 的钢板并适当加筋制作构成一体。墙板应能承受电场运行的负压、风压及温度应力等，同时还要满足检修和敷设保温层的要求。为了便于检修和检查电除尘器内部情况，壳体上设有检修门。

电除尘工艺要求壳体能够支撑起阴、阳两种电极，建立空间电场；能够围成一个独立的收尘空间，把外界环境隔开；能够严密封闭，不允许里外气体互相交流；能够方便维护与检修，有进出口通道；能够防止降温结露，有良好的保温和防护措施；能够使所有烟气均匀地流经有效收尘空间而不产生短路和旁路现象。因此应要求壳体具备承重、围护、密封、保温和大型化的功能。

为了保证电除尘过程的持续和高效，壳体又必须具备强度高、刚度大、稳定性好等特点，绝不能使调试好的工作状态（如气流分布、电极悬挂质量、振打机构运行状况等）因为壳体变形或结构件损坏而遭受影响。以给 300MW 机组锅炉配套的电除尘器为例：其单台电除尘器壳体（一般配两台）高度达 16m 以上（不计下面支柱及灰斗）；宽度达 18m 以上；长度在 18～25m，甚至更长（不计进出气烟箱长度）。壳体必须先划分成许多小构件，然后再运输至电厂安装工地进行各构件的现场组装和安装，才能构成完整的壳体。而这些小构件的彼此结合，绝大多数都采用焊接，这样就出现一个制造精度和安装误差的问题。

电除尘器的框架由底梁、立柱、大梁和柱支撑构成，壳体框架示意图见图 9-12。它承受电除尘器全部结构的自重及外部附加载荷，如风荷载、雪荷载、灰荷载、检修荷载、地震引起的荷载，以及温度变化等的作用。各个框架通过屋面板、墙板和底梁等纵向构件连接一起，形成一个空间受力体系，组成电除尘器的壳体。

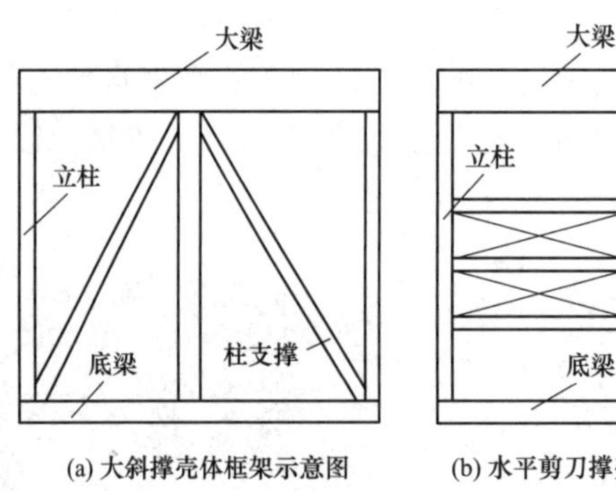

图 9-12 壳体框架示意图

底梁的作用主要是连接与支撑立柱，悬挂灰斗，承受立柱、大梁、阴阳极系统及灰斗（包括灰）的质量，是主要承力件，因此要求它有足够的强度、刚度和稳定性，以及整体尺寸精度。底梁一般由侧梁、中梁、端梁、纵梁组成，在生产厂家分别制造好后再被运到工地组装（焊接）。大型除尘器底梁的侧梁、中梁、端梁一般都采用箱形梁，纵梁采用工字型钢或焊接工字钢。箱形梁刚度大、稳定性好。

立柱的作用主要是连接底梁与大梁，承受大梁、阴阳极系统的质量，也是主要承力件。因此也要求它有足够的强度、刚度和稳定性，以及整体尺寸精度。立柱全部是实腹式的，有单肢的，也有双肢的。大型除尘器的大梁多采用箱形梁，因此必须配用双肢柱。柱肢的截面一般比较小，有的采用单肢型钢截面，有的采用单肢型钢组合截面，也有的采用双肢型钢或双肢型钢组合截面。立柱上还开有人孔门，穿振打轴的孔，以及设置有支撑连接阴极振打传动装置保温筒的法兰。

大梁的作用主要是悬挂阳极板排和悬吊整个阴极系统，承受阳极板排的均布荷载和阴极系统的集中荷载，是主要承力件，因此要求它有足够的强度、刚度和稳定性。小型电除尘器的大梁可采用热轧型钢制作，中型除尘器大梁可采用组合工字形截面焊接梁，而大型除尘器（一般为50MW以上机组配置的电除尘器）的大梁一般都采用箱式结构。因大型除尘器阴、阳极系统质量大，箱形梁强度高，刚性大，稳定性能好，可承受大的载荷而不致发生变形，另外箱形梁内部有较宽畅的空间，便于布置阴极悬吊绝缘子装置、电加热装置和温度监控装置，同时也方便检修。

柱支撑是指相对的两个立柱之间的连接支撑件。柱支撑多采用钢管或型钢制成，有横连框架的一个柱顶和另一柱脚的大斜撑式，也有连接框架相对两个立柱腰的水平撑杆式。柱支撑的主要作用是加强整体框架的刚性和稳定性，同时缩短了立柱的稳定性计算长度，使立柱断面可以减小以节省钢材。

（二）壳体的墙板

现代电除尘器壳体几乎都采用钢质墙板，也有用钢筋混凝土或砖砌筑的，当捕集高温及腐蚀性较大的烟气时，采用瓷砖或铅板作为内衬。一般壳体耗钢量占电除尘器所用的总钢材质量的1/5～1/3，所以它是影响电除尘器成本的重要因素。壳体不仅要有足够的强度和严密性，而且要考虑工作环境下的耐腐蚀性和稳定性。因为在运行前后，电除尘器各构件受热要发生变形，所以电除尘器壳体下部的支座不是均与基础固定，而是只有一点固定，其余各点采用各种形式的活动支座，使其沿指示方向滑动。

（三）电除尘器壳体的受力

电除尘器壳体首先承受了传给框架大梁的所有荷载。包括以下部分：

（1）保温在内的屋面板自重，运行负压，风、雪及检修荷载。这些作用力均匀分布在屋面板上，并通过其上的肋再传给框架大梁。

（2）阳极板的全部质量（包括结构自重、极板上积灰和由顶板传来的荷载）。这些集中荷载作用于框架大梁上。

（3）阴极悬吊传来的全部质量（包括阴极线、大框架、小框架、传动轴、振打锤、承击砧及其上的积灰）集中作用于框架大梁，每个阴极吊点可简化为一个集中荷载。

（4）大梁结构的自重。一般按均布恒载计算，框架大梁以承受弯曲为主。

（5）传给框架柱的荷载。框架大梁摆放在立柱上，立柱承受由框架大梁传来的全部荷载：保温及护壳在内的墙板自重，楼梯平台、悬挂在柱上的阴极传动机构、柱支撑的质量等沿铅垂方向作用于柱；运行负压、风压等均匀地分布在墙板上，通过墙板再沿水平方向传给柱；框架立柱主要承受压力和弯曲应力，同时还承受一定的剪切力。

壳体上开有检修门，还装有楼梯、平台和安全装置。壳体的伸缩是利用支承电除尘器的支柱下面的支撑轴承来实现的。支撑轴承除一个用于固定支座外，其余都用于单向或双向的活动支座。

二、烟气进出口系统

电除尘器的除尘空间前部设进口烟箱，后部设出气烟箱。进口烟箱的作用是引导烟气通过电场，支撑电极和振打设备，形成一个与外界环境隔离的独立的收尘空间。壳体的结构应有足够的刚度和稳定性，不允许改变电极间相对距离的同时还要求壳体封闭严密。

通常电除尘器采用卧式布置，烟气水平进入，电除尘器的烟气进出口系统包括进气烟箱和出气烟箱两部分，电除尘器进出气烟箱及气流分布板如图 9-13 所示。进气烟箱是烟道与电场之间的过渡段，烟气经过进气烟箱要完成由小管道截面到电场大截面的扩散，将被处理的烟气均匀地导入电场区。为使烟气在电场中有足够的停留时间，需要通过改变管道截面，使烟气流速从烟道中比较高的流速（一般为 8～13m/s）降低到 0.8～1.5m/s。同时，为了防止由于烟道截面的突然变化造成流场质量恶化，进出气烟箱均采用喇叭形，截面做成渐变的形式。

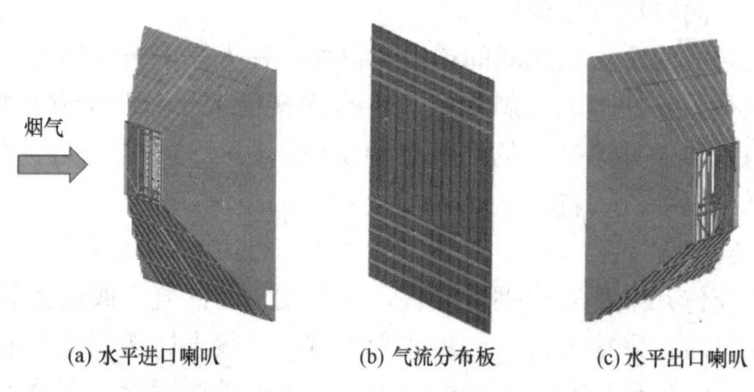

图 9-13　电除尘器进出气烟箱及气流分布板

进气烟箱一般用 5mm 厚的钢板制作，适当配置角钢、槽钢、扁钢梁和肋，以满足强度、刚度要求。对于较大的进气烟箱还需在内部设置管支撑。进气烟箱的进气端法兰应与进气烟道匹配，其流通面积一般可按最低不积灰风速考虑，为防止烟箱底部积灰，其底部与水平面夹角可在 50°～60°之间取值。

图 9-14　电除尘器进口的气流分布装置

电除尘器内气流分布对除尘效率有较大影响，为保证烟气气流均匀分布在电场横断面，在进气烟箱内一般安装有 1～3 层以上的气流分布板。最常见的气流分布板有百叶窗式、多孔板分布格子、槽形钢式和栏杆型分布板，而以多孔板的使用最为广泛。电除尘器进口的气流分布装置如图 9-14 所示。所布置的气流均布板上同时要有对湿度、温度、流速、动静压及含尘浓度等的监测孔，大部分气流分布装置带有振打装置，以清除分布板上的积尘。气流分布板通常采用厚度为 3～3.5mm 的钢板，孔径为 30～50mm，分布板层数为 2～3 层，开孔率需要通过试验确定。

出气烟箱是净化过的烟气由电场到出气烟道的过渡段，与进气烟箱形式基本相同，但出气烟箱与水平面夹角 α 一般取 60°，由于出口处尘粒粒度比进口处细，因此黏附力强，取较大 α 角可以防止出口积灰。电除尘器对出口气流分布的要求比较低，不需要专门装设烟气分布板，只要不因为烟气流速的急剧变化对电场内的气流分布造成大的影响即可。

根据所允许进出气烟箱的占用空间及烟道与进出气烟箱的相对位置，可将进出气烟箱设计成竖井式和水平喇叭口式两种。

(一) 竖井式烟箱

竖井式烟箱占用空间小，当场地不允许安排水平喇叭口进出气烟箱时，可设计为竖井式烟箱以适应场地的要求。竖井式烟箱可以在很短的距离内通过各种措施促使气流转向和均匀扩散（或压缩），这种形式的结构比水平喇叭口烟箱复杂、耗钢量高，调节气流分布装置的难度也较水平喇叭口烟箱大。竖井式烟箱的结构示意图如图 9-15 所示。

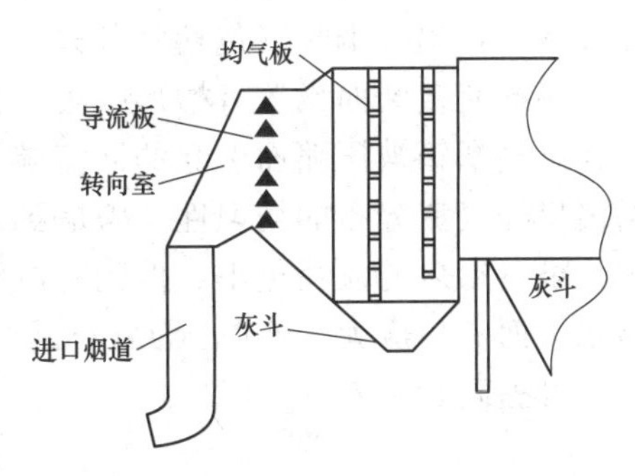

图 9-15 竖井式烟箱结构示意图

上升竖井是一个宽度等于或略小于电场宽度的流道。竖井要求有足够的高度使其沿宽度均匀分配气流。倾斜的前室壁是为了使经容积格栅所组成的全部通道的烟气流量相同。为了使电除尘器高度方向均匀分配气流，容积格栅设置在通向电场的烟气拐弯处。容积元件将入口沿高度分成很多通道，每个通道先渐缩然后渐扩，以便通向电场拐弯处气流的扩散作用减弱。通过容积格栅后的气流是水平的，水平气流通过两道与其垂直的气流分布板，使气流沿电场截面均匀分配。这种烟箱均流效果好，但其耗钢量过大，要比相当效果的水平喇叭口烟箱耗钢量多 1～2 倍，一般在国内很少被采用。

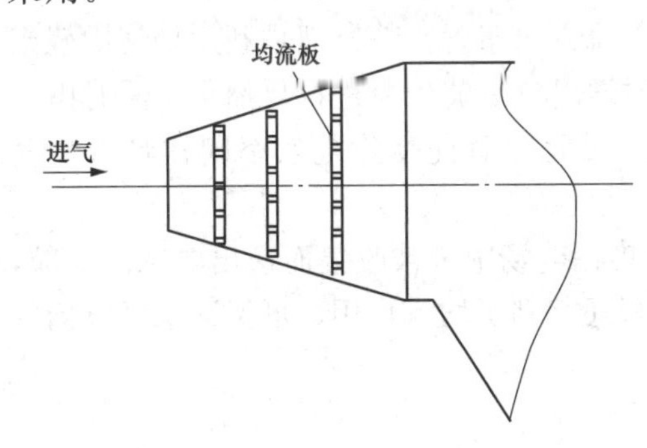

图 9-16 水平喇叭式烟箱结构示意图

(二) 水平喇叭口式烟箱

水平喇叭口式烟箱是被国内外电除尘器广泛采用的一种形式。其特点是结构简单、耗钢量小、安装方便、调整气流分布好。水平喇叭式烟箱结构示意图如图9-16 所示。

1. 扩散喇叭

扩散喇叭是由加肋的钢板密封焊接而成的气流通道。为保证其刚性，在组成喇叭的板壁之间加了两道管支撑，进口喇叭的底板与水平面的夹角不应小于 50°，以防进气喇叭底面积灰而破坏气流分布。

2. 气流分布板

国内最常见的气流分布板有三种形式，第一种是在 3～5mm 厚的钢板上开 $\phi40$～$\phi50$ 的圆孔，第二种是用扁钢搭编成可调的方孔，第三种是用钢板组成格栅状的蜂窝形。

多孔板的作用主要有两方面，一是通过增加阻力把分布板前面大规模紊流分割开来，在分布板后面形成小规模紊流，而且在短距离内使紊流的强度减弱，使气流进入电场中速度均匀。

(三) 水平喇叭口出气烟箱

水平喇叭口出气烟箱结构如图 9-17 所示。实验证

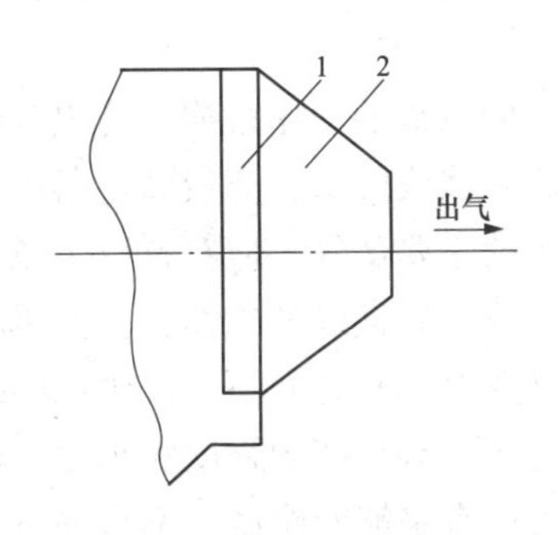

图 9-17 水平喇叭口出气烟箱结构

1—槽形极板；2—收缩喇叭

明，在渐缩形流道内是否安装气流分布板对电除尘器电场内气流分布影响不大，所以在设计中，出气烟箱（包括竖井式）可以不设置气流分布板，也有的出气烟箱，在其与电场的交接断面设置有槽形极板。槽形极板具有均布气流的作用，可以降低阻隔气流在出气烟箱被压缩而引起的回流漩涡对电场内气流分布的影响，因而可以保证在电场出口处气流分布的均匀性。考虑到电除尘器内有强烈的静电凝聚作用，在出气烟箱中，虽然粉尘的粒径很小，但仍有沉降，为防止出气烟箱出口喇叭的底板积灰，底板与水平面夹角应大于60°，为减小漏尘，在电除尘器靠近出口端的下部形成一个死滞区，可提高除尘效率。

三、槽形板系统

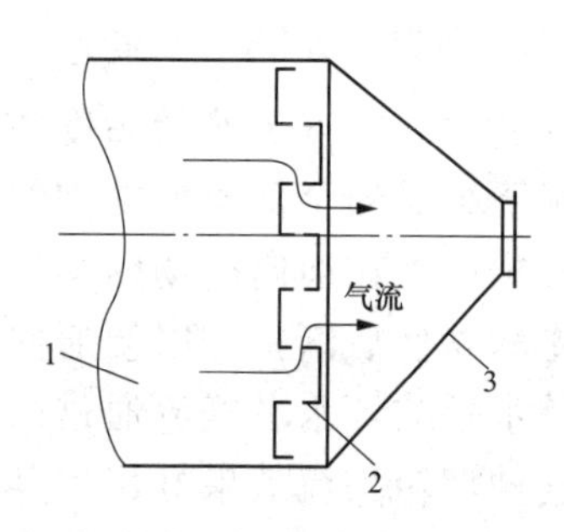

图 9-18 槽形板布置示意图（俯视图）

1—电除尘器；2—槽形板；3—出气烟箱

为了提高电除尘器的除尘效率，在出气烟箱入口安装槽形板。它是一种新型收尘极板，通常不单独使用，而是安装在电除尘器最后一个电场的出口端，较常见的形状为“［”形与“］”形钢错落组成的类似百叶窗的装置，通常两块槽板对扣布置，上部悬挂在电除尘器顶棚横梁上，与收尘极同电位，由冷轧钢板轧制而成。槽形板布置示意图（俯视图）如图 9-18 所示。槽形板可以垂直于气流方向布置（为减少阻力，两槽形板之间的间隙宜取 50mm 左右，使槽形板排的空隙率不小于 50%），也可以平行于气流方向布置。其原理是利用烟气中残余尘粒的惯性力对逸出电场的尘粒进行再捕集，同时由于它还具有改善气流分布和控制二次飞扬的功能，因此它对提高除尘效率同样具有显著作用。

布置在电除尘器出口处的槽形板，不仅能收集在电场中未被收集而逸出电场的尘粒，而且能收集因振打引起的二次扬尘。此外，槽形板还起到了均流作用，可保证末级电场气流分布均匀。

四、阳极系统

火电厂大型电除尘器的集尘极通常连接电源的正极，呈板式，所以通常也称为集尘板、收尘板或阳极板，简称极板。阳极系统由阳极悬挂装置、阳极板和撞击杆等零部件组成，阳极板是电除尘器的核心部件。

（一）阳极板的要求

阳极板的作用是捕集荷电尘粒。沉积尘粒的阳极板受到冲击力时，极板表面附着的尘粒成片状或团状脱离板面，落入储灰斗，达到除灰的目的。电除尘器收尘极板是保证除尘效率的主要部件，应符合以下条件：

（1）有良好的电性能。阳极板电流密度和极板表面的电场强度要分布均匀，与电晕极（放电极）之间不易发生电闪络。

（2）有足够的强度和刚度。极板强度足够，能够满足长时间运行所承受的机械力和热应力；有足够的刚度，不容易发生变形。

（3）阳极板的振打力传递性能好。能够将局部振打传递到极板的各个部位，并且振打加速度分布比较均匀。

(4) 干式电除尘器振打时，尘粒易振落，二次扬尘小。

(5) 极板边缘没有锐边、毛刺，不易产生局部放电现象。

(6) 钢材消耗尽量少。收尘极极板耗费大量的金属材料，为了减少支撑梁的负荷，极板的质量要尽可能轻，从而降低极板的造价。

在实际设计与应用中，收尘极板的形状大都比较简单，一般侧重于保证极板的足够刚度，减少极板上尘粒的二次飞扬，同时对极板的加工要求严格，消除锐边毛刺，以避免出现火花放电。阳极板的材质选用取决于被处理烟气的性质，一般采用普通碳素钢。如果净化有腐蚀性的烟气，可采用不锈钢或在钢板上加涂料。极板多用厚1.2～2mm的钢板轧制而成，每一排极板不宜用整块钢板制作成一体，而应由若干块极板拼装而成。整排极板的长度就是电场的长度，一般不超过4.5m。极板的高度就是电场的高度，为2～15m，视电除尘器的尺寸而定。每块极板的宽度一般不超过1m。

电除尘器对于极板的安装有严格要求。现在，多数干式电除尘器的极板间距要求同极间为400mm，异极间为200mm，偏差不大于±10mm。极板和极线要进行良好的固定，使含尘气体通过时不至于大幅摆动改变极距，并且能维持准确的极间距。

(二) 阳极板的形状

卧式电除尘器的集尘极板形式很多，如平板形、Z形、C形、波纹形、大C形等，电除尘器阳极板的形状见图9-19。

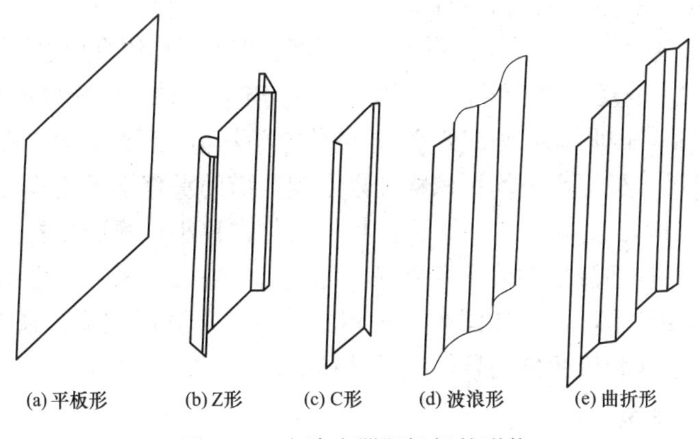

图9-19 电除尘器阳极板的形状

从1965年起Z形极板成为我国普遍采用的一种集尘极板，它有较好的电性能（板面电流密度分布比较均匀），防止尘粒二次飞扬的性能和振打加速度的传递及分布均匀性能比较好，质量也较小。但经过长期的实践发现，由于两端的防风沟朝向相反，集尘极板在悬吊后容易出现扭曲。C形阳极板是20世纪60年代出现的一种极板，由于极板的阻流宽度大，不能充分利用电场空间，因此很快就被其他形状的极板代替。大C形阳极板一方面保持了Z形极板的良好工艺性能，克服了Z形极板易扭曲的缺点；另一方面将其钢板的厚度由原来的2mm改为1.5mm，大大节约了钢材的消耗量。CW型阳极板是德国鲁奇公司设计的，它有良好的振打性能和电性能，但制造困难，已被ZT型极板代替。当前，火电厂常用的电除尘器阳极板实物见图9-20。

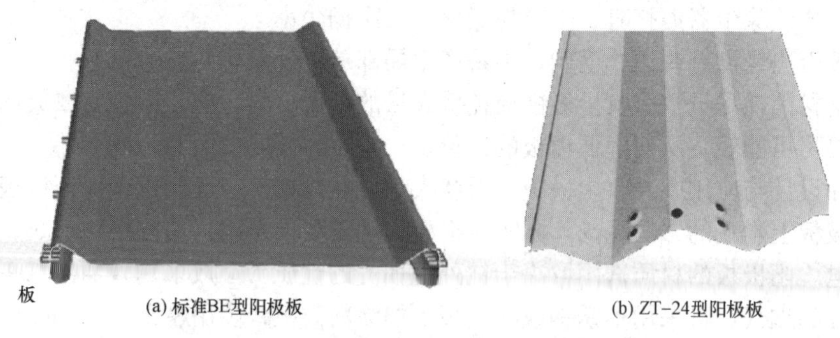

(a) 标准BE型阳极板　　(b) ZT-24型阳极板

图 9-20　火电厂常用的电除尘器阳极板实物图

（三）阳极板的悬吊

阳极板排是由若干块阳极板组成的。极板的高度视电除尘器的规格而异，它的上部是悬吊梁，通过凸凹套、螺栓等附件将极板悬吊起来；下部是撞击杆，撞击杆的两块夹板把极板固定为极板排；端部是振打砧，用以承受振打锤的打击。阳极板排的中间一般没有腰带，为了保证阳极板排的平面度，悬吊梁的两端有弧形支座，可以对板排进行调节。考虑到在运行温度下阳极板排的热膨胀，设计上不仅将阳极板排自由悬吊在电除尘器内，而且在下部还留有膨胀余量。

最常见的阳极板悬吊方式有两种：一种是自由悬吊（也称偏心悬吊），另一种是紧固型悬吊，具体采用哪种悬吊方式由设计而定。

（1）自由悬挂式悬吊。采用这种悬吊方式的极板，上下端均焊有加强板，上端加强板的悬吊点位于极板二分之一宽度的中心线上，只用一个轴销定位，使其形成单点悬吊（单点偏心悬挂）。其固有频率较低，因此清灰效果较好。这种悬挂方法适用于烟气温度较高的场合。

（2）紧固型悬吊。极板上下均用螺栓加以固定。借助垂直于极板表面的法线振打加速度，使尘粒与极板分离。这种悬挂方式下，极板振打位移小，板面振打加速度大，固有频率高，振打力从振打杆到极板的传递性能好。此方式安装工作量大，必须要采用高强度螺栓，且所有螺栓都要拧紧，目前在国内多采用这种方式。紧固型悬吊还有两种悬挂方式，即极板弹性梁结构悬挂和极板挂钩悬吊方式悬挂。

（四）阳极板的布置

选择阳极板布置方式时，在每个气流通道中，在气流方向任一横断面上，荷电尘粒能有被两侧极板面收下的均等概率，而且对尚未收下的尘粒，在气流中任一断面上的浓度尽可能均匀。另外选择极板布置方式时还要考虑尽可能地减少尘粒的二次飞扬。

在工业电除尘器中，紧贴极板表面的死滞区内，气流的流速较主气流的流速要小，当荷电尘粒进入该区域时易沉积于收尘极表面。由此可见死滞区域大，荷电尘粒被收集的概率就大。同时，由于它不直接受到主气流的冲刷，被收下的尘粒重返气流的可能性以及振打时的二次扬尘都小，有利于提高除尘器的除尘效率。

五、阴极系统

阴极系统是电除尘器的心脏，这部分的结构合理与否，安装精度是否达到要求，以及运行中是否适时进行维修，都直接影响着电除尘器的效率及锅炉的正常运行。阴极系统一般由阴极绝缘支柱、阴极大框架、阴极小框架及电晕线、阴极振打传动系统、阴极振打轴、电缆引入室（变压器置于电除尘器顶部时没有电缆引入室而有高压隔离开关）等组成。因为阴极系统在工作时带高电压，所以阴极系统与阳极系统及壳体之间应有足够的绝缘距离。

（一）阴极绝缘支柱

阴极绝缘支柱承担电场内阴极系统的荷重及经受振打时产生的机械力，此外，绝缘支柱还能使阴极系统与阳极系统及壳体之间绝缘，并使阴极系统处于负高压工作状态。阴极绝缘支柱结构图如图 9-21 所示。

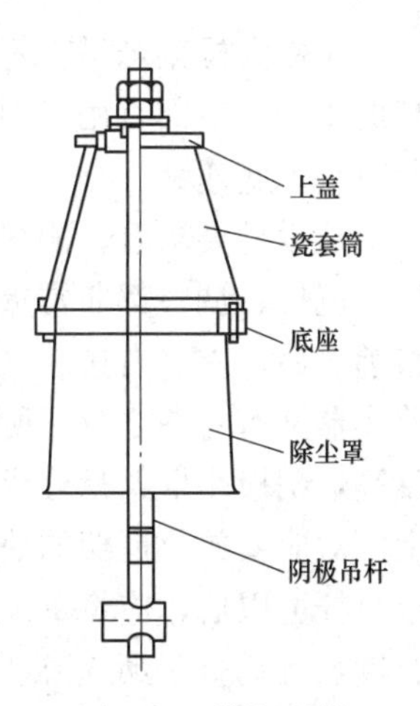

图 9-21 阴极绝缘支柱结构图

每个电场（供电区）由 4 组绝缘支柱安装在每个电场的前后大梁中。每组绝缘支柱由上盖、瓷套筒、阴极吊杆、底座、防尘罩等组成。瓷套筒通过上盖、吊杆承担了阴极系统的荷重及振打时的机械负荷。它的耐受电压一般在 100kV 或以上，抗压强度为 24 000kPa，耐温为 150～250℃。上盖上开有进气孔，可使大梁中的干净正压热空气从此进入瓷套筒，对瓷套筒内壁进行热风吹扫，防止瓷套筒内壁黏灰、结露。通常为防止瓷套筒内壁黏灰并结露，在大梁中设有电加热器，可使这部分的温度高于烟气露点温度 20℃左右。在瓷套筒的下端有一防尘罩，它处于电场烟气中，一方面能防止烟气直接吹入瓷套筒内，避免造成瓷套筒内壁黏灰；另一方面也有一定的收尘作用，可以减少粉尘进入瓷套筒内。阴极吊杆上端由一组螺母和球面垫圈固定在瓷套筒的上盖上，球面垫圈可起到使吊杆在小范围内径向摆动作用，以利于下端与阴极大框架吊点相连接，并能够消除因为安装误差不同轴引起吊杆产生的弯矩。

电除尘器对阴极线的安装精度要求非常高。对阴极绝缘支柱安装的技术要求是瓷套筒垂直安放在大梁底座上，瓷套筒上下圆环面经研磨应达到很高的平面度和平行度，上盖与底座和瓷套筒接触的表面也应达到很高的平面度，以保证三者之间为面接触，使瓷套筒受力均匀。在接触面之间要加石棉橡胶垫，防止硬碰硬而造成瓷套筒边缘崩裂。瓷套筒、防尘罩都应与阴极吊杆同轴，以防止因偏心造成瓷套筒受力不均和部分绝缘距离缩小而放电。

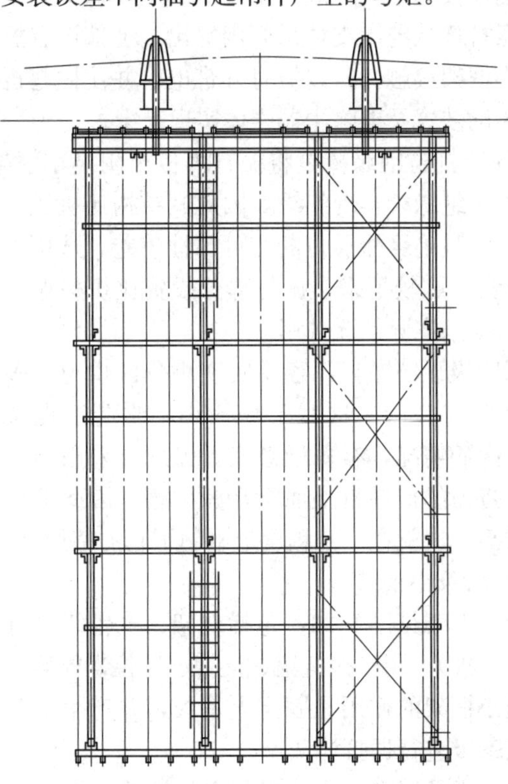

图 9-22 阴极大框架结构图

（二）阴极大框架

阴极大框架可以承担阴极小框架、阴极线及阴极振打锤、轴的荷重，并通过阴极吊杆把荷重传到绝缘支柱上，并按设计要求使阴极小框架定位。阴极大框架一般由型钢拼装而成，阴极大框架结构图如图 9-22 所示。

阴极大框架悬吊在每个电场前后的阴极吊杆上，上面有用以安放阴极小框架的带有缺口的角钢，下面有用以固定阴极小框架的带有螺孔的角钢，在有振打轴一侧的大框架上还装有轴承底座。

从设计要求看，阴极大框架是整个电除尘器阴、阳极系统的定位基准，在现场的拼装、就位、调整都非常重要。首先，应按图纸确认每个大框架在电场内的安装方位，分别按前、后、左、右拼装（由于大框架在电场里有前后之分，双室或两台左右对称布置的电除尘器又有左右之分，所以大框架在制造时按镜向对称制造）。其次，由于大型除尘器高度高，阴极小框架是分成上下两面安放在大框架上的，为保证同极距一致，在拼装时应使上下对应安放小框架的缺口和固定小框架的螺孔在同一铅垂线上。当阴极大框架悬吊在阴极吊杆上以后，应将每个电场前后两个大框架调整到同一标高上，保证其水平度和相互平行度，且垂直于烟气流动方向。另外，前后两个大框架相应安放小框架的缺口和固定小框架的螺孔，都应和顺烟气方向的电场中心线等距，只有这样才能保证阴极同极距的安装要求，同时大框架上的轴承底座也应调整在同一标高。在大框架上安装小框架之前，应将已调好就位的大框架用角钢（或槽钢）和壳体进行临时固定（装完小框架和振打轴后拆除），以免由于安装小框架时造成的偏心弯矩使阴极吊杆变形（在未装小框架的定位螺栓前存在很大的偏心力）。另外，应把大框架上安装小框架的缺口部位打磨光，以保证良好的导电性能。

当电除尘器的阴极采用顶部振打时，大框架是水平放置的。通过4组绝缘支柱将其悬吊在壳体屋面板上，每组绝缘支柱下面又通过4个吊杆悬挂一个水平放置的阴极小框架，阴极线悬挂在上面。阴极线下部用钢管或角钢连接起来，形成一个电晕线组，每个电晕线组设一个振打点，其位置与绝缘支柱同心，振打杆从绝缘支柱吊管内穿出；上部设有振打杆挑起机构和传动轴装置。因振打杆与阴极小框架接触，所以振打杆带电，并使挑起机构和传动轴带电。因此要通过瓷轴使转动轴与传动装置及电除尘器壳体实现绝缘。

阴极顶部振打也可采用电磁锤振打。电磁锤打击绝缘棒是将振打力传至阴极小框架，以实现对电晕线的震动清灰。电磁振打因为通过绝缘棒实现绝缘，因此其结构比机械式振打要简单，但电气控制较机械式振打要复杂，而且绝缘棒易打断，可靠性较差。选用强度高的绝缘棒如高铝瓷（95瓷）棒价格又相当贵，比较下来，振打部分投资比机械振打要高得多。机械式振打和电磁振打各有利弊，可根据实际情况选用。

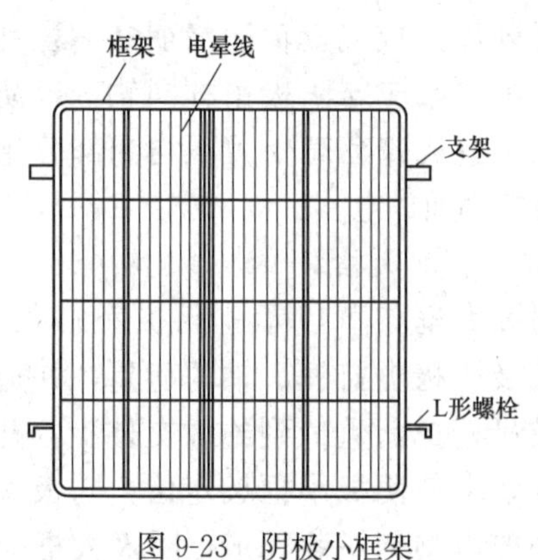

图9-23 阴极小框架

采用阴极顶部振打，容易实现小分区供电、多电场布置且节省空间。这对于场地小，改造工程布置长、宽有限的情况，有积极意义。另外，采用顶部振打，其振打力的传递自上而下衰减厉害，因此电场高度不宜过高，这就在一定程度上限制了它的使用。

（三）阴极小框架

阴极小框架见图9-23，包括框架、电晕线（有的还有辅助电极）、阴极振打锤、支架、定位螺栓等。

阴极小框架的作用是固定电晕线，并产生电晕放电，对电晕极进行振打清灰。

框架由钢管组焊而成。为了方便运输，沿宽度方向（沿电场烟气方向）分为两部分制造，在现场拼装成一体。拼装后的框架应保证其平面度（悬吊检查：平面度公差小于等于5mm）。对锯齿形电晕线、星形线等强度较低的软线，为防止过长而发生断线，把框架沿高度方向分为4个间隔，每个间隔为1.2～1.4m；对鱼骨线、RS线等强度较高的硬线，则把每个框架沿高度方向分为两个间隔，每个间隔为2.5～2.8m。为保证极线安装的准确性及小框架在大框架上安装的准确性，小框架上所有的螺孔用统一的胎具钻孔。在框架上还装有通过电晕极进行振打清灰用的阴极振打锤，支架和定位螺栓把小框架固定在大框架上。

（四）电晕极

电晕极（阴极线）是电除尘器最核心的部分，它是用来产生电晕的。对于不同性质的烟气，因空间电荷的作用使电晕发生后产生的效果不同。

1. 电晕极的基本要求

为了使电除尘器安全、经济、高效、可靠运行，关于电晕极及极线的基本要求如下：

(1) 牢固可靠，不断线或少断线。每个电场往往有数百根至数千根阴极线，其中只要有一根折断或脱落便可造成整个电场短路，使该电场停止运行或在低除尘效率状态下运行，从而影响整台电除尘器的除尘效率，使出口粉尘排放浓度提高，导致引风机叶片磨损、寿命缩短。

(2) 电气性能好。阴极线的形状和尺寸可在某种程度上改变起始电晕电压、电流和电场强度的大小和分布。良好的电气性能通常是指在相同条件下，起始电晕电压低。阴极线的起始电晕电压决定于自身的曲率，电晕线的曲率越大，起始电晕电压越低，阳极板上的电流密度分布均匀，平均电场强度高。对于含尘浓度高、尘粒粒径细及高比电阻尘粒，阴极线均有很好的适应性。

(3) 伏安特性曲线理想。每个独立供电的电场通电后，伏安特性曲线的斜率大，伏安特性曲线的斜率越大越好，因为斜率大意味着在相同电压下，电晕电流大，尘粒的荷电强度和概率大，除尘效率就高。

(4) 黏附尘粒少，高温下不变形，有利于振打加速度的传递，清灰效果好。

(5) 振打力传递均匀，有良好的清灰效果。电场中带正离子的尘粒在阴极线上沉积，当积聚达到一定厚度时，会大大降低电晕放电效果，故要求极线黏附尘粒要少，也就是说，通过振打，极线上积聚的尘粒能轻易脱落。

(6) 结构简单，制造容易，成本低。

2. 常用电晕线的形状

电除尘器采用的电晕线类型很多，常见电晕线见图9-24（图9-24中δ为锯齿厚度）。根据放电形式，电晕线大致分为以下三类。

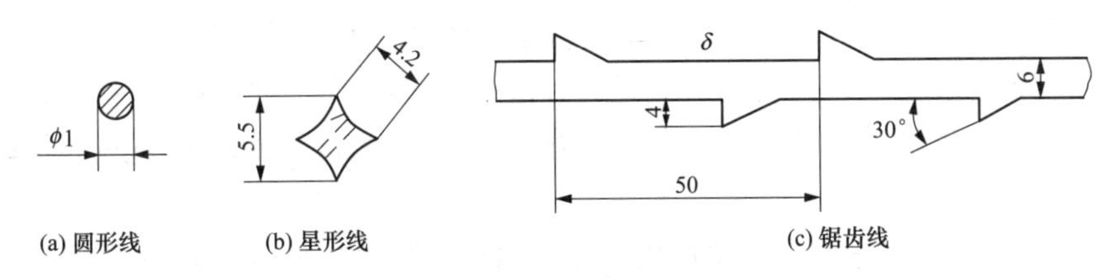

图9-24 常见电晕线（单位：mm）（一）

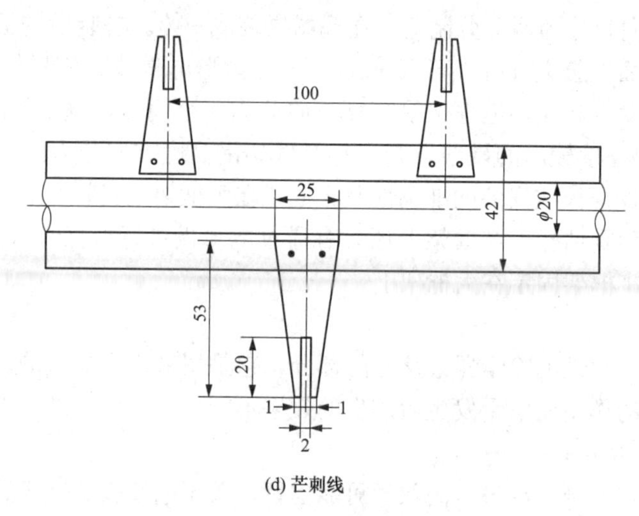

(d) 芒刺线

图 9-24 常见电晕线（单位：mm）（二）

（1）面放电。有圆形线、螺旋线，这种极线的断面是圆形的，其直径为 1.5～2.5mm，多采用耐热合金钢制成，并做成略带螺旋形，振打时线上的积灰容易抖落。

（2）线放电。有星形电晕线，这种极线的断面形状是星形状的，用普通的碳素钢冷轧而成。这种电晕线材料来源容易，价格便宜易于制造，但在使用时容易因吸附粉尘而造成电晕线肥大，从而失去放电性能，使电除尘器的除尘效率急剧下降。因此只适用于含尘浓度较低的工况。为克服星形线易积灰的缺点，可将星形线扭成螺纹状，其沟槽内不易积灰，即使积灰，在振打时也相对容易抖落。

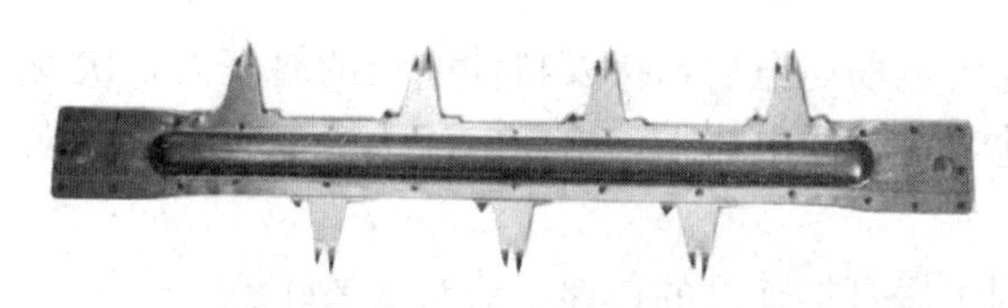
图 9-25 芒刺线的实物图

（3）点放电。有各种形状的芒刺线，它的种类很多，有 RS 管状芒刺线（简称 RS 线）、角钢芒刺线、波形芒刺线、锯齿线、锯齿芒刺线、条状芒刺线、鱼骨线等。芒刺线的实物图见图 9-25。

不同芒刺线的性能比较如下：

1）从安全可靠性能来比较看，鱼骨线＝RS 线＞锯齿线＞星形线。

2）从伏安特性来看，锯齿线＞鱼骨线＞RS 线＞星形线。

3）从起始电晕电压来看，锯齿线、鱼骨线、RS 线差不多都约为 10kV，而星形线约为 20kV。

4）从对高流速的烟气适应性看，锯齿线＞鱼骨线＞RS 线＞星形线。

5）从对高浓度粉尘的适应性看，RS 线＞鱼骨线＞锯齿线＞星形线。

6）从对高比电阻粉尘的适应性看，星形线＞锯齿线＞鱼骨线＞RS 线。

7）从刚度大、抗变形、振打清灰情况看，鱼骨线＝RS 线＞锯齿线＞星形线。

8）从制造工艺的难易程度看，鱼骨线最难，RS 线次之，星形线容易些，而锯齿线最容易。

目前，电除尘器大多采用芒刺类的电晕线，属强放电型电晕线，适宜配置在电除尘器的前电场以加强粉尘荷电。这种线型由于工作电压较低，并不适用于在后电场捕集细微粉尘，同时其电流密度较大，若使用于后电场，则需要耗费较多的电能。

实际上，电晕线的优劣，最终是通过极配形式表现出来，因为电除尘器的核心是板线结构及其配置，板线配置与电场、流场有密切的关系，对于不同的烟气性质和电除尘器的结构应该选择不同的电晕线。当电场含尘浓度较高时，容易发生电晕封闭，应选用 RS 线或鱼骨线；当飞灰比电阻高时，末电场应选用星形线。另外，为了克服 RS 线的电晕"死区"和板电流密度分布不均匀的缺点，研制出了改进型 RS 线，即采用密芒刺，通过实际使用，其效果良好。

电除尘器的前、后电场由于粉尘浓度和粉尘粒径的差异，对电场工作条件要求不一样。前级电场在正常的工作电压下，为了保证粉尘荷电，需要较大的电流，而后级电场在一定电流条件下，却需要尽可能提高电压，前后电场阴极线的电气性能应符合这些要求。在电除尘器后电场使用过的麻花线、星形线、VO 线、螺旋线等柱状类型阴极线，在实际工作应用中存在着易积灰、没有固定放电点、放电不均匀、易断线的缺点。

柱状类阴极线的电除尘器在实际应用中，如麻花线、VO 线、国产螺旋线均出现较多断线问题，无法稳定工作。阴极线断线的主要原因：①柱状类阴极线线体截面积小、自身强度不够，在长期的工作中，因为振打出现疲劳断裂。②柱状类阴极线在制造过程中，由于设备或材料原因，局部易出现缺陷，影响了此类线的稳定。

3. 电晕线的固定

在电除尘器的工作过程中，如果发生电晕线折断、摆动，便会发生两极短路，造成整个电场不能工作，而且只能等到下次停炉时再进行处理，这是造成电除尘器效率降低的主要原因之一。为了防止这种事故的发生，除了在电晕线设计时要尽可能选用好的材质，结构上增强其强度、刚度外，电晕线的固定方法也很重要，合理的固定方法能使电晕线在工作时不出现弯曲、脱落以致造成事故。

（1）电晕线的良好固定方式应具备以下条件：

1）电除尘器在运行时，电晕线不易晃动、变形或因电蚀等原因而造成断线。

2）具有良好的振打加速度传递性能，使极线清灰效果好。

3）固定电晕线的材料少，安装、维护方便，极间距离的精度容易保证。

4）电晕线的固定方式对电晕线的电性能影响小。

（2）电晕线常用的固定方式有两种，即重锤悬吊式和管框绷线式。电晕线常用的固定方式见图 9-26。

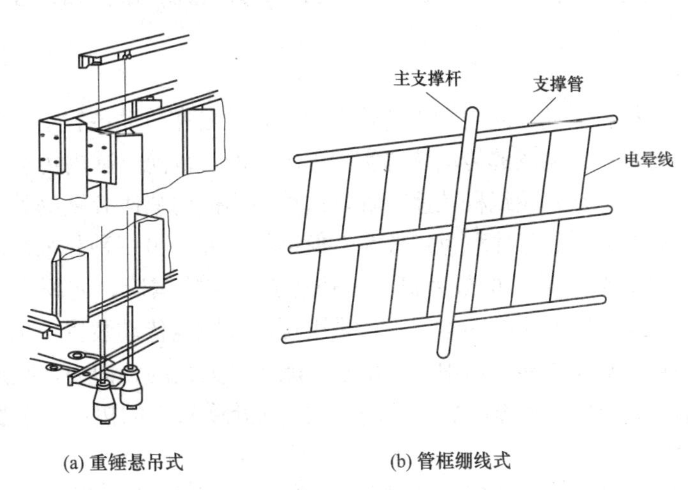

(a) 重锤悬吊式　　(b) 管框绷线式

图 9-26　电晕线常用的固定方式

六、振打装置

电晕极和集尘极上都会有粉尘沉积，由于粉尘沉积在电晕极上会影响电晕电流的大小和均匀性，直接影响电除尘器的效率，因此，为了清除电极上的粉尘，需要进行恰当的周期性振打，通过振打使黏附于极板和极线上的粉尘落入灰斗并及时排出，这是保证电除尘器有效工作的重要条件之一。

在湿式电除尘器中，用水对集尘极板进行清灰。在干式电除尘器中，一般采用机械撞击或其他方式使电极振动而清灰。由于极板的断面型式、连接方式和悬挂方式不同，振打装置的类型、振打的位置也就变成多种多样的了，如弹簧凸轮振打、顶部电磁振打和底部侧向传动旋转挠臂锤振打等。

（一）振打装置的基本要求

为实现好的振打效果，振打装置应有适当的振打力，振打力过小不足以使沉积在电极上的粉尘脱落；振打力过大不仅会引起电极系统变形和疲劳破坏，还会造成粉尘的二次飞扬，甚至改变电极的间距，破坏正常的除尘过程，降低除尘效率。因此振打装置一般应满足以下要求：

（1）能使电极获得足够大的加速度，加速度在整排收尘极及整排电晕极框上都能得到充分传递。既能使黏附在电极上的粉尘脱落，又能防止过多的粉尘重新卷入气流，造成粉尘的二次飞扬。

（2）能够按照粉尘类型和浓度的不同，对各电场的振打强度、振打时间、振打周期等进行适当调整。

（3）运行可靠，能满足主机大、小检修周期要求。

（二）收尘极振打

收尘极振打装置是用来清除收尘极板上黏附的粉尘，使粉尘脱离极板而落入灰斗。振打方式可以分为平行于板面振打和垂直于板面振打两种方式。试验表明，采用平行于板面的振打方式要比采用垂直于板面的振打方式好。

收尘极振打装置有多种结构形式，一般常见的有切向锤击式、弹簧-凸轮机构、电磁振打等类型。目前我国大多采用锤击式振打装置。

锤击式振打机构也称扰臂锤振打机构，它是由传动装置、振打轴、锤头和支撑轴承4部分组成。

1. 传动装置

为了达到合理的振打周期，获得理想的除尘效果，就要在传动装置上采用减速比较大的减速机构振打，同时对各个电场的传动装置实行程序控制。目前，国内传动装置的减速机构主要采用两种形式。一种是蜗轮蜗杆减速装置，这种结构传动减速装置的效率低，在连续长期运行中易发热、磨损大，而且体积也比较大，但维修方便。另一种是采用的行星摆线针轮减速机，这种结构传动减速装置的效率高、减速比大、结构紧凑、体积小、质量小、故障少、寿命长，但造价高、维修比较困难。不论采用哪一种减速传动装置，根据电除尘器振打的需要，应特别注意：减速机在使用中的输出轴不能承受太大的轴向力；减速机应在允许范围内使用，并在输出轴上安装安全装置，以防止减速机承受过大的扭矩而遭受损坏。

2. 振打轴及振打锤

电动式机械振打习惯上称为挠臂锤振打。一个电场各排收尘极板的振打锤都装在一根轴上，为了减少振打时粉尘产生的二次飞扬，振打锤是相互错开一个角度安装在振打轴上的。振打轴旋转一周，振打锤依次对所对应的收尘极板振打一次。这样既可以避免两排以上的相邻极板同时振打，又使整根轴的受力均匀。

振打轴有的用钢棒加工，有的用无缝钢管制作。为了便于运输和安装，振打轴分成了数段，在现场用联轴节组装。由于电除尘器的壳体容易受热变形，每段振打轴在电除尘器工作时很难保证在一条直线上，因此每段轴的连接应采用允许较大径向位移的联轴节。此外，在振打轴首尾两端支撑轴的夹板上，于振打轴耐磨套的一侧嵌一块竖板，可以限制轴在受热膨胀时向两端伸长。

采用这种联轴节可以允许有较大的径向位移。振打轴穿过电除尘器壳体侧板的部位，应密封良好，避免漏入冷风。

振打锤包括锤头和锤柄，两者合为一体的称为整体锤；两者分开加工后，用铆钉和螺栓再连接在一起的，称为组合锤。组成振打锤的部件越少，出事故的概率也越小。鉴于振打锤长期不停顿地冲击振打，其设计不能单纯用于强度计算，最好通过疲劳实验来确定各部件的尺寸、材质及加工技术要求。锤头的质量与需要的最小振打加速度有关，应通过振打试验确定。

3. 支撑轴承

电除尘器振打轴的轴承运行在粉尘较大的工作环境中，宜采用不加润滑剂的滑动轴承。轴承的轴瓦面应不易沉积粉尘，而且与轴有一定的间隙，以免受热膨胀时发生抱轴故障。由于运行环境恶劣，因此电除尘器的轴承与其他机械采用的轴承相比有它的特有要求，即运行可靠、寿命长。

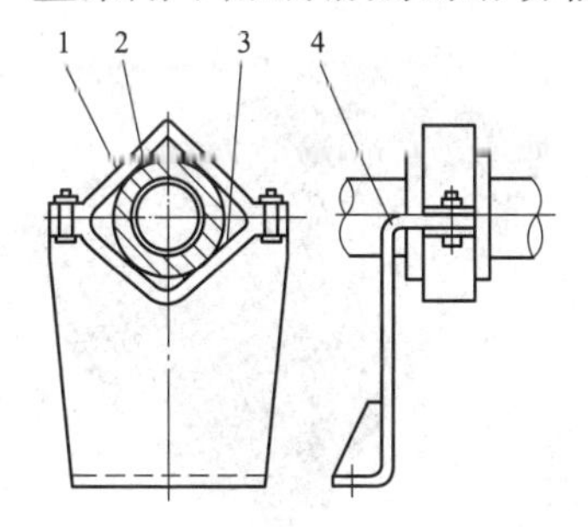

图 9-27 托板式轴承示意图

1—轴；2—轴套；3—托板；4—支架

电除尘器常用的轴承种类很多，其中有剪刀式、托板式、托辊式和双曲面式等。

(1) 剪刀式轴承是由两片扁钢交叉组成。转轴外加合金钢护套，当振打轴转动时，保护套在扁钢上滑动。这种轴承虽然结构简单，但摩擦力较大，目前已很少使用。

(2) 托板式轴承示意图如图 9-27 所示。其是用扁钢制成 V 形托板，带保护套的振打轴转动时在上面滑动，由于这种结构的 V 形槽容易积灰，摩擦力也较大，因此应用也不多。

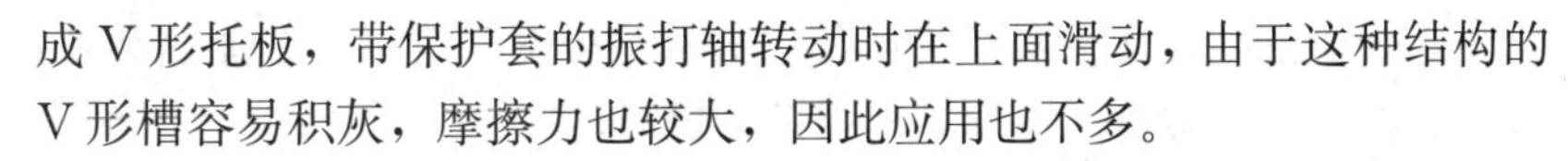

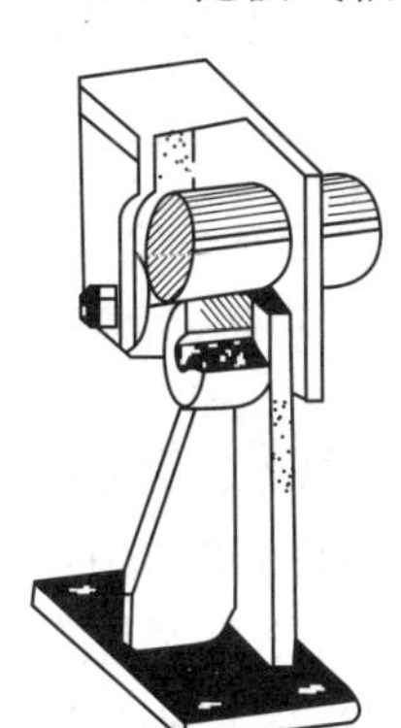

图 9-28 托辊式轴承示意图

(3) 托辊式轴承示意图如图 9-28 所示。这种轴承是将振打轴放在两个或 4 个托轮上，振打轴转动时托轮也随着转动。这种结构不积存灰尘，摩擦力也较小。但其结构复杂、价格也较高，因此应用也不广泛。

(4) 双曲面轴承是将轴承的轴瓦制成双曲面，轴瓦比轴承直径大 2～3mm，保证了轴承在工作时不积灰，受热膨胀时不抱轴。双曲面轴承的结构简单、制造容易、检修工作量小、使用寿命长，对电除尘器来讲是一种较为理想的轴承。

(三) 电晕极振打

电晕极振打的作用是敲打阴极框架，使黏附在电晕线和框架上的粉尘被振落。电晕极振打的类型很多，常见的有水平转轴挠臂锤振打装置和提升脱钩振打装置。

水平转轴挠臂锤振打装置在电晕极的侧架上安装有一根水平轴，轴上安装有若干副振打锤，每一个振打锤对准一个单元框架。当转轴在传动装置的带动下转动时，锤子被提升起，锤的运动类似阳极振打锤，当锤子落下时打击到安装在单元框架上的砧子上。

由于电除尘器在工作时电晕极框架带有高压电，因此框架的锤打装置也带有高压电。这样当振打装置的转轴与安装在外壳的传动装置相连时，必须有一根瓷绝缘杆。

电动机通过减速器和链轮传动，使装在大链轮上的短轴旋转，短轴经过万向节与瓷轴连接，然后再通过另一万向节与振打轴相连接。电晕极系统的振打，不存在像阳极振打那样，要求粉尘成片状落下的情况，所以可采用连续振打。振打锤、振打轴、支撑座的结构形式与阳极锤击机构相同，这种结构运行可靠、维修工作量小，在框架和阴极系线上都可获得足够大的振打加速度。

电磁振打装置主要由电磁铁和线圈组成。当线圈通电时，振打锤被吸起；当线圈断电时，振打锤依靠自身的重力作用对极板进行振打。电磁振打装置安装在电除尘器顶部的壳体外面，且无旋转部件，运行维护十分方便。

七、储灰系统

储灰系统的功能是把从电极上落下来的粉尘进行收集，并经排灰系统送出。储灰系统主要设备为灰斗。灰斗有锥形灰斗和船形（槽形）灰斗。一般集灰斗为四棱台状或棱柱状，四棱台状灰斗多采用星形排灰阀顺序定时排灰，棱柱状灰斗多采用链式输送机连续排灰，灰斗的外形图见图 9-29。电除尘器的灰斗结构必须满足以下条件：

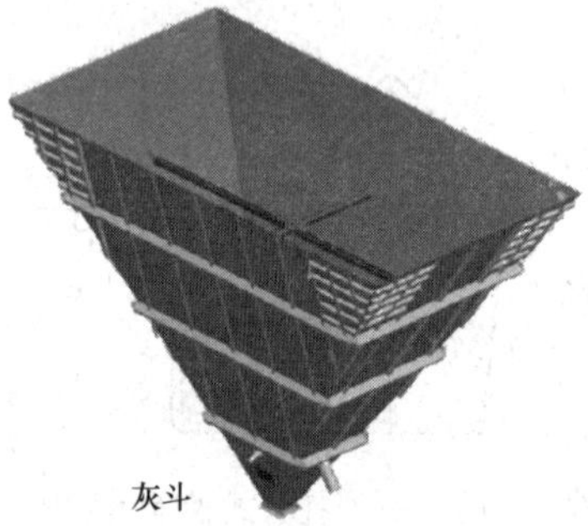

灰斗

图 9-29　灰斗的外形图

（1）具有一定的容量。以备卸、输灰装置检修时，起过渡料仓的作用。

（2）排灰通畅。灰斗壁应有足够的倾角，一般不小于 60°，灰斗内壁交角处设过渡板，避免了挂灰；为了避免烟尘受潮结块或搭桥造成堵灰，灰斗壁板下部可以设置加热装置；灰斗上设有捅灰孔和手动振打砧，以备万一堵灰时排除故障。

（3）灰斗内设阻流板以防烟气短路。

（4）灰斗加热有蒸汽加热、电加热和热风加热三种。采用电加热时，一般不同时配置仓壁振动器，因为仓壁振动容易破坏电加热器的加热作用。

电除尘器的储灰系统事故较多，特别是定时排灰的灰斗往往由于灰斗积灰过满造成电晕极接地；连续排灰的灰斗积灰太少或灰斗壁密封不严会使空气泄入引起二次飞扬，此外，如果下部排灰装置能力不够也容易引起运行故障。灰斗倾角过小或灰斗壁加热保温不良，会造成落灰不畅，甚至结块堵塞。为了保证灰斗的安全运行，有的电除尘器还采用了灰斗加热装置和料位显示、高低灰位报警等检测装置。为了防止气流半旁路，在灰斗中要设置若干块阻流板，灰斗的结构图见图 9-30。灰斗的附属设备包括手动振打砧、捅灰管、掏灰孔和紧急卸灰装置。

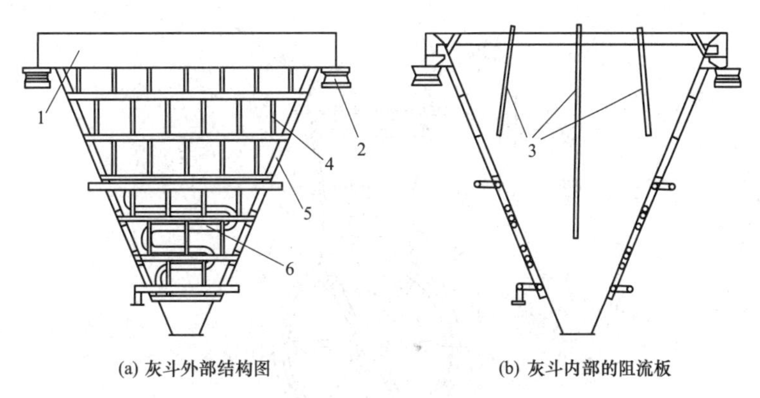

图 9-30 灰斗的结构图

1—底梁；2—支座；3—阻流板；4—竖肋；5—壁板；6—蒸汽加热管

粉尘在电除尘器的工作温度下流动性极强，一旦降低到一定温度，灰便吸潮或结块，造成灰斗堵灰。灰斗的位置在电除尘器的最下端，是整个电除尘器温度最低的部位，故必须采取措施防止灰斗漏风及温度下降，保证电除尘器正常运行。

在灰斗外壁敷设保温层，防止热粉尘落入灰斗后温度下降，保温层的厚度与当地的气候条件及所选用保温材料、粉尘性质等因素有关。保温层外有的用镀锌铁皮或铝合金铁板作为外壳护板，有的不需要护板，而是在保温层外表面刷一层油漆。灰斗下端的插板箱外壁保温材料应采用石棉灰，既可以保温又起到一定的密封作用，防止冷空气进入灰斗。灰斗外壁应安装加热装置，使粉尘温度保持在露点温度以上。加热装置可用电加热或蒸汽加热装置。灰斗侧壁与水平面夹角应大于灰的安息角，一般为 60°～65°，当灰的黏性较大时，在可能的条件下可以加大到 65°（即指灰斗两个方向的侧壁与水平面的最小夹角）。灰斗内壁侧壁交角处加弧形板，弧形板与侧壁的焊缝要保证光滑，不得有焊渣毛刺等。有的灰斗在一个侧壁上装一个检查门。当灰斗内堵灰或有异物时，可由此捅灰或取出异物。灰斗下部外侧焊有承击砧，以备堵灰时将灰震落。

每个灰斗下面都装有插板箱，是连接灰斗和卸灰阀的一个中间设备。正常工作时插板箱处于开启位置，当卸灰阀发生故障需检修时，将插板箱关闭，就可以打开卸灰阀处理故障，同时不影响电除尘器的运行，插板箱的结构图如图 9-31 所示，由箱体、插板和驱动机构组成。

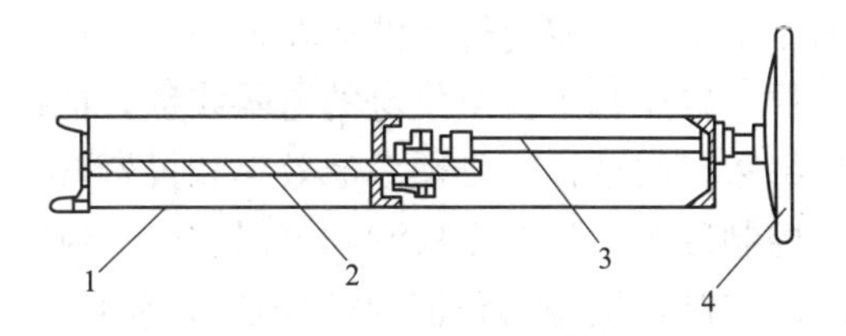

图 9-31 插板箱的结构图

1—箱体；2—插板；3—螺杆；4—手轮

灰斗的排灰由卸灰阀控制，卸灰阀还起到密封灰斗，防止灰斗漏风的作用。电厂常用的回转式卸灰阀的结构图如图 9-32 所示。

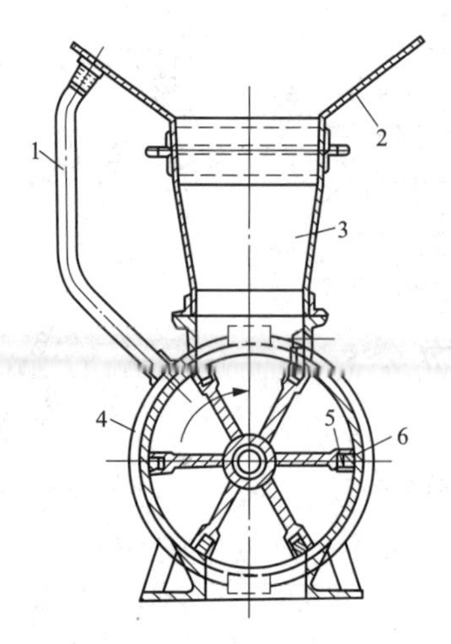

图 9-32 电厂常用的回转式卸灰阀的结构图

1—均压管；2—灰斗壁；3—下料管；4—卸灰阀外壳；5—叶轮；6—橡胶条

第四节 电除尘器供电装置

电除尘器为保证高效工作，配备了能供给足够高电压并具有足够功率的供电装置。电除尘器的供电装置除了包括将交流低压电源变换为直流高压的电源和控制部分，还包括电极的振打清灰、灰斗的卸灰、绝缘子加热及安全联锁等控制装置（通常称为低压控制装置）。电源是电除尘装置的核心部分，其性能直接影响除尘的效果和效率。由于电除尘过程具有严重的非线性特点（如发生闪络），电除尘器的电源便不同于一般电源，其发展主要着眼于节能、提高除尘效率。

一、高压供电装置

电除尘器的供电通常是使用220V或380V的工频交流电源，升压和整流后得到直流高压电压。高压供电系统一般分布于电除尘器的顶部，一般为一个电场对应一套高压供电装置，通过电除尘器顶部的绝缘子箱与电晕极相连；与高压供电系统相对应，低压控制系统同样是一个电场对应一套低压控制系统，一般提到的电除尘器供电控制系统即为高压供电部分与低压控制部分的总称，两者不可分割。

为使电除尘器能在高压下工作，避免过大的火花损失，高压电源不能太大，必须分组供电。增加供电机组的数目，减少每个机组供电的电晕线数，能改善电除尘器性能，但投资也增加了，所以供电机组数目的选择，必须考虑效率和投资两方面因素。电除尘器还配备了具有许多功能的低压控制装置，如温度检测和恒温加热控制，振打周期控制，灰位指示，高低位报警和自动卸灰控制，检修门和柜的安全联锁控制等，这些都是保证电除尘器长期安全可靠运行所必需的功能。

（一）电除尘器电源的发展

为了不断提高除尘效率，电除尘器电源的结构不断改进，性能也不断提升，在发展过程中具体有三个较为明显的发展阶段。

（1）从单相供电到三相供电。电除尘器电源最初采用晶闸管相控交流调压结构，到今天已经形成了一套非常成熟的技术。单片微机和计算机智能控制系统的使用和推广，使电除尘器系统工作精确，操作和维护也变得十分简单。单相晶闸管交流调压电源缺点明显，供电不平衡，功率因数低，不利于节能和环保；供电电压脉动大，平均电压值低，除尘效率低；输出高压波形单一，对高浓度粉尘、高比电阻粉尘等工况的适应性比较差。为了克服以上缺点，采用了一种三相晶闸管整流电路，其基本原理为三相交流电直接输入，经过三相晶闸管全控移相调压，三相高压变压器升压和高压硅堆整流后得到电除尘器所需的负高压。但是由于三相晶闸管整流电路仍然采用晶闸管移相调压的控制方式，因此相对于单相供电晶闸管电除尘器电源，除了在供电平衡以及输出电压波动方面有所改善外，其他方面并没有本质的改变，如闪络发生时系统不能及时切断电源供给等。

（2）从工频调压到高频逆变。采用传统的晶闸管相控调压方式的电除尘器电源，很难满足提高除尘效率的条件，根本原因是其直接利用了电网工频电源并采用半控型器件晶闸管进行调压控制。由于晶闸管的门极只能控制其开通，不能控制其关断，因此在应对闪络时显得非常被动。目前，功率器件已经有了长足的发展。高频电除尘器电源正是采用了大功率高频功率器件、高频升压变压器以及高频调制技术。

（3）从单一供电模式到混合供电模式。混合供电模式是指在电除尘器直流供电的基础上，叠加高频脉冲电压。直流电压的幅值可调，并保持在电除尘器电流对电压函数斜率最大点处；脉冲的幅值、宽度、频率、斜率均可调节，以保证最大的除尘效率。直流叠加高频脉冲电压持续时间短，不易触发闪络，脉冲电压幅值高，可增加粉尘的荷电量，通过增加粉尘驱进速度从而提高除尘效率；采用单独的脉冲电压源，高压脉冲可以以较高的频率产生。混合供电模式需要增加一套脉冲电压源，从而增加了电除尘器电源的复杂性，同时直流电压源直流工作点的选取以及脉冲的产生也增加了对系统控制的难度。

电除尘器高压供电设备的作用是适应和跟踪电除尘器电场烟尘条件的变化，向电场施加所需电压，提供所需电流，以利于粉尘的荷电和捕集。高压供电设备提供粒子荷电和捕集所需要的高场强和电晕电流。供电设备必须十分稳定，工作寿命在 20 年之上。电除尘器供电装置的性能对除尘效率影响极大。一般来说，在其他条件相同的情况下，电除尘器的除尘效率取决于粉尘的驱进速度，而驱进速度是随着电场强度的提高而增大的。

电除尘器对于高压供电装置的要求是，根据烟气和粉尘的性质，随时调整供给电除尘器的最高电压，使其能够保持平均电压稍低于即将发生火花放电的电压（即伴有一定火花放电的电压）下运行，电除尘器获得尽可能高的电晕功率，以达到良好的除尘效果。在电除尘器工况变化时，供电装置能快速适应其变化，自动调节输出电压和电流（即二次电压和二次电流），使电除尘器在较高的电压和电流状态下运行；另外，电除尘器一旦发生故障，供电装置应能提供必要的保护，对闪络、拉弧和过电流信号能快速鉴别和做出反应。

高压供电装置主要组成部分包括高压整流变压器、电抗器、高压控制柜等。高压整流设备将工频三相交流电源通过整流形成直流电，通过逆变电路形成高频交流电，再经过整流变压器升压，二次整流后变换成高频脉动直流电流送给电除尘器，工作频率在 20kHz 左右，高压整流电源设备电路原理图如图 9-33 所示。高频电源的供电

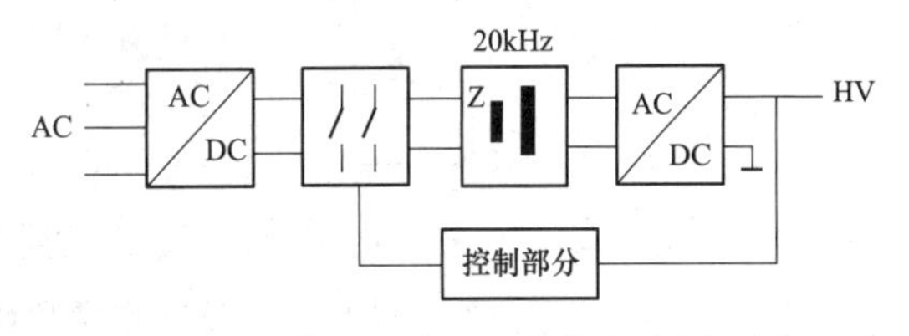

图 9-33 高压整流电源设备电路原理图

电流由一系列窄脉冲构成，其脉冲幅度、宽度及频率均可以调整，可以给电除尘器提供各种电压波形，因其控制方式灵活，可以根据电除尘器的工况提供最合适的电压波形，提高了电除尘器的除尘效率和供电效率，节约了电能。

高压供电装置包括直流高压电源和控制部分。直流高压电源是电除尘装置的核心部分，其性能直接影响除尘的效率。以前普遍采用的是晶闸管移相控制电源（工频），转换效率低于70%，在实际使用中存在输出纹波大、电场电压低、对携带高比电阻粉尘烟气的除尘效果差的问题。国外从20世纪90年代开始进行电除尘器高频电源的研究，瑞典阿尔斯通和丹麦史密斯公司的产品是国外高频开关（SIR）电源的典型代表。国内从2000年起开始进行电除尘器高频电源的研发试制并进展迅速，不仅成功研制了大功率电除尘高频电源，而且已实际投入电除尘器应用近10年，行业标准已于2014年发布，多项指标均达到国际先进水平。国内外电除尘器用的高频电源谐振频率一般为20～50Hz，电源容量逐步增大，最大输出电流为2.0A，输出电压为80kV，输出容量为160kW，已形成系列化产品，基本能满足火电厂600MW以及1000MW机组电除尘器全电场应用的要求。高频电源作为电除尘器的新型供电电源，普遍采用LC串联谐振拓扑结构，具有恒流特性，闪络时主电路不产生大幅冲击电流，设备稳定性好，有利于电除尘器复杂工况下的高效可靠运行，已逐步成为市场主流产品。高频电源具有纯直流供电和间歇供电两种供电方式，可以为电除尘器提供最合适的电压波形，从而提高除尘效率。

对于国内外谐振频率达到20kHz以上的高频电源。高频电源在纯直流供电方式时，电压波动小，电晕电压高，电晕电流大，从而增加了电晕功率，从根本上解决了烟尘荷电效率低的难题（尤其是高比电阻烟尘），提高了除尘效率。同时，在烟尘带有足够电荷的前提下，尽量减少无效的电场电离，从而大幅度减少电除尘器电场供电能量损耗，达到了既提效又节能的目的。工频电源和高频电源的原理图如图9-34所示。高频电源总的技术方案为三相交流电源输入—整流—高频逆变—升压整流输出直流高压给电除尘器供电，高频电源电气工作原理图见图9-35。

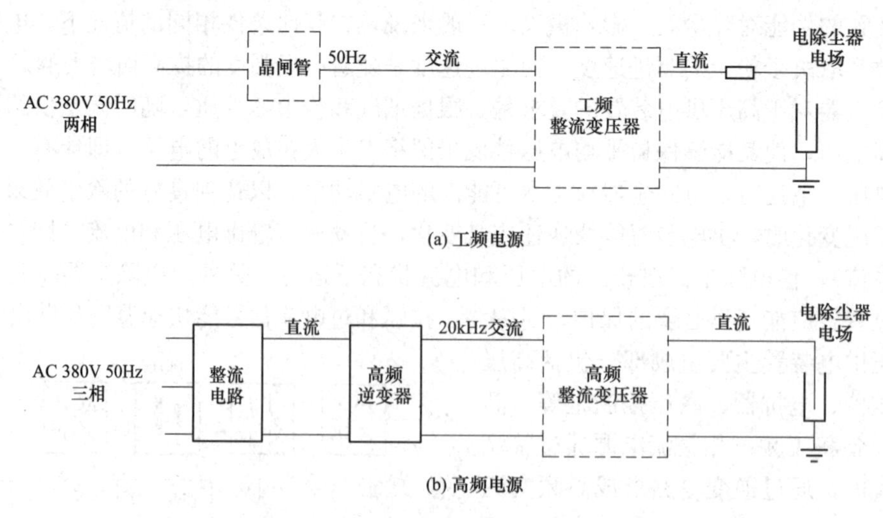

图9-34 工频电源和高频电源的原理图

与工频电源相比，高频电源除了初期投资费用高，更具有以下优点：

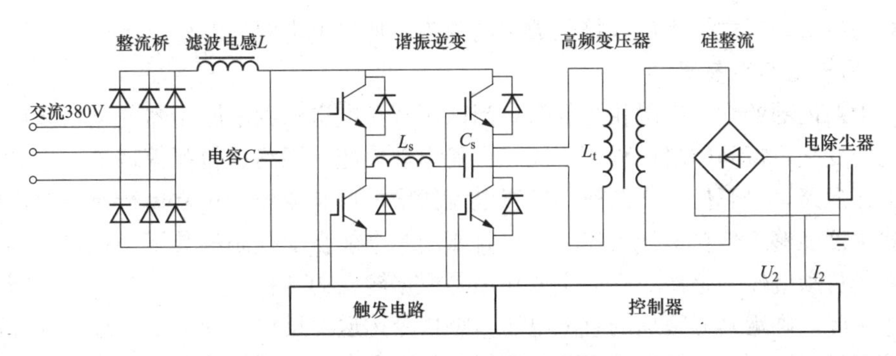

图 9-35 高频电源电气工作原理图

(1) 更好的节能效果。高频电源具有高达90%以上的电能转换效率，在电场所需相同的功率下，可比工频电源更小的输入功率（约 20%），具有节能效果。

(2) 可提高电晕功率。高频电源的输出电压纹波系数比常规电源小（高频电源输出电压纹波系数约 1%，而常规电源输出电压纹波系数约为 30%），大约可提高 30%的电晕电压，从而增加电场内粉尘的荷电能力，也减小了荷电粉尘在电场中的停留时间，从而提高除尘效率。电晕电压提高的同时，也提高了电晕电流，增加了粉尘荷电的概率，进一步提高除尘效率，特别适用于高浓度粉尘场合。

(3) 更好的电源适应性。与工频电源相比，高频电源的适应性更强，高频电源的输出由一系列的高频脉冲构成，可以根据电除尘器的工况提供最合适的电压波形。间歇供电时，供电脉宽最小可达到 1ms，工频电源最小为 10ms。可任意调节占空比，具有更灵活的间歇比组合，可有效抑制反电晕现象，特别适用于高比电阻粉尘工况。

(4) 更好的火花控制特性。高频电源的火花关断时间小于 10μs，而工频电源需 10ms，火花能量很小，电场恢复快，通过提高电场的平均电压，从而可提高了除尘效率。

(5) 三相平衡电源。对电网影响小，无缺相损耗，无电网污染，堪称绿色电源。

(6) 一体化设计，体积小，可高度集成。

(7) 安装方便，辅助设备更少。高频电源外观图见图 9-36。

图 9-36 高频电源外观图

(二) 升压整流变压器

升压整流变压器是将工频 380V 的交流电压升压到 60kV 或更高的电压，次级有若干组线圈，分别接至若干组桥式高压整流器上。每个桥路由 4 只高压硅堆组成，将桥路的直流输出端串联，得到高压直流电源，这种结构称为多桥式。也有将次级若干组线圈串联后，再接至一组桥式高压整流器上，得到高压直流电压，这种结构称为单桥式。

变压器低压线圈通常有三对抽头，进行原边电压粗调，可使直流输出的最高电压分别为 50、60kV 和 72kV，以适应不同情况的需要，使设备在最佳状态下运行。

在变压器的原边还串有电抗器，以限制短路电流和平滑晶闸管输出的交流波形。电抗器有若干个抽头，以便根据不同的高压负载电流进行换接。负载电流越大，电抗器应换接越少匝数的抽头；反之，则应换接匝数多的抽头，使供电电源能够稳定运行。

（三）自动电压调整器

电除尘器内部的烟气工况相当复杂，当高压直流电送入到电除尘器的电场之后，由于烟气工况的变化，极间的耐压程度不同，可能出现火花、闪络、拉弧等现象，这意味着电场内部击穿短路，势必使变压器初、次级电流猛增，这是变压器正常运行所不允许的。为了使电除尘器能够工作在最佳工作状态，就要用一个能自动控制的装置进行自动调节，这个装置就是自动电压调整器。它的主要作用是根据输入的各种一、二次信号，判断电场内部的工作状况，确定其应施加的直流电压，将指令传送给反并联的晶闸管组，反并联的晶闸管组接到指令后，将其导通角调节在所需要的开度，以达到自动调整电压的目的。

自动电压调整器在电除尘器的高压控制装置中是一个关键性的元件，它的调整功能将直接影响到电除尘器的效率。调压器要求自动跟踪的性能好、适应性强、灵敏度高，能够向电场提供最大的有效平均电晕功率；具有可靠的保护系统，对闪络、拉弧和过电流信号能够迅速鉴别和做出正确的处理；当某一环节失灵时，其他环节仍能协调工作并进行保护，使设备免受损坏，并保证稳定、可靠地运行。

现在大型除尘器为了提高除尘效率已采用小分区供电，就是将一个电场细分为 2～4 个分电场，分别由单独的高压电源向其供电。与常规供电配置方式相比，采用小分区供电时，电除尘器的运行电压与电晕电流都较高，更能充分发挥电除尘器的性能，从而提高电除尘器的收尘效率。

二、低压自动控制装置

低压自动控制装置是指对电除尘器的阴、阳极振打电动机以及卸灰、输灰电动机进行周期控制；对绝缘子、支撑电除尘器电晕极的绝缘套管和支柱绝缘子室进行的温度检测和恒温加热控制；提供灰位指示、高低位报警和自动卸灰控制；为保证人身安全，对绝缘子室、开关柜、变压器间、接地开关的门及各人孔门自动联锁的装置。该装置主要有程控、操作显示和低压配电三个部分。

低压控制系统的功能包括阴、阳极振打程序控制，高压绝缘件的加热和加热温度控制，料位检测及报警控制，门、孔、柜安全联锁控制，灰斗电加热功能，进、出口烟气温度检测及显示，通过上位机设定低压系统的功能和参数，综合信号显示和报警信号等。一般每台炉配用的低压程控设备包括微机型低压控制柜（带动力回路、安全联锁）、顶部加热端子箱、振打就地操作端子箱。

三、高压供电装置高频电源运行特性

电除尘器的高压供电电源无论采用何种原理，都必须适应电除尘器频繁闪络、复杂多变的要求，在确保除尘效率的情况下寻求节能的最大化，这就要求设备能够提供接近纯直流到间歇幅度很大的各种电压波形，快速响应闪络，恢复供电电压。

通常对于中、低比电阻粉尘工况，采用纯直流供电方式居多；对于高比电阻粉尘工况，采用间歇供电方式居多。高频电源与工频电源相比，优势在于火花闪络时的二次输出电压纹波系数通常小于 3%，运行平均电压可达工频电源的 1.3 倍，间歇供电间歇比任意可调，工况适应性更强。

（一）高频电源闪络特性

发生火花闪络时，串联谐振变换器的恒流特性可以有效抑制电流的大幅波动和电场火花的电流冲击，可以迅速熄灭火花并且快速恢复电场能量。这种特性特别适应于电除尘器现场工况频繁的火花冲击、短路概率高的情况。而且，其恒流特性有明显的火花抑制作用，火花击穿的临界电压显著提高。高频电源火花闪络响应时间在200～50μs内，电场闪络时迅速封锁输出，并降低逆变电路的开关频率，降低高频电源输出二次电压值，之后再提高逆变电路的开关频率，尽快恢复电场电压的同时控制不出现连续闪络。

（二）高频电源纯直流供电特性

高频电源在纯直流供电方式下，通过调节逆变电路的开关频率，从而调节输出二次直流电压和二次直流电流的大小。

在纯直流供电方式下，当输出电压接近额定值时，高频电源的开关频率通常能达到10kHz以上，二次电压输出波形为一条直线，纹波系数小于1%。由于电除尘器电场具有电容、电阻双重特性，其中电容性的滤波作用使得二次电压波形平滑，因此纹波系数小。在实际工况下，高频电源的输出通常为50～70kV，此时开关频率为10～20kHz，输出为一条直线，均能在临界火花状态下运行。有关理论和实践表明，在电除尘器正常运行范围内，电晕电流和电晕功率都随电场电压的升高而增大。因此，在同样的电场里，高频电源运行于临界火花状态，运行电压明显高于工频电源，可以比工频电源输入更多的电晕功率，从而提高除尘效率。

由于二次电压纹波系数在3%以内，通过提高高频电源的工作频率来降低纹波从而提升二次电压均值的空间不大。如高频电源谐振频率提高到50～200kHz甚至200kHz以上时，对二次电压的提高微乎其微，对电除尘效率提升几乎没有帮助。因此国内外高频电源谐振频率一般都为10～20kHz，纯直流供电方式其运行开关频率多为10～20kHz。

（三）高频电源间歇供电特性

常规工频高压电源受工业电网频率50Hz限制，二次电流波形以10ms为单位，单半波间歇供电比通常为（1∶2；1∶4；…；1∶20）10种，即为（10ms∶20ms；10ms∶40ms；…；10ms∶200ms）10种，双半波间歇供电比通常为（2∶2；2∶4；…；2∶20）10种，即为（20ms∶20ms；20ms∶40ms；…；20ms∶200ms）10种，供电波形无法任意调节。高频电源在间歇供电方式时，通过控制逆变电路开通P_{on}和关断P_{off}的时间，实现间歇供电，高频电源谐振频率为40kHz时，二次电流单脉冲宽度以25μs为单位，间歇供电时，P_{on}和P_{off}均为25μs的倍数，可以任意调整，不受工频50Hz限制。可以通过调整P_{on}、P_{off}的时间值，获得纯直流到脉动幅度很大的各种电压波形为电除尘器供电，满足电除尘器的各种工况要求。

高频电源在间歇供电方式时，其P_{on}宽度通常设定在几百微秒到几毫秒之间，在较窄的高压脉冲作用下，可以有效提高脉冲峰值电压，增加高比电阻粉尘的荷电量。通过寻找、跟踪最佳的脉冲宽度和脉冲频度，抑制反电晕现象，增加粉尘驱进速度，以获得最佳的除尘效果。采用间歇供电产生的节能效果良好。在高比电阻粉尘工况下，电除尘器电源节能可达50%以上，节能降耗效果显著。

第五节 影响电除尘器性能的因素

虽然目前电除尘技术依然是我国燃煤电厂烟尘治理的主流技术，但仍面临着技术、行业等发展带来的各种挑战。高比电阻粉尘引起的反电晕，振打引起的二次扬尘及微细粉尘荷电不充分等在很大程度上影响了电除尘器的除尘效率。在运行过程中，影响电除尘器性能的因素很多，可以大致归纳为以下5大类：粉尘特性，烟气性质，本体结构参数和性能，操作因素和供电控制质量。粉尘特性和烟气性质是影响电除尘器性能的不易控制的外在因素，也是在电除尘器本体结构设计时应重点考虑的因素。已投运的电除尘器、燃烧煤种和锅炉负荷的变化，必然会影响电除尘器的性能，此时应重点考虑：充分发挥供电控制设备的作用，选择不同的供电方式和控制特性。

一、粉尘特性的影响

（一）粉尘比电阻的影响

高比电阻粉尘容易引起反电晕，使电除尘器的收尘性能大幅下降，粉尘比电阻和除尘效率的关系见图9-37。

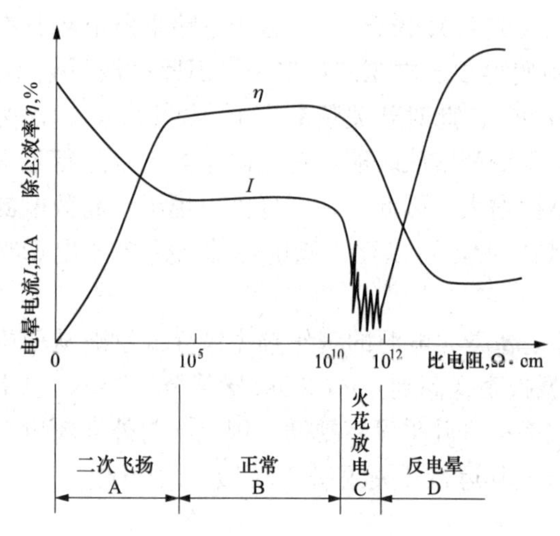

图9-37 粉尘比电阻和除尘效率的关系

粉尘比电阻是衡量粉尘导电性能的指标，它对电除尘器性能的影响最为突出。在通用的单区板式电除尘器中，电晕电流必须通过极板上的粉尘层传导到接地的收尘极上。此外，粉尘的比电阻对粉尘的黏附力有较大影响，高比电阻导致粉尘的黏附力相当大，以致清除电极上的粉尘层要增大振打强度，导致二次扬尘增加。

根据粉尘的比电阻 ρ 对电除尘器性能的影响，粉尘大致可分为以下三个范围（单位为Ω·cm)：

（1）低比电阻粉尘：$\rho < 10^4$ 。

（2）中比电阻粉尘：$10^4 < \rho < 5 \times 10^{10}$ 。

（3）高比电阻粉尘：$\rho > 5 \times 10^{10}$ 。

中比电阻粉尘最适合于电除尘器捕集，而对于比电阻过低或过高的粉尘，如果不采取有效措施，采用电除尘进行捕集时就会遇到一定的困难。

1. 低比电阻粉尘的影响

低比电阻粉尘的跳跃现象见图9-38。当低比电阻粉尘到达收尘极表面时，一方面，会立即释放电荷成为中性，比较容易从收尘集上脱落，重新进入烟气气流，产生二次扬尘；另一方面，由于静电感应获得和收尘极同极性的正电荷（见图9-38中 A），若正电荷形成的排斥力大得足以克服粉尘的黏附力，则已经沉积的粉尘将脱离收尘极而重返气流，重返气流的粉尘在空间又与负离子相碰撞，会重新获得负电荷而再次向收尘极运行（见图9-38中 B），结果会形成粉尘在收尘极上跳跃的现象，最后可能被烟气气流带出电除尘器。当然，能否出现跳跃现象还与粉尘的黏附性有关。

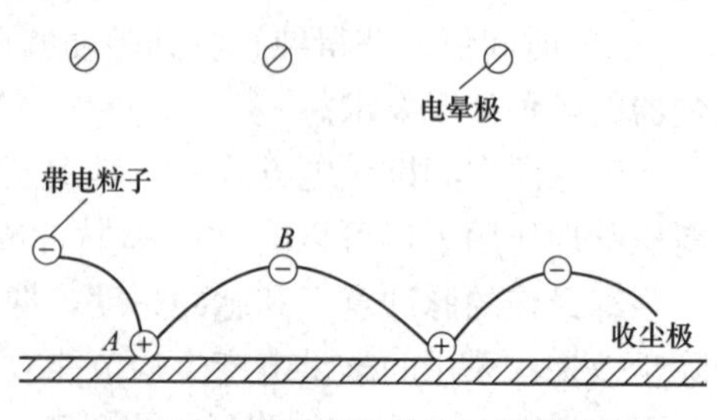

图9-38 低比电阻粉尘的跳跃现象

2. 高比电阻粉尘的影响

当粉尘比电阻超过 $5\times10^{10}\Omega\cdot cm$ 后，电除尘器的性能就随着粉尘比电阻的升高而下降，常规电除尘器就难以获得理想的除尘效率。若比电阻超过 $5\times10^{10}\Omega\cdot cm$ 时，在大多数情况下，常规电除尘器除尘效率会严重降低，这是因为沉积在收尘极表面上的高比电阻粉尘层产生局部击穿，发生反电晕现象所致。

高比电阻粉尘到达收尘极后，电荷释放很慢，残留着部分电荷，这样的收尘极表面逐渐积聚了一层带负电的粉尘层，由于同性相斥的原因，使随后尘粒的驱进速度减慢。由于粉尘层的电荷释放缓慢，粉尘间形成较大的电位梯度，当粉尘层中的电场强度大于其临界值时，就会在粉尘层的空隙间发生局部击穿，产生与阴极线极性相反的正离子，并向阴极线运动，中和电晕极带负电的粒子。其表现为电流增大、电压降低、粉尘二次飞扬严重，使得收尘性能显著恶化，形成反电晕。反电晕就是沉积在收尘极表面上的高比电阻粉尘层所产生的局部反放电现象。高比电阻粉尘的反电晕现象如图 9-39 所示。

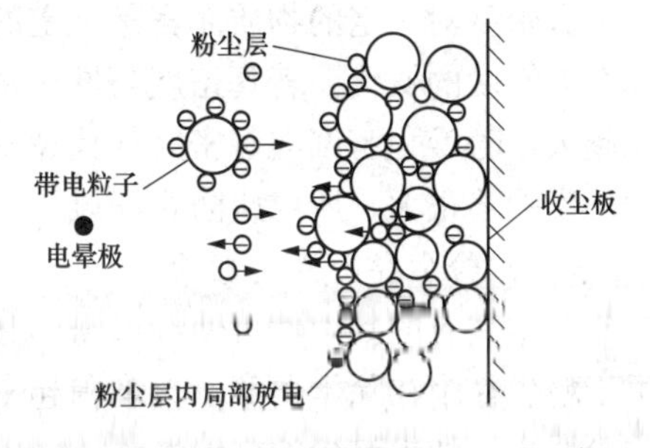

图 9-39 高比电阻粉尘的反电晕现象

解决高比电阻粉尘产生反电晕问题的主要措施是使沉积在收尘板上的粉尘层不被击穿，要满足这要求，就必须降低粉尘层的电晕电流或降低粉尘的比电阻（包括对烟气调质，采用高温电除尘器，采用湿式电除尘器，采用宽间距电除尘器和采用高压脉冲供电系统）。当前，高压脉冲供电系统是彻底消除反电晕，解决高比电阻粉尘不易捕集的最有效手段。在很多情况下的粉尘都是高比电阻，为此通常采用降低比电阻的方法获得较好的除尘效果。

（1）选用非常规的电除尘器。

1）湿式电除尘器。粉尘的比电阻与其含湿量有相当大的关系，随着含湿量的增加，比电阻显著下降。在湿式电除尘器的阳极板上，有一层水膜保持连续流动，当高比电阻粉尘捕集到阳极板上后，很快就会吸收水分，使其湿度增加，降低了比电阻。

2）高压脉冲供电电除尘器。电除尘器高压脉冲供电技术能够有效抑制高比电阻粉尘在电场中的反电晕现象，使电除尘器在高比电阻粉尘的工况下能较好地运行，而且它对于处理正常比电阻粉尘的电除尘器，也能取得高效节能的效果。

3）泛比电阻电除尘器。泛比电阻电除尘器是在吸收原电除尘器优点的基础上，通过改进电场结构来提高电除尘器对烟尘的适应能力，有效抑制粉尘反电晕和二次飞扬的发生，从而扩大了电除尘器的应用范围。

除了以上 3 种类型的电除尘器外，冷电极式电除尘器、宽极距式电除尘器、运动阳极式电除尘器等都可以捕集高比电阻的粉尘。

（2）工艺控制。通过生产工艺过程的改变来改善烟尘性质，或控制温度和原料等也是切合实际的一种方法。另外，实际生产过程产生的烟气中有时候伴随着 SO_2，可以采取措施进一步将其氧化成 SO_3 来调质烟气，以降低比电阻。

（二）粉尘粒径的影响

粉尘的粒径分布对电除尘器总的除尘效率有很大的影响，粉尘粒径越大，除尘效率越高。这是因为荷电粉尘的驱进速度随着粉尘粒径的不同而变化，即粉尘的驱进速度与粒径大小成正比。当粉尘粒径小于0.1μm时，从表面上看粉尘的驱进速度与粉尘的粒径无关，但是粉尘粒径越小其附着性越强，因此细粉尘容易造成电极积灰。另外细粉尘还易产生二次飞扬，会使电除电器的性能降低。

（三）粉尘密度的影响

粉尘的真密度对电除尘的影响虽然不像靠重力和离心力进行分离的机械除尘装置那样重要，但是已经分离出来的粉尘在落入灰斗时也要依靠重力。所以，粉尘的密度对电除尘器的性能也有一定影响。

粉尘堆积密度是指包括粒子间气体空间在内的单位体积粒子的质量。通常将粒子间的空间体积与包括粒子群在内的全部体积之比称为空隙率。

真密度对一定的物质而言是一定的，而堆积密度则与空隙率有关，随着充填程度不同而有大幅度的变化。若真密度与堆积密度之比越大，则粉尘二次飞扬对除尘性能的影响也就越大。若堆积密度与真密度的比值达到10左右时，则烟气的偏流或漏风对粉尘二次扬尘的影响会很大，所以应防止漏风。

（四）粉尘黏附性的影响

粉尘具有的黏附性可使细微粉尘粒子凝聚成较大的粒子，这对粉尘的捕集是有利的。由于粉尘黏附在除尘器壁上会堆积起来，这是造成除尘器发生堵塞故障的主要原因。在电除尘器中，如果粉尘的黏附性强，粉尘就会黏附在电极上，即使加强振打也不易脱落，即会出现电晕线肥大和收尘板粉尘堆积，影响电晕电流导致工作电压升高、除尘效率降低的情况。粉尘的受潮或干燥都将影响粉尘的黏附力。另外，粉尘的几何形状、粒径分布等其他物性对黏附性也有影响，如粉尘的比表面积对黏附性的影响就比较大。粉尘粒径越小，其比表面积就越大，黏附性也就越强。

二、烟气性质的影响

（一）烟气温度和压力的影响

烟气温度升高使烟气体积流量增大、电场风速提高。烟气的温度和压力影响起始电晕电压、起始电场强度、空间电荷密度和离子的迁移率等。烟气密度ρ随着温度的升高和压力的降低而减少。当ρ降低时，起始电晕电压、起始电场强度和击穿电压（火花放电电压）等都要降低；排烟温度升高、粉尘比电阻增大、易形成反电晕，均导致了除尘效率呈指数关系下降。

（二）烟气成分的影响

烟气成分对电除尘器的伏安特性和火花放电电压也有很大的影响。

（三）烟气湿度的影响

一般烟气中水分增加，电除尘器效率就高。但是，如果电除尘器的保温不好，温度达到烟气露点温度，烟气中的水蒸气凝结会引起绝缘子爬闪放电，也会使电除尘器的电极系统以及壳体产生腐蚀。如果烟气中含有SO_3，其腐蚀程度就更为严重。

（四）烟气含尘浓度的影响

电除尘器在加载高压直流电源时，电晕极与集尘极形成的极不均匀电场，气体发生电离。当气体中的含尘浓度不高时，带电尘粒在电场力作用下加速向集尘极移动；烟气中含尘浓度增大时，荷电粉尘增加，所形成的空间电荷增大，单位容积气体中总的空间电荷不变，气体离子所形成的空间电荷相应减少，则由电晕区生成的离子都会吸附在粉尘上，此时离子迁移率达到极小值。尤其是当 1μm 左右粉尘越多时，其影响就越大，高压电流可能趋近于零，电晕受到抑制，气体电离受到影响，除尘效果明显恶化，这种现象称为电晕闭塞，也称电晕封闭。

当烟气流速增加时，单位时间内停留在电场中烟尘量增大，也将出现类似于烟气含尘浓度增加的效应，因而也会在不同程度上产生电晕闭塞现象，其结果是电流逐渐下降，除尘效率也逐渐降低。

采用常规极距，采用长芒刺线，采用预荷电，脉冲供电，减小电场风速和采用预级除尘器等，均可有效减小烟气含尘浓度对电除尘器性能的影响。

（五）电场风速的影响

从降低电除尘器的造价和减少占地面积的观点出发，应该尽量提高电场风速以缩小电除尘器的体积。但是电场风速不能过高，因为粉尘在电场中荷电后沉积到收尘极上需要有一定的时间，如果电场风速过高，荷电粉尘来不及沉降就会被气流带出，也容易使已经沉积在收尘极的粉尘层产生二次飞扬，特别是在电极进行振打清灰时更容易产生二次扬尘。所以，电场风速一般为 0.4～1.5m/s。

二、本体结构参数及性能的影响

（一）本体几何参数的影响

电除尘器本体的几何参数包括电场长度、电场宽度、电场高度、电场截面积、总收尘面积、极板间距、电晕线间距、电晕线当量直径、电场数和通道数等。显然，这些参数与电除尘器性能紧密相关。应根据粉尘特性和烟气性质，在进行总体设计时综合考虑。

当处理烟气量一定时，若减小电场截面积，则电场风速必然增大，这不仅使电场长度增加，加大占地面积，还会引起较大的粉尘二次飞扬，降低除尘效率。反之，若增大电场截面积，必然使钢耗和投资增大，占用空间体积增大。因此，电场截面的大小必须通过经济技术比较后确定。

目前，在国内外生产的电除尘器中，极板间距选取 400mm 的居多，而电晕线间距视极配形式不同取值为 150～500mm。电场数可根据除尘效率的不同要求取 3～5 个电场为宜。

（二）气流分布均匀性的影响

一般而言，烟道内烟气流速为 15m/s 左右，而电场内烟气流速仅为 1m/s 左右，两者相差十余倍。烟气流速的迅速转变会使进入电场的烟气气流产生涡流、紊流，导致气流分布不均匀，电除尘器内气流分布不均匀对电除尘器效率的影响非常大。

在气流速度不同的区域内所捕集的粉尘量不一样。局部气流速度高的地方会出现冲刷现象，将已经沉积在收尘极板上和灰斗内的粉尘再次大量扬起。如果电除尘器进口含尘浓度不均匀，就会导致电除尘器内某些部位堆积过多的粉尘。

电除尘器内气流分布不均与导向板的形状和安装位置，气流分布板的形式和安装位置，管道设计以及电除尘器与风机的连接形式等因素有关。这些因素综合起来可能会使电除尘器的效率上下波动 20%～30%。

一般通过在入口烟道转弯处合理设置导流板，在进气烟箱内合理设置气流分布板，在本体内电场两侧、顶部和灰斗内设置阻流板，在出气烟箱内设置槽形板，防止烟道积灰及壳体漏风，从而减轻气流分布不均匀现象。

（三）安装质量的影响

电除尘器的总体安装精度对电除尘器性能有重要影响，安装精度不符合要求甚至会影响其正常运行。电除尘器放电极框架大多采用圆钢管或异型钢管焊接而成，它不仅质量较小，而且结构较单薄或薄弱，在长期高温和振打作用下，极易发生变形或移位。在这种情况下，当振打阴极框架时，如果振打锤偏离正常振打位置，导致振打加速度下降，振打力传递削弱，严重影响供电状况和振打清灰效果，特别是在电除尘器开、停机频繁的情况下，因集尘极和放电极反复热胀冷缩产生严重变形，造成极间距局部变小，引起高压放电间距变小，严重影响电场电压达到最大火花放点电压，导致电场荷电性能降低。因此要定期检查、校准极间距，对于不符合规范的间距及时调整。

四、操作因素的影响

（一）伏安特性

电除尘器在运行过程中，从始发电晕（起晕）到电场终结（击穿），电压与电流的关系曲线称为伏安特性曲线。冷态空载伏安特性曲线可检验设备制作和安装质量，曲线闪络击穿点越接近设定电压、电流值，说明该电除尘器质量越好。送入含尘气流后测得电压与电流的关系曲线称为负载伏安特性曲线，其主要受电极几何形状，电极配置形式、参数，气体成分，含尘浓度，操作温度和压力，粉尘性质等因素影响。运行中可以借助伏安特性曲线的变化分析电除尘效率的变化。通常出现的几种异常包括向右平移、旋转等，可以通过负载伏安特性的变化反映运行工况的变化，判断电除尘器运行条件的改变或拐点等。

（二）清灰效果

清除电极表面积灰的方法有多种，其中机械振打清灰方法应用最广泛。选取合理的振打部位、振打强度和振打频率，是保证电极清洁、减少二次扬尘和提高除尘效率的重要手段。影响清灰效果的因素除本体结构外，还有粉尘特性、烟气性质和供电控制方式等因素。减少振打系统的故障率，防止电晕线断线，防止收尘极板变形等也是提高清灰效果的重要因素。

有效振打清灰的同时要防止或减少二次扬尘，主要措施包括下列内容：

（1）选择合理的振打强度和振打制度。

（2）降低电场烟气风速并使其分布均匀。

（3）在收尘极板上设置防风沟。

（4）防止本体漏风和窜气。

（5）在出气烟箱内设置槽形板。

（6）增加电场长度，降低电场高度。

（7）选择合理的高压供电方式，减小电风。

（8）对烟气进行调质，防止高比电阻粉尘产生的反电晕。

另外，电除尘器本体的机械强度、密封性能、保温性能、绝缘性能、卸灰方式等因素对电除尘器性能也会产生不同程度的影响。

（三）电晕线肥大

电晕区有少量的粉尘粒子获得正电荷后向电晕线运动并沉积其上，如果粉尘的黏附性很强，不容易振打下来，就会使电晕线上的粉尘越来越多，即电晕线变粗，降低了电晕放电效果。电晕线肥大的原因主要有以下几个方面：静电作用、结露、粉尘自身黏附性较大、分子力黏附。

（四）漏风和偏流

电除尘器一般是负压运行，如果壳体的连接处密封不严，就会从外部漏入冷空气，使电场风速增大，除尘效率下降。

偏流是指整个电场断面气流分布不均匀。严重的偏流可能使电极产生过度晃动，异极间距改变，击穿电压随之改变。

（五）气流旁路

气流旁路是指气流不流经收尘区，包括收尘极板顶部旁路，收尘极板底部（灰斗上部）旁路，最两边极板的外侧通道旁路等。产生气流旁路的主要原因是当气流通过电除尘器时产生局部压降，压降产生抽吸作用。

五、供电控制质量的影响

(1) 电压极性。大量实验表明：在相同的条件下，采用阴电晕（即电晕线接电源负极），具有起晕电压低、击穿电压高、电晕功率大、运行稳定等优点。

(2) 电压波形。国内外电除尘器高压供电设备较常采用具有一定峰值和平均值的脉动负直流电压波形。峰值电压有利于粉尘荷电，而平均电压有利于粉尘捕集。因此，应根据粉尘的比电阻来选择合适的电压波形。

(3) 匹配阻抗。当电除尘器的极线间距和运行工况确定后，提高电除尘器的上限电压（即火花放电电压）是困难的。但是通过选择合适的匹配阻抗，达到改善供电系统的伏安特性和提高电晕电流的目的是可行的。

六、控制方式

在电除尘器高压供电设备中应用的控制方式有火花跟踪控制、火花强度控制、临界火花控制、浮动式火花控制、最高平均电压控制、间歇供电控制、富能供电控制和反电晕检测控制等。多种控制功能的并存和应用，增强了供电设备对电场烟尘条件变化的适应和跟踪能力。

（一）振打制度

电除尘器内电场的振打装置主要用来定时清除电场内极线和极板上的积灰，保持电场二次电压的稳定。电除尘器清灰效果与振打方式密切相关。振打方式包括振打方向、振打强度和周期。其中，阴极顶部机械振打系统与阳极侧向底部机械振打系统为目前较常用和效果较好的振打系统。顶部重锤回转式机械振打除具有侧向挠臂振打的特点外，还具有可靠性高、检修方便、减少了漏风、空间利用率提高、延长锤头和振打轴系使用寿命等优点。

一般情况下，间歇振打比连续振打可减少二次扬尘1/3～1/2。实践表明，电除尘器振打清灰周期的时间长短，对除尘效率影响十分显著。振打周期过长、积灰太厚，虽然有时积灰也能自行剥落，但会降低除尘效率。振打清灰周期过短，由于灰层太薄，振打下来的灰分重新被烟气带走而加剧二次扬尘，也会降低除尘效率。

对于阴、阳极振打，除了选择合理的振打周期外，还应考虑同一电场的阴、阳极交错振打，前后电场的阴极（或阳极）应交错振打。当上述交错振打制度无法满足时，可实现各通道之间交错振打。这样做既利于清灰又可提高除尘效率。另外，对于烟气黏度大、粉尘粒度细、黏附性强和比电阻高的情况，可采用振打时停高压、停振时投高压的联动控制方式，以防止板、线严重积灰和出现反电晕。

（二）卸灰控制方式

目前，电除尘器的卸灰控制方式主要包括连续卸灰控制、周期性定时卸灰控制和料位监测卸灰定时控制。对于连续卸灰，若无人工干涉，会出现灰斗排空，引起漏风，产生二次扬尘，造成能源浪费和使除尘效率降低。对于周期性卸灰，因为收集灰量与周期性排灰量不可能正好相等，所以经过一段时间的积累，就会出现灰斗排空或者灰斗满灰现象。灰斗满灰不仅增加灰斗的荷重，还会引起灰短路和灰斗棚灰，致使电除尘器没法正常运行。料位监测卸灰应属于较好的卸灰控制方式，但对于后部电场灰斗，由于收集的灰量少，导致灰位从下料位到上料位的时间过长，若灰斗加热保温不良，则会造成灰斗棚灰结块。对于靠后的灰斗，应采取有效的加热保温措施，还应降低上料位的监测高度，或采用卸灰与阳极振打联动，实现下料位监测的卸灰控制方式。

（三）加热控制方式

对电除尘器的阴极支撑绝缘子和阴板振打瓷轴采取密封和加热保温措施，使该处的温度保持在烟气露点温度之上，是使电场运行电压能维持较高水平的重要手段。电除尘器的绝缘子加热控制方式有连续加热控制，恒温加热控制和区间加热控制。

（四）集散控制方式的影响

采用由上位机（中央控制器）、下位机（高低压供电控制设备）和各种检测设备（烟气浊度仪，锅炉负荷传感器，温度、压力传感器，一氧化碳分析仪）等组成的集散型智能控制系统，可实现对高低压供电控制设备的闭环控制，控制参数的在线设定，运行数据的在线显示、修改和打印等多种功能。这不仅提高了电除尘器运行的自动化管理水平，而且能在保证除尘效率的前提下，通过对高低压供电控制设备实施智能控制，达到大幅度节省电能的目的。采用电除尘器集散型智能控制系统，是现代化生产管理的需要，也是保障电除尘器长期安全、稳定、高效运行的重要措施之一。

影响电除尘器性能的因素很多，除供电控制质量外，电除尘器的本体结构参数及性能、粉尘特性、烟气性质和运行维护人员的素质等，均对电除尘器性能有重要影响。但对于运行中的电除尘器，从供电控制角度采取适当措施，是提高除尘效率最经济、最方便、最直接和最重要的手段。

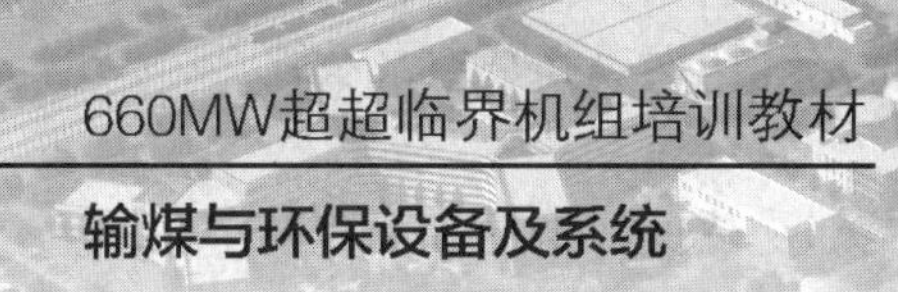

第十章　火电厂除灰系统

电厂燃煤锅炉燃烧后产生的固体残渣即为锅炉灰分。对于应用最广泛的煤粉锅炉，大约90%的灰分以飞灰的方式离开锅炉，通过除尘器收集并送出锅炉房，还有大约10%的灰分以锅炉底渣的方式，经锅炉除渣设备冷却后，经破碎、收集并送出炉外。锅炉除渣部分除对炉底渣进行冷却、收集、还处理石子煤。锅炉除灰部分包括电除尘器飞灰、省煤器飞灰、空气预热器飞灰及脱硫废弃物的收集、输送，并将灰分排放至灰库、灰场或者运往厂外灰用户。燃煤电厂通常采用灰、渣分除，以提高灰渣综合利用的水平。

第一节　火电厂除灰系统概述

电厂燃煤锅炉燃烧产生的灰分通常采用三个基本的输送途径，分别是省煤器细灰输送，电除尘器细灰输送和炉底灰渣输送。通常锅炉底渣输送系统需要专门的设备先对底渣冷却，之后再由输渣设备送出。省煤器放灰斗设计在省煤器下部转向室处，因为转弯烟道外侧飞灰浓度大、流速低，当烟气由下行烟道转入水平烟道时，气流转弯，较大颗粒被抛向后墙及灰斗内，再经灰斗下部落灰管排出。因为此处排放的主要是大颗粒的灰尘，可以明显减轻空气预热器、电除尘器以及烟道的磨损。省煤器灰斗内的灰经过单翻（锁气）式挡板由落灰管落入下部的灰箱内，气力输送灰箱采用全封闭式。省煤器除灰系统的排灰方式设计为连续排灰，此灰量大约占电除尘器排灰量的10%～15%。

灰分从除尘器灰斗输送到灰库的除灰系统主要分为水力除灰系统和气力除灰系统。气力输送是利用气流作为载体，一般采用压缩空气，在管道中输送粉、粒状固体物料。

目前，基于节水、灰渣综合利用以及环境保护的需要，气力除灰技术已取代了早先的水力除灰方式。

一、气力输灰系统组成设备

气力输灰系统组成设备通常由以下4部分构成：

（1）供料装置。供料装置将灰分送入输灰管内，一般采用能使灰分在气流中悬浮的供料机，装设在输送系统的始端。

（2）输送管。输送空气、灰分混合物的管路及附属管件，相当于输送灰分的通道。

（3）分离机。布置在输送终点，将灰分从空气流中分离并排出输送管外。一般是将分离器及其下部的排出机组装成一个整体。

（4）空气动力源。输送用空气增压装置的总称，包括空气压缩机和真空泵系统。

二、气力除灰系统分类

气力除灰系统是以空气为输送介质和动力，将锅炉尾部受热面、烟道和除尘器等集灰斗的细灰通过管道或其他密封装置输送到储存地点的工艺设施。根据压力分类，可分为动压输送和静压输送两大类别。依据输送压力的不同，可分为正压系统和负压系统两大类。其中正压气力除灰系统包括大仓泵正压输送系统、气锁阀正压输送系统、小仓泵正压输送系统、双套管紊流正压气力除灰系统等。大仓泵正压气力输灰系统具有输送距离远、输送量大、系统所需供料设备少等特点，成为国内燃煤电厂应用最早、最广泛的一种气力除灰方式。

1. 负压气力除灰系统

负压气力除灰系统在抽气设备的抽吸作用下，集灰斗中的灰被吸入输送管道，送至卸灰设施处，经收尘装置将气灰分离，灰经排灰装置被送入灰库，净化后的空气通过抽气设备排入大气。负压气力除灰系统的抽气设备一般采用干式负压风机或水环式真空泵。

目前中国负压气力除灰系统的出力可达25～40t/h，相应的输送距离为100～200m，输送浓度为10～20kg（灰）/kg（气）。负压气力除灰系统的整个输送过程均在低于大气压力下进行，可以防止气灰混合物向外部泄漏，其工作环境清洁、受灰装置结构简单、造价较低的优点。但也具有系统出力和输送距离受负压条件限制、收尘器设在高真空区、结构比较复杂的缺点。

2. 正压气力除灰系统

正压气力除灰系统在高于大气压的压缩空气推动下，将灰斗的灰分别送往指定的灰库。由于气灰混合气流进入灰库后速度突然减小，造成气灰分离，空气经滤袋式过滤器直接或经吸风机排入大气。由于正压气力除灰系统的抽送介质压力较高，系统输送能力强，输送距离较远，只需在排料端设置一级气灰分离用的收尘过滤装置，因此结构较为简单。由于系统内的压力高于大气压力，密封不严时，在运行中易造成气灰混合物的泄漏，污染环境。此外，其给料装置位于系统压力最高处，结构也比较复杂。

根据输送介质的压力和输送浓度的不同，正压气力除灰系统又可分为低压式和压力式，以及稀相和密相输送。低压系统所用的输送空气一般由高压风机供给，压力不超过200kPa，输送速度一般采用12～30m/s，为稀相气力输送。

第二节 大仓泵正压气力输灰系统

大仓泵正压气力输灰系统属于浓相正压气力输送系统，是目前国内燃煤电厂应用最广泛的一种气力除灰方式。

一、系统特点

大仓泵正压气力输送系统适用于从一处向多处分散输送。若在除灰母管后连接多路分支管，改变输送线路并安装切换阀组，可按照程序控制分别向不同的灰库或供灰点卸灰。若能保持各分支管路灰气流合理分配，则可同时向多点卸灰。

这种输灰系统适合于大容量、长距离输送。与负压输送系统不同，正压系统输送浓度和输送距离的增大所造成的阻力增大，可通过适当提高气源压力得到补偿。而空气压力的增大，使空气密度增大，有利于提高气流携载粉体颗粒的能力，其浓度与输送距离主要取决于鼓风机和空气压缩机的性能和额定压力。

收尘设备处于系统低压区，故收尘器对密封的要求不高。由于系统结构比较简单，一般不需要装锁气器，而且分离后的气体可直接排入大气，因此一般只需安装一级收尘设备（小布袋收尘器）。由于气源设备在仓泵之前，因此不存在气源设备磨损问题，并且可向某些正压容器供料。

大仓泵正压系统也有明显的不足和缺陷。仓泵处于系统的高压区，对仓泵的密封性能要求较高。间歇式正压输送系统不能实现连续供料。当运行维护不当或系统密封不严时，会发生跑冒灰现象，造成周围环境污染。与负压系统相比，系统漏风对系统运行的稳定性影响不大，而且跑冒灰现象易于被发现。

二、输灰系统构成

大仓泵正压浓相气力输灰系统由供料设备、气源设备和集料设备三大基本功能组以及管道、控制系统等组成。系统核心设备是仓式气力输送泵，简称为仓泵，为输送主设备。气源设备采用较多的空气压缩机组、罗茨风机或其他高压风机。集料设备是安装于灰库顶端的布袋除尘器。系统还包括灰库系统及输灰管道等主要组成部分，采用微机程序控制方式，可实现系统设备的协调有序运行。浓相气力输灰系统如图 10-1 所示。

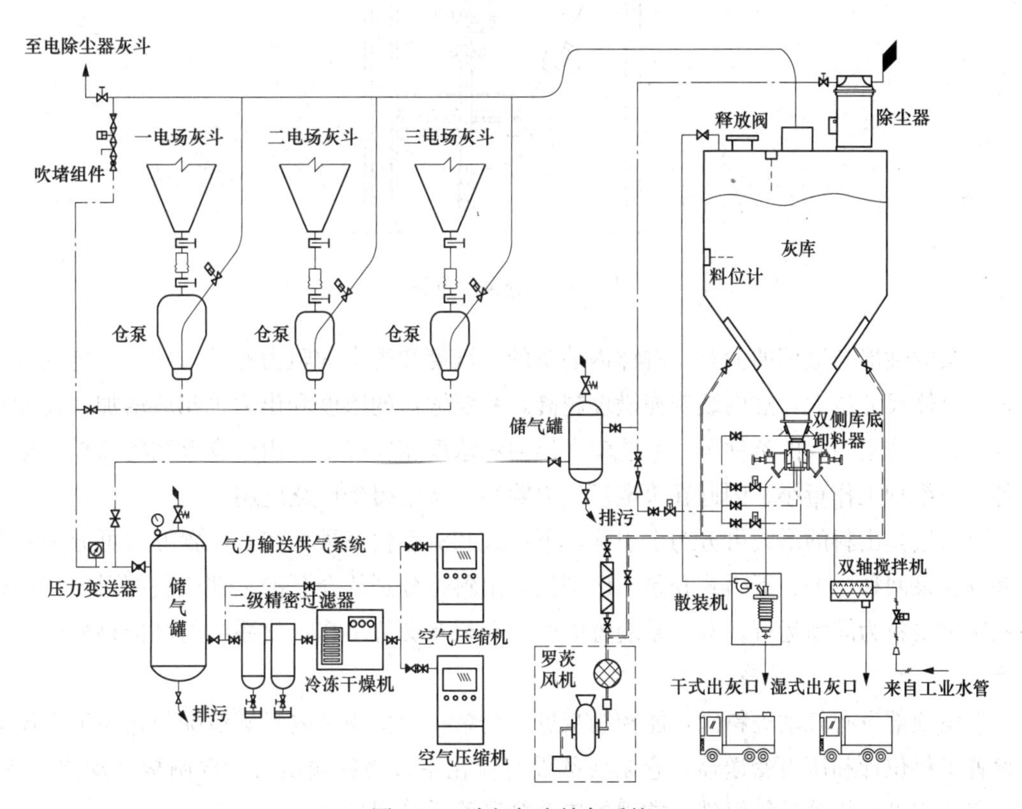

图 10-1　浓相气力输灰系统

（一）仓泵

仓泵是以压缩空气为输送介质的动力设备，是利用仓体的密封能力，自动交替进、排料的容积压力输送装置，亦称仓式输送泵。干灰装入仓内后将容器关闭，然后通入压缩空气，使仓内的灰与空气混合物经输送管道送至指定地点，仓泵示意图如图10-2所示。

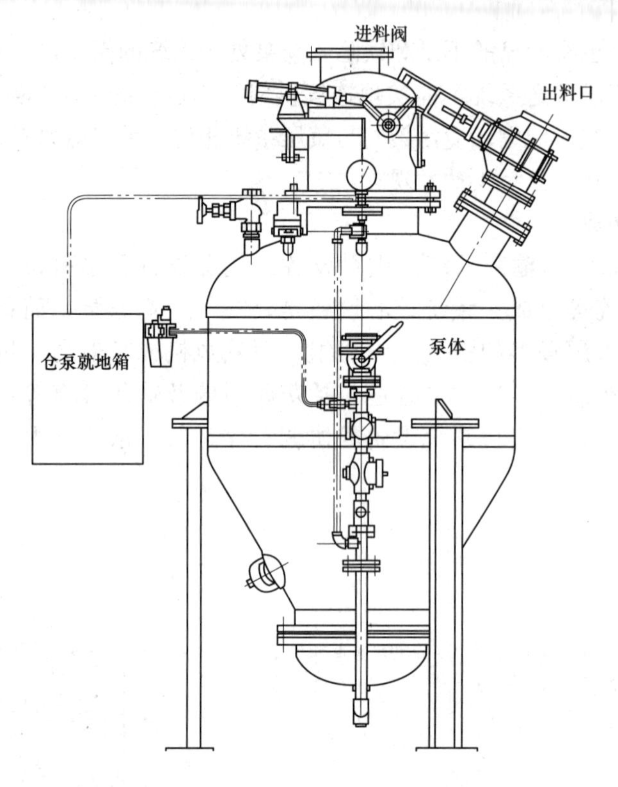

图10-2　仓泵示意图

仓泵的性能与缸体的大小、缸体内装灰的充满度和管道的阻力有关。对于一定的空气流量，缸体尺寸越大，缸内装灰充满度越高，系统输送的浓度和出力也相应增加。在输送距离长、管线阻力大的条件下，系统输送出力和浓度相应降低。由于仓泵结构简单、运动部件少、维护工作量小，因此在火电厂气力除灰系统中得到广泛应用。

仓泵按其出料的形式可分为上引式、下引式和流态化三种；按其布置方式可分为单仓泵和双仓泵两种。上、下引式仓泵的区别是，出料管分别从仓泵的上部或底部引出。单仓泵系统进出料为间断运行；双仓泵装置的两个仓相互交替工作，使系统的进排料可以连续进行。

仓泵顶部设有气动进料阀，能控制灰进入仓泵；为检测泵内料满情况与仓泵工作压力而设置了料位计和压力变送器；仓泵底部设有流化室；物料输出口设双闸板气动出料阀；对进气控制设有气动进气组件。常规的单仓泵管路系统图见图10-3。

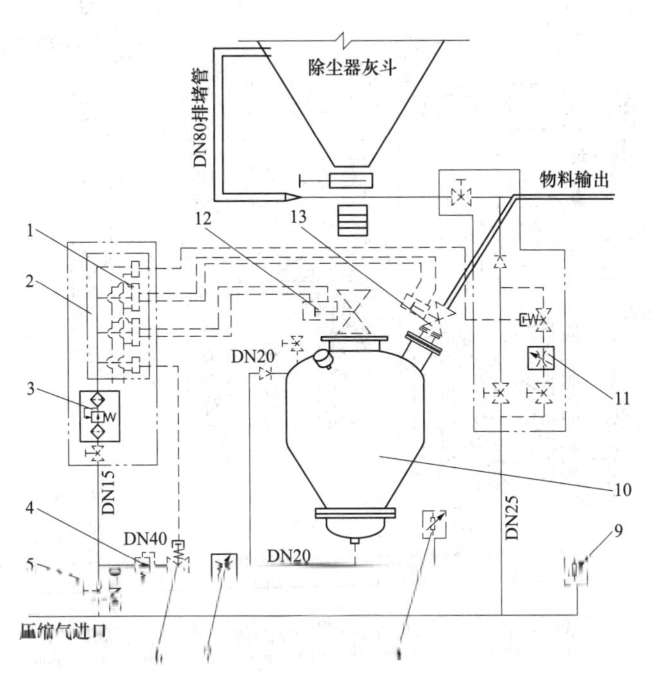

图 10-3　常规的单仓泵管路系统图

1—就地控制箱；2—电磁阀；3—气源处理二联件；4—节流阀；5—进气球阀；6—气控阀；7—调压阀；8—压力变送器；9—气源测压变送器；10—泵；11—气控阀；12—进料阀；13—物料输出阀

进料阀是供仓泵进料用，在泵体和流化室上各设置一根进气管，分别为加压和气化接口。仓泵出料阀采用目前技术最先进的双闸板气动阀，在出口管道的起始端设置有自动吹堵装置。供气压力和各管道的供气量分别可以进行调整，从而可以根据距离远近，选择合适的输送浓度和耗气量，以达到最佳的输送状态。

（二）气源系统

气源系统由螺杆式空气压缩机、压缩空气净化系统和储气罐等组成。由于空气压缩机排出的压缩空气中含有大量的水分，这些水分容易造成粉煤灰结块，而引起输送困难或堵塞输灰管，因此，系统必须设置压缩空气净化系统。该系统由冷冻干燥机或无热再生空气干燥装置及多级过滤器组成，能去除压缩空气中的大部分水分和杂质，从而达到净化空气和降低空气露点温度的目的。

除灰用空气压缩机为电动机驱动二级螺杆空气压缩机，空气压缩机的压缩产生于两根螺杆（阳螺杆和阴螺杆）的啮和。空气通过进气空滤器进行第一级压缩，被压缩到级间压力。然后，空气在通往第二级的途中要经过一个冷却油幕，通过与大量冷却油接触，极大降低了第二级的进气温度，进入第二级的压缩空气将被压缩到最终排气压力，最后通过排气法兰排出第二级主机。压缩空气进入油分离器，将冷却油从空气中分离出来。冷却油通过油冷却器冷却后回到压缩机喷油口；空气经油分离器排出后进入后冷却器，冷却到最终排气温度；冷凝水在水分离器中分离出来，通过排放阀排出；合格的空气以适当的排气压力排出机组。水冷空气压缩机系统的油、水、气流程图见图 10-4。

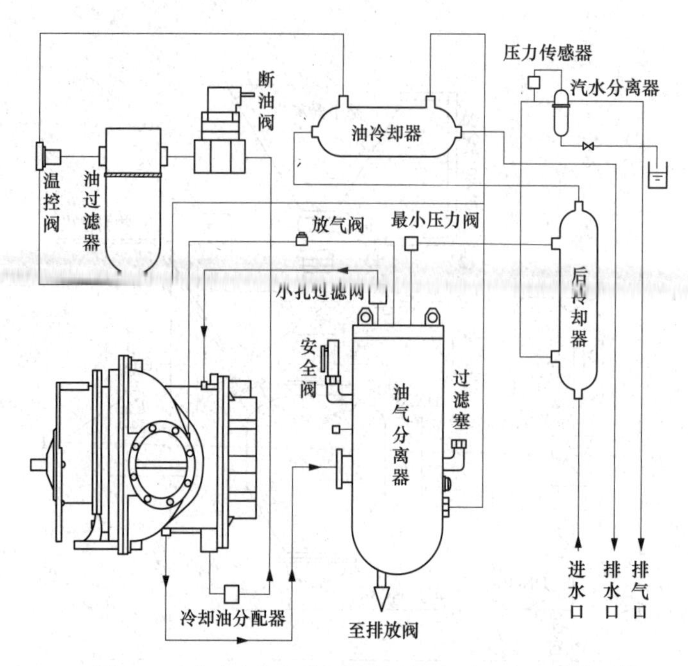

图 10-4　水冷空气压缩机系统的油、水、气流程图

（1）冷却干燥机。应用制冷原理对压缩空气进行净化处理，去除空气中的水分、油雾和杂质。

（2）空气处理系统。湿饱和的压缩空气从进气口进入空气预冷器壳程，与管程的低湿干燥空气进行热交换，做第一次降温析湿；再进入空气冷却器壳程，与管程内的制冷剂进行热交换，做第二次冷却，温度下降至要求的露点温度以下，使空气中的水蒸气、油蒸气凝集析出。通过汽水分离器将水、油及尘埃等固体微粉分离，经过Y形阀至地沟，经处理后的低温干燥空气进入空气预冷器管程吸热升温后，经排气口排出。

（3）制冷系统。制冷压缩机吸入凝聚器壳程中的低压、低温制冷剂过热蒸汽，经过压缩后，成为高温、高压的过热蒸汽；经过油分离器进入水冷凝器壳程，与管程内的水进行热交换，带走制冷剂的液化热，冷凝为高压常温的液态制冷剂；经过高压过滤器进入凝聚器管程，二次冷却；经出液电磁阀、热力膨胀阀、节流减压阀进入冷却器管程内，吸收压缩空气热量，沸腾蒸发成气态；经凝聚器壳程、低压过滤器再进入制冷压缩机压缩。

（三）输送管道和灰库接收系统

从仓泵出来的气灰混合物经输灰管道进入灰库。灰库作为输送系统的接收部分，在库顶设置库顶脉冲除尘器，用于排出库内的乏气。压力真空释放阀用于保护灰库免受过大的压力和真空的作用力。为监视库内料位，灰库设有灰库料位计，当灰库料满时，料位计发出信号，系统停止灰再进入灰库。

灰库卸灰系统一般在灰库卸灰口下设置双侧库底卸料器卸料，其中一侧卸出的干灰通过散装机装入罐车运走，另一侧为双轴搅拌机或其他卸料装车设备。

三、浓相气力输灰系统的输送机理

仓泵中物料的运动和阀门的工作可分为进料阶段、流化加压阶段、输送阶段及吹扫阶段，仓泵的4个工作阶段见图10-5。

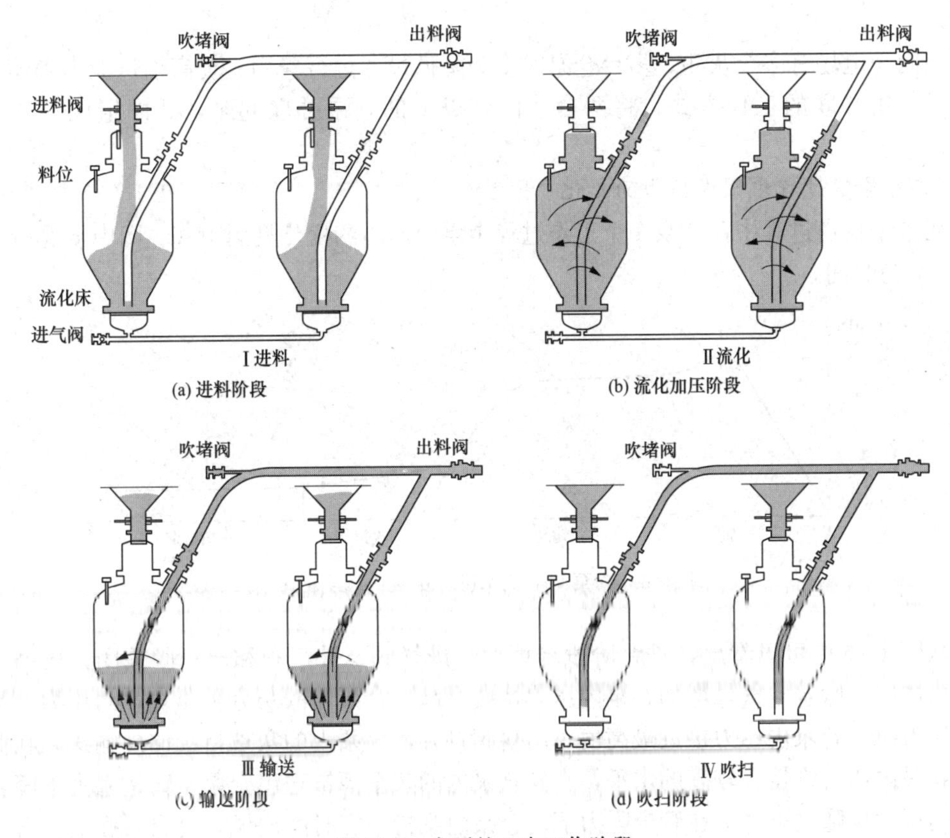

图 10-5 仓泵的 4 个工作阶段

（一）仓泵的输送过程

(1) 进料阶段。仓泵的进料阀和排气阀打开，进气阀、出料阀关闭。物料依靠自身重力落入泵体内，泵体内物料料位逐渐升高，当泵体内上升物料触及料位计时，显示仓泵内料位满或已到设定时间时发出信号，进料阀和排气阀关闭，停止进料。进料时，在控制系统中还设置了时间监控程序，以确定料位计失灵后或者灰斗内无灰时的等待时间。

(2) 流化加压阶段。进料程序结束，进料阀、排气阀关闭，气动进气阀自动开启，压缩空气从泵体底部的流化装置进入，分散穿过流化床，泵体上部的加压口也同时进气，物料在流化的过程中，泵内的气压逐渐上升，当泵内压力达到所设定上限值时，进入下一阶段。

(3) 输送阶段。当泵内压力达到一定值时，压力传感器发出信号，出料阀自动开启，脉冲喷嘴开始工作，此时进料阀仍关闭，进气阀仍然打开，仓泵内流化床上的物料流化加强，输送开始，仓泵内物料逐渐减少。物料从泵内输送到管道，此过程中仓泵内流化床上的物料始终处于边流化边送至输灰管道阶段，直到泵内压力降到下限值，再进入下一阶段。

(4) 吹扫阶段。当泵内物料输送完毕，泵内压力下降到管道阻力时，指示灯发出信号，压力延续一定时间，压缩空气清扫仓泵和管道内残余物料，清扫到达设定的吹扫时间后，进气阀关闭，间隔一定时间，关闭出料阀，进料阀打开，然后进入进料阶段。如此循环完成整一个输送周期。接着，仓泵又进入进料、流化、输送及吹扫构成的下一个输灰周期。

当同一电场有多个灰斗、多台仓泵时，为降低设备运行费用、提高输送能力和输送浓度，可采用并联的工作方式，将两台或两台以上的仓泵并联起来，共同组成一个发送系统。

（二）输送过程中泵内压力的变化

在整个输送过程中，仓泵 4 个工作过程中泵内压力的变化见图 10-6。图中 p 是仓泵内压力，t 为时间。

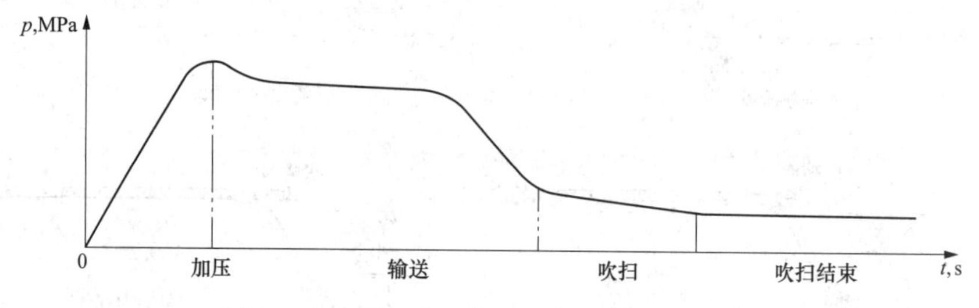

图 10-6　仓泵 4 个工作过程中泵内压力的变化

从图 12-6 中可以看出，进料阶段结束后，进气阀、排气阀和出料阀关闭，压缩空气进入泵体内。随着空气量增加，泵内压力持续升高，仓泵内的灰分被流化。当压力升高至设定压力时，仓泵内压力接近最高值，出料阀打开，仓泵内的灰被持续向外输送。在此期间，仓泵内压力维持在较高的水平，直到仓泵内的灰全部被送出仓泵。输送阻力下降，仓泵内的压力也随之下降，在管道阻力下，仓泵内维持一定时间通风，对仓泵和输送管道进行吹扫，结束后进入下一个输送周期。

（三）输送流态

在气力输送中，物料在管道内前进时分为三种情形：

（1）物料在气流的静压力作用下推动前进。此时物料在输灰管内成为一种柱状，其前进纯粹是在空气压力推动下进行的，但是静压也不可能无限的升高，它受到气源的供气压力和管道耐压的限制。

（2）物料连续均匀混合在气流中被气流夹带着前进。由于流速高、浓度低，其输送效率较低、管道磨损大。此种方式为一般仓泵的主要输送方式，输送的阻力主要是因气流速度引起的。

（3）浓相气力输送过程中由于气流运动速度低，一部分颗粒沉降下来并不断堆积，使管道的截面积减小、阻力增大，输送压力也随着升高，在管道上部的气流速度也增大，此时物料既被静压推着向前滑移，又被高速气流加速并重新飞扬起来，直到管道恢复到原有的截面积。在这种情况下，物料输送的浓度（混合比）较高，同时对管道的磨损也较小，是一种较为理想的输送方式。仓泵浓相气力输送就是采用此种输送方式来达到高效节能的目的，输送的阻力主要是因物料浓度引起的。

第十一章　火电厂除渣系统

第一节　火电厂除渣系统概述

根据火电厂燃煤锅炉排渣的冷却方式不同，除渣系统主要分为两种，一种是水力排渣，一种是干式排渣。自21世纪以来，国内引进并研发了风冷干式除渣机排渣系统，因在节约水资源的同时，可以满足锅炉运行时冷却处理炉渣的需要，迅速得到了广泛的认可和推广。

一、火电厂除渣系统分类

燃煤电厂的排渣根据冷却介质分为水冷、风冷及风水联合冷却等不同形式。若根据除渣机的冷却原理分类，则有机械式和非机械式排渣系统两种。若根据排出的灰渣干湿状态，则可分为湿式排渣和干湿排渣系统。

随着燃煤发电机组的炉底渣处理技术的发展，主要经历了从水冷却到空气冷却的过程。冷渣具体系统主要有三种形式，即水封渣斗配水力喷射器除渣系统、湿式刮板捞渣机除渣系统和干式钢带冷渣机除渣系统。水封渣斗配水力喷射器已经被大型燃煤锅炉淘汰。刮板捞渣机除渣是我国燃煤锅炉传统的除渣技术，是锅炉热渣经过炉底渣斗排出后直接利用水进行冷却并输送的方式。由于水的热容大，湿式刮板捞渣机除渣系统能够将高温炉渣快速冷却到较低的、工艺许可的温度，因而自20世纪以来在火电厂得到了广泛应用。但这种除渣方式水资源消耗大，灰渣的热量不容易回收，且渣浸水后活性降低不利于综合利用，排渣水也会造成环境污染等。1985年，意大利玛盖迪工业集团有限公司开发了空气自然冷却热渣的干式钢带除渣技术，于1986年安装在意大利皮埃特拉菲塔电站2×350MW机组上，取得了令人满意的效果。干式钢带冷渣机除渣系统虽然发展较晚，但由于其系统简单、占地面积小、运行费用低、干渣综合利用价值高等优点，越来越多地被新建电厂采用。

二、湿式排渣系统的特点

燃煤锅炉的湿式排渣系统是利用冷却水将锅炉排出的高温炉渣进行冷却，再将冷却的炉渣输送到存放处。湿式排渣系统主要包括炉渣冷却设备、炉渣输送系统、冷却水的供水系统以及排污系统等。冷却后的炉渣经炉渣输送系统输送到储存或存放场所。在燃煤发电机组中，常用的炉渣冷却设备有大水斗、螺旋捞渣机、水浸式刮板捞渣机等。采用湿式排渣系统时，炉渣的冷却与输送都需要消耗大量的淡水，如对于300MW的火电机组，湿式排渣系统至少需要水140t/h。对水资源短缺的地区，采用干式排渣系统取代湿式排渣方式，可以大幅度减少燃煤机组的水耗量。

随着燃煤电厂环保要求的不断提高，湿式排渣系统存在的缺点日益凸显，主要表现在以下几个方面：

(1) 耗水量比较大，每输送1t渣需要消耗10t左右的水。随着水资源日益匮乏、水成本不断增加，这种方式的运行成本会越来越高。

(2) 渣浆输送过程中，对管道、阀门的磨损非常严重。因对输送管道的材质要求比较高，管道、阀门的使用寿命相对较短。

(3) 水与灰渣混合后一般呈碱性，pH值超过工业“三废”的排放标准，不允许随便从渣场向外排放。随着环保要求和意识的提高，废水不论回收或是处理，都需要很高的设备投入和运行资金投入。

锅炉排出的高温炉渣在重力的作用下，从锅炉排渣口落入炉渣冷却设备的灰斗内，冷却水对其进行冷却，冷却水量要保证炉渣的充分冷却，并维持一定的水位高度。炉渣冷却产生的水蒸气被送入锅炉炉膛，随烟气一起经烟囱排出。冷却后的炉渣经炉渣输送系统被输送到储存或存放场所。

三、干式排渣系统的特点

干式除渣系统主要是在一些最近建造的电厂或环境污染控制较严格的地区的电厂改造中得到应用。干式排渣系统是将锅炉排出的高温炉渣采用空气冷却，高温炉渣冷却到要求的温度后，经过破碎再输送到炉渣存储设备进行综合利用。干式排渣系统相对于湿式排渣系统来说，具有明显的节约水资源、灰渣资源化程度高、有利于节能减排等优点。冷却空气吸收炉渣的部分物理显热后，温度升高并被送回炉膛。干式排渣系统可减少燃煤机组对水资源的消耗，降低高温炉渣的热污染，回收高温炉渣的物理显热，提高锅炉的热效率，特别适用于在水资源匮乏地区运行的燃煤机组。

相对湿式排渣系统而言，干式排渣系统具有如下优点：

(1) 排渣系统不消耗水资源，不需要专门的冷却水；冷却热渣不产生冷渣污水，无须专门的水处理系统；排出的炉渣为干渣，便于对炉渣进行资源综合利用。

(2) 排渣系统与锅炉的连接方式为机械密封，用机械密封替代水封更加安全可靠，并可以保证不漏风。

(3) 排渣系统可承受大渣块落下时的直接冲击，在锅炉结焦工况下仍能安全、可靠运行。

(4) 冷却炉渣的空气来自大气环境，炉膛的负压能使冷却炉渣的空气进入干式排渣系统，不需要另外设置风机以提供冷却炉渣所需的空气，即冷却空气不需要外加功耗。

(5) 冷却空气吸热后将热量带回炉膛，可提高锅炉的热效率。

(6) 干式排渣系统的配置十分灵活，可以根据用户的具体需要合理组成干式排渣系统，使该系统在负压下运行，保证燃煤锅炉的运行环境干净整洁。

由于干式排渣系统具有上述优点，在对环境保护要求日益严格的情况下，干式排渣系统以其能够提高锅炉热效率、节能降耗的显著优点，在大中型燃煤锅炉的推广应用中越来越具有商业化竞争优势。风冷干式除渣锅炉能量损失较小，空气冷却热渣后返回锅炉能将渣中的细小未烧尽的炭带回锅炉炉膛，减少机械不完全燃烧的热损失，有利于提高锅炉的热效率。而且，干式除渣不出现水蒸气，有更高的安全性，便于设备维修；保持渣的活性，提高了灰渣综合利用率。

第二节　刮板捞渣机湿式除渣系统

锅炉底渣可靠冷却是保证锅炉可靠运行的基础。对应干式储灰场，固态排渣煤粉锅炉在没有特殊要求的情况下，宜首先采用机械排渣方式，如使用干式排渣机、水浸式刮板捞渣机输渣，然后将渣直接排至储渣仓，或者接输送机（包括皮带机或其他机械设备）和提升设备将渣排至储渣仓。当锅炉房附近的设备布置和运输通道布置受到限制，冲渣废水又有合理的排放场所时，宜采用“水封槽+脱水渣仓”处理方式。液态排渣锅炉宜采用水封斗或水浸式刮板捞渣机排渣。

当前我国燃煤锅炉还有相当一部分采用水浸式刮板捞渣机湿式除渣系统，每台锅炉配一台刮板捞渣机和一个渣仓。炉膛排出的渣连续进入刮板捞渣机上槽体，经水冷却和粒化后由带加长脱水段的刮板捞渣机捞出，直接送至渣仓。渣仓设有析水元件，使排渣的含水率不大于20%～30%，湿渣由自卸汽车运往灰场或综合利用用户。捞渣机的溢流水输送到灰库供制浆用水，经过沉淀、过滤、冷却后循环使用。

刮板捞渣机系统主要由刮板捞渣机、液压关断门、刮板及液压装置、冷灰斗、渣仓、废水排污及控制柜等部分组成。

一、刮板捞渣机

刮板捞渣机可以对锅炉炉底进行密封，冷却锅炉排渣，并将冷却后的渣连续不断排出炉底，存储在渣仓。

刮板捞渣机主要由槽体、驱动端、张紧端、导向轮、刮板链条和移位装置等部分构成。刮板捞渣机结构示意图如图11-1所示。刮板捞渣机实物图如图11-2所示。

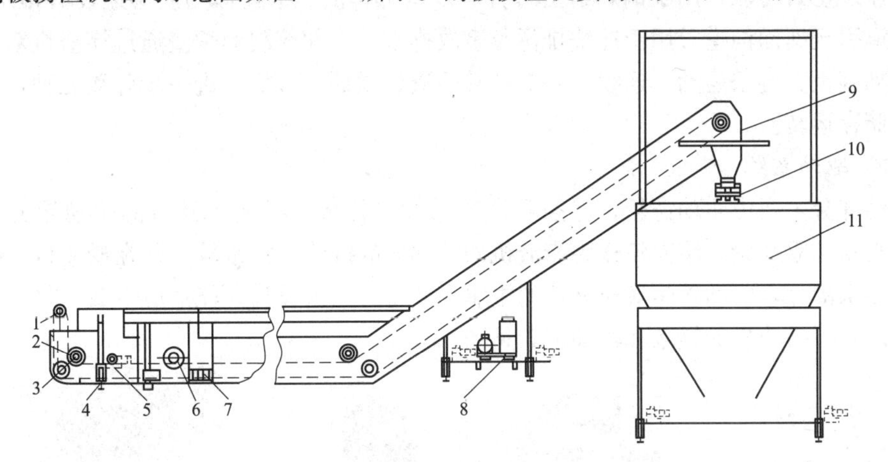

图11-1　刮板捞渣机结构示意图

1—张紧装置；2—张紧链轮；3—导向轮；4—行轮；5—行走机构电动机；6—快开人孔；7—检查孔；8—液压油站；9—液压马达；10—皮带输送机；11—渣仓

（一）槽体

槽体是刮板捞渣机的主要冷却部分，由钢板焊接而成，分为上槽体和下槽体两部分。上槽体间隔布设横向拉撑，除了具有增加机壳刚性的作用外还具有缓冲作用，以防止大渣

图 11-2 刮板捞渣机实物图

对上槽体底板形成冲击。捞渣机的下槽体有足够的空间，以满足链条、刮板、惰轮等的检修需要。下槽体及斜升段的底部铺有一层耐磨铸石板，防止渣对槽体底部的磨损；上槽体侧壁也采取了防磨措施。底部还集中设有清理积渣和水的出口。

槽体分为水平段（也称粒化水箱）和斜升段，冷却水主要蓄存在水平段，也就是粒化水箱中。上槽体的粒化水箱中要有足够的水容量，以满足热渣的冷却。渣在捞渣机的上槽体内水平输送，经过斜升段脱水，使排渣的含水率不大于20%～30%，脱掉的水又自流回粒化水箱。粒化水箱中充满冷却水，对锅炉排出的热渣进行冷却，通过热冲击使从炉膛掉下的大渣破裂；粒化水箱中的水既可以密封炉膛下部，同时还可以缓冲大渣下落对水箱底部的机械冲击。刮板捞渣机在设计中充分考虑了锅炉运行的各种工况，能适应可能遇到的不同尺寸的渣块而不至于造成运行终止。刮板捞渣机按严重冲击和骤变载荷设计，并采用缓冲击措施。在满载（即上槽体充满底渣）或最大出力时仍能正常工作，而设备部件不损坏，刮板、链条不变形，并能迅速清除积渣，同时槽体不变形。

粒化水箱中一般水深约为1.7～2.0m，足以缓冲底渣掉下时对槽体的冲击力。水箱中的水位通过水位开关保持，并可通过补水阀连续补充。补水量与渣所带走的水和蒸发量有关，最大水位受溢流槽限制。

刮板捞渣机上槽体一般设有人孔（打渣孔）。人孔形式多为无螺栓紧固快开式，开关简便迅速、密封可靠，用于锅炉结焦时打渣及紧急排渣。下槽体的底层还设有排水装置，通过管道引至地面沟道，用于冲洗排污及事故排水。冷却碎裂的炉渣通过捞渣机双马达驱动，带动刮板、链条运动，连续送到炉膛外面渣仓顶部碎渣机做进一步碎渣处理，然后落入渣仓储存运转。

（二）驱动系统

驱动部分主要由驱动链轮、链条和液压马达等构成。捞渣机链条的驱动轮分为导向轮、浸水轮和驱动轮。导向轮作为捞渣机回链部分的链轮，浸水轮安装在捞渣机上槽体和斜升段涉水部分，驱动轮是液压马达的主驱动链轮，凸齿设计，能适应重载工作，齿缘更换方便。刮板捞渣机的链条和驱动链轮见图11-3。

(a) 主驱动轮

(b) 浸水轮

(c) 导向轮

(d) 驱动轮的安装位置

图 11-3 刮板捞渣机的驱动链轮和链条（一）

(e) 链条

图 11-3　刮板捞渣机的驱动链轮和链条（二）

捞渣机采用大扭矩液压马达双侧驱动，通过调整链条的速度来适应不同的渣量和锅炉不同的运行方式。驱动装置包括液压驱动马达、电动马达、力矩臂和连续变速装置。其液压动力装置包括活塞泵、热交换器、蓄能器及过滤设备等全套附件。液压马达带动一个直接与捞渣机驱动轴相连的减速机，驱动轴的两侧装有齿轮，齿轮带动捞渣机链条刮板转动，刮板将捞渣机上槽体内的渣输送出去，刮板捞渣机的驱动装置见图 11-4。蓄能器能避免泵的频繁启动，动力站油箱能保证满足系统的需要。

正常运行中，液压站的液压泵输出高压液压油给液压马达，液压马达可以按需要调整转速。液压泵为电控变量液压泵，由电子放大板进行控制，可以是电压信号也可以是电流信号，通过改变控制信号的大小，按比例调节液压泵输出流量的大小。液压马达为定量马达，供给液压马达的流量变化会改变液压马达的转速，从而改变链条的运行速度。

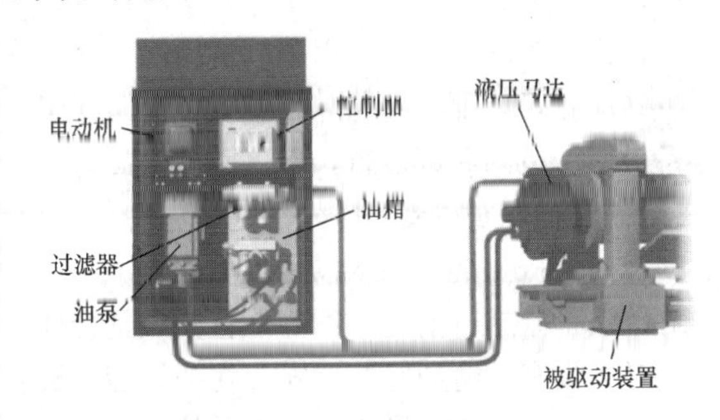

图 11-4　刮板捞渣机的驱动装置

链条向前运行速度可随负荷变化连续进行平滑调整。刮板速度在 0～5m/min 时任意可调，短时内即可将渣量输送完毕。捞渣机可就地反转，转速不超过 0.3m/min，反转须在人工监测下进行；反转仅发生在捞渣机维修时或是发生在长时间停下来后的重新启动时。当大量灰渣充满捞渣机上槽体时，液压马达仍能正常工作且不过载。在有特大焦块或设备卡阻超过捞渣机的驱动能力时，液压系统能迅速卸载并报警，从而不损坏捞渣机部件。驱动装置一般带有过载保护，当出现过载时，液压驱动装置自动停止并发出故障信号。

液压系统配置滤油器保证液压油液清洁，从而可以提高泵和马达的寿命；配置压力传感器监控和限制系统的压力；配置压力开关对系统高低压进行报警；配置防汽蚀阀以防马达因惯性而出现的汽蚀造成损坏；配置冷却器及对系统油液进行冷却，保证油液温度在规定范围内。液压站的正常液压在 3～25kPa，超过 330kPa 捞渣机将停止，任何时候液压都不能超过 330kPa，否则会损坏系统。液压油的油温也受到监视和控制，当温度超过 40℃，控制系统就会启动冷却风机；当温度低于 38℃时，系统停止冷却风机；当温度低于 15℃时，加热器自动加热；当温度高于 20℃时，加热器自动停止。

（三）链条刮板

刮板捞渣机的刮板要能够用于重载荷输送强磨蚀性物料的工作环境，并在承受驱动机械力调整到其最大力矩时，不产生永久变形。链条通过连链器与刮板连接固定，刮板由角钢加腹板及筋板加强，有抗弯、耐磨设计。捞渣机的链条、刮板见图 11-5。

图 11-5 捞渣机的链条、刮板

（四）张紧系统

刮板捞渣机的链条在长期运行中必然会引起磨损，导致整个链条的长度加长，这对捞渣机的轮链咬合及刮板的正位运行很不利。尾部的张紧装置能够自动地吸收链条伸长的部分，解决了由长期运行磨损带来的问题。刮板捞渣机的张紧系统由尾部张紧油站产生的高压液压油将张紧装置（液压缸）自动调节升降，捞渣机尾部两侧各有一个液压缸与尾部导向轮固定连接，液压缸通过升降调节捞渣机链条的松紧度。液压系统在恒压的作用下可实现链条自动张紧，并保持张紧状态的恒定，同时，由于链条始终处于张紧的工作状态，可以减小刮板与底板间的摩擦，有助于提高刮板的使用寿命。

（五）导向轮

刮板捞渣机的导向轮可以限制链条沿捞渣机横断面的水平位移，防止链条跑偏。通常有 5 组导向轮，尾部上导轮起到捞渣机链条张紧、松弛作用，其他导向轮的作用是确保刮板链条沿捞渣机的底部运行，保证渣的输出。

（六）其他配套装置

刮板捞渣机上槽体倾斜段距水面 0.6m 处的环链上方、两侧分别设一个冲洗链条的喷嘴，对链条带渣进行清理。喷嘴位置要布置合理，确保大渣量时刮板积渣不与喷嘴发生碰撞。同时，设有的防脱链装置安装在刮板捞渣机斜升段的回链部分，用于捕捉经过头部链轮的松散链条。在链条即将导入主动轮的上方设可调节的链条清扫压链器，既能扫除链条上的渣，又可以使链条与主动轮顺利啮合，保证捞渣机运行安全、平稳。捞渣机刮板卸渣后，在拖动轴拐点处设有扫渣帘，以保证清除刮板返程所带的渣。刮板回程在底板上运行，可将捞渣机未被扫渣帘清除的少量带渣全部集中在尾部，垂直于水平槽体的液压自动张紧装置配以尾部弧形封闭壳体，以实现刮板带渣的自动清理。

刮板捞渣机有固定式、整体横移式和分段移动式之分。为了方便快速检修，当前许多刮板捞渣机采用分段横移。刮板捞渣机设有电动驱动行走机构，可以使捞渣机行走到锅炉房的一侧进行检修。行走机构的设计能满足在刮板捞渣机充满渣的时候，可将捞渣机移出，并保持各行走轮的同步。横移装置每一个主动行轮均由一台减速机驱动，其结构简单，电动机配有封闭式防护罩，长时间闲置后仍能移动自如。

二、液压关断门

液压关断门吊装在锅炉底部渣井下。渣井属锅炉设备，采用悬挂布置。渣井下部水封板插入刮板捞渣机的上水槽中。当捞渣机因故障需长时间推出运行检修时，通过关闭炉底液压关断门，从而可以关闭炉底落渣口，使炉渣和焦块不能掉入捞渣机，让检修人员可以进入捞渣机检修。关断门隔离后的渣井一般能存储及承载不少于锅炉燃用设计煤质最大连续（B-MCR）工况下 4～8h 的排渣量。关断门关闭严密不漏灰，无明显漏风，保证炉膛密封性，确保锅炉在除渣设备故障的情况下正常运行。液压关断门带有一个动力油站作为关断门的动力。

三、冷却水系统

捞渣机上槽体内的水有水温和水位的要求。控制水温可以保证锅炉的渣落入捞渣机粒化水箱内得到有效冷却，控制水位是为了保证锅炉下部的水密封，保证锅炉的安全稳定运行。常见的刮板捞渣机溢流水的处理方式见图 11-6。捞渣机溢流水进入设于锅炉房 0m 的溢流水池后，由溢流水泵送至浓缩机进行澄清处理（浓缩机底部的渣浆由耐磨渣水泵送至煤水池，由输煤系统统一送至煤水沉淀池进行处理），经过澄清的清水经过回水泵打回输灰用水系统重复使用，以达到节水及环保的目的。捞渣机补水采用工业水，板式换热器冷却水采用循环水。刮板捞渣机溢流水流程如图 11-7 所示。

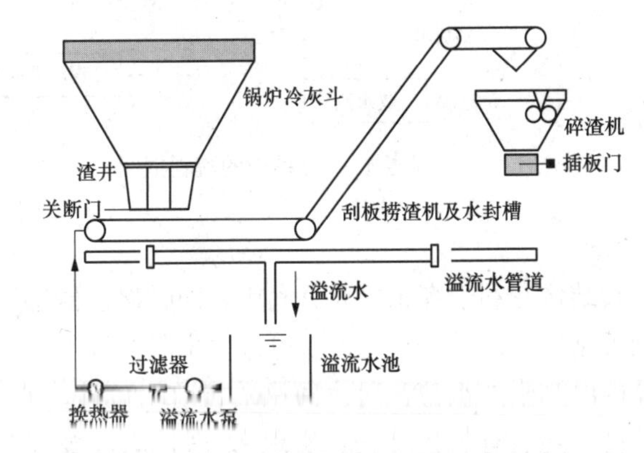

图 11-6　常见的刮板捞渣机溢流水处理方式

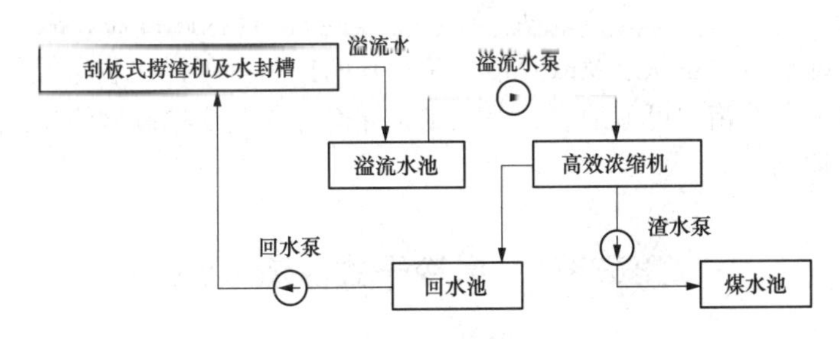

图 11-7　刮板捞渣机溢流水流程

正常运行时，澄清渣水由回水池→回水泵→渣斗水封槽→渣斗→溢流水池→溢流水泵→高效浓缩机→储水池，实现重复利用。刮板捞渣机的溢流水、渣仓析水和渣仓地面冲洗水流入锅炉房 0m 层的集水池，由排水泵送往高效浓缩机澄清处理。处理后的澄清水由除灰水泵送至除渣系统循环使用，并作为冲洗用水和渣的冷却水。高效浓缩机的底浆则由排泥泵送回刮板捞渣机处理。

捞渣机补水设有自平衡装置。当渣量较小、煤质情况稳定时，可投入自平衡系统，停运浓缩机等后续渣水循环系统。

自平衡的基本工作原理：在捞渣机槽体设有水位监测装置、水温监测装置和自动补水装置。正常运行时，一般要求槽体水温小于 70℃；在吹灰的情况下，水温允许升高到大约 80℃。水槽的水位计用来监控捞渣机的水位，若低水位持续超过 20s，水管道上的补充水阀门开启；若低水位持续超过 3min，则会发生低水位报警。水槽内设有用于检测水温的温度开关，若高水温持续 60s，水管道上的补充水阀开启。运行过程中，蒸发和湿渣会带走部分水分，调节补水装置阀门开度，使得进水量与槽体水损量相当，可维持槽体液位不变。若在运行过程中，槽体水温超过 70℃，应加大进水量，确保槽体水温不超标，槽体的溢流水汇集至集水池，在池内冷却后再由排水泵打回捞渣机槽体。捞渣机自平衡系统的流程框图如图11-8所示。

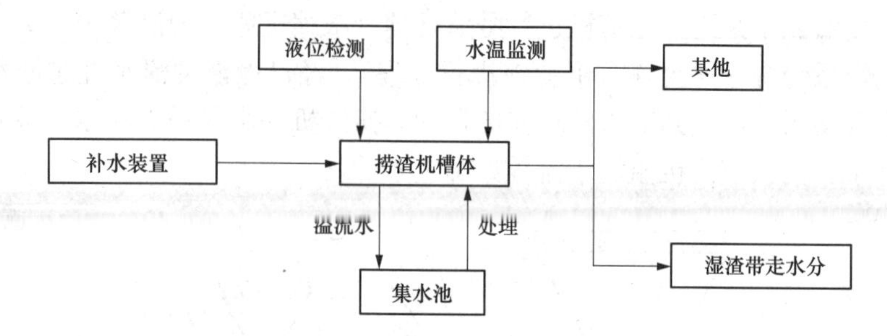

图11-8 捞渣机自平衡系统的流程框图

四、渣仓

渣仓一般为锥形，其结构有利于容积的充分利用，同时保证能够顺畅卸料。渣仓一般采用耐磨和耐腐蚀的钢板制成，内设析水元件，可进一步脱去湿渣中的水分。渣仓壁设振打器，以便于排除渣仓内壁黏附的沉渣。每座渣仓均设有料位计，能实现连续料位显示、低料位报警和高料位报警。还装有料位开关，实现高-高料位报警和控制。当渣堆至高料位时，发出报警信号，并与渣仓卸料顶部输送设备进行联锁控制。

渣仓设有装车操作室，位于渣仓运转层上，卸料设备（振打器、渣仓排渣门、反冲洗、渣仓卸料顶部输送设备状态及故障信号装置）的控制盘布置在装车操作室内。捞渣机在锅炉房内设就地电控箱，可就地启、停控制，并通过灰系统控制网络实现在机组控制室对其进行监视和控制。

第三节 风冷干式除渣系统

我国燃煤锅炉传统的除渣技术为水力除渣，普遍采用刮板捞渣机湿式排渣系统。由于这种除渣系统水资源消耗巨大，灰渣的物理显热无法利用，且渣浸水后活性下降，不利于综合利用，排渣水还会造成环境污染，因此，我国最早于1999年在河北三河电厂2×350MW锅炉上引进了干式排渣技术。干式排渣的除渣设备用空气作为冷却介质，采用干式排渣装置与集中输送系统没有水资源的消耗，灰渣中未燃烧物质可继续燃烧，含有的热量可以回收再利用，从而降低了锅炉的不完全燃烧热损失和物理热损失，提高炉底漏风温度，有利于锅炉效率的提高；干式排渣系统布置灵活、占地面积小；干式排渣机的转动轴承设置在壳体外，易于拆装，检修、维护方便；外壳结构严密，渣不会向外泄漏，无环境污染，但是初投资较大。

一、干式排渣机工作原理

从锅炉出渣口排出的850～900℃的炉渣，连续落到干式排渣机的输送钢带上并在输送带上低速运动，在炉膛负压作用下，受控的少量环境冷空气经过干式出渣机壳体两侧的进风门，与落渣逆向进入风冷干式除渣机内部，从输送钢带下部进入，透过钢带缝隙向上流动，对输送钢带上的炉渣进行冷却，经过与热渣进行热交换后空气温度升高到300～400℃，之后进入炉膛，排渣被冷却到100℃左右。在干式排渣系统中，冷却炉渣所需的冷空气量仅约为锅炉燃烧所需总空气量的1%，比锅炉所允许漏风量还小。因此，燃煤锅炉安装干式排渣系统不会改变锅炉的原有送风量设计，且干式排渣系统的接口设备工作量较小。冷却后的炉渣经不锈钢带低速输送至碎渣机，破碎后的灰渣被输送至储渣装置。干式排渣冷却原理见图11-9。

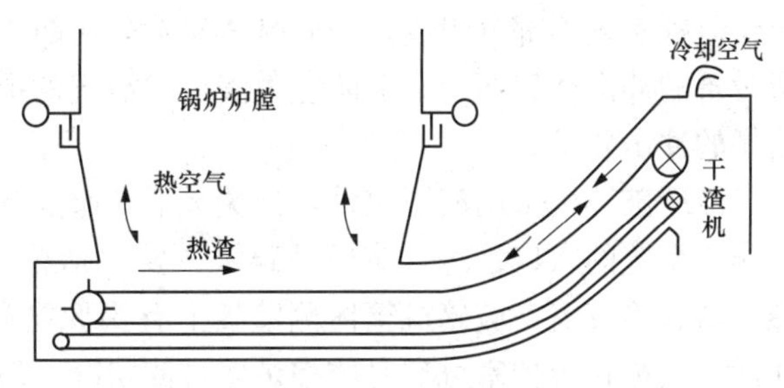

图11-9　干式排渣冷却原理

对于正常和最大输送工况，干渣机输送带的输送速度在2～4m/min，渣层平均高度在80～100mm。螺旋形的不锈钢输送带是网状结构，即使在运行过程中螺旋形的不锈钢丝的一处发生断裂，还能和其他螺旋形不锈钢丝连接，输送带还能继续运行。在实际运行过程中，一根螺旋形不锈钢丝的螺旋全部断裂的可能性不大，所以在运行过程中不锈钢输送带断裂的可能性不大。整台干式排渣机在安装时只有一个固定点，当它受热膨胀时，可沿固定点向四周膨胀。

干式排渣机与渣井用波纹板连接，能保证渣井受热向下膨胀，干式排渣机受热向上膨胀。不锈钢输送带平铺在上部托辊上，受热时可任意膨胀。干式排渣机不锈钢输送带为平带，它平放在上部托辊上，不会有卡死现象。清扫链为环形链，由链轮带动转动，清扫链布置在干式排渣机底部，底部无大块物质，清扫链也不会有卡死现象。

冷却风量控制的原则是以不改变锅炉火焰中心高度、不降低锅炉热效率为标准，控制进入锅炉的风量。国内外运行经验是取值在总送风量的1%以内。风量控制采用主风门自动可调、辅助风门手动可调的方式，来控制冷空气量。这样既保证炉渣的冷却效果，又最大限度地回收炉渣的热量。通过变频器调整钢带运行速度，保证渣层的合理厚度。通过温度测点与渣层检测联合控制主风门，实现最佳冷却和控制入炉风量。

根据锅炉炉底的排渣空间具体状况，干式排渣系统的出渣可以选择不同的输送方式。根据炉渣输送方式的不同，可分为气力输送系统和机械输送系统。

二、干式排渣系统的构成

干式排渣系统不仅要求对炉渣进行有效冷却和顺利输送，而且要求系统结构简单，运行稳定、可靠，易于操作、维护。在干式排渣系统中，主要的子系统有渣井、炉底排渣装置、干式排渣机、碎渣机、缓冲渣仓，此外还包括渣仓、卸渣设备、电气与控制系统等。

（一）渣井

渣井指从锅炉水冷壁下联箱挡板处至干式排渣机上槽体之间的钢结构部分。渣井采用独立支撑方式，它与锅炉下联箱挡板之间设有耐热不锈钢材质的水封槽密封或机械密封。当渣井与干式排渣机间采用不锈钢波纹板连接时，不锈钢波纹板能承受渣井和干式排渣机受热膨胀产生的变形。渣井内敷设耐火材料和保温材料，渣井的耐火材料应能承受炉渣高温，其有效容积应能满足锅炉一定时间段的最大排渣量。

（二）炉底排渣装置

渣井与风冷排渣机之间设炉底排渣装置，该装置设有关断门，并具有防止大渣块直接冲击排渣机和破碎大渣块的作用。炉底排渣装置用于干式排渣机及后续输送系统发生故障时的检修工况，保证启停灵活，由格栅、挤压头部件、箱体、液压泵站、液压缸、管路、摄像监视系统等部分组成。炉底排渣装置采用防护格栅结构，能有效防止大渣块下落时造成设备的冲击性破坏，完全防止大渣对输渣机的损坏，满足一定高度处结焦渣块下落时对格栅的冲击要求。

液压破碎机采用液压驱动，开关灵活，起隔离门的作用，是锅炉燃烧后的灰渣进入干式排渣系统的入口。每台液压破碎机主要包括箱体本体、格栅、挤压头、液压驱动系统、摄像窗和检查窗，破碎机箱体侧壁板上有摄像窗和检查窗。摄像窗外安装有摄像监视器，使运行人员在主控室可实时监控炉底排渣状况。液压破碎机箱体内设置有格栅和液压缸驱动的挤压头，当高温炉渣由冷灰斗落下时，格栅可将落下的灰渣进行初级分选。对出现被格栅阻隔的大渣块，待大渣块冷却到表面呈灰色时，由运行人员通过观看显示屏远程手控，操作对应渣斗的一对挤压头将渣块逐渐挤压破碎，挤压破碎程度以渣块能通过格栅为准。粗碎后的灰渣通过格栅落在输送钢带上，偶尔有经过挤压后也无法下落的大渣块时，可打开破碎机中部的检查窗门，用撬棍捅拨大渣，并配合挤压头挤压，使大渣碎落至钢带上，因此挤压头具有大块灰渣预破碎和保护钢带机的作用。格栅上的大渣被预冷却，从而降低输送钢带的热负荷。液压破碎机的安装数量对应于锅炉渣斗的数量，它上部通过机械密封与液压关断门相连，下部直接连接在留有上开口的钢带输渣机上。

炉底排渣装置采用防护格栅结构，能够有效防止大渣下落对钢带输渣机的冲击，防止结焦对输渣机的损坏。

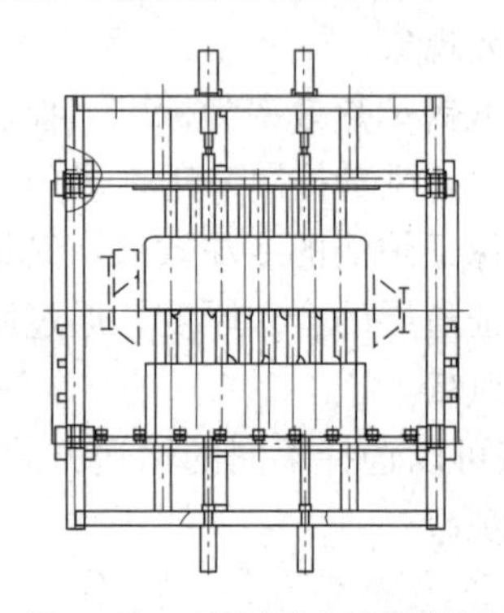
图 11-10 液压破碎机俯视图

炉底排渣装置中的挤压头采用液压驱动，水平对开，开关灵活，既能有效实现大渣块的预冷却、预破碎，又能起到关断门的作用。挤压头打开或关闭均为水平移动，垂直作用力由静止的格栅承受，关断门不受力，即使油缸失灵也不会自动打开。挤压头在合拢状态起开闭渣斗的作用。炉底排渣装置的执行元件为挤压头，干排渣系统正常运行期间，一般情况下挤压头处于常开状态，不需要操作。当格栅上出现无法下落的大渣块时，需要启动液压泵站，推动挤压头进行大渣破碎操作。格栅、挤压头的材料采用耐高温、耐磨材料，其热变形较小。液压破碎机俯视图见图 11-10。

（三）干式输渣机本体

钢带输渣机安装在锅炉炉底排渣装置的正下方，是干式排渣系统的关键设备。它以钢带作为牵引部件，同时又作为承载部件，实现灰渣的收集和运输。干式输渣机本体（简称干渣机）由耐热输送钢带组件、刮板清扫链组件、驱动装置、张紧装置、托辊组、托轮组、限位轮组及承载箱体构成。

耐热输送钢带组件包括耐热不锈钢丝网、承载板及连接件；刮板清扫链组件包括清扫刮板、传动链及连接件；驱动装置包括钢带驱动装置和清扫链驱动装置，钢带驱动装置包括变频电动机、减速器、驱动滚筒；清扫链驱动装置包括变频电动机、减速器、驱动链轮；张紧装置包括钢带张紧装置和清扫链张紧装置，钢带张紧装置包括张紧滚筒、张紧执行器，清扫链张紧装置包括张紧链轮、张紧执行器。承载箱体采用全封闭结构形式，由侧壁、地板和密封罩体组成，侧壁和密封罩体设有可调节的进风口和观察设备运行的观察窗。

工作时电动机通过减速器带动驱动滚筒转动，通过驱动滚筒和钢带之间的摩擦力带动钢带运行，钢带的结构（双向自平衡钢网被覆承载钢板）可以吸收灰渣坠落产生的冲击力。钢带输送机由头部动力段、上升段、过渡段、水平段、尾部张紧段和电气与控制系统组成。

头部动力段设有驱动装置，由两台电动机通过与之配套的减速机构分别驱动钢带输送机上部的输送钢带和下部的刮板清扫链。输送钢带的作用是输送锅炉的炉渣。清扫链的作用是清理输送钢带上落下的细灰。在钢带输送机的尾部张紧段设有钢带张紧装置和清扫链张紧装置。输送钢带和清扫刮板链分别由各自的一对液压缸张紧，液压缸的张紧动力由干式排渣机的液压油站提供。当张紧力发生变化时，由可编程逻辑控制器（PLC）自动控制系统和上位机操作系统发出指令，液压油系统的错油门动作，控制液压缸油压变化，实现保持和改变钢带的张紧力。在钢带的上升段、过渡段和水平段均布置有托辊和托轮机构，支撑输送钢带和刮板清扫链；在钢带的两侧安装有限位轮，实现输送钢带的强制纠偏。另外，在钢带机箱侧板和头部顶板处还安装有进风口，用来冷却钢带和灰渣。过渡段增设了压辊、压轮机构，用于输送钢带的改向运动。

钢带和清扫刮板均布置在密封的箱体中，所有轴承都安装在壳体的外部，便于检修和冷却。钢带由钢网和钢板以及连接销组成。钢网为一片一片的块状结构，有一定的柔韧性。钢网与钢网间通过销子连接。钢板用螺栓固定在钢网上。

钢带机头部设有3个进风门，其中一个为常开，另两个为气动风门。气动风门的控制由气缸执行，气缸的伸缩动作分别靠具有2个电磁铁的气动电磁换向阀通电实现。气缸活塞伸出，风门关闭；气缸活塞缩回，风门打开。每个气缸的行程起始位置和行程终点各设有1个接近开关。沿钢带机机体还设有多个可手动调节的进风口，可以调节漏入钢带机的夹层中的风量，漏入钢带机夹层的风的作用是为落在钢带上的灰中未燃尽的残炭提供再次燃烧的 O_2，提高燃料的利用率的同时也起到冷却钢带的目的。该风门为一近似翻板式逆止门的结构，当炉膛压力不稳、冒正压时，它可以及时关闭，防止炉膛热风喷出伤人。在中间渣斗设置温度传感器，主要用于监测渣温和渣斗内部空气温度，显示温度值。当温度报警时，可以手动打开气动风门。风冷钢带输送机如图11-11所示。

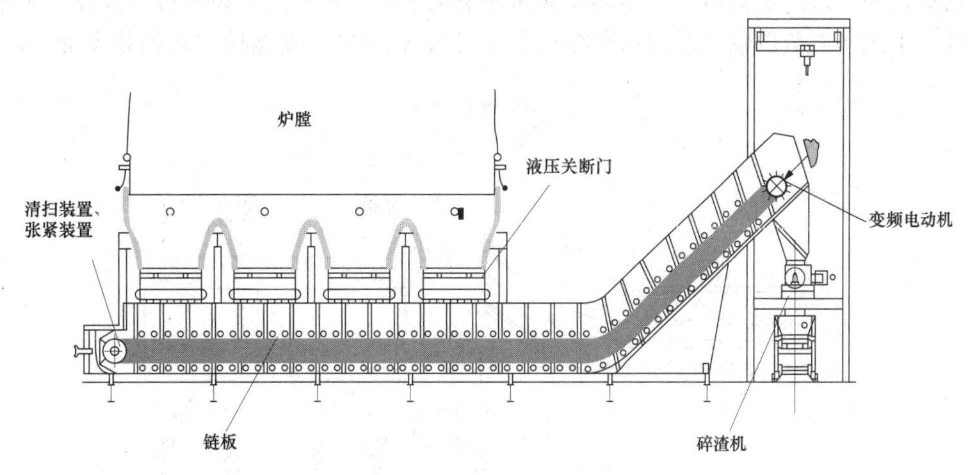

图11-11　风冷钢带输送机

要求干式排渣机连续工作，出力可调。采用无级调速，在额定工况出力和最大出力的范围内应留有足够的调控裕量。干式排渣机输送钢带能承受一定高度内大渣块下落时对钢带的冲击，且钢带及钢丝网不应有任何变形及损伤。有清除超大尺寸渣块的应对措施，以适应锅炉不正常燃烧时的排渣要求。渣块挤压装置要求运行灵活、可靠，液压系统油压稳定。干式排渣机设有液压自动链条张紧装置，液压自动张紧装置的推力应能满足干式排渣机正常出力工况和最大出力工况时张紧力的要求。此外，还设有自动清扫钢带底部积渣的装置、过载保护装置、断链停车保护装置、事故信号传输装置、渣温检测装置和落渣流动状态监测装置、消防装置等，以保证机组运行的安全性和可靠性。

（四）碎渣机

碎渣机主要包括本体外壳、驱动装置、联轴器、底座、护罩、电动机等。碎渣机设有自动反转等保护功能。碎渣机在碎渣机进口处设有检查孔，便于检查和检修。碎渣机的主体结构形式为单辊形式，采用特殊耐热、耐磨合金钢材料，具备较高的耐磨性能和高温热强性，并保持一定的韧性。除安装有力矩限制器对驱动电动机进行保护外，还有卡堵报警装置。一旦有不易破碎的硬焦块出现卡堵时，辊齿停止转动后，自动控制系统报警，并采用程序设置的指令使辊齿进行正反转交替动作三次，可排除卡堵现象。

三、气力输送系统

干式输渣系统可以采用气力输送，也可以采用机械输送。气力输送根据输渣系统的工作压力，可分为负压输送系统和正压输送系统。

（一）负压输送系统

负压输送系统主要用于锅炉底部排渣空间有限，储渣仓距炉底较远的场合。锅炉排渣经冷却后，在输渣机本体后进一步进行破碎，利用负压风机的吸抽作用将灰渣吸入输渣管道中，炉渣与空气的固气混合物经过组合过滤器分离，从气流中分离的固体灰渣送入储渣仓，空气则由风机排入大气。负压输渣系统主要包括渣井、液压关断门、大渣挤压装置、干式排渣机、一级碎渣机、中间渣仓、负压输送装置、渣仓、卸渣设备以及控制系统等。渣井通过机械密封与锅炉底部密封连接，干式排渣机与渣井采用波纹板密封连接（关断门封闭在波纹板内），大渣挤压装置布置在干式排渣机出口与碎渣机进口之间。为隔断碎渣机的振动，碎渣机进出口与上下连接设备间均采用柔性密封连接，碎渣机下部设置一个中间渣仓。干式排渣负压输送系统示意图见图 11-12。这样的设备连接方式使锅炉底部与中

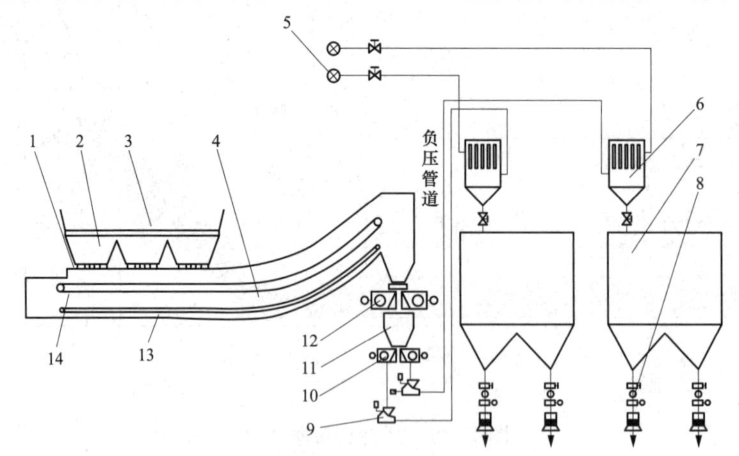

图 11-12　干式排渣负压输送系统示意图

1—液压关断门；2—渣斗；3—锅炉；4—干式除渣机；5—负压风机；6—布袋除尘器；7—渣仓；8—卸料阀；9—物料输送阀；10—二级碎渣机；11—缓冲渣仓；12—一级碎渣机；13—自清扫链；14—输送钢带

间渣仓之间形成一个密封系统，避免干式除渣系统外部不受控空气进入干式排渣系统，同时也能使该系统自由热膨胀。经冷却的炉渣先后经大渣挤压装置破碎和碎渣机破碎后暂存于中间渣仓，然后由负压输送系统送至渣仓进行储存。每台干式排渣系统的负压输送系统应包括中间渣仓二级碎渣机、物料输送阀、耐磨输渣管道、组合式过滤器、冷却器、负压风机。每台锅炉配两条负压输送管道，一条管道运行，另一条管道备用。

采用负压输送使干式排渣系统无炉渣外泄、无扬尘，避免了排渣系统的灰尘污染锅炉房，有利于电厂的环境保护。干式排渣系统采用先进的自动化控制系统，并与发电机组的主控系统相连接，提高了干式排渣系统自动化程度，实现了灰渣的全自动输送，减少了运行人员的工作量。该系统的灰渣输送距离一般在 200m 以内，能满足绝大多数燃煤锅炉的排渣要求。

干式排渣负压输送系统存在不足之处，如锅炉排渣量不稳定时，特别是在锅炉吹灰过程中，大量的灰渣不能被及时冷却却被排出，造成炉渣输送温度比设计值高。因此，为了保证排渣系统运行的可靠性，组合式过滤器中的滤袋需要选用耐高温的滤袋，增加了系统的初投资，组合式过滤器布置在渣仓顶部，对渣仓的结构有较高的要求。负压输送对炉渣的粒径有一定的要求，以免引起二级碎渣机和管道弯头的严重磨损。

负压输送系统的灰渣输送距离一般在 200m 以内，能满足绝大多数燃煤锅炉的排渣要求。

（二）正压输送系统

干式排渣正压输送系统是在锅炉的排渣冷却和进一步破碎后，由空气压缩机提供的压缩空气将灰渣通过管道输送到储渣仓，系统的工作压力大于当地大气压。系统主要包括渣井、液压破碎关断门、干式排渣机、大渣挤压装置、一级碎渣机、机械提升装置（斗式提升机）、中间渣仓、正压输送装置、空气压缩机或压缩空气站提供的压缩空气气源、渣仓、卸渣设备、电气与控制系统。干式排渣正压输送系统示意图如图 11-13 所示。

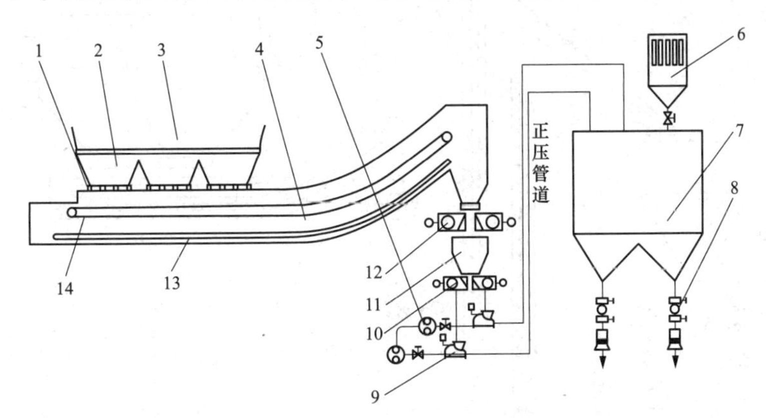

图 11-13　干式排渣正压输送系统示意图

1—液压关断门；2—渣斗；3—锅炉；4—除渣机；5—正压风机；6—布袋除尘器；7—渣仓；8—卸料阀；9—物料输送阀；10—二级碎渣机；11—缓冲渣仓；12—一级碎渣机；13—自清扫链；14—输送钢带

渣井通过水封或机械密封与锅炉底部密封连接，干式排渣机与渣井采用波纹板密封连接（关断门封闭在波纹板内），大渣挤压装置布置在干式排渣机出口与碎渣机进口之间。

为隔离碎渣机的振动，碎渣机进出口与上下连接设备间均采用柔性密封连接，碎渣机下部设置一个中间渣仓。通过这样的系统连接方式，使锅炉底部与中间渣仓间形成一个密封系统，以防止系统外的空气进入。

被冷却的炉渣被大渣破碎装置和碎渣机破碎后，暂时储存于中间渣仓，然后再由后续正压输送系统送至渣仓储存。每套干式排渣系统的正压输送系统包括仓泵、进出料阀、耐磨输渣管道等。每套干式排渣系统配有两条正压输送管路，储存在中间渣仓的炉渣通过正压输送系统送至锅炉房外的渣仓进行储存。正压系统输送距离较远，适用输送距离不大于1000m。

因为正压输送系统管道的弯头部位磨损较严重，所以需要经常更换输送管道的弯头，如此便增加了运行维护的工作量，影响了系统运行的可靠性。由于系统为正压运行，在堵管或输送不畅的工况下，会造成灰渣外泄，污染锅炉房的空气，不利于电厂的环境保护。

四、机械输送系统

干式排渣机械输送系统主要包括渣井、液压破碎关断门、干式排渣机大渣挤压装置、一级碎渣机、机械输送部分、渣仓、卸渣设备、电气与控制系统。渣井通过水封或机械密封与锅炉底部密封连接，干式排渣机与渣井采用波纹板密封连接（关断门封闭在波纹板内）。大渣挤压装置布置在干式排渣机出口与碎渣机进口之间。为隔离碎渣机的振动，碎渣机进出口与上下连接设备间均采用柔性密封连接，碎渣机下部设置一个缓冲渣斗或者重锤式锁气器。锅炉底部与缓冲渣斗（重锤式锁气器）间形成一个密封系统，使系统外部的空气不能进入干式排渣系统，并能使系统自由适应热膨胀。机械输送部分可以采用链斗输送机将渣直接送入渣仓，也可以通过斗式提升机直接将渣送入渣仓，干式排渣机械输送系统示意图如图11-14所示。

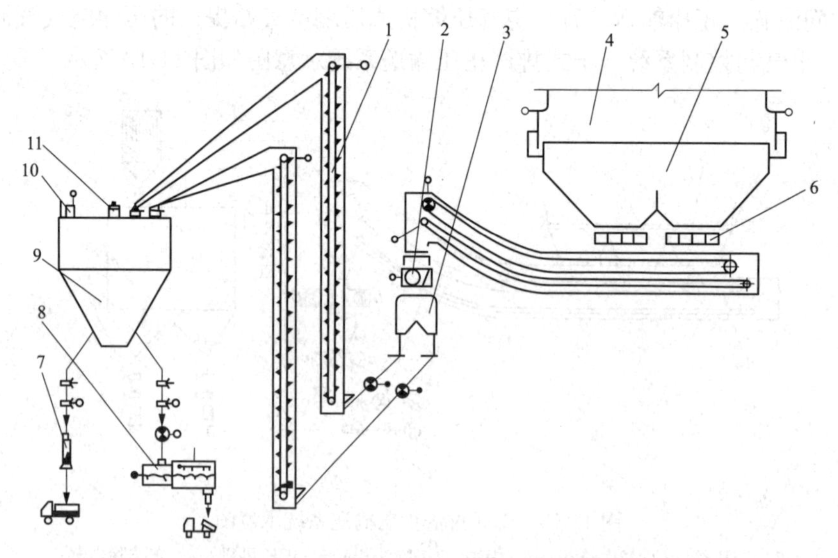

图11-14 干式排渣机械输送系统示意图

1—斗提升机系统；2—碎渣机；3—缓冲渣仓；4—锅炉；5—渣斗；6—关断门；7—干灰散装机；8—湿式敞装机；9—渣仓；10—布袋除尘器；11—压力真空释放阀

干式排渣机械输送系统结构紧凑、占地面积小、后续输送系统配置简单、设备和中间环节少，因此干式除渣系统整体造价低。但是这种系统中斗式提升机或链斗输送机经常连续运行，在炉渣量不稳定的情况下，斗式提升机或者链斗输送机容易出现脱链、翻车（斗）等故障。因此，设备应用现场要有斗式提升机或链斗输送机备件。在保护和联锁措施不充分的情况下，会增加运行人员的巡检次数，增加了运行人员的工作量。斗式提升机或链斗输送机底部易出现积渣现象。有时还会出现冒灰和炉渣散落的现象，会给干式排渣系统的周围环境造成一定的环境污染，对设备密封的要求比较高。

为了保证干式排渣系统运行的可靠性，选用斗式提升机时，一般考虑选择两台斗式提升机，一台运行，一台备用。对斗式提升机或链斗输送机的材质和密封性也应有严格要求，以减少系统运行的故障率和避免环境污染。斗式提升机或链斗输送机要配置断链或卡堵的检测与保护，避免出现设备损坏事故。尽量实现斗式提升机或链斗输送机间断运行，以延长斗式提升机或链斗输送机的使用寿命。

第四篇 输煤系统

第十二章 输煤系统概述

火力发电厂的生产过程是能量的转换过程，其最终的产品是电能。首先，燃料在锅炉炉膛中燃烧释放出燃料中化学能后，转化为炉膛高温烟气的热能；其次，炉膛水冷壁中的工质——水吸收高温烟气热能后转变成高温、高压蒸汽；再次，这些蒸汽被送入汽轮机后冲动汽轮机转动，将热能转变为机械能；最后，转动的汽轮机转子带动发电机转动将机械能转变为电能。燃料是火力发电厂的粮食，为了保证锅炉连续不断地运行，从而得到连续不断的热能最终转换成电能，就必须不断地供应燃料。燃料的采购、运输、加工、输送及储存是实现火力发电的前提和保证，也是火电生产重要的生产环节之一。

第一节 燃料的种类及组成

火力发电厂的燃料一般是指在空气中易于燃烧，并能放出大量热量，且在经济上值得利用其热量的物质。

一、种类

燃料按其常温下的物理形态分为固体燃料、液体燃料和气体燃料；按其来源又可分为天然燃料、人工燃料及副产燃料。

燃煤电厂所用的主要燃料为天然的固体燃料——煤炭。

煤的种类很多，作为动力燃料，火电厂选用煤种时，应以满足物尽其用为原则，即在技术上既能满足锅炉对煤种的要求，在经济上又能发挥最大的效益，具体说来有以下几个方面：

(1) 为了提高燃料使用的经济效益，根据我国现行的能源政策，尽可能不燃用其他工业所需的优质燃料（如炼焦用煤），应尽量设法应用劣质燃料及综合利用后的燃料副产品（如洗煤、煤矸石等），以保证燃料资源得到合理充分的利用。

(2) 对于动力用煤，通常要求较高的发热量，较低的灰分。对于液态排渣的炉膛，灰熔点越低越好；而对于干式除灰炉膛，灰熔点一般要求大于1250℃。

(3) 煤的含硫量越低越好，煤中的硫不仅腐蚀输煤设备，而且燃烧后生成的SO_2与烟气中的水蒸气结合生成硫酸蒸汽，容易造成锅炉低温腐蚀，另外SO_2排放到大气中遇雨会形成酸雾，污染大气。

二、组成

(1) 固体燃料的组成见图 12-1。燃料中的 C、H 元素往往结合在一起形成碳氢化合物，燃料正是靠这种碳氢化合物发挥燃烧作用的，而灰分及水分是燃料中的废物。

(2) 液体燃料的组成见图 12-2。

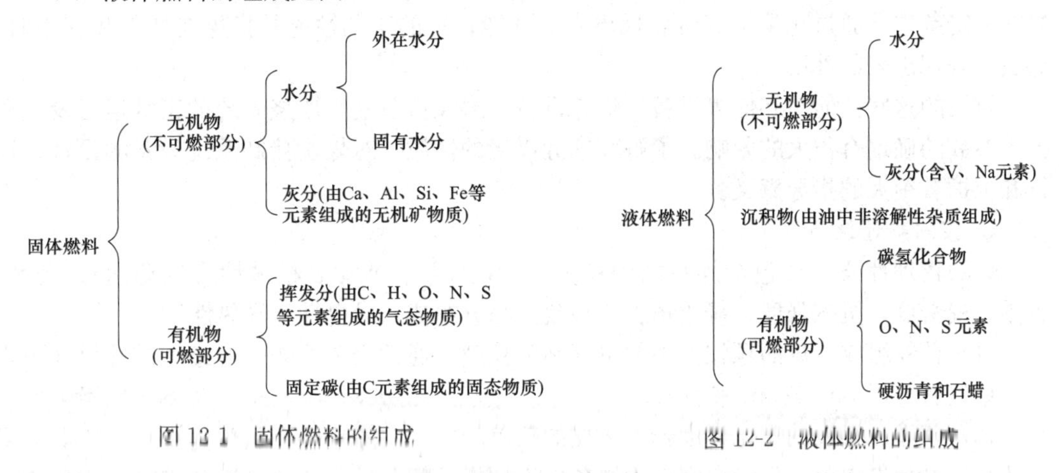

图 12-1　固体燃料的组成　　　图 12-2　液体燃料的组成

第二节　煤的分类和性质

我国电力用煤主要参照 V_{daf}（干燥无灰基挥发分）、$Q_{ar,net}$（收到基低位发热量）、M_{ar}（收到基水分）、A_{ar}（收到基灰分）等来分类。

一、煤的分类

按可燃基挥发分 V_{daf}的含量分为 5 种。

1. 无烟煤

含碳量最高，高达 90%～98%；挥发分含量低，不易点燃，燃尽困难，燃烧时火焰短，储存时不会自燃；其发热量较高，容重比其他煤大，成块状；具有明亮的黑色光泽，机械强度高，质地坚硬，不易研磨，结焦性差等特点。

2. 贫煤

贫煤的碳化程度比无烟煤稍低，挥发分含量稍高。贫煤的干燥无灰基挥发分 V_{daf} 为 10%～20%，不易着火，燃烧困难，燃烧时火焰偏短，储存时不会自燃；贫煤的硬度也比较大，机械强度较高，质地坚硬，不容易破碎和研磨。

3. 烟煤

烟煤的发热量较高，含氢量较高，有的烟煤发热量甚至超过部分无烟煤，容易点燃，燃烧时火焰较长，储存时要防止自燃。烟煤中有一种劣质烟煤，灰分含量大，发热量较低，燃烧比较困难，不利于锅炉的稳定运行。

4. 褐煤

褐煤的碳化程度仅次于烟煤，煤质脆易破碎；煤的灰分及水分含量较高；发热量偏低；挥发分较高，易着火，火焰长，不便于长途运输，储存时应注意防止自燃。

5. 泥煤

泥煤的碳化程度最浅，含水量高，灰分变化范围较大，挥发分含量高。泥煤在我国极少被发现。

二、煤的性质

煤的性质包括物理性质、化学性质及工艺性能三个方面。煤的物理性质是指用物理的方法测得的煤炭的物理性质和煤炭的机械加工时的一些相应的性能；煤的化学性质是指煤炭在一定条件下通过化学反应所表现出来的性能；煤的工艺性能是指煤在加工和利用时，煤炭所表现出来的性质。

煤炭的这些性能对卸储煤设备、输煤设备、磨煤机及锅炉燃烧系统的正常运行及主要技术参数的确定有很大的影响。了解和掌握煤炭的性质，对煤炭接卸系统设备的设计、运行和维护有很大的指导意义。

1. 煤的物理性质

煤的物理性质主要包括煤炭的颗粒组成、色泽、含水率、松散性（流动性）、密度、容重、视密度、机械强度、静止角、摩擦角、筛分组成、导电性和导热性。

（1）颗粒组成。煤的颗粒大小的量度称为粒度，通常用单个颗粒的最大线性尺寸来表示，单位通常用 mm 或μm 来表示。

（2）色泽。煤炭的煤化程度越大，煤的颜色越深。一般年轻的褐煤为褐色，年老的褐煤逐步加深为黑褐色，到烟煤则变为黑色，无烟煤的颜色呈灰黑色且通常带有古铜色或钢灰色。

（3）含水率。通常所说的煤中水分是指全水分，由表面水分（外在水分）和固有水分（内在水分）组成。

固有水分是形成煤的植物中的水分及煤形成过程中进入的水分，包括煤中与矿物质以化学方式所形成的结晶水（结构水）。固有水分不能用自然风干的方法除掉，对于一定的煤种来说其含量是稳定不变的。

表面水分是在开采、储运过程中进入煤中的水分，可通过自然风干的方法除去。表面水分的含量受自然条件影响较大，因此其数值变化较大。

含水率 W(湿度) 是指单位质量的煤中所含外在水分的多少，用试样中所含的外在水分与试样烘干后所余质量之比来表示，即

$$W=\frac{M_f}{G}\times 100\% \tag{12-1}$$

式中 M_f——试样中外在水分的质量，g；

G——除去外在水分后试样的质量，g。

不同煤种的全水分在不同条件下差别较大，少的仅有百分之几，多的可达 40%～50%。水分的存在不仅使煤种的可燃成分相对减少，发热量降低，而且影响燃料的着火与燃烧。燃用高水分的煤会使燃烧温度降低、烟气容积增大、锅炉热效率下降，还会加剧锅炉尾部受热面的低温腐蚀与堵灰，同时加重输煤系统及磨煤机的工作负担。

（4）煤的机械强度。煤的机械强度指煤在机械力的作用下所表现出来的性质，如硬度、脆度等，是煤抵抗破坏性外力的能力。煤的机械强度与煤的可磨性有关，通常用可磨性系数来描述机械强度。一般说来，煤化程度高者硬度大，脆性小；煤化程度低者，硬度小，脆度大。年代久远的无烟煤硬度大；烟煤次之；褐煤较软，但脆性较大。

2. 煤的化学性质

煤的主要化学性质有煤的风化、氧化、燃烧、自燃、气化、卤化和水解及煤的吸附

性等。

(1) 煤的风化。煤的风化有两种情况：一是埋藏较浅的煤层，在开采之前，由于长期受到自然因素（包括空气、地下水、阳光、雨、雪和冰冻等）的作用，使这些煤的物理、化学性能和工艺特性发生显著变化。二是一些碳化程度低的煤被采出后，存放在煤场中，在自然力的作用下，由于大量失水而使大块煤崩解为小块进而变成煤粉，同时使煤的物理、化学性能和工艺特性发生变化。

一般情况下，褐煤、长焰煤和不黏煤等碳化程度低的烟煤较易风化变质，贫煤、瘦煤和无烟煤等煤种较难风化。在储存时，不能把风化煤和原煤堆放在一起，以免影响原煤质量。

煤风化后，煤的质量会发生很大的变化，具体表现在以下几个方面：

1) 表面污损。风化后的煤表面常会出现赤色和白色的水锈，有时还会出现黄色的污渍。赤色水锈是黄铁矿被氧化后生成的氢氧化铁，白色水锈是硫酸钙等物质的粉末，黄色污渍是黄铁矿氧化后游离出来的硫磺。

2) 元素含量发生变化。风化后的煤中 C、H、N、S 等元素的含量都不同程度地降低，但氧含量则大幅度增高。

3) 粒度变化。煤中水分在太阳光直接照射下蒸发，煤的体积因失去水分而收缩，在降雨时又因吸收水分而膨胀。这样反复地收缩膨胀使块煤破碎，粒度变小，粉煤量增加。

4) 发热量降低。风化后煤的热值和未风化的煤相比明显降低。根据测定，烟煤储存约 6 个月将降低热值 1%～5%。这是因为煤在氧化过程中，C、H 元素含量逐渐减少，发热量随之降低。对于挥发分高的煤，热值降低更多。

5) 黏结性减弱。煤经过长期储存，其黏结性逐渐减弱。严重时，可能会完全丧失黏结性。

6) 质量减轻。煤开始氧化时吸附的氧比放出的氧多，因此质量有所增加，但经过一定时期以后放出的气体（CO、CO_2 和水蒸气等）超过了吸入 O_2 的质量，煤的质量就减轻。

7) 挥发分变化。一般挥发分高的煤在氧化时挥发分含量下降；而挥发分低的煤中挥发分含量会略有增加。

8) 水分变化。风化后的煤水分明显升高。

9) 煤的燃点降低。被氧化的煤的燃点（着火点）降低使煤堆更容易发生自燃。

(2) 煤的氧化、燃烧和自燃。

1) 煤的氧化。煤受空气中氧的作用，表面失去光泽并生成赤色或白色锈斑，水分增大，块煤粉碎成粉末，这种现象称为煤的氧化。对于深度氧化的煤，挥发分增高，CO_2 的含量增加，发热量降低。试验表明，烟煤储存一年后，热值降低 1%～5%，严重的可降低 10%；褐煤存放一年后，热值降低 20%。

2) 煤的燃烧。煤在温度适宜、空气充足的条件下，会发生强烈的氧化反应，同时伴有大量的放热和发光现象，这种放热、发光的剧烈化学反应称为煤的燃烧。

煤的燃烧与氧化没有本质的区别。氧化是一个缓慢的过程，而燃烧是伴有大量的热和光产生的剧烈化学反应过程。

3) 煤的自燃。煤氧化时所放出的热量若因不能及时扩散而积聚在煤堆内，使煤堆温度升高至煤的着火点时，则会发生自燃现象。

影响煤的氧化与自燃的因素主要有以下几个方面：

a. 空气中氧的作用。在一般的储存过程中，即使温度变化不大，在常温下煤也会和空气中的氧发生缓慢的氧化反应使煤堆发热。煤炭发生自燃的主要原因是空气中氧的作用。

b. 煤的碳化程度。碳化程度高的无烟煤，其挥发分、水分含量较低，煤的结构也较紧密，不易氧化。碳化程度低的褐煤和烟煤，其挥发分和水分含量较高且结构松散，在空气中极易风化和氧化，故比较容易自燃。

c. 水分。煤堆中水分过高或过低都不易自燃，当煤中含有适量的水分时，才易被氧化。煤在氧化时产生的热量被水分吸收，水分蒸发，水蒸气又在煤堆温度低的地方凝结成水放出热量使煤堆发热，煤堆内的温度逐步升高，达到煤的着火点时发生自燃。

d. 黄铁矿的氧化作用。煤中含黄铁矿多少对煤的氧化作用有很大的关系。黄铁矿的主要成分是 Fe_2S_3，在煤堆湿润时极易氧化，同时放出大量的热，使煤堆温度增高，加速氧化作用和自燃。

e. 煤的粒度。大块煤与空气的接触面积小，容易通风散热，氧化和自燃的可能性较小；沫煤与空气的接触面积较大，容易氧化并且不易通风散热，氧化和自燃的可能性比较大。

f. 气候影响。气候干燥时，空气中的水蒸气少，煤中的水分容易蒸发，积热也容易散出，煤堆就不易自燃。天气闷热，空气湿度大，煤中水分不易蒸发，煤堆温度上升，积热很难散出，从而会加速煤的氧化。雷雨时，空气中散出的臭氧具有强烈的氧化作用，也会加速煤堆的氧化。

g. 温度的影响。煤的氧化速度与温度有关，温度高，其氧化速度就快。当温度在30～100℃时，温度每增高10℃，煤的氧化速度就提高2.2倍。

h. 堆放的时间。煤堆的存放时间应根据煤质牌号而定，一般无烟煤和贫煤的存放时间可稍长一些，但以不超过4个月为宜。长焰煤、不黏煤、弱黏煤和褐煤的堆存时间以不超过一个月为宜。

(3) 煤的吸附性。煤的吸附性是煤的胶体性质。煤是多孔状物质，对气体及液体均有较强的吸附作用，影响煤吸附作用的因素有煤的温度、黏度和碳化程度。碳化程度高的煤吸附作用差，碳化程度低的煤吸附作用强，如褐煤吸附作用就很强。在堆存过程中，吸附性强的煤更容易自燃。

三、煤质和煤种的变化对输煤系统的影响

煤质的变化主要表现在煤的发热量、灰分、水分、含矸率、挥发分等方面。

燃煤发电厂的煤质和煤种是多变的。煤质和煤种的变化对燃煤发电厂的输煤系统影响很大，主要表现在煤的发热量、灰分、水分等衡量煤质的特性指标上。

1. 发热量

煤的发热量是评价动力用煤最重要的指标之一。如锅炉负荷不变，当煤的发热量降低，耗煤量增加，输煤系统的负担加重。入厂煤增加使卸车设备、煤场设备、碎筛设备都有可能因煤量增加而突破原设计能力。

2. 灰分

煤的灰分大小是衡量煤质好坏的重要标志。煤的质量级别是根据煤的灰分多少制定的。对工业用煤来说，灰分总是无益的成分，它给运输增加了无效的负担，也增加了输煤系统的负担。煤的灰分越高，固定碳就越少，煤的发热量也就低。根据经验推算，煤的灰分每增加1%，其发热量减少（50～90）×4.1868J/g。煤的灰分增加，由于灰分的比重大约是可燃物比重的两倍，输送同容积的煤量会使输煤设备超负荷运行，造成输煤系统设备磨损加重。

由于灰分较大的煤种一般都质地坚硬、破碎困难、容易磨损设备，因此增大了输煤设备的检修和更换工作量。

3. 水分

煤的水分也是无用成分，水分越高，煤中有机物质越少。在煤的使用过程中，由于水分增加将带走大量的潜热（汽化潜热），从而降低了煤的热能利用率，增大了燃煤的消耗量。

煤中水分大易引起设备黏煤、堵煤，严重时会中止上煤，影响生产。

煤中水分大，在严寒的冬季会使来煤和存煤冻结，影响卸煤和上煤。

煤中水分很少，在来煤卸车和上煤时，煤尘很大，造成环境污染，影响职工的身体健康。

4. 挥发分和含硫量

挥发分和含硫量对输煤系统没有明显的影响。但是，运行中挥发分和硫分大量增加时，输煤系统应注意防爆和煤的自燃。因为挥发分高的煤种燃点较低，硫的燃点也低，容易自燃。

总之，煤质变化越大，导致的后果就越严重。当灰分和水分增加引起煤质变化时，均应采用增大皮带速度、加宽皮带、增加槽角等方法以提高皮带出力；在煤场增加存煤面积，增大卸煤机械和煤场机械的出力，以满足锅炉燃煤的需要量。

另外，要加强输煤的技术管理，加强工作人员的技术培训，加强设备的维护，克服因煤质、煤种的变化给输煤系统造成的困难，努力把输煤工作搞好，保证安全生产。

第三节 输煤工艺流程

输煤系统的工艺流程是电力设计部门根据业主方提供的设计依据，比如厂区地质资料、气象资料、燃煤特点、燃煤量以及需要的运行工况等要求，设计涵盖火电厂煤炭的接卸、储存、运输、掺配、破碎等多功能为一体的厂内煤炭管理调度运输系统。在输煤系统工艺里可以根据火电厂的来煤方式，设计火车卸煤系统和汽车卸煤系统，实现运输到厂煤炭的接卸任务；设计储煤场，根据锅炉运行的燃煤量，储存一定时间燃烧所需的原煤；设计合适的煤场设备，来满足储煤场内煤炭的存储和取用；设计皮带系统，来满足煤炭在电厂内部的运输；设计煤炭破碎系统，使得煤的粒径能满足锅炉制粉系统制粉或锅炉燃烧的要求；设计煤炭的取样和计量装置，来满足电厂对煤炭品质和燃煤量的监管。

运煤系统的设计范围：从卸煤装置起到主厂房煤仓间原煤斗口止的整个运煤系统，包括卸煤、储煤、筛碎、上煤、除铁、计量、采样及其他辅助设施等，具体包括如下内容：

（1）卸煤装置。

（2）储煤场及煤场设施。

（3）原煤筛分破碎系统。

（4）带式输送机系统。

（5）原煤的除铁、采样、计量装置。

（6）输煤系统水冲洗、水喷雾及其排污、检修起吊、带式输送机安全防护设施等其他辅助设施。

在电厂运行后，也可以利用斗轮机、翻车机和储煤场等设施实现在输煤系统对锅炉用煤的按比例掺配，提高电厂燃煤经济性指标。

一、陕西商洛发电有限公司输煤系统概况

陕西商洛发电有限公司4×660MW工程项目位于陕西省商洛市商州区沙河子镇内，西北距商州区约为13.5km。厂址西、北、东三面邻山，南临丹江。

本工程分两期建设，一期2×660MW国产高效超超临界间接空冷燃煤发电机组于2019年3月竣工投产，同步建设烟气脱硫和脱硝装置。

为优化调整运输结构，打赢蓝天保卫战，更好发挥铁路在综合交通运输体系中的骨干作用和绿色低碳优势，国家层面推行“公转铁”。本工程电厂燃煤设计即全部采用铁路运输，设计煤种来自陕西彬长矿区。一期工程2×660MW机组，按设计煤种年耗煤量为279.18万t/年。二期工程完成后达到4×660MW机组规模，按设计煤种年耗煤量达到558.36万t/年。

燃煤的运输路线由彬长煤矿装车开始，经矿区铁路、西康铁路（西安—安康）、宁西铁路（南京—西安）到达电厂铁路专用线，在电厂卸车线完成煤炭接卸工作，燃煤运距约320km。

储煤系统设有两个并列布置的斗轮堆取料机条形煤场，堆煤高度为13.5m，总储煤量约为15.3万t，可满足2×660MW机组锅炉满负荷工况下15天的耗煤量。煤场布置两台悬臂为35m的斗轮堆取料机，其堆取料能力均为1600t/h，采用折返式尾车。

带式输送机系统按照容量4×660MW机组一个上煤单元考虑。1号带式输送机、2号带式输送机土建按安装两路规划设计，本期设备安装一路。运煤系统带式输送机除1号带式输送机，2号带式输送机，煤场地面4号、6号带式输送机为单路布置外，其余均为双路布置，一路运行，一路备用，并具备双路同时运行的条件。从火车卸煤系统到煤场的带式输送机系统出力与卸煤装置的输出能力相匹配，煤场至煤仓层的带式输送机的出力按照锅炉小时耗煤量135%选取，其规格：带宽B为1400mm，带速v为2.5m/s，出力Q为1600t/h。

二、陕西商洛发电有限公司厂区环境条件及气象资料

根据商州气象站历年实测气象要素统计，陕西商洛发电有限公司主要气象水文要素如表12-1所示。

表 12-1 陕西商洛发电有限公司主要气象水文要素

水文要素	数据	备注
多年平均气压(MPa)	0.093 15	
多年平均气温(℃)	12.8	
极端最高气温(℃)	39.8	1966 年 6 月 21 日
极端最低气温(℃)	−14.8	1967 年 1 月 16 日
平均水蒸气压力(MPa)	0.001 11	
平均相对湿度(%)	65	
平均年降水量(mm)	668.5	
日最大降水量(mm)	105.4	1989 年 7 月 10 日
平均年蒸发量(mm)	1683.3	
平均风速(m/s)	2.4	
实测最大风速(m/s)	23.0	2000 年 3 月 27 日
最大积雪深度(cm)	26	1954 年 1 月 23 日
最大冻土深度(cm)	18	1984 年 12 月 31 日
平均雷暴日数(d)	37.4	
平均雾日数(d)	6.0	
平均大风日数(d)	7.3	
最多冻融循环次数(次)	46	1996—2005 年
最大日温差(℃)	25.6	2004 年

三、陕西商洛发电有限公司燃煤特性

陕西商洛发电有限公司的煤质资料如表 12-2 所示。

表 12-2 陕西商洛发电有限公司的煤质资料

项　目	符 号	设计煤种	校核煤种
元素分析			
收到基碳(%)	C_{ar}	61.19	56.56
收到基氢(%)	H_{ar}	3.29	3.25
收到基氧(%)	O_{ar}	0.85	0.32
收到基氮(%)	N_{ar}	6.71	8.31
收到基全硫(%)	$S_{t,ar}$	0.50	1.00
工业分析			
全水分(%)	M_t	14.0	13.2
空气干燥基水分(%)	M_{ad}	4.43	6.29
收到基灰分(%)	A_{ar}	13.46	17.36
干燥无灰基挥发分(%)	V_{daf}	32.64	37.41
收到基低位发热量(MJ/kg)	$Q_{net,v,ar}$	22.74	20.32
哈氏可磨性指数	HGI	59	58
冲刷磨损指数	Ke	2.2	1.4

四、陕西商洛发电有限公司输煤工艺流程

陕西商洛发电有限公司输煤系统工艺流程图如图 12-3 所示。

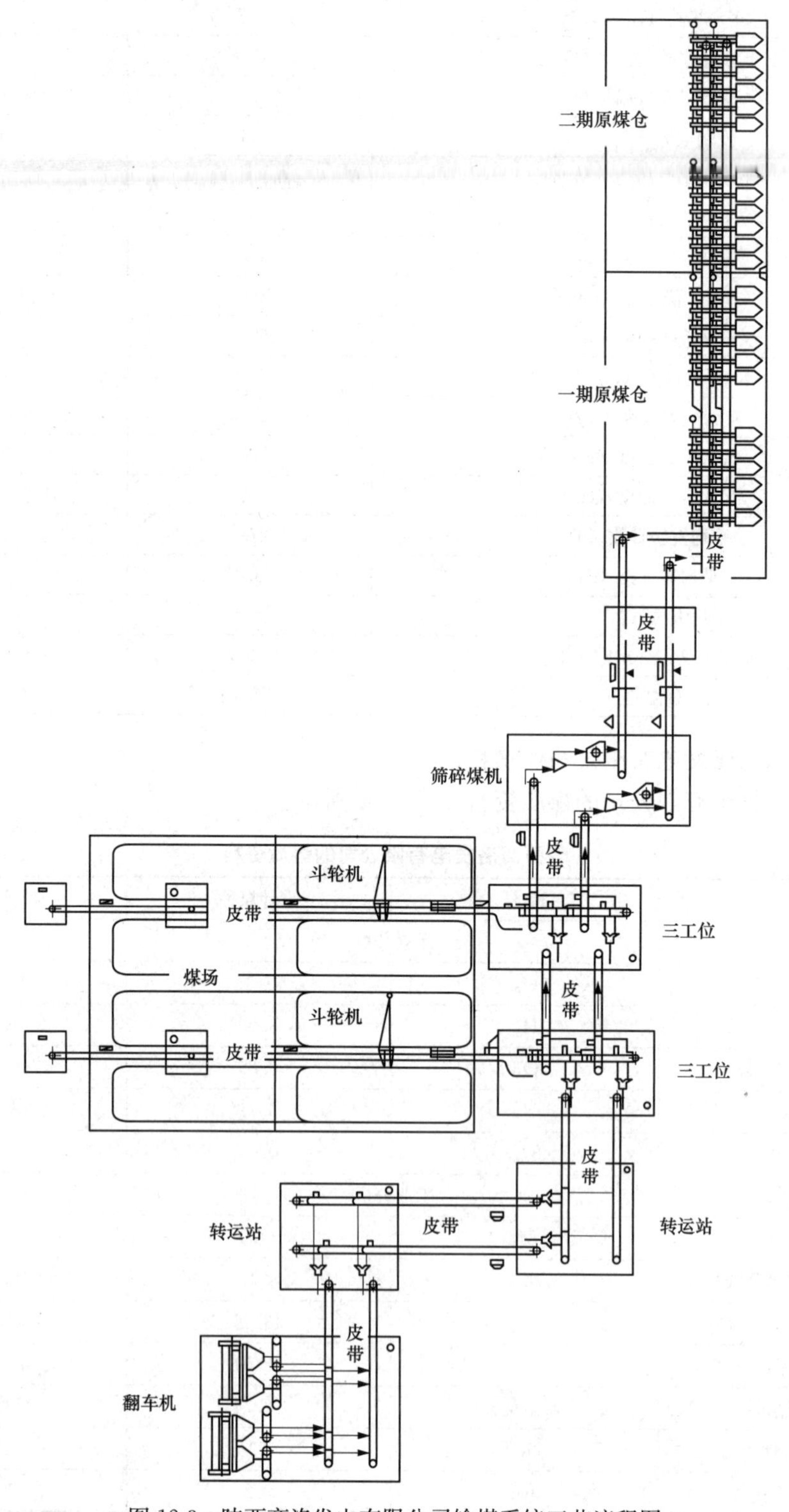

图 12-3 陕西商洛发电有限公司输煤系统工艺流程图

输煤工艺流程有两套火车卸煤装置（一期工程建设一套，预留一套二期建设），两个条形煤场及其附属设备，输煤皮带系统，碎煤系统，卸煤系统及煤仓间，除铁、采样和计量等设备和系统。

系统中共设计了9条皮带，从火车卸煤沟下面的皮带开始编号，到锅炉原煤仓卸煤皮带终止。其中编号为1号、2号（1号和2号皮带在一期建设先修建一条皮带，预留二期扩建一条皮带位置）、3号、5号、7号、8号和9号皮带的布置为双皮带布置，编号为4号和6号皮带是单皮带布置。在1号皮带、2号皮带、3号皮带和8号皮带出口设置有切换装置——电动三通管，来选择把煤流向后面的双皮带中的一条皮带。4号和6号皮带是斗轮机后面连接的皮带，皮带可以正反两个方向运行，配合斗轮机的尾车和皮带头部的三工位装置，实现在煤场中取煤和堆煤。在9号皮带上布置有电动双侧犁式卸料器卸煤，除末级原煤仓外，每个原煤仓甲乙两条皮带各布置一套，可以根据原煤仓的煤位情况向需要的原煤仓上煤。

输煤系统在3号皮带、7号皮带和8号皮带上安装有盘式除铁器，在1号皮带、4号皮带和6号皮带上安装有带式除铁器。输煤系统在7号甲、乙皮带和8号甲、乙皮带之间各安装了一套电动滚轴筛和一套环式碎煤机，对皮带上的煤流进行处理，使皮带上的煤颗粒小于30mm，满足锅炉制粉系统对煤的粒径要求。

输煤系统在2号皮带上布置了入厂煤取样装置，动态循环链码模拟实物校验装置和电子皮带秤，能更好地对电厂的入厂煤进行管理。

输煤系统在8号皮带上布置了入炉煤取样装置，动态循环链码模拟实物校验装置和电子皮带秤，能更好地对电厂的入炉煤进行管理。

根据输煤工艺流程设计的输煤系统运行方式主要有三种：

（1）火车翻车机向原煤仓上煤如图12-4所示。

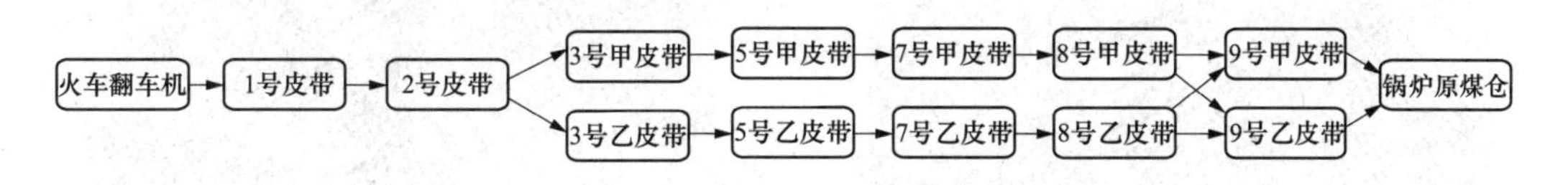

图12-4 火车翻车机向原煤仓上煤

（2）煤场向原煤仓上煤如图12-5所示。

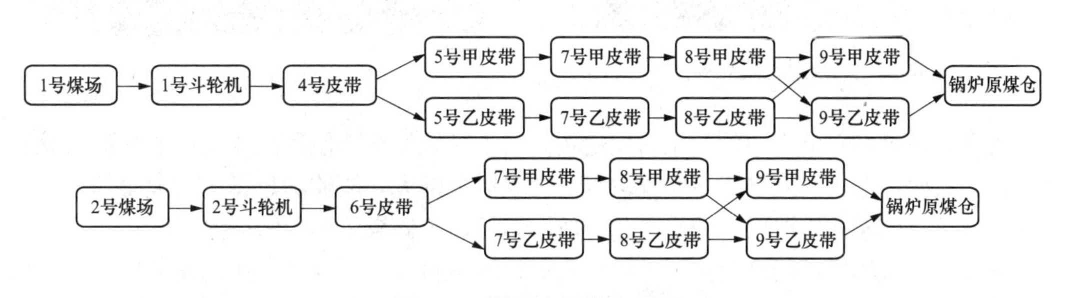

图12-5 煤场向原煤仓上煤

（3）火车翻车机向煤场堆煤如图12-6所示。

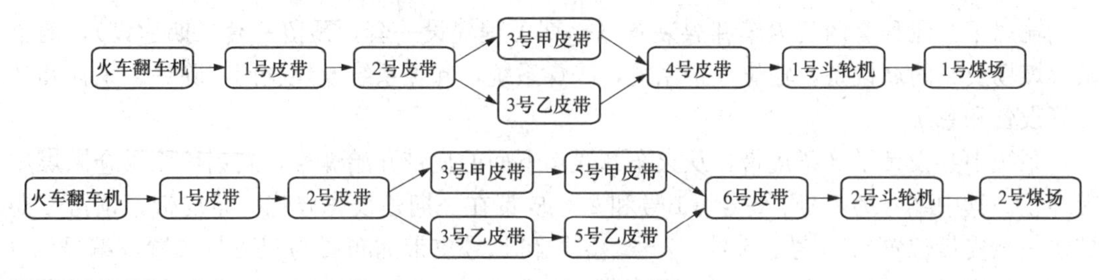

图 12-6　火车翻车机向煤场堆煤

第四节　燃料的储存管理

火力发电厂燃料的消耗是连续均衡的。由于燃料供应点与电厂有一定的距离，需要经过长途运输才能到达厂内，同时，燃料供应还受到供方因素（煤炭紧张）、铁路运输、卸车设备等因素的影响。为了确保燃料供应，电厂订货时，往往要与数家煤矿或燃料供应商签订供货合同，供货时通常会有几个单位同时发运，有时一天内数列到厂，有时几天还不能保证到达一列，很难做到连续均衡的发运，这使得电厂来煤总是间断性的。因此电厂要设置储煤场，来煤多时，将多余的煤储存起来；来煤少时，从煤场中取煤。储煤可作为来煤不均衡或厂外运输及煤矿出现故障时的调节之用。

一、储煤场的设置

目前，由于环保方面的要求，关于电厂的储煤均采用封闭的储煤场。按其煤场的几何形状可分为条形封闭煤场（见图 12-7）和圆形封闭煤场（见图 12-8）。

图 12-7　条形封闭煤场

图 12-8　圆形封闭煤场

条形封闭煤场在电厂中的使用占比比较高，这种煤场配套使用的斗轮堆取料机有悬臂式和门架式两种形式。悬臂式斗轮堆取料机的堆取范围大，能够满足煤场对大量的堆煤和储煤的要求。门架式堆取料机储煤量相应较小，适用于储煤量不大的小型电厂。

圆形封闭煤场采用新型的圆形堆取料机进行堆取料作业。堆料作业由安装于圆形堆取料机顶部的堆料悬臂胶带机完成；取料作业由安装于圆形堆取料机根部的刮板输送机完成。堆取料作业互不干扰，可同时进行，提高了煤场作业的效率。圆形封闭煤场的堆取料设备先进，煤场堆煤回取率高，推煤机辅助作业的工作强度较小，同时由于设备结构上的特点，煤堆高度通常达到30～40m（采用斗轮堆取料机的煤场煤堆高度通常为13～15m），提高了空间的利用率，大大减少了厂区占地。

从工程造价上来说，条形煤场的工程造价相对比圆形煤场要低许多，因此在场地条件不是很紧张的地区，条形煤场被采用的情况相对较多。

二、影响煤场存量的因素

影响燃料储备量的因素很多，主要有以下几个方面：①电厂正常的发电量是影响燃料储备的主要因素。②电厂所处的地理位置、交通运输情况、供煤矿点情况及市场情况。③电厂与主要供煤点的距离。④电厂在电网的位置。⑤季节的变化。⑥库存损耗。

《电力工业技术管理法规》规定，储煤场的容量应根据交通运输条件和来煤情况确定，一般采用下列数值：①经过国家铁路干线来煤的发电厂为7～15天的耗煤量；国网陕西省电力公司要求储煤为15天B-MCR工况耗煤。②不经过国家铁路干线，而由煤矿直接来煤的发电厂为5天以下的耗煤量；对于靠近煤矿的发电厂，当来煤可靠时，一般不设储煤场。③由水路来煤的发电厂，根据水路可能停止运输的时间考虑储煤量。

三、燃料的库存保管

火力发电厂燃煤保管是燃料管理中的一项重要工作内容，对于合理储煤、确保入炉煤质、减少耗损（包括机械耗损与化学耗损），都有着十分重要的作用。同时煤炭的价格有着非常明显的季节因素，以陕西省为例，每年3月份采暖季后至5月份入夏之前，每年9月份夏季结束至11月份采暖季之前，对煤炭的需求量小，所以煤炭的采购价格相对较低。因此，在合理的时间采购和存储合适的燃煤对降低发电成本，增加电厂经济效益也是一种有效途径。为了保证火电厂燃料连续供应，保持正常发电，火电厂必须储备一定的煤量。其储备煤量要依据锅炉机组及其消耗水平、运输路程远近、储煤场大小、季节气候等因素来确定。储备过多或过少都是不恰当的，过多会影响电厂资金周转，且因长期储存煤发生低温氧化，导致煤质下降，严重时还会引起煤的自燃；过少则难以应付意外情况发生（如因运输事故而延长煤的到厂时间性，或煤矿因故不能按时发运煤等造成锅炉燃料中断），影响正常发电。煤在煤场中长期储存，因不断受到自然力（风、雨、雪）的作用及温度变化的影响，煤堆内部会发生风化和氧化，从而导致煤质发生变化，其变化程度与储存条件、时间及煤的品种有直接关系。煤质变化的主要表现在如下几个方面：

（1）发热量降低：贫煤、瘦煤发热量下降较小，而肥煤、气煤和长焰煤下降较大。

（2）挥发分变化：变质程度高的煤挥发分有所增多，变质程度低的煤挥发分有所减少。

（3）灰分产率增加：煤氧化后有机质减少导致灰分相对增加，发热量相对降低。

（4）元素组成发生变化：对于长期储存的煤，其元素组成有所变化。C和H元素含量一般降低，O元素含量迅速增高，而硫酸盐硫也有所增高，特别是含水、黄铁矿硫多的煤，因为煤中黄铁矿硫易受氧化而变成硫酸盐。

（5）抗破碎强度降低，黏结性下降：一般煤氧化后，其抗破碎强度均有所下降，且随着氧化程度的加深，最终变成粉末状，尤其是年轻的褐煤更为明显。

综上所述，煤在长期的储存过程中，煤的质量会劣化，使煤中的有机质氧化、自燃，挥发分降低和黏结性变差，产生化学损耗（质量损耗或无形损耗），导致其使用价值降低。煤在煤场中储存及搬运过程中，会产生机械损耗（数量损耗或有形损耗），它包括因风雨侵蚀和冲刷，被风和雨雪带走的煤尘和煤粉及煤在搬运过程中所产生的途耗（撒掉、飞散的损耗）。

（一）煤的组堆和保管

对不同品种的煤，要按煤的品种分开组堆储存。因为不同品种煤的碳化程度、分子结构和化学活性是不一样的，氧化的难易和着火也不同，所以应该按品种分开堆放。对需要长期储存的煤，尤其是对于低变质程度、易受氧化作用的煤，组堆时要分层压实且其表面覆盖一层适宜的覆盖物质，因为空气和水可使露天储存煤堆引起氧化和自燃。煤堆内若有空隙乃至空洞，空气便可自由透入堆内，使煤氧化放热。同时，煤堆内水分受热蒸发并在煤堆高处凝结释放大量热量。再者，煤中的黄铁矿也受氧化放出热量。这些都会产生或加速煤的氧化作用和自燃倾向。防止的办法是压实煤堆以减少空气占有的空隙，限制空气流通形成通道，防止雨水透入堆煤内部，避免或减少煤的氧化，防止煤的自燃；也可在煤堆表面覆盖一层无烟煤粉、炉灰、黏土浆等；此外，还可喷洒阻燃剂溶液，既可减缓煤的自燃倾向，又可避免煤被雨水冲刷流失，还可防止因煤被大风吹走而造成煤的流失。

（1）选择好组堆形状。煤堆的形状取决于储煤量、煤炭的质量、煤种、煤场场址地形、煤场面积的大小及煤堆设备等。堆煤形状有圆锥形、圆弧形、长方形及棱锥形。一般堆成正截角锥体较为理想，因为正截角锥体自然通风较好，顶端表面平整，既有利于盘点，又可减少风吹雨淋对煤的损耗，同时还可消除煤块和煤末分离的偏析现象。但对于阳光直射地区的煤场，在组堆时可采用屋脊式的尖顶以减少阳光的热辐射。

（2）正确选择组堆方向。根据我国地理位置，组堆以南北方向长、东西方向短为宜，可减少太阳直射，防止煤堆自燃。注意煤堆的环境，煤堆中不要混入引燃物品，要避免日光的晒射和雨雪的浸湿，减少氧化。煤不能堆放在有蒸汽、暖、热水管道的地方，更要远离热源和电源。

（3）煤堆的高度取决于煤场机械设备和煤堆的宽度。煤堆宽度越宽，煤堆高度也就越高，但一般不宜过宽、过高，因为煤堆过高、煤堆温度过高，进入煤堆的空气量也就越多，自燃的可能性就大；煤堆过高，一旦有自燃险情发生，很难在较短的时间内倒堆；煤堆过高，煤堆自重加大，会增加煤场地面的承载力，严重时，会造成地面下沉。褐煤的堆存高度一般不超过2m，堆存时间以0.5～1个月为宜；气煤、肥煤、焦煤和瘦煤的堆存高度可达4～5m，堆放时间以不超过2个月为宜；贫煤和无烟煤一般不易自燃，堆放高度不限，但堆放时间不宜超过6个月。因为堆放时间越长，热值损失就越多，场耗损失就越大。

（4）煤堆温度升高是煤堆内部发生剧烈氧化的标志。除无烟煤和低挥发分的半烟煤外，均应定期监测煤堆的温度，防止自燃。测温位置为煤堆顶部以下深0.5m处，并将此处的煤温与周围环境的温度进行比较，若两者温度相差大于10℃，则要重新组堆压实。

（5）煤堆温度不得超过60℃，若超过60℃，则应及时燃用或采取煤堆挖沟、松堆、喷淋、倒堆和灌水等降温措施，具体采用哪种方法可视具体情况选用。若煤堆温度超过80℃，低挥发分的煤则可能会在2天内自燃着火。

（6）煤堆温度不断上升表明煤堆内部氧化作用相当剧烈，已有较明显的变质。

（7）煤堆自重对煤场地面施加的载荷力很大，高者可达200kN/m^2。煤场底部基础要牢靠；地面要坚实，要具有一定的承载力。煤场最好是水泥地面，场地必须干燥平坦，自然排水通畅。对于底部未经水泥硬化的煤场，为了便于雨水渗漏于地下，可在其底部垫一定厚度的劣质煤，但不得铺垫粉灰及炉渣。当煤场底部为水泥地面时，其周围应设有排水良好的水沟，因为煤堆中水分增多会促进煤的氧化和自燃。

（8）组堆完后要建立组堆档案，写明堆号、煤品种及其进厂时间、组堆工艺及监测温度等。

（9）每月末要对存煤进行一次盘点，检查实际存煤是否有亏损，以便正确计算发电耗煤，存煤的每月亏损数量一般不应超过日均存煤量的0.5%。目前火电厂的盘煤措施有人工丈量、二维激光盘煤仪测量、皮带秤测量以及无人机盘煤等方式。

1）人工丈量的措施是利用推土机将煤堆推成近似梯形形状，然后再进行人工卷尺测量。此方法工作量大，投入人力、物力较多，测量效率不高。并且，由于煤堆的不规则和人工丈量误差，使得煤堆体积测量误差较大。

2）二维激光盘煤仪是将自带云台的激光扫描装置安装于龙门吊上或者斗轮机上。龙门吊或斗轮机在导轨上匀速横向移动时，二维激光盘煤仪对煤堆进行扇形扫描。龙门吊只适用于小型煤场，而使用斗轮机配合盘煤扫描则设备复杂、成本巨大而且耗能较高。同时由于二维激光盘煤仪进行扇形扫描，就对搭载激光扫描仪的云台精度有着很高要求。

3）皮带秤测量是电厂煤在入厂和入炉的过程中利用皮带衡测量质量。入厂煤和入炉煤的差值就是目前的煤存量。这种间接测量的方法有一定的弊端。由于大型煤场可能达几百米，皮带秤测量效率有限，并且需要实时统计，需要配套的计算机和工作人员。当电厂煤堆被盗或者人为减少时，本方法并不能察觉。而且煤场为了防止大风天气煤灰飞扬，会洒水保持煤堆的湿润，水分会严重影响煤堆的质量，从而使得测量误差较大。

4）鉴于目前GPS的定位精度越来越高，微型无人机性能越来越稳定。采用无人机平台搭载激光扫描仪对煤堆进行二维扫描，能够适应大小煤堆的测量工作，测量精度满足要求。差分GPS定位精度可以达到厘米级别。相位差激光测距可以达到毫米级别。可以有效地防止煤堆死角带来的测量误差。无人机盘煤装置盘煤全程可以自动完成，测量一次仅需要15min，大大缩短了盘煤时间和工作量。并且只需要一名工作人员进行测量和维护。

（二）防止煤堆自燃（质量损耗或化学损耗）的措施

（1）影响煤自燃的因素。煤是在常温下会发生缓慢氧化的一种物料，它受空气中氧的作用而被氧化并产生热量，聚集在煤堆内部，随着时间的延长，煤堆内部积蓄的热量增多，温度越来越高，而温度的升高又会加速煤的氧化。当温度升高到60℃后，煤堆温度会急剧上升，若不及时采取措施，则会发生煤堆着火。煤在无须外火源加热而受自身氧化作用所产生的积蓄热而引起的着火就称为煤的自燃。影响煤自燃的因素主要有以下三个方面：

1）煤的性质：煤的变质程度对煤的氧化和自燃起着决定性的作用。一般变质程度低的煤，其氧化、自燃的倾向较大。此外，煤的岩相组成和矿物质种类及其含量、粒度和含水量，都会影响煤的氧化、自燃性能。

2）组堆的工艺过程：为了减少空气和雨水渗入煤堆，组堆时要选择好堆基，逐一将煤层压实并尽可能消除块、沫煤分离和偏析。组堆后，在其表面覆盖一层适宜的覆盖物质，再喷洒一层黏土浆，同时要设置良好的排水沟。

3）气候条件：大气温度、降雨量、降雪量、大气压力波动、刮风持续时间及风力大小等因素都会影响煤的氧化、自燃。

（2）煤堆自燃（化学损耗）的防止措施。为了减少或防止煤的氧化和自燃，应加强对煤保管，根据预防为主的原则可采用下列预防措施：

1）分层压实组堆：易受氧化的煤（如褐煤、长焰煤）组堆时最好分层压实。若分层压实困难，则至少也须表层压实。有条件时可在煤堆表面披上一层覆盖物，实践证明，这是一种既有效又经济的根本措施。

2）建立定期检温制度：对储量大、存期长的煤堆特别是变质程度低的煤，需每天检测一次煤堆温度（对其他类别的煤可适当延长测温时间），并做好详细记录。对煤场的温度测量可以用煤场煤堆测温枪进行。煤场煤堆测温枪是测量煤场煤堆内部温度的专用煤堆自燃测温仪器。利用煤场煤堆电子测温枪测量煤堆内部温度，是煤场测温管理的重要手段，可及时了解煤堆内部的发热状况，尽早采取措施消除煤堆自燃现象，防止煤场煤堆自燃带来的严重后果。煤堆测温专用探头的头部是针形结构，并且具有很强的刚性，插入煤堆内部不弯曲、不折断，能顺利测量煤堆温度。

3）及时消除自燃源：煤堆中60℃的极限温度称为自燃源。在检温过程中，如果发现煤堆温度达到60℃或煤堆每昼夜平均温度连续增加超过2℃（不管环境温度多高），就应立即消除自燃源。消除自燃源的方法是将自燃源区域内的煤挖出，使其曝露在空气中散热降温或立即供给锅炉燃烧。但不得向自燃源区域煤中加水，这会加速煤的氧化和自燃。

4）烧旧存新：烧旧煤、存新煤、缩短储存期，是防止煤变质自燃的有效措施。尽可能地采用清堆上煤的办法，不仅可以减少损失，而且便于计量和管理。

（3）降低储煤损耗（数量损耗或机械损耗）的措施。煤在卸车、储存及混配过程中，由于卸车设备、组堆工艺及自然力的作用，难避免使煤的数量减少，产生数量损耗。这种损耗虽然是不可避免的，但是若设备先进、措施得当、管理科学，则会使这种损耗降低，达到节能降耗、提高经济效益的目的。

四、陕西商洛发电有限公司煤场情况介绍

本工程条形煤场设置一座落地拱形网架结构封闭干煤棚，两端封闭至顶，采用挡风抑尘网结构。条形煤场落地拱形网架结构平面尺寸：横向跨度为191.2m（净空），纵向长度为179m，煤场最大堆煤高度为煤场地坪以上13.5m。条形煤场内部布置两台斗轮机，可以自由行走和回转作业。条形煤场两端采用全封闭挡风抑尘网，在北侧汽车进出口开设3个宽为6m、高为5.5m的进出口。条形煤场端部封闭，两台斗轮机基础处各开一个门洞[门洞宽为9m，高为2.7m（净高）]，北侧4个、南侧2个，共6个。条形煤场外观图如图12-9所示。

图12-9 条形煤场外观图

第五节 煤种混配与掺烧

一、配煤的必要性与可能性

配煤就是通过精确的采样、计量和在线分析等检测系统，把几种煤均匀混合掺配，使其达到一定的规格。在保证锅炉技术要求的情况下，最大限度提高经济效益，保证电厂的正常运行和满足环保要求。配煤可在煤矿、储煤场、煤仓及混煤设施中进行。

锅炉配煤掺烧的4个要求如下：

(1) 技术性要求。锅炉的稳定运行必须以保证煤质稳定为前提，每台锅炉及其辅助设备都是依据一定煤质特性设计的。所谓燃料设计，就是要充分考虑到煤的灰分、哈氏可磨性指数、挥发分、结渣性和黏污性等性能，确定燃煤参数以确保用煤要求。在运行过程中提供的燃煤必须符合设计要求，低于或高于设计值都会影响锅炉的正常出力。锅炉只有燃用与设计煤质接近的煤种，才能得到最好的经济性。煤质不稳定将会造成电厂辅助系统的损坏，因为灰处理系统、静电除尘器、湿式除尘器和吹灰器的运行是以锅炉用煤质量稳定为前提的。设计煤质可能是单一煤种，也可能是混配煤种，然而许多火电厂实际燃用的煤种繁多、煤质特性各异，若不采取适当措施，势必影响锅炉的燃烧性能，增大煤耗，甚至发生严重事故。依据不同煤质特性配煤是解决煤质与锅炉不符，保证煤质稳定的有效方法之一。合理的配煤方案应使锅炉在燃用与设计煤质相接近的煤的条件下进行，从而提高锅炉燃烧效率，增加锅炉安全经济性。

(2) 经济性要求。火力发电厂中燃料成本占总生产成本的70%以上，电厂一般在保证锅炉安全、经济运行的条件下，遵照“质优价廉”和“就近”的原则，选用那些生产稳定、煤质稳定、交通便捷及运输距离短的矿点，以降低运输损耗及燃料费用；同时再选择几个价格较低的煤种混配掺烧，从而达到降低燃料费用的目的。

(3) 电网调峰的要求。随着电网容量的不断增大，电网调峰的任务日趋繁重，要求大容量的机组较长时间在30%～50%的低负荷下运行。为了满足低负荷下锅炉能稳定燃烧，必须进行配煤。

(4) 环保要求。为了控制烟气中硫氧化物的排放标准，有时也需采用高硫煤与低硫煤混配，使入炉煤的含硫量控制在1%以下，以符合环保要求。

由于煤炭市场的变化，目前电厂燃煤的供应有三个明显的变化趋势：①煤种多变。因煤炭的产、运、销及电力生产情况的变化，电厂往往被供应几个特性相差悬殊的煤种。②劣质煤的比例增大。由于目前国家煤炭政策的调整，国家直属大矿已下放到地方，存在着地方小矿、个体小矿及煤炭经营者与大矿竞争的趋势，供应电力生产的劣质煤逐年增多。③计划外采购、来煤加工等多渠道进煤及煤炭市场的开放，使电厂有可能同时购进多个煤种。以上三种情况使混煤掺烧成为可能。

二、燃煤结构的基本要素及其特性

考虑到燃料配烧的目的，燃料的种类及燃料采购的经济性，燃煤结构包括以下三个基本要素：

(1) 煤种要素。由于煤源及产量的限制，一般电厂不可能按照设计要求燃烧单一煤种，而往往需要将不同煤种按要求混配掺烧。并对这些可供的煤种进行技术、经济比较和论证，使掺混后入炉煤质量符合锅炉设计的要求。

（2）煤量要素。在设计燃料参数一定的情况下，不同煤种的需求量与煤种相适应。由于入炉煤的特定要求，煤量总是随着煤种的变换而变化。

（3）煤价要素。目前，煤炭价格已走向市场，发电企业打破了长期以来的国家统分局面，形成不同层次的煤价结构。同时由于不同矿点运距的差别，形成了煤炭的价格结构体系。

煤种、煤量及煤价三种要素组成了燃煤结构，其不同的组合有着不同的意义。对这三种要素进行优化组合是燃料管理的一项重要内容。

优化组合后的燃煤结构应具有如下三个特征：一是标准性，即经过组合的煤必须满足锅炉要求；二是经济性，组合后的煤价格要低廉；三是实用性，不同煤的掺配在实践上可行，工艺简单，利于操作。

三、燃煤混配煤质指标的选用

燃煤混配是燃用多种煤的电厂确保锅炉经济、安全运行的一项重要措施。要选用何种煤质指标作为配煤依据，要视锅炉燃烧要求而定。通常选用灰分（或发热量）、挥发分，有时也选用灰熔融性。例如锅炉燃烧不好、煤耗高时，选用挥发分或灰分作为配煤指标较为合适；又如锅炉经常发生结渣，威胁锅炉安全运行时，选用灰熔融性作为配煤煤质指标较好；再如为使烟气中硫氧化物含量符合排放标准要求，可选用硫分作为配煤指标。一般混煤的煤质特性可按参与混配的各种煤的煤质特性用加权平均计算出来。然而，对灰熔融性，不能采用上述加权平均方法，而必须通过对混煤的实测，这是因为各种煤炭所含的矿物质各不相同，在高温下相互发生复杂的化学反应而形成新的共熔体，使混煤灰的熔融性温度发生变化。尽管国内外有不少人提出根据灰的化学成分计算灰熔融性温度，但都有局限性。因此，对混煤的灰熔融性温度，必须通过实验室一系列不同配比试验，筛选出适合锅炉燃烧要求的配煤比。

四、火电厂常用的配煤方法

煤的配比准确与否关系到配煤的质量。通常采用下列4种配煤方法：

（1）分堆或分罐配煤法。分堆配煤是将不同的煤种分堆、分区存放，配煤时，按上述计算方法算出的配比。对于用煤斗来调节煤种比例的电厂，采用煤斗挡板开度法来调节，依据煤斗的挡板开度来调节输煤皮带的出力，从而达到该种煤单位时间的预定送煤量。如若甲、乙两种煤需按3∶1混配，则预先分别调节好甲、乙两煤斗挡板的开度，按比例取煤，使皮带输煤量按3∶1的比例进行作业，这样可达到预定的配煤比。分区分堆存放、烧旧存新，既有利于煤场管理又便于配煤，同时还可以降低煤的化学损耗。

混煤罐是常用的配煤设施，既可当煤仓作为临时储存罐使用，又能当混煤设施使用。利用混煤罐配煤，能保证煤的配比，将挥发分不同的煤种分罐储存，配煤时按计算出的比例，通过调节储罐闸板开度的方法来控制煤种比，进行煤的混配。

（2）煤场堆放混煤床法。煤场堆放混煤床法是采用推煤机将不同的煤种按比例进行混堆。对于设有门式抓煤设施的电厂，可用抓斗数法按比例进行取煤，各种煤的抓斗数依据预定的混配比确定，如甲、乙两种煤混合，确定其配比为1∶2，则应抓一斗甲煤、两斗乙煤混匀后，再用抓斗转移到混好的煤堆中存放用。

（3）“分仓掺配”方法。“分仓掺配”就是在不同的原煤仓上不同的煤，运行人员根据燃烧情况分别调整各煤仓的用煤量。

（4）“煤源点掺配”方法。“煤源点掺配”就是根据不同煤源点煤的品质特点，在锅炉燃烧时，在不影响安全和经济的条件下，把不同煤源点的煤按照计算好的比例对入炉煤进行掺配，来满足锅炉稳定运行。

第十二章　卸煤系统及储煤场

煤炭对于火力发电厂来说是至关重要的，煤炭的安全运行是影响火力发电厂能否稳定生产的关键因素。因此，煤炭运输到电厂后从燃料的接卸、运输、存储等环节都有非常明确的管理措施。对于装机量百万千瓦级的电站来说，年消耗的燃料量都有几百万吨，每日的煤炭消耗量也接近甚至超过万吨的规模。为此，火力发电厂往往需要在厂内规划有满足机组稳定运行大约15天的储煤场，来存放锅炉运行需要的燃煤，同时，也会根据燃煤的到厂方式设计不同的煤炭接卸设备。在我国，大多数火力发电厂的煤炭运输采用了火车运输方式，因此火车卸煤系统也成为火力发电厂首选的一种卸煤方式。

第一节　翻车机系统

一、概述

翻车机系统是一种在专门的铁路卸车线上，采用机械的力量将装煤的车辆翻转卸出物料的卸车系统。翻车机系统是以翻车机为主体所组成的一种大型、高效的机械化卸车作业系统，由翻车机、重车调车机、夹轮器、迁车台、空车调车机等设备组成。翻车机是这个系统中的核心设备，系统中的其他设备往往也要在翻车机的型号确定后，才能进行选配。翻车机系统具有卸车效率高、节约劳动力、改善劳动条件、对车损伤小、易于实现卸车作业机械化和自动化等优点，而被广泛应用于大型火力发电厂、港口、化工厂、水泥厂及用火车运输散装物料的其他单位。

火力发电厂因所处的地形、地质条件不同，翻车机系统的布置形式和设备组成也不相同。通常是根据翻车机的布置特点、翻卸方法、翻卸数量等几个方面进行分类。

按照翻车机系统的布置形式，翻车机系统可分为贯通式和折返式两种。

按照翻车机的翻卸形式，可将翻车机分为转子式翻式车和侧倾式翻车机。

按照翻车机每次翻车节数的不同可将翻车机分为单翻翻车机、双翻翻车机、三翻翻车机。

按照翻车机的传动方式，可将翻车机分为钢丝绳传动和齿式传动两种。

按压车装置的形式可分为液压压车和机械压车两种。

转子式翻车机因驱动功率小、生产率较高等特点，在火力发电厂应用比较广泛。转子式翻车机的被翻卸的车辆中心基本上与翻车机转子的回转中心重合，车辆与转子回转180°左右，将煤卸到翻车机下面的受料斗中。转子式翻车机的翻转轴线靠近其旋转轴线的重心，翻车机工作时需要较大的压车力和较深的基础。

转子式翻车机按端环端面结构不同可分C形转子式翻车机、O形转子式翻车机。

O形转子式翻车机如图13-1所示。O形转子式翻车机是早期翻车机产品，设备结构较复杂，整体刚性好，驱动功率较大，平台移动靠车；适合配备钢丝绳牵引的重车铁牛调车系统。

C形转子式翻车机如图13-2所示。采用C形端盘，结构轻巧，平台固定，液压靠板靠车，液压压车，消除了对车辆和设备的冲击，降低了压车力。根据液压系统特有的控制方式，使卸车过程车辆弹簧能量有效释放，驱动功率小。C形端盘结构适合配备重车调车系统。

目前火力发电厂常用的转子式翻车机主要有以下几种：FZ150型、FZ1-3A型、M2型、KFJ-2型、KFJ-2A型、KFJ-3A型、ZFJ-100H型和ZFJ2-100型。它们的特征相同，只是在压车机构或支撑结构上稍有差别。

图13-1　O形转子式翻车机

图13-2　C形转子式翻车机

二、翻车机及附属设备

火车翻车机是火车卸煤系统的核心设备，火车翻车机的选用也决定了系统其他附属设备的设计和选型。同时，翻车机的翻卸能力也决定了电厂火车来煤的处理能力，电厂输煤系统的后续生产环节也需要以翻车机的翻卸容量为依据进行设计和设备采购。在一定意义上说，火车翻车机的设计选型以及能否安全稳定高效运行，关乎电厂发电设备的带负荷能力，一旦翻车机和输煤系统发生故障，可能会引起发电机组的不安全、稳定运行。

翻车机的种类很多，工作原理大同小异，本文以陕西商洛发电有限公司采用的FZ15-100型翻车机为例，介绍其结构、技术性能、工作原理以及跟它配套的翻车机系统的其他设备和附属系统。

(一) 翻车机本体的结构

FZ15-100型翻车机本体由转子本体、压车装置、靠板装置、托辊装置、导料装置、驱动装置、液压系统等组成。翻车机本体结构如图13-3所示。

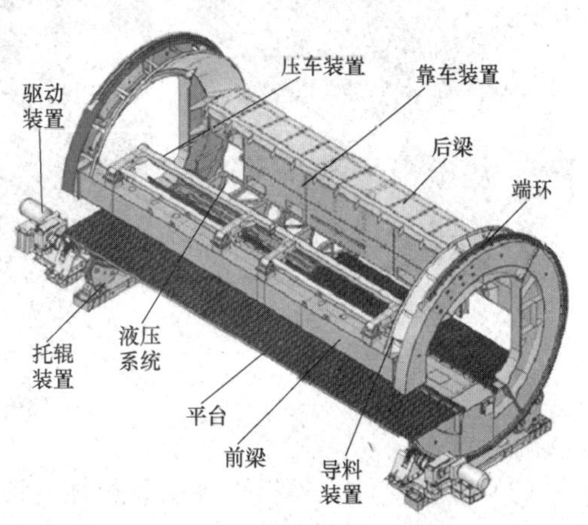

图13-3　翻车机本体结构

(1) 转子。转子是由两个C形端环、前梁、后梁和承载车辆的平台组成的一个整体结构，稳定性强。前梁、后梁、平台与两端环的连接形式为高强度螺栓连接板连接，且均为箱形梁结构，提高了设备的强度。转子的作用是承载待卸车辆，并与车辆一起翻转，完成货车的卸料。

转子和货车的质量是通过端环外缘设计运行轨道传递到托辊装置上。端环外缘还装有传动齿圈，其与驱动装置带动的主动小齿轮啮合，驱动翻车机的转子翻转。端环为C形开口结构设计，方便牵引列车的重车调车机（简称重调机）大臂通过翻车机。平台上铺设标准的火车轨道，方便运输车辆进入和通过翻车机转子。

端环上装有铸铁配重来平衡转子上的偏载，从而减小不平衡力矩，降低驱动功率，减小翻转时的冲击。端环上设有周向止挡，防止翻车机回位时越位脱轨。翻车机转子机构如图13-4所示，C形端环如图13-5所示。

图13-4 翻车机转子机构

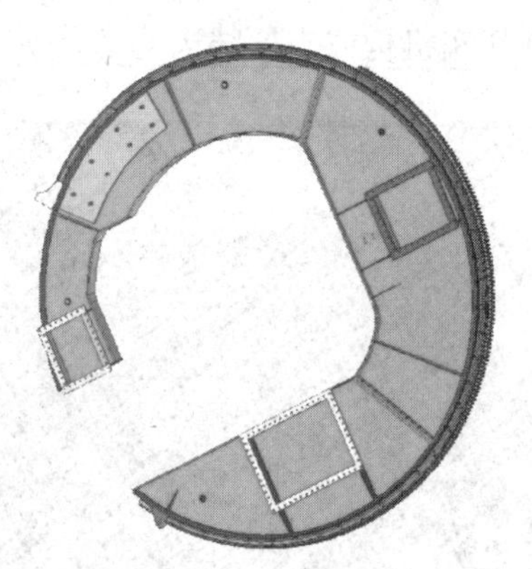

图13-5 C形端环

（2）夹紧装置。夹紧装置由夹紧臂、液压缸等组成，其作用是由上向下夹紧车辆，在翻车机翻转过程中支撑车辆并避免冲击，同时防止车辆在翻卸过程中从轨道上掉落。夹紧装置有液压缸直行程式和液压缸铰接式两种，夹紧装置见图13-6。倾翻侧与非倾翻侧各有两套夹紧装置，倾翻侧的夹紧装置与平台铰接，非倾翻侧的夹紧装置与前梁铰接，每个夹紧装置由一个液压缸驱动，沿油缸方向做上、下运动。

(a) 液压式直行程式

(b) 液压式直行程T形

(c) 液压式铰接式

图13-6 夹紧装置

（3）靠板组件。靠板组件由靠板体、液压缸、耐磨板、撑杆等组成，其作用是侧向靠紧车辆，在翻车机翻转过程中支撑车辆并避免冲击。

靠板体是箱形结构，靠车面安装有耐磨板以便更换，反面与支撑在后梁上的多个液压缸铰接，在液压缸的驱动下可前、后移动，其自重由铰接在平台上的两个撑杆支撑。靠板体两端安装挡板，其作用是保证靠板做平行移动。靠车板组件见图 13-7。

图 13-7　靠车板组件

（4）托辊装置。托辊装置由辊子、平衡梁、底座等组成。托辊装置见图 13-8，其作用是支撑翻车机翻转部分在其上旋转。

(a) 八辊子托辊装置

(b) 四辊子托辊装置

图 13-8　托辊装置

托辊装置共有两组，安装在翻车机两端，根据翻车机承载能力的不同，安装的托辊数量也不同。承载能力大的双车皮翻车机每组托辊装置有 8 个辊子，每 4 个辊子组成一个辊子组分别支撑在端环的左下方与右下方，每个辊子组的两个辊子由可以摆动的平衡梁连接，以保证每个辊子与轨道接触。单车皮翻车机一般每组由 4 个辊子组成，两个一组，用平衡梁连接，安装在端环下部左右侧。

（5）端部止挡。端部止挡共两组，安装在翻车机两端，作用是限制翻车机沿车辆运行方向窜动。端部止挡由两个止挡座组成，一个安装在端环上，另一个固定在基础上。

（6）振动器。振动器由振动电动机、振动体、缓冲弹簧、橡胶缓冲器等组成，其作用是振落车厢内残余物料。振动器共 4 个，安装在靠板上，其振动板凸出靠板平面 20mm。振动器及其在靠车板上的安装位置见图 13-9。

（7）导料装置。导料装置由导料板、导料架等组成，安装在两端环内侧，其作用是防止物料在翻卸过程中溢出坑外和撒落在托辊装置上。导料装置见图 13-10。

（8）传动装置。传动装置由电动机、减速器、制动器、联轴器、传动小齿轮、底座及

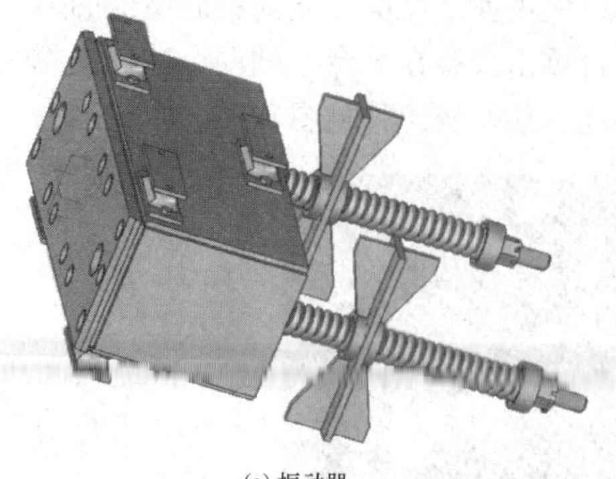

(a) 振动器

(b) 振动器在靠车板上的安装位置

图 13-9　振动器及其在靠车板上的安装位置

图 13-10　导料装置

轴承座等组成，其作用是驱动翻车机转子部分翻转。传动装置见图 13-11。

(a) 传动电动机及制动器

(b) 传动小齿轮

图 13-11　传动装置

传动装置共有两套，分别独立工作并安装在翻车机两端。电动机为交流变频电动机，其特点是有较高的过载能力。减速器为硬齿面圆柱齿轮减速器，其特点是体积小、承载能力大、效率高。

（9）液压系统。液压系统能够完成对夹紧和靠车机构的控制，以及倾翻过程中车体的可靠紧固。系统由泵站、靠车阀站、压车控制装置和靠车装置组成。泵站和靠车阀站安装在轨道平台的侧面，靠车板组件的下方。压车控制装置安装在顶梁上。靠车装置安装在侧梁上。

1）泵站：泵站是系统的动力源，由油箱、泵装置、泵站控制装置组成。泵站及液压油管路见图 13-12。

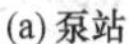

(a) 泵站

(b) 液压油管组

图 13-12　泵站及液压油管路

a. 油箱采用全封闭式油箱，以防翻车机倾翻时工作介质外泄。油箱中部设有隔板，将油箱分为吸油区和回油区，便于油液充分沉淀。

油箱顶部设有增压式空气滤清器。当油箱内部压力小于预定压力时，排气单向阀处于关闭状态以保持油箱内压力，提高泵的自吸能力，避免油液空蚀。当液位升高或油温上升时，油箱内压力升高，在超过预定压力时，排气单向阀向外排气，直到油箱内压力降至预定压力时关闭，如此循环维持了油箱内部压力，保证系统正常工作。

油箱设有空气调节器。由于使用单活塞杆双作用差动油缸，当油缸运动时，进油流量与回油流量不相等，导致油箱液面发生变化，为补偿液面变化引起的压力波动而设置了空气调节器，保证油箱在封闭状态下可靠工作。油箱顶部还设有注油器，可从此处向油箱内注油，加油时一定要用滤油小车加入相同牌号的介质。

油箱侧面设有回油滤油器，过滤精度为 20μm，阻止系统杂质进入油箱。筒体部分浸入油箱并配置旁通阀、扩散器、滤芯堵塞指示器。随着滤芯污染加重，指示器的表针将由绿色区域指向黄色区域。当指针指向红色区时，说明滤芯已经堵塞，油液不经过滤直接由旁通阀回油箱。这时需要停机更换或清洗滤芯、扩散器，使油液平稳流入系统损坏元件。吸油滤油器也设有旁通阀和滤芯堵塞指示器，工作原理与回油滤油器相似。油箱侧面还装有液位液温计，以便于直接观察油箱中工作介质的情况；另外还有电加热器和电接点温度计。电加热器用来给油加热，电接点温度计用来发出高温和低温报警，并控制电加热器的投入和停止。

b. 泵装置与油箱安装在同一底座上，采用低噪声叶片泵为提供系统所需的不同流量。

c. 泵站控制装置由控制阀组和仪表组成。控制阀组上通过安装电磁溢流阀来调节系统压力并使油泵卸荷。仪表用来显示油泵出口压力值。

2）靠车阀站：靠车阀站是用来驱动靠车机构的，由靠车阀组及罩子组成，控制靠车油缸带动靠板前进和后退。

3）压车控制装置：该装置采用补偿油缸、差动回路控制夹紧机构动作，并提供压力和安全信号，保证系统正常工作。

4）靠车装置：翻车机共有4套靠车装置且各自独立。该装置主要将液控单向阀安装在靠车油缸上，防止因管路破裂而造成靠车油缸不保压。

（10）煤箅子和振动电动机。在翻车机下部安装有用钢板焊接制作尺寸约为300mm×300mm网格型的煤箅子。安装煤箅子的目的是过滤火车来煤中夹杂的各种大尺寸杂物，比如木材、大石块、大铁块等不利于输煤系统安全运行的物体。安装振动电动机的目的是使煤快速通过煤箅子，防止煤在箅子上结拱、搭桥，影响下煤量。煤箅子和振动电动机的安装件如图13-13所示。

图13-13 煤箅子和振动电动机的安装件

（二）翻车机的工作过程

翻车机可以在翻车机控制系统控制下单独进行车辆的翻卸，也可以进行程序控制下的车辆翻卸。下面就单独控制下车辆的翻卸过程来说明翻车机的工作过程。

首先，打警铃提醒翻车机要开始工作了，非工作人员不得进入翻车机工作区域。重载车辆由重调机牵引进入翻车机平台，确定位置停止后，重调机自动摘钩并驶出翻车机翻转区域。接着，翻车机的靠车板向车帮移动，在靠板接触车帮限位开关发出信号后，靠板停止动作。翻车机慢速启动，同时夹紧装置向下运动，当翻车机翻转至0°左右时，夹紧装置将车厢夹紧。在翻转至70°左右时，抑尘机构开始喷水，同时需要进行油路压力检测。若车辆未夹紧，则必须停止翻车机翻转，并反转回到零位。翻车机卸料时夹紧油缸伸长约30mm，用来释放车辆弹簧中储存的能量。翻车机翻转至165°时减速、制动。然后翻车机反转返回零位，同时振动器工作3s，接近零位时翻车机转速降至1/6～1/5的额定转速，呈爬行状平稳回零。在翻车机反转距零位45°时，抑尘机构停止喷水。在反转距零位40°左右时，夹紧装置开始向上运动并松开车辆。当翻车机返回零位时，夹紧装置返回原位并停止移动。翻车机停稳后，靠车板撤离车帮。重调机牵入下一辆重车的同时将翻车机内的空车推出平台，至此完成一个工作循环。

（三）重调机

重调机（见图13-14）是翻车机卸车线成套设备中的重要辅助设备之一，安装在进车铁路的侧面，用来拨送多种铁路敞车，并使其在规定的位置上定位，以便翻车机完成翻卸作业。重调机是实现翻车机系统、高效、自动化运行的关键设备，目前已在码头、电厂、钢厂、焦化厂等大型企业散装物料输送系统上获得广泛应用。

重调机的设计需要参考每次牵引的最大火车车皮数，合计所需要牵引的列车自重及列车所承载的煤炭质量来确定重调机的牵引吨位。同时根据该数据来设计安装重调机的行走轨道等设施。重调机由以下几部分组成。

（1）车架。重调机的车架是一个重型装配式箱形截面结构。其设计参数要满足牵引满载轨道车厢进入翻车机工作面的负载和应力。车体是用钢板焊接的箱形结构整体构件，由上下盖板，左、中、右立板，前、后立板及一些隔板组成，具有很好的强度和刚度。贯穿上下盖板的许多孔是用来安装驱动装置、位置检测装置和导向轮装置。车体上装有牵推车列的重调机车臂及驱动装置。由于重调机通过齿轮、齿条来驱动，所以对车架的加工精度要求较高。车体的强度和刚度设计满足牵引需要及在急停情况下保证车体不变形、不损坏。车体上设有手动的操作箱，用于机上手动操作。车体上设有供维修人员上机的梯子和栏杆。

图 13-14　重调机

（2）驱动装置。重调机驱动装置的作用是实现重调机的沿轨道前后移动，驱动重调机大臂带动火车车皮移动，实现系统作业。

驱动装置根据系统设计形式不同，其组成也稍有差异，但整体都是采用带电磁制动器的电动机、立式行星减速箱、联轴器、驱动小齿轮、齿条驱动形式来完成动作的。驱动装置如图 13-15 所示。

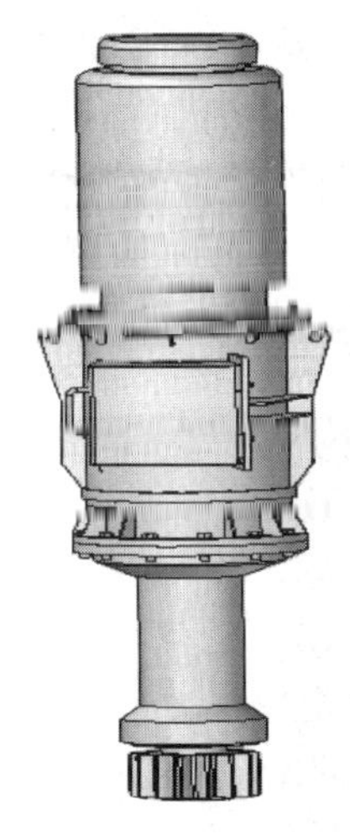

图 13-15　驱动装置

重调机驱动装置采用多组立式变频电动机，经行星减速箱驱动小齿轮组成各自独立的驱动装置，使驱动小齿轮与重调机行走轨道的中间齿条啮合，带动重调机在轨道上移动。

每组驱动装置包括带驱动电动机、尼龙柱销联轴器、行星齿轮减速器和小齿轮。

行星齿轮减速器传动效率可以很高，单级达 96%～98%；传动比范围广；传动功率为 12～50 000kW；承载能力大；工作平稳；体积和质量比普通齿轮、蜗杆减速器小得多；结构较复杂；制造精度较高。因此广泛用于要求结构紧凑的动力传动中。每组驱动装置有各自独立的驱动控制，为数字式，通过 PLC 控制，根据驱动程序运行。

目前，随着电气技术的发展，重调机驱动电动机普遍采用交流电动机和变频器变频控制技术。

（3）行走轮装置。重调机共有 4 个行走轮装置，支持车体在轨道上行走。为了保证 4 个车轮踏面同时和轨道接触，4 个行走轮装置中有一个选用弹性行走轮装置，其余三个为固定行走轮装置。所有的行走轮装置都通过支架固定在车架的端部。行走轮装置见图 13-16。

（4）导向轮装置。重调机共有 4 个导向轮装置，导向轮的踏面作用在中央导轨两侧踏面上，保证重调机在轨道上行驶，并承受重调机因牵引车辆而产生的水平面内的回转力矩。导向轮轴相对导向轮支架中心线有 15mm 的偏心距离，通过转动导向轮支架可以调整导向轮和导轨之间的间隙，同时可以调整驱动齿轮和地面齿条的安装距及侧隙。行走轮和导向轮如图 13-17 所示。

图 13-16　行走轮装置

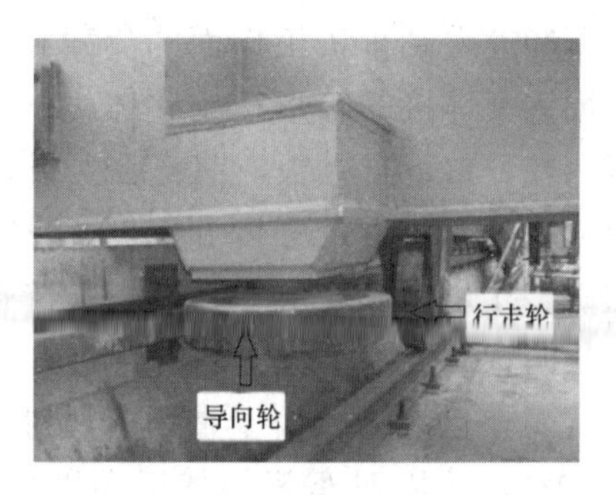

图 13-17　行走轮和导向轮

（5）拨车臂机构。拨车臂及其回转机构是重调机完成调车作业的关键部件，拨车臂结构见图 13-18。拨车臂为钢板焊接箱体构件，在车臂两端部设有钩头装置、液压自动摘钩装置和推两节重车的缓冲装置。车臂钩头装置可起双向缓冲作用，吸收重调机牵引一列重车时的运行阻力和停车时的惯性冲击力，其缓冲作用是由内部双向安装的缓冲橡胶垫完成的，保护车臂不受额外的惯性冲击。车臂钩头装置使用车钩为中国标准 13 号车钩。

图 13-18　拨车臂结构

车臂的俯仰动作由液压驱动的摆动油缸和平衡油缸实现。在拨车臂下落时，拨车臂的重力势能通过平衡油缸、蓄能器储存起来，并在抬臂时被释放出来。在拨车臂下落时，蓄能器和平衡油缸起平衡作用；在抬臂时，蓄能器和平衡油缸起辅助动力源作用，可使拨车臂回转平稳、准确、可靠。重调机大臂上的车钩头部还装有提销装置及钩舌检测装置，用来保持与车辆的自动脱钩和检测钩舌的开闭位置，通过对一个安装在重调机大臂上的小型液压缸动作控制实现液压摘钩。

（6）位置检测装置。位置检测装置是通过检测重调机行走位置，实现电气控制。位置检测装置如图 13-19 所示。

（7）轨道及齿轨装置。重调机齿轨装置的设计参数，是按照牵引满载的整列货车敞车车厢时所产生的驱动力和反作用力设计的。

重调机的两条运行轨道平行于铁路主轨道。轨道两端设有水泥止挡块，重调机车体两端设有液压缓冲装置，当重调机行至两端极限位置时，缓冲装置与止挡块接触并阻止重调机驶出轨道。

重调机依靠驱动小齿轮与设置在地面上的齿条啮合带动重调机行走。这可保证准确的、机械良好的定位精度。齿条分段相连安装在导向底座上，位于重调机行走轨道中部，导向底座标高高于行走轨道标高，由地脚螺栓与基础连接。轨道和齿轨装置见图 13-20。

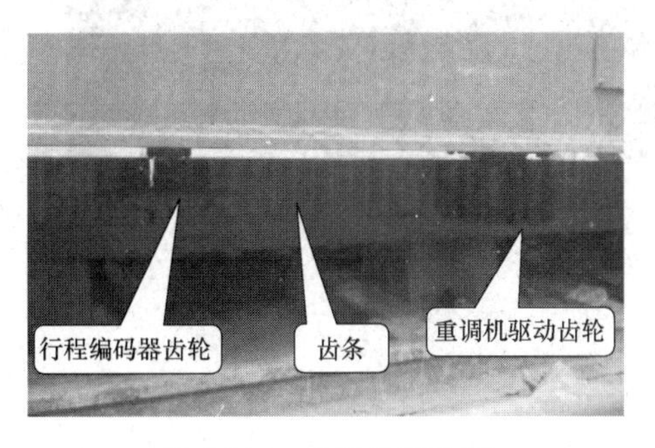

图 13-19 位置检测装置

图 13-20 轨道和齿轨装置

轨道用来支撑产生的垂直负载。所有的水平横向负载通过导向块经导向轮平衡，并平衡连续齿条的牵引力的分力。导向块有机加工面，以便与重调导向轮接触。齿条为铸钢件，有机加工安装面安装在导向块上。

（8）电缆悬挂装置和行走限位开关。重调机动力电源和控制信号采用悬挂电缆方式传输，由地面接线箱通过悬挂电缆及悬挂装置接到机上接线箱。

通过悬挂在带有滑轮的多组滑轮架上的临近轨道的电缆系统，将电力和控制线路连接到重调机，与重调机轨道平行。电缆悬挂在位于重调机外侧的电缆支架上。限位开关安装在电缆轨道上，以控制重调机的停止位置，并在重调机移动时提供一个安全联锁保护。

重调机平台上设有拖架，由钢丝绳与滑轮架组相连，牵引和推送滑轮架沿高架轨道行走，并防止接力过大将悬挂电缆损坏。

（四）迁车台

迁车台是用来承载翻卸完的车辆，并且通过平台的移动把车辆从重车线平移至空车线的移动设备，是折返式布置系统组合设备之中，必备的车辆转移设备。根据翻车机的类型，迁车台需要相应选型，以满足翻卸完车辆的转运。例如，单车翻车机配备的迁车台的作用是将一节空轨道车厢从翻车机离开轨道运送到空车线出口轨道，双车翻车机的迁车台就需要满足两节空车厢的转运。在和迁车台配套的重车线和空车线端口，都装配有一个安全止挡器，以防止空车厢退回到迁车台或翻车机本体。安全止挡器如图 13-21 所示。迁车台如图 13-22 所示。

图 13-21 安全止挡器

迁车台可以左行（沿进车方向看，向左行），也可右行（沿进车方向看，向右行），两者技术性能及结构形式均相同，仅仅区别于车架上的电缆线导架的布置位置与基础滑线对应关系。

迁车台由以下几部分组成：

（1）行走部分。不同厂家生产的迁车台行走部分不同。有的厂家用两组主动轮装置和

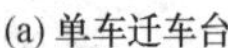
(a) 单车迁车台

(b) 双车迁车台

图 13-22 迁车台

两组从动轮装置组成，两组主动轮装置是完全相同并相互独立的传动装置，也有厂家用4组结构完全相同。传动装置一般都是独立且对称安装于迁车台两端。车轮采用标准角型轴承座的台车轮结构，在角型轴承座上，装有润滑油孔可定期加油。

（2）销齿传动装置。销齿传动装置是由电动机、减速机、同步轴、销齿轮及地面销齿系统等组成。两条销齿齿条固定到邻近两个中间行走轮的基础上，将其校直以保证精确地与每个驱动装置啮合。两销齿轮通过一根同步轴和减速机的低速轴连接，与地面销齿啮合，提供机械动力，完成迁车台前后往复运动。销齿传动装置见图13-23。

(a) 驱动电动机和减速机

(b) 销齿传动装置

图 13-23 销齿传动装置

（3）车架。迁车台车架平台由两根工字大梁构成，通过一系列的隔板和交叉撑条连接在一起，焊接成整体工字型鱼腹框式结构，它是迁车台的主体。主梁上辅有钢轨，供车辆转换、停放，并承受车辆的全部负荷。梁主体为其他各部分组合提供连接的依托与支撑，安装一套弹性止挡器和一套涨轮器及4套弹性缓冲器。端部弹性止挡、涨轮器、弹性缓冲器分别见图13-24～图13-26。

涨轮器用来固定车辆，可防止车辆在迁车台移动时前后窜动，起到安全保护作用，安装于迁车台平台钢轨内。端部弹性止挡是为了防止车辆从端部冲出迁车台而设置的安全止挡器，安装在迁车台钢轨的端部。为减少事故载重下或其他因素造成的迁车台停止时的冲击，在车架两侧均装有聚氨酯缓冲器。正常工作条件下，对位装置对位后聚氨酯缓冲器与基础上橡胶垫板接触但无压缩量。在事故载重下或其他非正常情况下，缓冲器因压缩而起到缓冲作用。

图 13-24　端部弹性止挡

图 13-25　涨轮器

为使迁车台上钢轨和基础上钢轨对准，设有对位装置。对位装置安装于迁车台两端，由电液推杆、插销、插座组成。在空车线或重车线附近，迁车台减速，制动停止后制动器打开，这时对位装置开始工作，插销插入基础上的插座内，从而使迁车台上钢轨和基础上的钢轨对准位；迁车台开始运行之前，插销收回。对位销见图 13-27。

图 13-26　弹性缓冲器

图 13-27　对位销

（4）电缆悬挂装置。电源和控制线路通过一个悬挂在轨道上的挂缆系统连接到迁车台。电缆悬挂在电缆滑车上。限位开关和一个光电装置系统安装在电缆支架上，在迁车台移动时，控制迁车台的停止位置并提供一个安全联锁装置。

（5）迁车台的工作过程。在重车线上，完成翻卸的车辆在重调机的推动下进入迁车台，并且完成空车车厢在迁车上定位后的摘钩，重调机退出；涨轮器涨紧车轮，对位装置插销收回；迁车台背负车辆开往空车线，接近空车线时，迁车台行走减速、制动、定位，之后制动器打开；对位装置进行对位，在插销插入基础上的插座内后，涨轮器打开；空车调车机（简称空调机）启动将空车厢推走，在车辆离开迁车台后，光电信号确认；对位装置插销收回，迁车台返回重车线，接近重车线时，迁车台走行减速、制动、定位，之后制动器打开，对位装置进行对位，插销插入基础上的插座内，制动器重新制动，然后进入下一个工作循环。

（五）空调机

空调机是折返式翻车机卸车线成套设备中的辅助设备之一，用来与迁车台配合作业。当迁车台把翻卸过的车辆运载至空车线后，空调机利用推车臂推动空车厢，把车辆推出迁车台，并在空车线集结成列。空调机在轨道上行走，有齿条和导向块。其特点是齿轮齿条驱动，运行平稳，定位准确。

图 13-28　空调机

空调机见图 13-28。空调机由以下几部分组成：

（1）车架。车架是空调机的核心部分，空调机所有部件均固定在车架上而成为一个整体。它是用钢板焊接的箱形结构，大体上由上、下盖板，左、中、右立板，前、后立板及一些隔板组成，具有很好的强度和刚度。贯穿上、下盖板的许多孔用来安装驱动装置和导向装置，车架前部的法兰用来安装推车臂，其他部件均通过螺栓与车架固定。由于空调机通过齿轮、齿条传动，因此对车架的加工精度要求较高。

（2）驱动装置。驱动装置由电动机、安全联轴器、盘式制动器、立式行星减速器和驱动齿轮组成。和重调机使用的驱动装置相同，由于空调机负载小，因此驱动装置的数量要比重调机少，一般安装 2 套。传动机构采用进口立式行星减速器。制动器采用进口盘式制动器，具有结构简单、性能稳定、无须液压控制、使用维护方便的特点，为常闭式电磁制动器。整个驱动和重调机结构形式保持一致，便于使用和维护。

（3）行走轮装置。空调机共有 4 个行走轮装置支持车体在轨道上行走。为了保证 4 个车轮踏面同时和轨道接触，4 个行走轮装置上有一个是弹性行走轮装置，其余三个为固定行走轮装置。每个行走轮装置都通过支架固定在车架的端部。

（4）导向轮装置。空调机共有 4 个导向轮装置。导向轮的踏面作用在中央导轨两侧踏面上，保证空调机在轨道上行驶并承受空调机因推动车辆而产生的水平面内的回转力矩。导向轮轴相对导向轮支架中心线有 15mm 的偏心，通过转动导向轮支架可以调整导向轮和导轨之间的间隙，同时可以调整驱动齿轮和地面齿条的安装距及侧隙。

（5）推车臂。推车臂是空调机完成调车作业的关键部件，它是用钢板焊接箱体，采用固定式，用螺栓与车体连接，在车臂端部设有钩头装置。其头部除装有推送车辆的车钩外，头部内部腔内装有橡胶缓冲器，吸收推送单节空车与空车列时连接时的运行阻力和停车时的惯性冲击力。其缓冲作用是由内部安装的缓冲橡胶垫实现的，保护车臂不受额外的惯性冲击。钩前装有车钩复位装置，使车钩处于便于挂接的状态。车臂钩头装置可起缓冲作用，车臂钩头装置使用的车钩为中国标准 13 号车钩。

（六）夹轮器

夹轮器（见图 13-29）作为翻车机卸车作业的配套设备，可夹持车辆，防止车辆在铁路线上溜动。夹轮器由曲拐装置、夹轮板、夹钳装置、液压装置等组成。其中液压装置的组成比较复杂，由电动机、叶片泵、控制阀、油箱及其附件、集成块、工作介质、过滤器、管件、液压缸等组成。它的作用是满足夹轮器所需液压传动的动作要求。

当需要夹轮器工作时，电动机驱动液压泵向夹轮器液压缸提供压力油，由液压缸驱动曲拐装置，曲拐装置又带动夹轮板和夹钳装置运动。夹轮板之间呈对称布置，因作用力的方向不同，形成夹轮器的夹紧和松开。工作中的夹轮器见图 13-30。

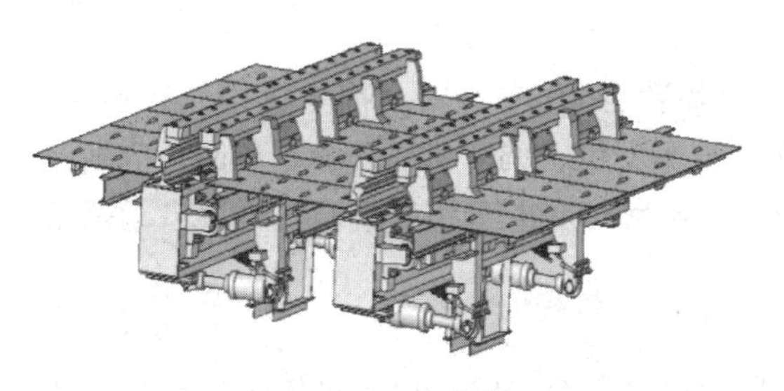

图 13-29　夹轮器

图 13-30　工作中的夹轮器

（七）翻车机系统的运行及维护

1. 翻车机系统术语说明

（1）翻车机部分。

1）翻车机零位：指翻车机车辆轨道与地面轨道对准的 0°位置。

2）靠车板原位：指靠车板在靠返终点的位置，亦称后极限。

3）夹紧原位：指翻车机上压车梁在返回终点的位置。

4）翻车机原位：指翻车机在零位，靠车板在原位，夹紧在原位。

5）靠车板终点：指靠车板在靠车终点的位置，亦称前限。

6）夹紧终点：指夹紧后液压系统的压车达到设定压力后，压力继电器发出信号时的压车位置。

7）翻车机区域：指翻车机入口位的接近开关和翻车机出口位的接近开关之间的区域。

（2）重调机部分。

1）大臂 90°：指大臂上升至垂直的位置。

2）大臂 0°：指大臂下降至水平的位置。

3）重钩销重钩舌：指大臂端挂重车一侧的钩销钩舌。

4）空钩销空钩舌：指大臂端挂空车一侧的钩销钩舌。

5）重调机原位：指重调机停止在行走原位处，大臂 90°位置，重、空钩销下位，重、空钩舌开的状态。

（3）迁车台部分。

1）重、空车线对准：指迁车台上车辆轨道与重车的轨道对准，与其相反的为空车线对准。

2）对位销对位及复位：指迁车台上定位销伸出并插入销巢的状态。

3）迁车台原位：指重车线对准，对位销对位，涨轮器为松开状态。

（4）空调机原位：指空调机停在后极限位置。

（5）系统原位：翻车机原位、重调机原位、迁车台原位、空调机原位、夹轮器打开。

2. 各设备之间的联锁和保护

夹轮器与重调机之间设有联锁保护。夹轮器打开，允许重调机牵引重车车列；翻车机与重调机之间设有联锁保护。翻车机在零位时，允许重调机将重车推送至翻车机上就位；迁车台与重调机之间设有联锁保护。迁车台对准重车线后，重调机才能将空车推送至迁车台上；迁车台与空调机之间设有联锁保护。迁车台在对准空车线后，空调机才能将空车从迁车台上推出去。

3. 翻车机本体联锁条件

当翻转0°时，压车机构开始动作、压紧；当翻转至70°左右时，抑尘机构开始喷水，翻转140°时停水；当翻转155°时，振动器动作；重车就位、调车机离开翻车机回转范围及大臂抬起后翻车机方可启动；翻车机回零位后，迁车台对准重车线，重调机方可启动牵重车进入翻车机并推空车进入迁车台。

4. 翻车机系统作业程序（以某双车翻车机为例）

根据厂内运煤铁路线的设计情况，有些电厂通过机车牵引整列煤车进厂，机车脱钩通过机车行走线退到煤车尾部，将待卸煤车推送至重调机作业范围内，机车摘钩离去，开始翻车作业。有些电厂直接用机车推整列待卸煤车至重调机作业范围后，机车离去。夹轮器夹住离翻车机最近的一节运煤车辆的车轮，人工给整列运煤车放气后，翻车机系统才具备程序控制翻卸条件。

系统开始翻卸时，警铃声响起，提醒工作人员注意。重调机调车臂落下，吊车臂的后钩和煤车连挂，牵引煤车前进。当第一、二辆煤车进入翻车机，第三辆煤车行至接近翻车机端环附近一定距离时制动，夹轮器夹住第三辆煤车车轮。人工将第三辆煤车和前面的第二辆煤车摘钩，重调机牵引第一、二辆煤车继续前进，车辆至翻车机内翻卸位置时制动，与重调机脱钩。重调机继续向前行进，当它离开翻车机时，翻车机开始回转，翻卸煤车。重调机行进到预设的位置时停止前进，调车臂抬起到大臂90°，重调机沿轨道返回翻车机前，在离开翻车机翻卸区域后，重调机减速且调车臂开始下落到大臂0°，重调机继续后退至后钩和煤车连挂。松开夹轮器，重调机牵引第三、四辆煤车开始前进，接近翻车机时减速，让重调机前钩和翻车机内的空车挂钩后继续前进。在第五节车厢行至预设位置时，重调机停止前进，人工摘钩。然后重调机继续前进把第三、四辆煤车到翻卸位置时制动，调车臂的后钩摘钩，与第三、四辆煤车脱离。重调机继续推送第一、二辆空车前行，在离开翻车机翻转区域后翻车机回转，进行卸车。重调机继续推送空车到迁车台上定位后，前钩摘钩，重调机回退到预设位置时调车臂抬起并返回进行后两辆煤车的调车作业。迁车台带着空车移至空车线对位停稳后，空调机推送空车，越过单向止挡器停在空车线上。迁车台返回重车线的翻车机出车端，空调机返回起始位置。重复上述作业，直至整列煤车全部卸完。此时，空车集结在空车线上，等待机车牵引出厂。

5. 翻车机系统的运行与维护

对于翻车机系统的运行，一般都设有专门的控制室，控制室设置有运行人员工作的控制台，运行人员在控制台上对生产现场进行运行管理。控制台上有翻车机系统的上位机系统和视频监视系统以及系统的启动和急停按钮，方便运行人员对现场进行控制。翻车机系统控制台见图13-31。

翻车机系统的设备比较多，一般电厂多用PLC系统进行控制。生产厂家根据翻车机系统的设备配置，考虑到系统不同设备完成各自工作任务的时间周期，合理配置系统中诸多设备的运行，实现翻车机系统的安全、高效运行。

翻车机系统的诸多设备可以在翻车机运行控制室实现远方程控运行方式，也可以实现单台设备远方独立运行，还可以实现就地手动控制运行。对翻车机的控制可在上位机上进行操作，运行人员在翻车机系统准备就绪及输煤系统后续的皮带系统工作正常后，启动翻

图 13-31　翻车机系统控制台

车机程序控制。某电厂翻车机控制系统页面见图 13-32。

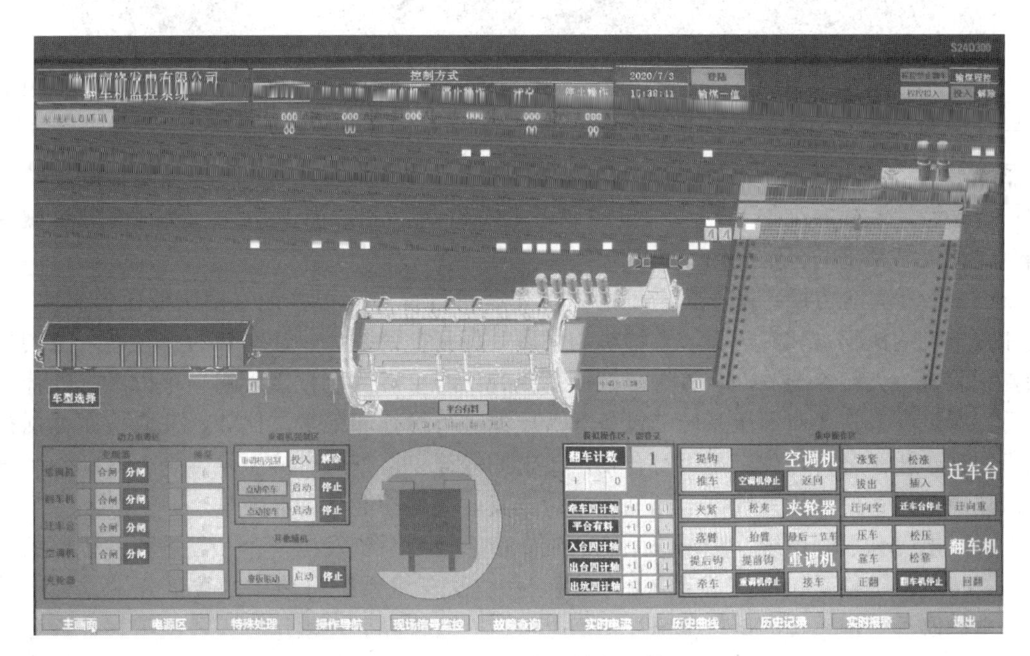

图 13-32　某电厂翻车机控制系统页面

运行人员可以在这个系统画面上监视翻车机系统的运行情况，同时，为了让运行人员看到现场的实际生产状况，控制台上还会接入生产现场各个主要设备的视频监控画面。利用摄像机拍摄的实时画面通过视频监视系统传回控制室，运行人员在视频中如果发现有影响到系统安全运行或危及现场工作人员人身安全的状况时，可以利用系统急停按钮停运系统。翻车机系统视频监视画面如图 13-33 所示。

与翻车机系统同时或交叉作业的设备较多且比较复杂，影响到系统运行稳定性的主要因素也多，主要表现在三个大的方面。因此，翻车机系统的诸多设备主要从以下三个方面进行检查和维护。

（1）机械方面。翻车机、重调机、迁车台和空调机的本体部分均由钢材加工而成，工作主要依靠机械传动等方式来实现预期的目的。因此，保证机械设备的可靠性是影响翻车

图 13-33 翻车机系统视频监视画面

机系统工作稳定性的一个主要因素。在机械系统的检查和保养方面，可以从本体的形状变化、传动齿轮系统的维护与检查、机械设备的润滑与保养方面下功夫，及时消除机械缺陷，保证机械系统的正常工作。

（2）液压系统方面。翻车机系统的设备在运行过程中有很多地方使用液压方式工作，比如翻车机的压车梁和靠车板，重调机的大臂升降和提销装置，迁车台的涨轮器，空调机的提销装置，夹轮器的驱动装置等。液压系统的工作可靠性也直接影响翻车机系统的稳定运行。所以，日常要对液压系统的设备和液压油进行检查和维护。比如，抽取液压油油样进行物理、化学分析，确定是否符合技术要求的等级；检查所有液压软管是否有断裂和爆裂的迹象；通过使液压系统截流阀动作，检查其开关的功能是否准确等。

（3）电气和控制系统。翻车机系统的工作依靠控制系统发出指令，设备和系统中的电磁阀、传感器等接受指令完成系统的协调工作。翻车机系统有诸多的接近开关、光电开关、电磁阀等，把系统的运行情况反馈回上位机的监视界面，供运行人员决策。在程序控制的条件下，这些信号也会影响 PLC 的运算和输出结果，决定翻车机系统能否安全稳定运行。电气系统给翻车机系统提供动力，根据控制指令把动力输出指令发送到各个设备的驱动电动机，依靠电动机的输出带动设备运转，完成相应的工作。在日常运行和维护方面，针对不同的设备，也要做相应的检查与维护。比如，控制系统中各保护开关、急停开关、光电开关、行程开关等的保养，对各检测开关、超程保护开关、急停开关的动作灵敏情况、密封情况、进线情况进行检查，并对各开关进行除尘等。输煤的电气系统对电动机内部进行灰尘清理，对电动机各进线进行紧固，检查交流电动机的绝缘情况、碳刷磨损情况，检查联轴器是否松动。

第二节 斗轮堆取料机

斗轮堆取料机（见图 13-34）是现代化大型企业储运料场所必备的设备之一，是一种高效率、连续作业的散料装卸机械设备，是煤场机械的主要形式。它由连续运转的斗轮及回转、俯仰、行走等机构组成一完整的工作体系。该设备既能把一定粒度范围内的散状物料按一定的堆料工艺堆在储料场，即完成堆料作业，又能把储料场的物料按一定的取料工艺取走，运送到用料场所，即完成取料作业。斗轮堆取料机因取储能力大，操作简单，结构先进且投资少，工作效率高，可节省大量劳动力，改善劳动条件的优点，被国内外广泛采用。

图 13-34　斗轮堆取料机

斗轮堆取料机的形式很多，其分类方法也较多。按行走机构的形式，斗轮堆取料机可分为履带式、轮胎式及轨道式三种。

按斗轮臂架的平衡方式，斗轮堆取料机可分为活配重式、死配重式及整体平衡式三种。

按理论生产能力，斗轮堆取料机可分为轻型斗轮堆取料机（生产率在 630m^3/h 以下），中型斗轮堆取料机（生产率为 630～2500m^3/h），大型斗轮堆取料机（生产率为 2500～5000m^3/h），特大型斗轮堆取料机（生产率为 5000～10 000m^3/h），巨型斗轮堆取料机（生产率为 10 000m^3/h 以上）。

悬臂式斗轮堆取料机可以携带全功能尾车，利用尾车的变化，实现堆煤功能。地面可以设一条或两条系统胶带，斗轮堆取料机可向两条系统皮带中任一条卸料。斗轮堆取料机生产厂家根据电厂的需求，设计生产出适用于电厂储煤场的斗轮堆取料机。为了能够更清楚说明斗轮堆取料机的结构和工作特点，以陕西商洛发电有限公司的单皮带系统斗轮堆取料机为例，介绍斗轮堆取料机的具体情况。

陕西商洛发电有限公司的悬臂式斗轮堆取料机是由长春发电设备总厂开发、设计、制造的一种大型、连续、高效的散状、粒状物料堆取作业设备。这款斗轮堆取料机具有单向堆料、取料折返功能。大车行走、回转、俯仰、斗轮传动、悬臂胶带机等传动机构之间有联锁保护。机上采用 PLC 集中控制管理，可实现司机室手动操作、机上半自动操作和尾车机旁操作。斗轮堆取料机主要参数表见表 13-1。

表 13-1　　斗轮堆取料机主要参数表

序号	项目	参数	备注
设备型号		DQ1600/1600・35	
煤场自然状况			
1	煤场形式	折返式布置	
2	环境温度（℃）	−14.8～39.8	
3	煤的密度（t/m³）	0.85～1	
4	储煤场堆高（m）	轨上 12，轨下 1.5	
设备主要参数			
1	堆料出力（t/h）	1600（额定）	2000（最大）
2	取料出力（t/h）	1600（额定）	2000（最大）
3	行走机构行走速度（m/min）	工作 5，行车 15	
4	轴距与轨距（m）	7×7	
5	回转机构回转半径（m）	35	
6	回转机构回转速度（r/min）	0.02～0.12	
7	回转机构回转角度（°）	堆料角度加减 110，取料角度加减 110	
8	斗轮机构取料出力（t/h）	额定 1600	2000（最大）
9	斗轮机构斗轮外径（mm）	ϕ6300	
10	斗轮机构斗轮转速（r/min）	6.65	
11	斗轮机构料斗容积（m³）	0.55	
12	斗轮机构料斗数量（个）	9	
主机俯仰装置			
1	变幅角度（°）	上仰 11.01，下俯 11.23	
2	变幅速度（m/min）	≤5（斗轮中心处）	
悬臂胶带机			
1	输送能力（t/h）	1600（额定）	2000（最大）
2	带宽（mm）	1400	
3	带速（m/s）	3.15	

一、斗轮堆取料机的设备构造及工作原理

斗轮堆取料机由以下几部分组成：

（一）斗轮机构

斗轮机构安装于悬臂架的头部，由驱动装置及圆弧挡料板、斗轮轴、溜料槽、导料槽、斗轮体、轴承座、斗子等组成。

斗轮体为无格式，采用辐条式结构，用锰钢板焊接而成，有足够的强度和刚度。这种结构可最有效避免积料和磨损。斗轮体与斗轮轴采用胀套连接，检修拆卸方便。斗子与斗轮体用销轴连接，斗齿与料斗用螺栓连接，便于更换，并有防脱落措施。斗子不黏料，无回料现象，具有卸料快的优点。

斗轮机构共有 9 只斗子，均匀分布于轮体圆周外侧，用销轴和螺栓固定，在斗口处装

有铁磁性耐磨的可拆卸斗齿，斗刃处有由耐磨焊条堆焊的保护层。为利于斗子卸料，斗轮轴相对于水平设有7°倾角垂直轮体。圆弧挡板安装在轮体圆周内侧，与轮体之间留有5～10mm间隙，保证斗子把从煤场中挖取上来的煤提升到轮体上部的卸料槽，经过溜料装置滑到悬臂胶带机上，再经导料装置沿悬臂胶带机取料方向输出。圆弧挡板和溜料槽的工作面都装有便于更换的耐磨衬板。溜料板与水平面的夹角大于等于60°，溜料板设置为耐磨衬板，衬板均用沉头螺栓连接，并易于更换。

斗轮机构驱动装置与斗轮体同侧布置，斗轮体采用短轴支撑。机械驱动装置由电动机、减速机、液力偶合器等组成。斗轮轴与减速器采用胀套连接。设置机械、电气的双重安全和过载保护并配置良好的吸振装置。减速器扭力臂通过支座铰接在前臂上。驱动装置耐冲击，便于检修。通过驱动装置驱动斗轮轴，带动斗轮轮体转动，进行取料作业。斗轮机构如图13-35所示。

图13-35　斗轮机构

斗轮是斗轮机的主要部件，按轮体结构形式可分为有格式、无格式和半格式三种。其主要区别：无格式斗轮的斗子之间在轮辐方向不分格，靠侧挡板和导料槽卸料；有格式斗轮与表格式斗轮相反，结构较复杂，斗子之间在轮辐方向分成扇形格斗，斜槽近轴心点向皮带上排料，质量大，刚度大，卸料区间小，要求转速较低；半格式斗轮比较适中，斗子之间在轮辐方向的扇形格斗靠近轮盘圆周边沿，还依靠侧挡板和导料槽卸料，既增加了斗子容积，又减轻轮体质量。斗轮体结构形式如图13-36所示。

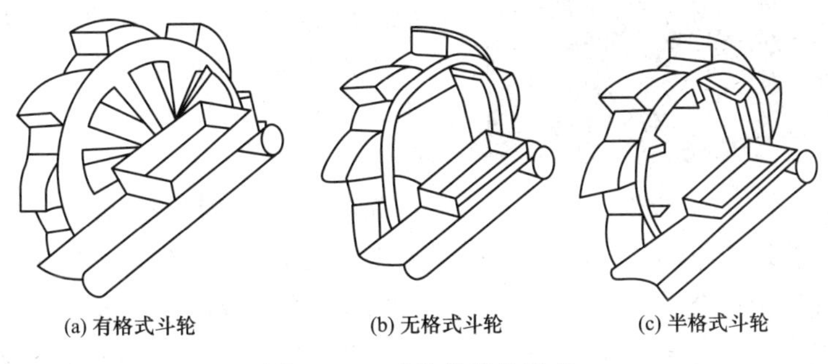

(a) 有格式斗轮　(b) 无格式斗轮　(c) 半格式斗轮

图13-36　斗轮体结构形式

目前应用最广泛的是无格式斗轮。铲斗应满足斗刃耐磨、斗齿便于更换的要求。溜料板与水平面的夹角宜为60°，一般要大于煤炭的堆积角55°，满足煤炭沿溜料板下滑。溜料板采用耐磨钢板制作，要具备一定厚度且便于更换。

镶有斗齿的铲斗用销轴固定在轮体上构成斗轮，斗齿需要耐磨损且便于更换。斗轮体是用钢板焊成的环状结构，为了保证铲斗卸料到带式输送机上，在靠近带式输送机一侧，斗轮体必须是敞开式，传递力的结构只能在另一侧。铲斗是冲压或焊接而成的金属结构件，它由斗唇、斗体、防护层和前、后端紧固连接件组成。

斗轮结构与卸料方式有关。无格式斗轮都采用“重力侧卸式”的工作方式，即斗内的物料靠自重自行卸出斗外。为保证物料落在斗臂架中心处的带式输送机上，斗轮的安装位置与斗臂架轴线要有一个倾斜角，即水平面倾角β（一般β为2°～13°）；同时，斗轮在垂直面也倾斜一个角度，即垂直倾角α（一般α为0°～10°）。圆弧挡料板与斗轮体间的常用间隙为5～10mm。

为使物料在给定区域卸料，在斗内侧设置圆弧挡板，挡板表面衬有耐磨板。斗轮挖取上来的物料，通过溜料、导料装置流向悬臂带式输送机。物料滑动表面衬有耐磨板，耐磨板均可更换。

为使拆卸头部斗轮及斗轮传动装置时，不致引起上部机构失稳，必须将前臂架锁定，然后才能进行拆卸作业。

无格式斗轮主要应用在取磨损性较小的物料的斗轮装置上，如应用在取煤炭等物料。与有格式斗轮比较，无格式斗轮相对斗轮直径一般会略小一点，斗轮转速也略高一点。因为无格式斗轮的卸料角可达130°，远远大于有格式斗轮，所以无格式斗轮相对于有格式斗轮卸料要容易一些。但当圆弧挡料板磨损严重时，往往需要拆卸斗轮维修，维修相对困难。

铲斗只有回转到上方的卸料区内才开始卸料，由于卸料板封住了斗轮的径向，因此物料只能落到卸料板上，从斗轮的侧面卸到悬臂皮带上。卸料板通常固定在斗臂架上，卸料的起始点主要取决于卸料板边缘的位置。由于悬臂带式输送机布置在斗轮轴上方，因此它有更好的切削几何条件。

（二）行走机构

行走机构由主动台车组、从动台车组、平衡梁、夹轨器（液压单弹簧式）、锚定装置、钢轨清扫器、缓冲器、销轴、卡板、铰座、防风系缆装置、大车行走信号装置及润滑系统等组成，具有结构紧凑、尺寸小、质量小等优点。行走机构采用变频调速，可实现变速行走，通常取工作速度为5m/min，调车速度为15m/min。行走机构见图13-37。

图13-37 行走机构

驱动台车分为单驱动台车和双驱动台车。一组台车两个车轮均为驱动轮，则称双驱动台车；一组台车只有一个驱动轮，则称单驱动台车。驱动装置采用三合一齿轮电动机、单元驱动方式。减速箱、电动机、制动器组成一个驱动单元，包含微动开关、手动释放装置。驱动装置启动前，首先释放制动器，此时，关联微动开关动作，信号传到PLC，当所有驱动装置的制动器全部释放后，驱动电动机才会启动，保证驱动装置同步。如遇特殊情况，有一两台驱动台车不能释放制动器，而整机必须移动时，可手动松开对应制动器，然后启动驱动装置。

驱动装置与主动车轮轴通过收缩盘相连。主动车轮轴穿过减速器空心轴，在另一侧用收缩盘箍紧。为防止驱动单元在反扭矩作用下自由转动，采用扭力臂将驱动装置锁定在台车架上以抵消反扭矩。整个驱动装置靠主动车轮轴支撑，扭力臂仅承受驱动产生的反扭矩。

从动台车组不带动力。主机有4组双轮从动台车，2组单轮从动台车，尾车上全部为从动台车。

台车组与平衡梁之间、平衡梁与平衡梁之间、平衡梁与门座之间均采用鞍式铰接。

为了防止斗轮机在暴风中滑移，设置夹轨器、锚定、防风系缆。夹轨器为液压弹簧式，靠夹钳与轨道间的摩擦力夹紧，在大风来临前将机器随时固定在轨道上，防止被大风吹走。夹轨器、锚定、防风系缆设有电气限位控制与行走机构电动机联锁。夹轨器能自动松开、夹紧，只有夹轨器完全松开，锚定装置锚板抬起，防风系缆松开后行走驱动装置才能动作。当断电时，夹轨器会自动夹紧。

行走机构各支撑轴承的润滑采用电动集中润滑方式。行走距离由大车行走信号装置采集信号，在司机室仪表上显示。

斗轮堆取料机在料场轨道两端设有行走阻进器，为防止冲击，在台车架上设有缓冲器。另外还设有轨道清扫器，两级终端限位开关等，并备有行走灯光、音响信号。

（三）悬臂胶带机

悬臂胶带机由胶带机驱动装置、菱形胶面传动滚筒、胶面改向滚筒、垂直拉紧装置、槽形托辊组、槽形缓冲托辊组、可逆自动上调心托辊、下平行托辊组、清扫器、聚酯运输带、胶带机保护装置（防偏装置、拉绳开关、速度监控仪、料流开关等）及传输部分等组成。其中，驱动装置由电动机、液力偶合器、制动器、减速器、机座及罩子等组成。悬臂胶带机见图 13-38。

图 13-38 悬臂胶带机

驱动装置套挂在传动滚筒轴上，驱动支座通过铰接撑连接在回转平台上，驱动滚筒为菱形花纹胶面滚筒，头部为改向滚筒，改向滚筒用胶面滚筒，张紧采用液压张紧，布置在悬臂胶带机后侧。悬臂胶带机头尾滚筒处设有清扫器，非工作面设空段清扫器。

为适应斗轮堆取料机的堆料和取料要求，悬臂胶带机为双向运行工作，其正反传动完成堆取料作业。悬臂胶带机安装在悬臂架上，随上部金属结构一起在堆、取料过程中进行俯仰。在两头滚筒处附近设缓冲过渡托辊，受料处设缓冲托辊。为防止皮带跑偏，在承载段设双向调心托辊，空载段设反 V 形托辊，其余为 35°槽形托辊和平行下托辊。悬臂胶带机还设有两级跑偏开关和双向拉绳开关等保护装置。防胶带跑偏措施如下：

（1）安装悬臂胶带机支撑平面（如前臂架和后臂上平面），安装时的平面度允许误差为 1.5mm。

（2）传动滚筒、改向滚筒水平度小于等于 1/1000，各上下托辊在安装时要相互平行对中。

（3）胶带硫化接头要平整并对中，胶接后两端拉力一致。

（4）胶带两边在张力作用下延伸率要一致。

（5）滚筒和托辊应无黏连物。

（6）保证物料落料点在胶带机中心处。

（四）上部金属结构

主机的上部金属结构由前臂架、门柱、配重架及前、后拉杆等组成，各构件之间用销轴连接，销轴用卡板固定。其中前臂架前端装有斗轮机构，配重架后部装有平衡配重。上部金属结构通过支撑铰座铰接于转盘上，支撑铰座的上端与门柱尾部铰接；支撑铰座的下铰座（支座）与转盘上平面焊接。整个上部结构可以绕铰点俯仰摆动，由位于转盘与门柱之间液压缸的作用实现上部结构的整体俯仰。上部金属结构见图 13-39。

图 13-39　上部金属结构

上部金属结构由悬臂前段、悬臂后段、塔架、塔架拉杆、前拉杆、平衡臂、后拉杆等组成。悬臂前段是由钢板制成工字形长臂框架式结构，其中间是由水平拉杆撑和斜拉杆撑组焊而成的钢板梁（既是斗轮的悬臂架，又是悬臂胶带机的机架）。臂架前段在安装时要保证上平面水平，其纵向中心线与后臂架中心线重合，这些均是防止悬臂胶带机跑偏的先决条件。

悬臂后段是整体式钢板梁结构，是主机上部主要承载构件。它与转台靠铰座及俯仰油缸相铰接，因此在俯仰油缸作用下，能够在垂直平面内摆动，从而带动悬臂、斗轮上下俯仰。

平衡臂是整体式钢板梁结构，其后部安装配重（钢筋混凝土配重块）。

塔架、塔架拉杆、前拉杆、后拉杆汇交于塔架上部铰点，是使前臂架、平衡臂、上部配重通过塔架、塔架拉杆、后臂架达到两边平衡的一组杆件系统。

（五）回转机构

图 13-40　回转机构

该机构由立式行星减速器、电动机、限矩联轴器、制动器、转盘轴承、座圈等组成，为机械驱动方式。为使回转支撑装置能承受较大的垂直力、水平力和倾覆力矩，采用了转盘轴承支撑形式。回转机构的下座圈下部固定在门座上，下座圈上部与带外齿的大轴承外圈相连；上座圈上部支撑转盘，上座圈下部与大轴承内圈相连。回转驱动装置安装在转盘尾部，减速器输出轴上的驱动齿轮与大轴承的外齿相啮合，通过电动机的动力传动，实现转盘以上部分对于门座的回转，进而完成主机的回转功能。回转机构见图 13-40。

为了提高斗轮堆取料机的取料工作性能和生产率，使斗轮取料均匀，采用变频电动机由变频器调速装置进行速度自动控制，实现回转取料均匀，消除月牙形的取料损失。限矩联轴器提供的是力矩保护，当回转角度为 10°～110°或－110°～－10°时（根据储料场场地情况调整），电气限位开关起作用，使回转机构停转。在回转角度极限位置设有的终端撞块支架起超转保护作用。

回转润滑采用电动润滑泵、双线给油器等集中润滑方式，按规定及时加油润滑。往电动润滑泵中加润滑油，须用手动加油泵。回转角度由回转角度发生器采集信号，在司机室内显示。回转机构及回转角度发生器见图 13-41。

（六）俯仰机构

俯仰机构为液压俯仰形式。采用两个双作用油缸，油缸两端分别用铰轴与转盘及门柱连接，通过油缸的伸缩实现上部金属结构的俯仰。俯仰机构和双作用油缸如图 13-42 所示。

图 13-41　回转机构及回转角度发生器

图 13-42　俯仰机构和双作用油缸

主机俯仰液压装置由俯仰液压站、液压锁块、液压缸、管路、管接头、胶管、密封圈等组成。俯仰液压站由电动机、液压泵、电磁控制阀、滤油器、溢流阀、液控单向阀、闸阀、管路、管接头、密封圈、压力表、放油阀等组成。

俯仰装置依靠液压缸的伸缩来完成变幅，实现上部金属结构的俯仰。液压系统能保证两油缸同步工作，使整机俯仰系统安全、平稳、可靠工作，并可以使变幅油缸在任意位置停留及保持。液压泵站可进行泵的启动、停止、卸荷（超压保护）控制。液压系统的压力、流量可在允许的范围内任意调节，在环境温度过低时，可对液压油加温；当超温、超压及滤油器堵塞时，可提供报警信号，从而实现超载保护。

（七）尾车

本机采用固定式单尾车，适用于单向来料堆料、取料通过、堆料分流的工艺要求。它由尾车平台、尾车主梁、尾车支腿、附属结构、尾车胶带机等组成。

尾车结构件用以支撑尾车胶带机，是由工字形板梁结合以 H 形钢支撑连接件组成。尾车胶带机单向运行且被用来转载堆料。胶带采用地面系统胶带机的胶带。头部改向滚筒处设有清扫器。胶带机还设有过渡托辊、调心托辊、上承载托辊、打滑检测器、两级跑偏开关，其工作性能同悬臂胶带机相近。

尾车的功能是用来适应斗轮堆取料机在堆料和取料时变化的工况。堆料时，尾车处于堆料状态，尾车变幅机架上仰到堆料位，尾车头部落料斗与主机上的中部料斗连接，系统胶带来料通过尾车胶带机落入中部料斗，转运至悬臂胶带机，经悬臂胶带机将物料抛入料场。取料时，尾车变幅机架下俯到取料位，斗轮机构从料场取料落入悬臂胶带机，经中部料斗转运至系统胶带机。尾车上装有尾车梯子平台，由主梁平台、底梁平台等组成。尾车上装有动力、控制电缆卷筒、电气室、尾车变幅驱动装置及除尘系统的水源装置。尾车靠连杆装配与主机相连。尾车外观图见图 13-43。

图 13-43　尾车外观图

（八）司机室

司机室安装在上部金属构件门架的右上侧，操作员可清楚地观察斗轮机工作状态。司机室配备液压俯仰调平装置，从主俯仰液压系统分出支路控制，无论前臂架处于什么角度，司机室可始终保持水平位置。

司机室整体为进口件，门窗玻璃采用双层高强度玻璃，视野良好，密封性良好，具有良好的隔音、隔热性能，室内设有冷暖空调及电话等通信设备，并配置灭火器。司机室内配有操作台及高度可调的旋转座椅。司机室见图 13-44。

(a) 司机室位置图

(b) 司机室内部图

图 13-44　司机室

（九）其他辅助系统

1. 洒水除尘系统

洒水除尘系统由水管、水箱、多级离心水泵、喷嘴、控制元件等组成。

设备各物料转运点设计有完整的水喷雾抑尘系统。系统能连续运行，并能在司机室内集中控制，除尘效果能够达到当地环保要求。斗轮堆取料机上设置水箱和水缆卷筒装置，由煤场上的供水点连续向机上水箱供水，再经水泵变成具有一定压力的水，通过喷嘴洒到各转运点。

2. 润滑系统

机上各转动部位均有相应的润滑措施。斗轮机构、行走机构、回转机构、仰俯机构因润滑点较集中，分别采用集中润滑方式，且均在方便的位置上设置了手动泵，配以分配器及管路。其余润滑点均为分散润滑，并且在加油处设置了平台，方便加油和维护。

斗轮、各胶带机、各机构中的每个轴承座或滑动轴承支撑、铰接支撑处，原则上每周加一次润滑脂。而斗轮、悬臂与尾车皮带机头尾滚筒支撑轴撑原则上每天加一次润滑脂。转盘轴承每班涂一次润滑脂。各齿轮、减速器要在观察油位、油品的基础上加油，原则上定期换新油。开式齿轮处每周涂一次润滑脂。

3. 检测装置

检测装置由行走距离检测装置、回转角度检测装置、变幅角度检测装置、料位检测装置等组成。行走距离检测装置安装在靠近行走机构的尾车支腿上，实现对行走机构的行走距离检测，完成设备自动堆、取料工况的行走距离及终端的限位功能；回转角度检测装置安装在回转机构的驱动齿轮上，实现对斗轮（前臂架）的回转角度检测，完成设备自动堆取料工况控制及终端的限位功能；变幅角度检测装置安装在支撑铰座上，实现对斗轮（前臂架）的变幅角度检测，完成设备自动堆取料工况控制及终端的限位功能；料位检测装置安装在前臂架前端，实现对斗轮下方料位的检测，完成设备自动堆料工况控制。

4. 电气室

电气室安装在尾车底梁上，具有防尘、防水和绝热等功能，室内配备日光灯、冷热空调器、电话、备用插座等附件。电气室装有高压控制柜、电器控制柜等。电器控制柜为盘前检修。电气室的大小和布置便于操作与检修。电气室内壁装设阻燃隔热材料，侧壁配有玻璃窗。室内配有空调机，以保证室内电气元件工作的可靠性。电气设备包括变压器和电气控制柜，其中电气元件主要分布在电气控制柜内。设备供电（电缆卷筒）在斗轮堆取料机行走距离的中部。

5. 限位装置

限位装置由臂架防撞装置、回转角度极限限位、回转变幅跨系统限位、大车行走终端限位、臂架俯仰极限限位、尾车变幅限位等组成。

臂架防撞装置采用 FKLT2-I 开关，分别布置在前臂架中前部的两边，共 4 个。当前臂架在运动过程中，钢丝绳碰到煤堆或其他障碍物时，开关动作并发出信号，同时切断回转电动机电源和行走电动机电源，防止前臂架碰撞障碍物。

回转角度及回转变幅限位采用 WLCA12 行程开关。回转角度限位开关布置在转盘与门座之间，控制设备在堆、取料工况或跨系统时，斗轮（前臂架）的回转范围；WLCA12 行程开关布置在门柱与转盘之间，控制设备在跨系统回转时的变幅的范围。

大车行走终端限位采用 WLCA12 行程开关，布置在行走机构的从动台车组上，控制设备的大车行走范围。

臂架俯仰极限限位采用 WLCA12 行程开关，布置在转盘与门座之间，控制设备的斗轮（前臂架）的俯仰极限范围。

尾车限位采用 WLCA12 行程开关，布置在尾车变幅机构处，控制尾车的堆取料位。

6. 电缆卷筒

斗轮堆取料机通过电缆卷筒将地面的10kV高压电引入设备，经过高压控制柜进行控制、保护。通过一台400kVA的动力变压器，将10kV高压电变为400V低压电，为驱动系统供电；通过一台50kVA的控制变压器，将10kV高压电变为400V低压电，为控制系统供电。

图13-45　电缆卷筒

斗轮堆取料机的动力电缆卷筒由一台1.6kW三相效率增强型制动电动机驱动。控制电缆卷筒由一台1.1kW三相效率增强型制动电动机驱动。电缆卷筒机构的主回路和控制回路布置于大车行走柜内。斗轮堆取料机电缆卷筒的基本功能是完成大车行走时收、放电缆。电缆卷筒如图13-45所示。

电缆卷筒分为磁滞式电缆卷筒和力矩式电缆卷筒。

磁滞式电缆卷筒采用恒力矩式。电缆卷筒的工作原理：由电动机将动力传至磁滞联轴器，再经减速后，将放大的力矩传至卷盘。电动机始终向收缆方向旋转。在放缆时，电缆产生的拉力要克服磁耦合力使卷筒向反方向运行。使电缆受拉力较大，降低了电缆的使用寿命。

二、斗轮堆取料机运行操作

（一）斗轮堆取料机运行操作方式

1. 半自动操作方式

在堆、取料机进行作业前，由操作人员先设定相关的参数（对应于堆料工况，主要有前臂架回转次数、前臂架上升次数、大车后退距离；对应于取料工况，主要有悬臂旋转次数、大车步进距离），而后启动半自动堆取作业程序，堆取料机即可自动进行堆取作业。在堆取料机按照程序自动运行过程中，操作人员可随时暂停自动程序的运行（主要是考虑堆场物料的存放情况或其他人为因素的干预），通过调整上述参数，以适应相关要求。

半自动操作方式是推荐的堆取料机作业方式之一。

2. 手动操作方式

（1）基于PLC程序的手动操作方式。通过相应的机构控制按钮（或转换开关），由操作人员手动控制堆取料机进行作业，作业过程由PLC程序实现，相应机构间具有联锁关系。这种操作方式是推荐的堆取料机作业方式之一。

（2）基于继电器、接触器的手动操作（机构就地操作）方式。通过安装在机构侧的就地按钮，对相应机构进行单独操作，各机构间无联锁关系。该操作方式只作为机构的就地调试使用，不能作为堆取料机正常的作业方式。

（3）运行方式。斗轮堆取料机的运行方式可分为堆料作业和取料作业，即可向两侧煤场进行堆料或从煤场中取料经系统胶带运出。

（二）斗轮堆取料机煤场作业

1. 堆料作业工艺

（1）断续行走堆料。堆料分数层、数列进行断续行走，定点堆积。作业从第一列的第一点 01—1 开始堆料，由料堆高度检测器检测出每一小堆的高度，堆料高度到达设定值时或人工控制，发出指令控制行走机构进行微动，沿路径按顺序一堆接一堆地进行堆积。当堆料达到行走设定范围后，悬臂胶带机进行换列操作，从 02—1 开始向反方向堆积。当堆完第一层各列后，进行换层操作，继续第二层堆积，继而堆完最后一小堆。断续行走堆料作业工艺形成矩形料堆，因而堆场利用率高、堆积过程扬尘少、有利于环境保护。对于不同的输送量，堆料长度可以调整，这样总可以堆出比较规则的料堆。断续行走堆料工艺见图 13-46。

（2）连续旋转堆料。在堆料作业过程中，悬臂架始终固定在预定堆积高度上往返旋转堆积，达到设定次数后，行走机构微动一个设定距离，依次 1—2—3—…进行作业。旋转堆料工艺在原材料输送量不连续或量少的场合，可按输送量调整料堆设定长度，得到较规则的料堆，因而堆取料作业效率较高。连续旋转堆料工艺见图 13-47。

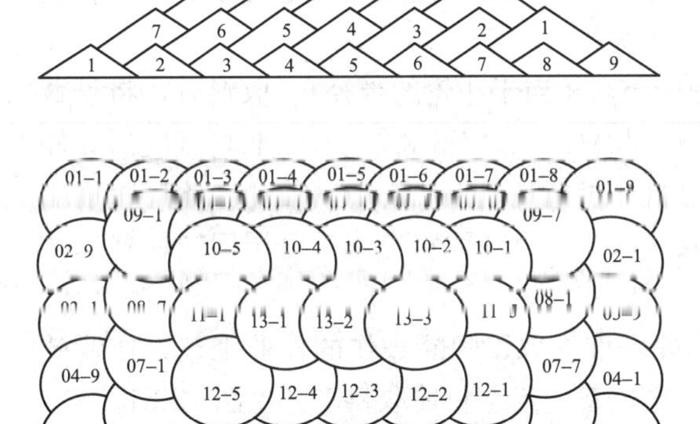

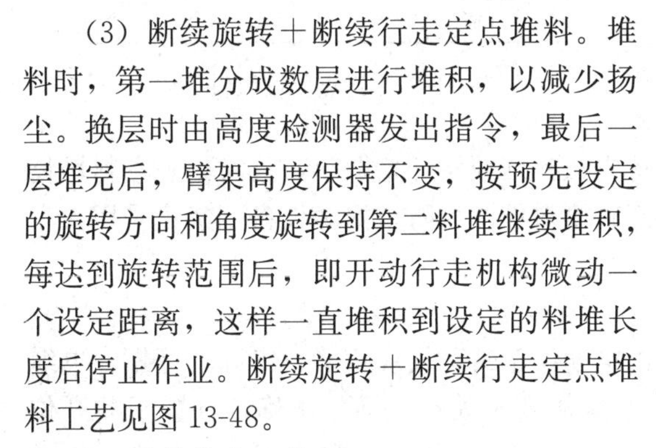

图 13-46　断续行走堆料工艺

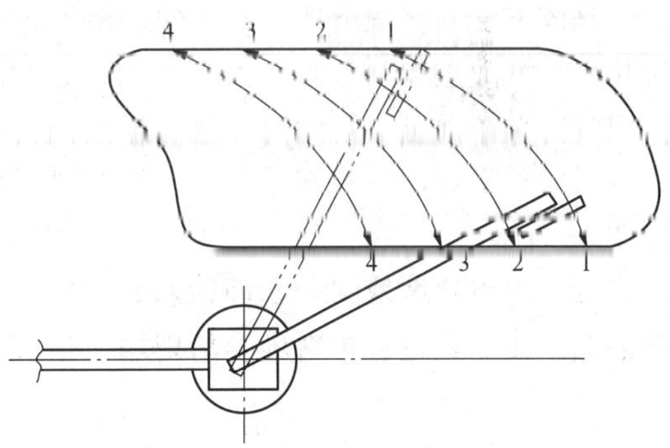

图 13-47　连续旋转堆料工艺

（3）断续旋转＋断续行走定点堆料。堆料时，第一堆分成数层进行堆积，以减少扬尘。换层时由高度检测器发出指令，最后一层堆完后，臂架高度保持不变，按预先设定的旋转方向和角度旋转到第二料堆继续堆积，每达到旋转范围后，即开动行走机构微动一个设定距离，这样一直堆积到设定的料堆长度后停止作业。断续旋转＋断续行走定点堆料工艺见图 13-48。

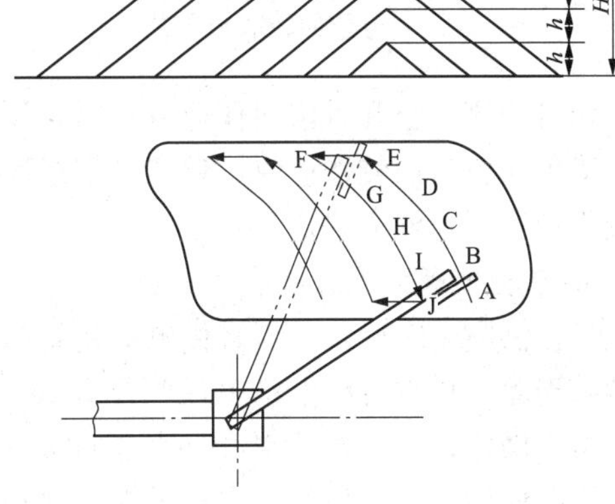

图 13-48　断续旋转＋断续行走定点堆料工艺

2. 取料作业工艺

取料作业包含旋转分层取料和定点斜坡取料两种方式。

（1）旋转分层取料。根据料堆高度旋转分层取料又可分为分层分段和分层不分段两种作业方式。旋转分层取料工艺见图 13-49。

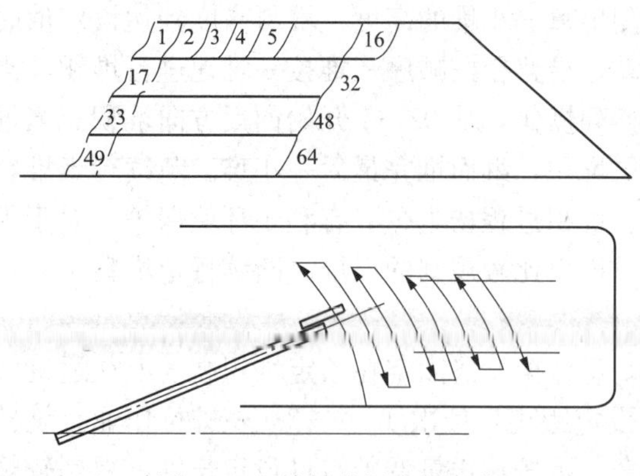

图 13-49　旋转分层取料工艺

分层分段作业内容：首先由司机单动操作斗轮机行走，回转、俯仰装置把斗轮置于料堆顶层作业开始点位置上（单动定位运转），然后靠控制旋转开始取料，每达到旋转范围时行走机构微动一个设定距离（进给量），按照设定的供料段长度（或设定的旋转次数）取完第一层后，进行换层操作，每层的旋转角度由物料的安息角及层数决定（旋转范围的设定是可变的，即所处的层数不同，设定的范围也不同）。俯仰高度由层数设定，行走距离由进给量决定。当取完最低一层后进行换段操作，把斗轮置于第二段最顶层的作业开始点上，重复进行取料，供料段长度的设定以臂架不碰及料堆为原则。（设定的参数：供料段长度，回转范围，进给量即微动行走距离，回转次数）。

具体方法：将煤分成 4 层，每层的厚度为 3m（相当于斗轮的半径）。取料时，将悬臂调整至煤堆上层取料位置，大车不动，悬臂回转取料。当悬臂回转至所需取料宽度后，停止回转。大车前进一段距离，悬臂反向回转取料，直至完成该层的取料作业。然后将堆取料机后退至下一层取料起始位置，继续进行取料作业，直到取料完毕。分层回转取料工艺见图 13-50。

（2）定点斜坡取料（端面取料）。这是一种先堆先取、间断操作的作业工艺，作业效率最低。在作业过程中料堆容易坍塌，造成斗轮过载。定点斜坡取料工艺见图 13-51。

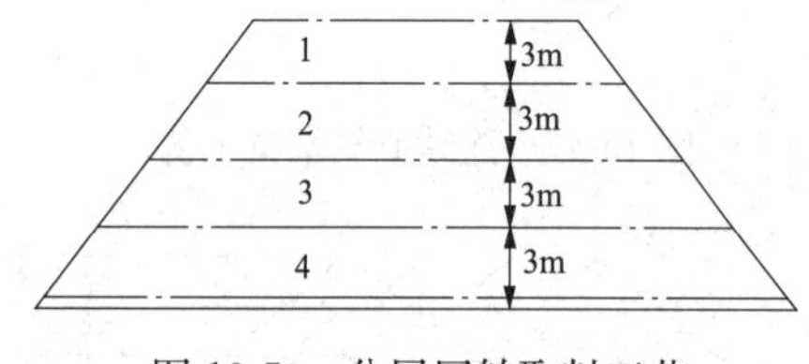

图 13-50　分层回转取料工艺

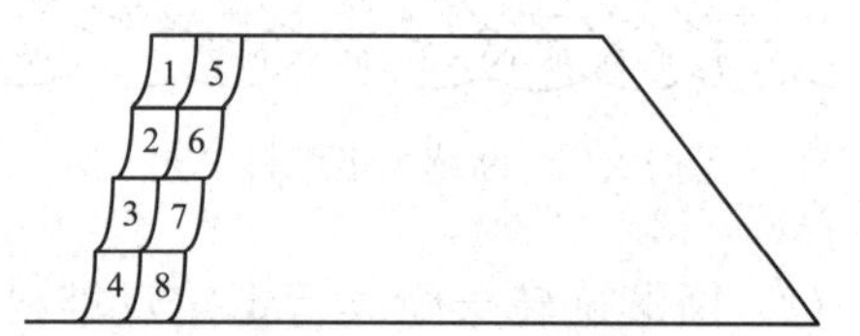

图 13-51　定点斜坡取料工艺

司机采用以上几种取料作业方式时，须首先从料堆顶层开始取料，且时刻观察料堆情况，避免斗轮机回转作业时，臂架头部或底部碰撞料堆。为防止损坏设备，禁止采用大车连续行走取料作业方式。

3. 斗轮堆取料机启动前的检查

（1）供电系统检查。检查供电电缆卷筒机构动作正常，接线正确、牢固、可靠，电缆无划破现象；检查各配电箱电压指示正常，各操作开关动作灵活、正确，且置于断开位置；检查操作台上的各控制开关及按钮应完好且在停止位置，各电流表、电压表、指示灯、光电信号、联络信号应完好无损，保持清洁；联锁装置试验良好且置于投入位置；检查各行程限位开关动作灵活、限位正确；检查斗轮机各接地线良好；检查各部照明良好、光线充足。

（2）机械传动机构检查。大车行走轨道应平齐完好，轨距符合要求，轨道上无积煤、无障碍物；检查缓冲器、锚定装置及夹轨钳应动作灵活、正确，传动机构完整可靠；检查各减速机油箱油位指示正常，油位应在油标尺的规定范围，减速机及油管道应无漏油、无渗油现象；检查传动机构各部螺栓无松动和脱落现象，各防护罩应牢固可靠；制动器制动良好，制动片无油污、无积煤粉现象；斗轮无掉齿，各部螺栓无松动、无缺损现象，斗底链条无断裂；关于悬臂胶带机及尾车胶带机的检查，应符合胶带机运行前的检查要求；检查各传动开式齿轮，应无裂痕、无严重磨损、无断齿现象；检查各液压设备应良好，液压泵、液压管道无漏油、无渗油现象，油箱油位应在规定范围，油质良好，符合要求；检查除尘设备完好、电磁阀正常、水管接头牢固、无漏水现象；根据运行方式，选择并将各电动挡板置于正确位置；检查回转部分齿轮啮合良好，无断齿、无破裂等现象；检查变幅液压系统完好、可靠，各液压油泵、管路无振动、无超限、无异声，各压力表指示正常；检查斗轮机构各连接部件良好。

4. 斗轮堆取料机在运行中的注意事项

堆煤或取煤作业前，司机必须在与程控室取得联系后，方可进行操作。大车行车前，按规定必须踏下脚踏开关声响报警，以便提醒机上、机下人员注意。大车行走之前，应检查大车与尾车挂接良好，否则严禁操作大车行走，以防拉断电缆。在大车高速（30m/min）调车时，必须将臂架置于水平位置，且臂架中心应与轨道平行，否则不能快速行走。当回转角度大于30°时，大车必须慢速行走。当发现行走电动机及机械部分有异常情况时，必须立即停止大车行走，查明原因并将故障消除后，方可行走。大车行走中不允许回转、俯仰角度超过规定值。

尾车升降过程中严禁上皮带运行，地面皮带重载时严禁进行状态转换。斗轮机尾车正常时应处于取料状态。

每小时检查一次各电动机、油泵（包括液压马达、减速机）各个轴承温度，温度应在规定的范围内（电动机为70℃、轴承为80℃、减速机为60℃）。每小时应对液压系统各部件的严密性进行一次检查，并检查系统内的油压应在规定范围内，油管道无振动及异常声音。

运行中应检查斗轮机制动装置、保护装置完好，动作灵活、正确，否则不得开动斗轮机进行作业。运行中斗轮给进量深度不得大于斗轮的半径。当斗轮被煤压住时，应保持斗轮位置不变，开动大车后退行走，将斗轮退出后，前臂架方可升高并将斗轮内的积煤清理干净。斗轮机运行中严禁超负荷作业。斗轮机回转经常在某一范围内作业，回转轴承磨损比较严重，因此，作业完成后应在规定范围内往复回转数次，以保证轴承的均匀性。

斗轮机在正常堆取煤作业时，行走用慢速挡；空车行走或倒车时用快车挡。斗轮机取煤时，不得在煤堆垂直断面大于斗轮直径的部位进行作业，以防塌方造成重大事故。在取煤过程中发现前臂架振动较大，应立即停机检查，找出原因并消除后方可继续作业。在堆取原煤时，如发现有较大木材、钢铁及大石块，应停机清理，以防划破胶带。

在作业过程中，如发现危及人身安全或可能造成重大设备事故时，应立即按“急停”按钮，停止工作。作业完毕，应将斗轮机开到指定位置，进行夹轨、锚定，将悬臂放在煤堆内侧，并应保持离煤堆边缘1m的距离，严禁将悬臂放在与轨道平行的位置上。

当风力大于7级时，严禁开机作业，并应投入锚定装置，夹轨钳必须夹紧，将斗轮迅速落在煤堆上，以防被大风吹跑，造成事故。当冬季因寒冷无法使用喷水装置时，应在冻结前将管道中的积水排净，以防冻裂管路和其他元件。当气温在10℃以下作业时，应开动几次，再进入正常运转。冬季运行时，运行作业前应开动液压系统空负荷运行20～30min，以提高油温。

行走机构试车或调车时间不得太长，一般连续运行时间不得超过30min。夜间工作时，整机照明良好。司机室、变压器室、电气室应配备有灭火器材及其他防火措施。

斗轮机工作时，除操作、检修、巡检人员以外，其他人员不得在机上停留。

5. 设备的维护和保养

斗轮堆取料机的维护保养分每天（班）维护与定期维护两种。

(1) 每天（班）的维护保养。每天（班）维护保养的主要内容是清扫及检查。清扫进入胶带机驱动滚筒、上托辊间及改向滚筒上的物料，清扫散落、堆积在平台走道上的物料，在条件许可下，可进行冲洗；检查对各润滑点润滑情况，并及时加注润滑脂；对机械各部及液压系统巡回检查一遍，及时排除各种故障或隐患；对当值运行做好记录及交班工作，重大问题要及时反映、及时处理，反对设备带病工作。

(2) 每周的维护保养。在做好每天（班）的维护保养工作基础上，每周要注意对传动装置、液压系统观察一次，必要时加以调整，对胶带机及各种挡板进行一次调整。

(3) 每月的维护保养。在做好每天（班）、每周的维护保养基础上，每月要检查各传动减速箱油质油位置，检查各销轴的锁定状态、磨损情况，检查紧固件的防松、清洗或更换各滤油器滤芯情况，检查结构件、拉杆、电缆包皮有无损伤等。

(4) 制定大、中、小修计划。料场设备主管负责人还必须按设备的实际运行情况制定小修、中修、大修计划，帮助司机及维护人员加强日常的巡回检查，及时调整与处理各部件在工作中发生的问题。

(5) 设备润滑及液压系统用油。设备的润滑点、所有润滑油的牌号、润滑周期及更换新油的期限，详见各机构使用说明书。这里要注意的是更换新油时一定要经过过滤，特别是液压系统的工作用油，必须经过滤后加入油箱，而且应采用同一牌号油。如不得已更换油的种类、牌号时，必须彻底清洗油箱、泵、阀等原件。液压系统中有吸油滤油器、回油过滤器，它们应经常用汽油清洗（约每月一次）。滤油器发生堵塞时会报警，这时要停车清洗或更换滤芯。滤油器清洗时，只要卸去滤油器底下一个螺钉，就可将外壳取下，取出滤芯清洗后吹干即可。若滤芯已坏，则应及时更新。

第三节　煤场的其他设备

一、变频调速双联移动带式给料机

（一）特点

变频调速双联移动带式给料机可广泛用于电力、煤炭、冶金、矿山、港口、化工、轻工等行业散状物料的给料输送系统。双联带式给料机具有运转平稳、给料均匀、给料量可调、噪声小、结构紧凑、运营费用低、使用维护方便等特点。

工作人员可根据现场情况手动调节装置，以改变变频器的输出频率，控制电动机转速，结合调整闸板的高度达到改变给料量的目的；在空载状态下由其本身的驱动机构实现工位变换，对两路带式输送机输料，具有操作简单并可最大限度节约能源的特点。系统还能根据需要实现就地或远程控制，从而实现整个运输系统的自动化控制。

本移动带式给料机最大给料粒度为350mm；工作环境温度一般为－25～40℃。对于有特殊要求的工作场所，如高温、寒冷、防爆、阻燃、防腐蚀、耐酸碱、防水等条件，应采取相应的防护措施。

（二）结构

陕西商洛发电有限公司采用SLSLYD1602型变频调速双联移动带式给料机，由变频调速控制系统、移动驱动装置部分、驱动装置部分、传动部分、张紧部分、导料部分、落料部分、清扫器部分等组成。变频调速双联移动带式给料机见图13-52。

图13-52　变频调速双联移动带式给料机

（1）变频调速控制系统由变频器、可编程控制系统、远程操作系统、高强度喷塑配电柜及其他电器元件组成。

（2）驱动装置部分由电动机、梅花弹性柱销联轴器、行星齿轮减速器、弹性柱销齿式联轴器、驱动装置架等组成。

（3）移动驱动装置部分由直联式电动机，减速器，低速轴联轴器，驱动装置架，齿轮、齿条驱动机构，行走轮对等组成。

（4）传动部分由传动滚筒、增面滚筒、承载滚筒及机架等组成。

（5）张紧部分由螺旋张紧装置、尾部滚筒等组成。

（6）导料部分由承料漏斗、导料槽、调节闸板等组成。

（7）落料部分由头部护罩、头部漏斗、溜料管等组成。

（8）清扫器部分由头部清扫器、空段清扫器组成。

（三）工作原理

输送物料时，由电动机带动减速机，减速机带动传动滚筒，传动滚筒带动输送带运动。物料由导料槽落下被带入头部漏斗，经落料管实现给料过程。给料量的大小可以通过调节变频器的输出频率来控制电动机转速，以及结合调整闸板的高度进行控制。若配有称重传感器，则可以实现准确定量给料。

工位转换时，在空载状态下，由直联电动机减速器带动齿轮转动，齿轮拨动固定在车体上齿条，使由安装在轨道上的车轮组支撑的车体前后移动，实现工位变换。

（四）设备运行及试运转中的注意事项

1. 空载试运转前的准备工作

（1）检查各部件是否安装到位，检查基础及各部件中连接螺栓是否已紧固，检查工地焊接的焊缝有无漏焊等。

（2）检查电动机、减速器、轴承座等润滑部位是否按规定加入足够量的润滑油。

（3）检查电气信号、电气控制保护、绝缘等是否符合电气说明书的要求。

（4）点动驱动装置电动机，确认电动机转动方向。

（5）无问题后开始试运转，时间是2h的空载试运转。

（6）点动移动驱动装置电动机，确认电动机转动方向。

（7）无问题后开始试运转，使带式给料机前后移动。检查接近开关、止挡器等是否安装正确。

2. 空载试运转中的观察内容及设备调整

在设备试运转中，要仔细观察设备各部分的运转情况，发现问题及时调整。

（1）观察各运转部件有无互相干涉现象，特别是与输送带互相干涉的要及时处理，防止损伤输送带。

（2）输送带有无跑偏，如果跑偏量超过带宽的5%，就应及时调整。

（3）检查设备各部分有无异常声音及异常振动。

（4）检查减速器以及其他润滑部位有无漏油现象。

（5）检查润滑油、轴承等处温升情况是否正常。

（6）检查制动器、各种接近开关、保护装置等的动作是否灵敏可靠。

（7）检查清扫器刮板与输送带的接触情况。

（8）检查基础及各部件连接螺栓有无松动。

（9）车体移动时，检查头部护罩与导料槽间是否密封良好。

3. 负载试运转

设备通过空载试运转并进行必要的调整后进行负载试运转，目的在于检测有关技术参数是否达到设计要求，对设备存在的问题进行调整。

加载量应从小到大逐渐增加，先按20%额定负荷加载，通过后再按50%、80%、100%额定负荷进行试运转，在各种负荷下试运转的连续运行时间不得少于2h。

4. 试运转中间可能出现的故障及排除方法

（1）检查驱动单元有无异常声音，电动机、减速机、滚筒轴承及润滑油等处的温升是否符合要求。

（2）启动时输送带与传动滚筒间是否打滑，如有打滑现象，可逐渐增大拉紧装置的拉紧力，直到不打滑时为止。

（3）在负载试运转过程中，经常出现输送带跑偏现象，如果跑偏量超过带宽的5%，就应及时进行调整，调整方法如下：

1）根据输送带跑偏位置，调整头、尾滚筒和承载滚筒的安装位置。通常调偏效果较好。

2）如果输送带张力较小，适当增加拉紧力对防止跑偏有一定的作用。

3）上述方法无效时，应检查输送带及接头中心线直线度是否符合要求，必要时应重新接头。

（4）检查各种清扫器的清扫效果、振动是否过大等，并按说明书进行调整。

（5）仔细观察输送带有无划痕，并找出原因，防止昂贵的输送带造成意外损伤。

（6）对各连接部位进行检查，如有螺栓松动应及时紧固。

设备试运行结束后，应对发现的问题及时处理，当所有问题全部解决后方可带载运行。当设备需要运行时，首先接通驱动装置电动机、制动器电源，制动器闸瓦松开后，电动机转动，通过驱动部分、传动滚筒带动胶带运转，输送由料斗落下的物料。

5. 操作规程与维护保养

为确保带式给料机的正常运行，日常的正常使用，精心维护、保养对设备的使用寿命影响很大，为此必须制定安全操作规程和维护保养制度，进行定期修理和更换零部件，防止错误操作造成的设备损坏和人身事故。

（1）严格按操作规程进行操作。

（2）驱动装置的调整及各种安全保护装置的调整应由专职人员操作进行。

（3）输送机运转过程中，不得对输送带、滚筒进行人工清扫，拆换零部件或进行润滑保养。

（4）运行中操作人员应巡回检查，密切注意设备运行情况，应特别注意如下情况：电动机温升、噪声，减速器的油位、噪声，输送带是否跑偏及损伤情况，各轴承处的温升、噪声，滚筒、清扫器、拉紧装置的工作状态，电控设备的工作状态等。

（5）操作人员在设备运行异常时应做好记录，紧急情况时应立即停车。

（6）用户应建立健全定期检查保养制度，除日常检修外，小修应每月一次，大修应每半年或一年一次。

二、推煤机

目前，推煤机作为大、中型火力发电厂煤场辅助机械被广泛应用。推煤机见图 13-53。

1. 推煤机的定义

用于电厂煤场完成推煤、压实、整垛和清理等工作的推土机被称为推煤机。

2. 作用

把煤堆推成任何形状，在堆煤过程中，可以将煤逐层压实，并兼顾平整道路等其他辅助工作。运距在 50～70m 时可作为应急的上煤机械。

3. 结构组成

推煤机主要由发动机、液力变矩器、万向节、变速箱、转向制动器、传动系统、行走机构、液压系统、工作装置、电器系统组成。

图 13-53 推煤机

4. 工作原理

工作装置部分是将由齿轮泵从工作油箱内吸出的工作油泵入换向阀。如不操作各工作装置，油液便经换向阀至滤油器回工作油箱。操作换向阀通过控制铲刀的油缸，实现铲刀的上升、下降，保持浮动控制倾斜油缸。

三、胎式装载机

装载机广泛用于铲装或短距离转运松土、煤等松散物料，还能进行牵引、平整、推集、倒垛等作业，是一种多用途、高效率的工程机械。胎式装载机见图 13-54。

图 13-54 胎式装载机

1. 结构组成

胎式装载机由发电机系统、传动系统、工作装置和工作装置液压系统组成。发电机系统主要由发动机、空气滤清器、柴油箱、散热器及操纵系、消声器等组成。传动系统主要由液力变矩器、变速箱、传动轴、前后桥、减速器等组成。工作装置主要由铲斗、拉杆、动臂、横梁、摇臂等组成。工作装置液压系统主要由齿轮泵、工作分配阀、举升油泵、翻斗油泵、油箱、粗滤器等组成。

2. 工作原理

油泵由发动机带动，从工作液压油箱吸油，油液经过工作分配阀到举升油缸或转斗油缸。通过操作分配阀的操纵杆，使动臂阀杆或转斗阀杆移动，即可改变油液的流动方向，实现铲斗的升降与翻转。

3. 特点

胎式装载机采用铰接式车架，转弯半径小、机动灵活，便于在狭窄场地作业。采用液力机械传动，能充分利用发动机的功率，增大扭矩，使整机具有较大的牵引力。同时，还能适应外界阻力变化而自动无级变速，对传动机件和发动机起保护作用。采用液压助力转向，动力换挡变速，工作装置液压操纵。整机操作轻便灵活，动作平稳可靠。采用低压宽基越野轮胎，加之后桥可绕中心上下摆动，因此具有良好的越野性能和通过性能，适应在崎岖不平的路面上行驶作业。采用先进的驱动桥，具有质量小、强度高、结构紧凑等特点。采用先进、可靠的手动制动和脚动系统，保证了安全性。

第十四章 输煤系统及相关设备

第一节 带式输送机

带式输送机是由挠性输送带作为物料承载件和牵引件的连续物料输送设备。根据摩擦原理，由传动滚筒带动皮带，将物料输送到所需要的地方。带式输送机是连续运输机中效率最高、使用最普遍的一种机型。带式输送机广泛应用于采矿、冶金、水电站建设工地、港口以及工业企业内部流水生产线上。在我国建设的大、中型燃煤火力发电厂中，从煤矿运煤至电厂的卸煤装置或由储煤场向锅炉原煤仓输煤所用的运输设备中，主要使用的就是带式输送机。

输送带既是承载构件又是牵引件，其依靠带条与滚筒之间的摩擦力进行驱动。具有输送能力大，爬坡能力高，结构简单，对物料适应性强，生产效率高，运行平稳、可靠，输送物料连续均匀，运行费用低，维修方便，易于实现自动控制及远方操作等优点。

目前，带式输送机朝着大输送量、远运输距离、大功率驱动装置的方向发展。国外煤矿已采用输送量为36 000t/h以上，带宽为3m以上，带速为6.8m/s的带式输送机。矿山与电厂，矿山与港口之间长距离带式输送机（单机长为10km、总长为100km的带式输送机）已经问世。

一、带式输送机的类型

带式输送机的种类很多，但根据带式输送机机架与基础的连接形式可分为两大类：固定式带式输送机和移动式带式输送机。

根据皮带的类型，支撑装置的结构形式，带式输送机的工作原理、用途也可对带式输送机加以区分。

（1）按皮带的类型，带式输送机可分为通用带式输送机、钢丝绳芯带式输送机、钢丝绳牵引带式输送机和特种带式输送机。

（2）按支撑装置的结构形式，带式输送机可分为托辊支撑式带式输送机、平板支撑式带式输送机、气垫支撑式带式输送机。

（3）按牵引力的传递方法，带式输送机可分为普通带式输送机、钢丝牵引式带式输送机。

电力工业所用的带式输送机均为托辊支撑式普通带式输送机。

二、带式输送机的工作原理

带式输送机的工作原理图如图 14-1 所示。

皮带绕经主动滚筒和尾部的改向滚筒形成一个无级的环形带，上下两段皮带都支撑在托辊上，拉紧装置给皮带以正常运转所需要的张紧力。工作时主动滚筒通过它与皮带之间的摩擦力带动皮带运行，煤等物料装载在皮带上与皮带一起运动。皮带带式输送机一般是利用上段皮带运送物料的，并且在端部卸料。特殊的是，利用专门的卸料装置可在任意位置卸料。

带式输送机的机身横断面如图 14-2 所示。上段胶带利用一组槽形托辊支撑以增加装载断面积，下段胶带为平面。托辊内两端装有轴承，具有转动灵活、运行阻力较小的特点。

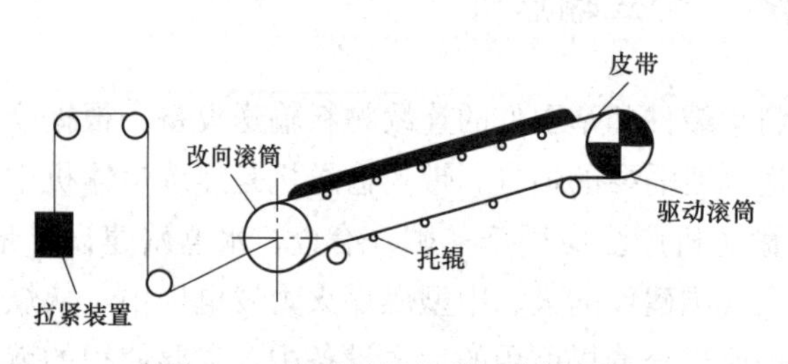

图 14-1　带式输送机的工作原理图

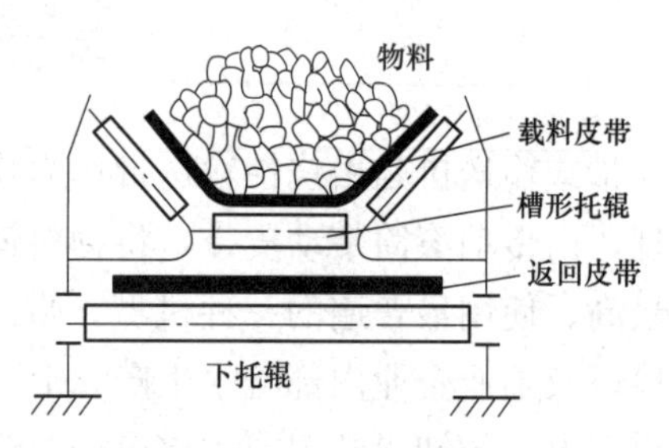

图 14-2　带式输送机的机身横断面

三、带式输送机的布置形式

带式输送机结构布置如图 14-3 所示。

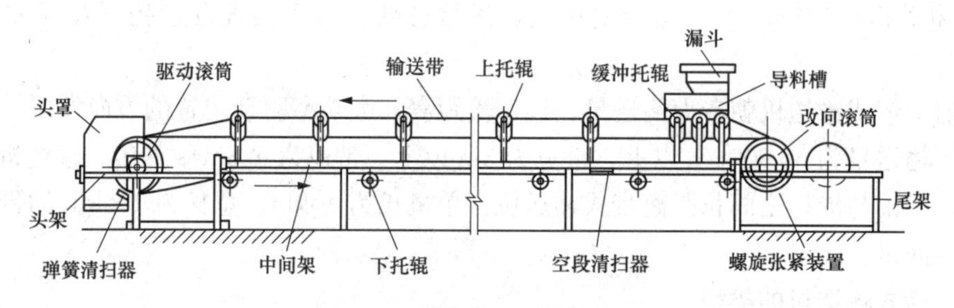

图 14-3　带式输送机结构布置

带式输送机主要用来沿水平和倾斜方向输送物料，线路的布置形式随安装地点的不同而不同，一般可分为如下三类：

（1）水平方向输送物料。

（2）倾斜方向输送物料。

（3）水平和倾斜方向输送物料。

倾斜布置时，应对倾斜角度有一定的限制。带式输送机对水平的允许倾角取决于被输送物料与皮带（表面特征和材料）之间的动摩擦系数、皮带的断面形状（平面或槽形、圆形）、物料的堆积角、装载的方式和皮带的运动速度。

为了保证物料在皮带上不产生向下滑移，皮带的倾角应比物料与皮带之间的静摩擦角小 10°～15°。在正常情况下，当采用倾斜向上布置时，皮带与水平面的倾角一般不超过

18°。对运送破碎后的煤，皮带的最大允许倾角可达到20°。若向上输送，必须采用大倾角时，可采用花纹皮带带式输送机，最大倾角可达25°或更大；有的花纹形式最大倾角可达30°。当用于向下倾斜运输时，一般允许倾角为向上运输的80%。

四、带式输送机的类型

电厂应用的带式输送机主要有TD62型带式输送机和TD75型带式输送两类。

TD62型带式输送机是国家在1962年定型的带式输送机。在前几年投产的电厂中，基本上是采用TD62型带式输送机。近年来，TD75型带式输送机广泛应用于电厂。TD62型带式输送机和TD75型带式输送机从设备组成看是基本相同的，所不同的是设计参数的选取及个别部件的尺寸有所区别。现在又出现了DTⅡ型胶带式输送机。

DTⅡ型胶带式输送机是通用型系列产品，是在ZJ86、TD75两大系列的基础上改进而来的更新换代产品，分为轻、中、重型。较TD75型相比，无论是材质、工艺结构、制造精度、还是输送能力、可靠性等方面均有较大的改进和提高。因此适应范围更加广泛，输送量及输送距离更大、更长，可以由单机或多机组成运输系统来输送物料，可以输送松散密度为500～2500kg/m^{3}的各种散状物料及成件物品，也可采用带凸弧、凹弧段与直线段组合的输送形式。

五、带式输送机的组成

带式输送机由输送带、驱动装置、滚筒、机架、托辊、导料槽、落煤管、清扫器、拉紧装置、制动装置组成。

（一）输送带

在带式输送机中，输送带既是承载构件，又是牵引构件，用来载运物料和传递牵引力。它贯穿带式输送机的全长、用量大、价格高，是带式输送机中最重要的部件。输送带可以采用普通型橡胶或其他材质的输送带，使用时根据张力大小选用棉帆布带、聚酯帆布带、尼龙帆布带或钢绳芯输送带。带式输送机其他部件设计的强度要满足各种帆布带和钢绳芯输送带抗拉强度（630～2000N/mm）的要求。

目前常用的输送带按层物可以分为织物芯皮带和钢丝绳芯皮带。

1. 织物芯皮带

皮带由橡胶与织物层即带芯组成，织物皮带中的衬垫材料用得较多的是棉织物衬垫，如帆布芯。织物芯胶带断面见图14-4。帆布皮带因其强度较低，浸水后易腐烂而逐步被化纤织物衬垫所取代（如人造棉、人造丝聚氨物、聚酯物、尼龙等）。化纤带芯具有厚度小、韧性大、耐冲击性能好、强度较大等优点。我国生产的整芯衬里塑料带具有耐磨、耐腐蚀、耐强碱、耐油而且不分层的特点，因在受到较大弯曲时不会产生层内剥离现象，被广泛应用。

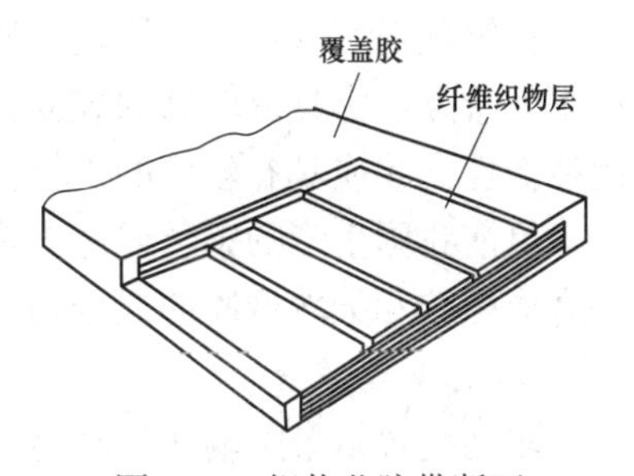

图14-4　织物芯胶带断面

为增加皮带的抗冲击能力，皮带中通常加一层网眼布。数层织物间采用硫化胶合法将丝织物黏接在一起，形成织物。在衬垫上、下面及两侧面覆以橡胶，防止中间的织物芯受机械损伤及介质的腐蚀。皮带的承载面即工作面，直接与物料接触并承受物料的冲击与磨损。覆盖胶层较厚，一般为3～6mm。下胶面称为非工作面，它与支撑托辊接触，主要承受压力。为了减少皮带沿托辊运行时的压陷滚动阻力，将非工作面的胶层设置较薄，一般为1.5～2mm。为保护皮带在跑偏时不受机架的损伤，侧边采用耐磨橡胶。

胶带技术参数主要是宽度，层数，上、下覆盖胶厚度。胶带宽度一般按输送量及输送物料的粒度决定。当按输送量及粒度所选定的带宽及其可能达到的最大层数仍不能满足张力要求时，可选择加大一级胶带宽度来解决。因此带宽和层数是由输送量、煤的粒度及输送机要求的最大张力所确定的。而输送带的张力由衬层承受，带的强度则取决于带的宽度和衬垫层数。胶带在运行过程中所受的力是拉力，因此在纵向上必须使织物有足够的强度。同时必须保证胶带具有足够的横向刚度，使胶带在两支撑托辊之间保持槽形，以保证胶带不至于过分变形而引起撒料和增加运动阻力，带宽与衬垫层数之间必须保持一定的关系。一般在带速较高、机身较短、煤的粒度大或胶带上有犁式卸煤设施等情况时，采用较厚的覆盖胶。

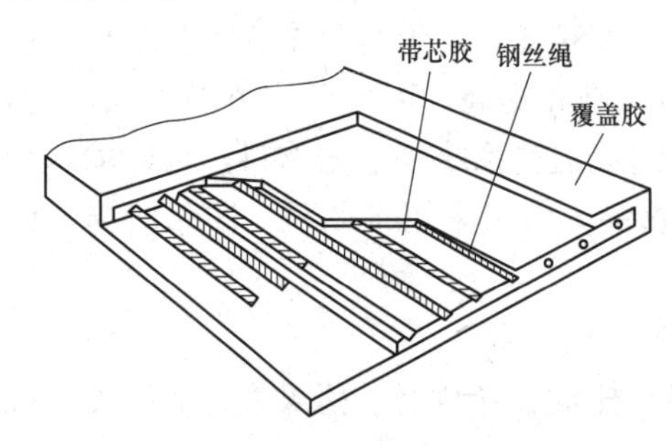

图14-5 钢丝绳芯皮带断面

2. 钢丝绳芯皮带

随着长距离、大运量带式输送机的出现，一般的织物芯皮带的强度已不能满足需要，取而代之的是用一组平行放置的高强度钢丝绳作为带芯的钢丝绳芯皮带。钢丝绳芯皮带断面见图14-5。钢丝绳芯皮带是以钢丝绳做带芯，外加覆盖橡胶制成的一种新型皮带。

钢丝芯一般由7根或更多的直径相等的钢丝绳顺绕制成。胶带中间的钢丝绳较粗，以便橡胶透进钢丝绳。芯胶必须具备与钢丝绳有较好的浸透性和黏合性。钢丝绳芯皮带与织物芯皮带相比具有下列优点：①抗拉强度高，可满足大运量、长距离输送物料的需要。②弹性伸长和残余伸长小，张紧装置的行程可以大大减少。③成槽性好。④动态性能好，使用寿命长。⑤带式输送机的滚筒直径相应较小。

但钢丝绳芯皮带也有下列缺点：①横向强度低。②接头和修理的劳动量大。③当覆盖胶损坏后，钢丝易腐蚀。

在钢丝绳芯皮带中，钢丝绳质量的好坏决定了皮带的使用寿命，因此要求钢丝绳应具有下列特点：①具有较高的破断强度。②与橡胶之间应具有较高的黏合力。③应有较高的耐疲劳性。④应具有较好的柔韧性。

目前我国生产的钢丝绳芯皮带所用的上、下胶面通常采用的是天然橡胶，皮带的中间是合成橡胶和天然橡胶的混合物。

（二）驱动装置

驱动装置是带式输送机动力的来源。电动机通过联轴器、减速器带动滚筒转动，借助滚筒与胶带之间的摩擦力使胶带运转。驱动装置由驱动电动机、液力偶合器、减速机、弹性柱销齿式联轴器、逆止器和制动器组成，固定在驱动架上，驱动架固定在地基上。驱动装置可以布置于带式输送机的头部、中部、尾部，它是带式输送机的重要组成部分，可以根据需要灵活选用布置方式。

1. 驱动装置的工作原理

电动机通过高速联轴器（液力偶合器）、减速机、低速联轴器（弹性柱销齿式联轴器）带动主动滚筒转动，并借助于滚筒与皮带之间的摩擦力使皮带转动。

2. 驱动装置的布置形式

带式输送机的驱动装置布置图如图 14-6 所示。

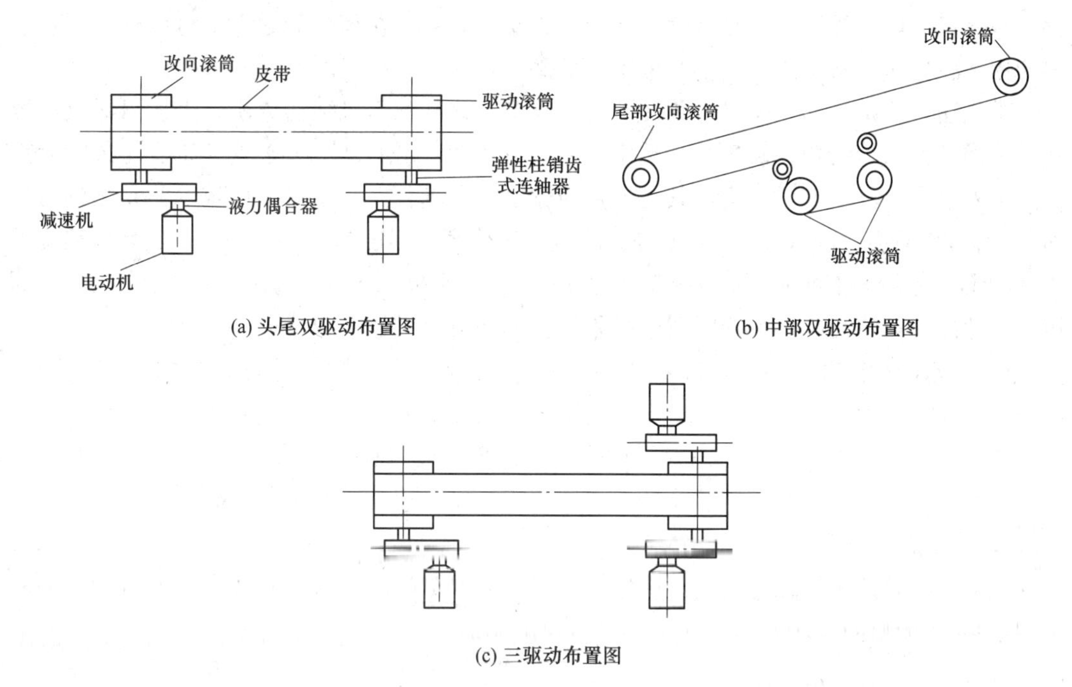

(a) 头尾双驱动布置图

(b) 中部双驱动布置图

(c) 三驱动布置图

图 14-6 带式输送机的驱动装置布置图

驱动装置按电动机数目可以分为单电动机驱动装置、双电动机驱动装置和多电动机驱动装置。按驱动滚筒的数目可以分为单滚筒驱动、双滚筒驱动及多滚筒驱动。每个驱动滚筒可配一个或两个驱动单元，驱动滚筒轴的末端通过弹性柱销联轴器与驱动单元连接。

3. 电动机

由于输煤运行环境条件差、粉尘浓度大，一般采用封闭鼠笼式异步电动机。鼠笼式异步电动机具有结构简单、结构紧凑、工作可靠、可直接启动等优点，且在带式输送机线路上，易实现自动控制。但它也存在着启动电流大，一般超过额定电流的 5～10 倍；转动无法调整；启动力矩小且无法控制等缺点。

以前所用的 JO 型电动机逐步被 Y 系列电动机所替代。JO 型电动机消耗能量大，额定功率与 Y 系列电动机同功率时，其安装费用高、安装困难。

长距离带式输送机还采用绕线式电动机，功率为 200～1600kW。采用绕线式电动机具有以下优点：

(1) 在转子回路中串联电阻，可解决带式输送机各驱动滚筒之间功率平衡的特殊问题，不致使个别电动机烧坏，或因超负荷被迫停止。

(2) 驱动装置启动时可以减少对电网的负荷冲击，同时又可以按所需要的电动机加速力矩值调整时间继电器的切换时间，使带式输送机平稳启动。

4. 减速机

减速机是电动机和传动滚筒之间的变速机构，一般电动机的转速较高（590～2960r/min），而带式输送机驱动滚筒的转速仅为 40r/min，需要通过减速器降低转速、增大转矩。

减速机是一种封闭在刚性壳体内的齿轮传动、蜗杆传动或齿轮-蜗杆传动所组成的部件。减速机一般用在原动机和从动机之间作为减速装置，在很少的地方也可以作为增速装置使用。减速机因效率高、结构紧凑、维护简单，而被广泛应用。

带式输送机常用的减速机为圆柱齿轮减速机。此种减速机结构紧凑、工作可靠且效率高、使用寿命长、维护检修量小。常用的减速机类型有JZQ型、ZQ型、ZL型、ZS型等。

另外还有一种新型减速机，其输入轴与输出轴呈垂直方向布置，可减少驱动站的占地面积，有DCY型、DBY型、SS型等。减速机工作环境温度为－40～45℃。当环境温度低于0℃时，减速机启动前，润滑油应加热到10℃方能投入工作。减速机采用油池飞溅润滑、自然冷却，热功率不平衡时还应采用循环油润滑或增加冷却装置。

电动滚筒适于功率小、距离短的单机驱动的带式输送机。电动滚筒的功率范围为2.2～5.5kW，直径为500～1000mm，适用于环境温度不超过40℃的场合。

在输入与输出轴相垂直的地方，常采用圆锥齿轮减速机，并将其与圆柱齿轮相组合，这样有利于减小尺寸，便于安装布置。一般圆锥齿轮减速机布置于高速端。

5. 联轴器

电动机与减速机，减速机与滚筒之间轴的相互连接是通过联轴器实现的，电动机的动力通过它传递到传动滚筒上。

带式输送机常用的联轴器有弹性联轴器、尼龙柱销联轴器、制动式联轴器、十字滑块联轴器、粉末联轴器、液力偶合器等。弹性联轴器因具有吸收振动、缓和冲击的能力，常被用于电动机与胶带轴间的连接。尼龙柱销联轴器因具有体积小、质量小、结构简单、耐用、可靠等优点，常被用于交叉轴间的连接。十字滑块联轴器通常用于减速机与低速轴间的连接。

低速轴连接采用的是弹性柱销齿式联轴器。37kW以下高速轴联轴器采用梅花形弹性联轴器连接，采取直接启动。一般条件下，电动机防护等级为IP44，户外为IP54。当海拔不超过1000m，环境为－10～40℃时，若用于露天寒冷盐雾及防爆场所，则应采取相应措施，提高防护等级和采用隔爆电动机。功率为45～315kW的高速轴连接采用YOXⅡ型或YOXⅡ型（带制动轮）带式输送机专用液力偶合器（启动系数为1.3～1.7），以改善启动性能，降低启动电流。

6. 液力偶合器

限矩型液力偶合器由主动部分和从动部分组成。主动部分包括主动联轴节、弹性块、从动联轴节、后辅腔、泵轮、外壳等。从动部分包括轴、涡轮等。主动部分与原动机连接，从动部分与工作机连接。使用液力偶合器具有如下优点：

（1）确保电动机不发生失速和闷车。

（2）能使电动机在超载的情况下启动，减少启动时间和启动过程中的平均电流，提高电动机的启动能力。

（3）减少启动过程中的冲击与振动，隔离扭振，防止动力过载，延长机械使用寿命。

（4）可按正常额定负荷的1.2倍选配结构简单的鼠笼式电动机，提高电网的功率因数。

（5）在多台电动机的传动链中，能均衡各电动机的负荷，减少电网的冲击电流，延长电动机的使用寿命。

（6）可节约能源，减少设备数量，降低运行费用。

（7）结构简单可靠，无须特殊维护，使用寿命长。

液力偶合器如图14-7所示。液力偶合器的工作原理：液力偶合器的工作腔中充有一定数量的工作油，能保证主动轴和从动轴间的柔性连接。当泵轮从原动机中得到能量，泵轮叶片把能量传递给泵轮内的工作油。在离心力的作用下，工作油被迫向泵轮外缘流动，从而使工作油的速度和压力增大，这样就把机械能转变为泵轮内工作油的势能和动能。当工作油被迫沿着涡轮叶片间的流道流动时，冲击涡轮叶片，迫使涡轮跟着泵轮同向旋转，涡轮把工作油的能量转变成机械能输出，带动从动轴运转。工作油从泵轮获得能量后，向涡轮输出，降低能量后，又回到泵轮重新吸收能量。如此循环不断，就实现了泵轮（主动）与涡轮（从动）之间的能量传递。

图14-7　液力偶合器

工作油能保证主动和从动轴间的柔性结合，是液力偶合器传递扭矩的介质。对同一液力偶合器，充油量的多少直接影响着液力偶合器传递扭矩的大小。在规定充油量（40%～80%）范围内，充油量越多，液力偶合器能够传递扭矩也越大。在传递的扭矩恒定时，充油量越多、效率越高，但此时启动力矩增大，过载系数也相应增大。充油量超过总容积的80%会使液力偶合器在运转时因过载而急剧升温、升压，液力偶合器内压力增大会引起漏液，甚至造成机械损坏。充油量小于容积的40%，会使轴承因得不到充分的润滑，产生噪声而过早损坏。利用不同的充油量，可使同一规格的液力偶合器与几种不同功率的原动机匹配，以适应不同的工作机的要求。

液力偶合器的充油量多少取决于以下因素：

（1）原动机的输入扭矩，即液力偶合器传递扭矩的大小。

（2）液力偶合器的输入转速的大小。

（3）额定力矩时滑差S的大小（$S=1-\mu$，其中μ为效率）。

（4）液力偶合器的安装位置。

7. 制动装置

制动装置是用于倾斜布置的带式输送机。为防止在带负荷停机时，皮带发生逆转导致物料在尾部落料点掉落、堆积，使得尾部落料点堵煤而设置了制动装置。常见的制动装置有带式逆止器、滚柱逆止器、液压推杆制动器。

带式逆止器是一种简单的制动器，它一端固定在带式输送机的机架上，另一端放在皮带上。当带式输送机重载停机时，在负荷的作用下，皮带逆转，自由端卷入滚筒和皮带之间，制动皮带被紧紧压在滚筒和皮带之间，将滚筒绑住，起到制动作用。带式逆止器结构简单、维护方便、造价便宜。但它在制动工作前，皮带需反转，尾部给料处易堵煤，制动力矩小，磨损不均匀。带式逆止器如图 14-8 所示。

滚柱逆止器主要由心轮、套筒、滚柱、弹簧顶杆等组成。滚柱逆止器见图 14-9。它具有结构紧凑、制动力矩大、工作噪声小、逆转距离短等优点。安装在减速机低速轴上，常与带式逆止器配合使用。逆止器的心轮为主动轮，与减速机联系在一起。当皮带处于正常工作状态时，滚柱是被推到槽的最宽处，心轮运转不受影响；当带式输送机在重载下停机时，在负荷作用下，皮带反转，滚柱在摩擦力的作用下滚向槽的最窄处，并被紧紧卡在心轮和外套之间，带式输送机被制动。

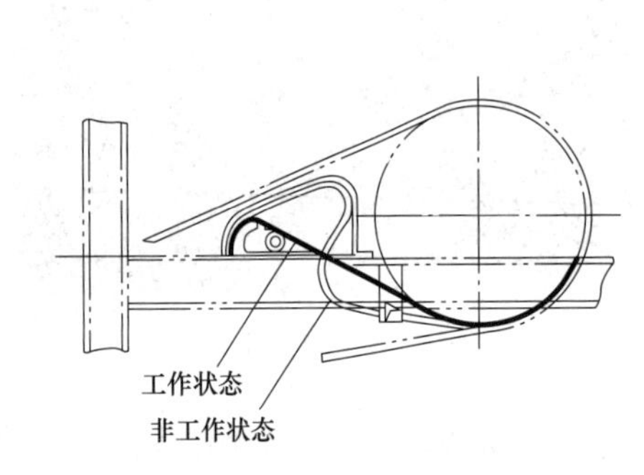

图 14-8　带式逆止器

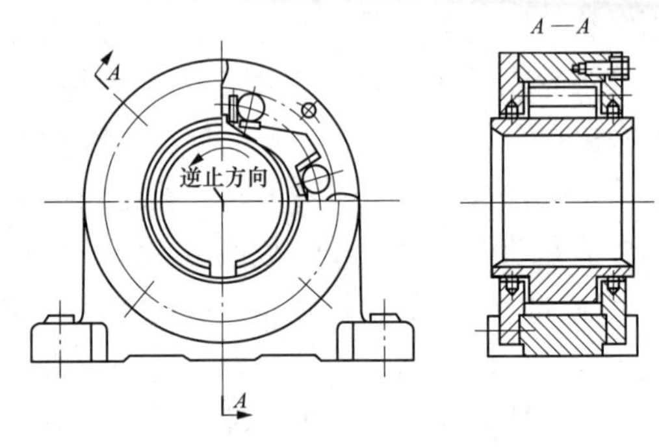

图 14-9　滚柱逆止器

图 14-10　液压推杆制动器

液压推杆制动器是一种高速制动器，它具有结构简单、调节方便、制动效果好等优点。当带式输送机电动机得电时，制动器、油泵电动机同时得电。液压缸在液压油的作用下，向上运动，推杆被带动向两边运动，制动闸瓦打开。同时弹簧被压缩储能。当带式输送机停机时，油泵电动机失电，推杆在储能弹簧的作用下向下运动，制动闸瓦迅速抱紧制动盘，达到制动目的。液压推杆制动器见图 14-10。

（三）滚筒

滚筒是带式输送机的重要部件，它具有驱动、张紧和改向等功能。滚筒分为驱动滚筒、张紧滚筒，以及用于增加驱动包角及改变方向的改向滚筒和电动滚筒。

滚筒的结构：常用的滚筒结构形式有组合的，也有由钢板焊成或铸铁铸成的。其轮廓外形有鼓形和圆形两种，鼓形滚筒被用来使胶带的运转对正中心。

常用的 DTⅡ型传动滚筒根据承载能力分为轻、中、重三种形式，滚筒直径有 500、630、800、1000mm，同一种滚筒又有几种不同的轴径和中心跨距供选用。

驱动滚筒是传递牵引力给带式输送机的主要部件。其作用是通过筒面和带面之间的摩擦驱动输送带，同时改变输送带的运动方向。皮带与滚筒之间必须保持有足够的摩擦力，否则皮带会发生打滑。防止皮带打滑可以从增大滚筒皮带的包角，增大皮带和滚筒间的摩擦系数和增大皮带的张紧力等方面入手。

滚筒的筒面有光面和胶面两种。在功率较大、环境潮湿、胶带容易打滑的场合，应采用胶面滚筒。胶面滚筒又分为包胶和铸胶两种。胶面滚筒具有较大的摩擦系数，又不易黏物料，被广泛应用。

为了增加滚筒和皮带的摩擦系数，常在滚筒表面铸上橡胶或其他聚氨酯材料，并在覆面上刻有人字形沟槽或菱形沟槽。人字形沟槽滚筒具有较高的摩擦系数，能够减少皮带张力，截断水膜，延长皮带使用寿命。人字形沟槽具有方向性，安装时人字形应与输送带运行方向一致。双向运行的带式输送机要采用菱形花纹。用于重要场合时一定要采用硫化橡胶覆面，用于阻燃。隔爆场合采用相应防爆措施。人字形驱动滚筒见图 14-11。

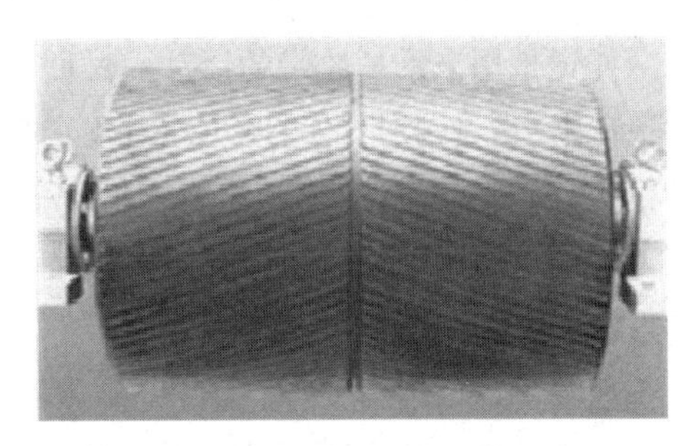

图 14-11　人字形驱动滚筒

改向滚筒只改变输送带的运动方向而不传递动力。有时用改向滚筒来增大输送带在驱动滚筒上的包角，包角可达到 200°～240°。改向滚筒具有以下几种形式：

（1）作为带式输送机的尾部滚筒，可以产生 180°的改向。

（2）组成拉紧装置的拉紧滚筒。

（3）增大皮带包角的滚筒——增面滚筒，使皮带发生一定改向。

张紧滚筒是张紧装置的组成部分之一，张紧装置使输送带保持必要的张力。

电动滚筒就是将电动机和减速机都装在滚筒壳内。根据壳体内的散热方式（风冷和油冷）可分为风冷式电动滚筒和油冷式电动滚筒两种。在油冷式电动滚筒壳内，带环形散热片的电动机用左、右法兰轴支撑，两个轴固定在支座上，滚筒内腔充有冷却润滑油液。风冷式电动滚筒由电动机转轴驱动风扇来冷却电动机和减速机。

滚筒的主要尺寸是直径与宽度，具体内容如下：

（1）滚筒宽度。滚筒的宽度决定于胶带宽度（简称带宽），滚筒宽度与带宽的关系如表 14-1 所示。滚筒宽度大于带宽的原因是考虑到胶带在滚筒上可以容许的跑偏。

表 14-1　　滚筒宽度与带宽的关系　　单位：m

<table>
<tr><th>带宽</th><th>滚筒宽</th><th>二者宽度差</th><th>带宽</th><th>滚筒宽</th><th>二者宽度差</th></tr>
<tr><td>0.4</td><td>0.5</td><td rowspan="3">0.10</td><td>1.20</td><td>1.40</td><td rowspan="5">0.2</td></tr>
<tr><td>0.5</td><td>0.6</td><td>1.40</td><td>1.60</td></tr>
<tr><td>0.65</td><td>0.75</td><td>1.60</td><td>1.80</td></tr>
<tr><td>0.8</td><td>0.95</td><td rowspan="2">0.15</td><td>1.80</td><td>2.00</td></tr>
<tr><td>1.00</td><td>1.15</td><td>2.00</td><td>2.20</td></tr>
</table>

（2）滚筒的直径。我国标准规定的滚筒直径系列值如表 14-2 所示。

表 14-2　　我国标准规定的滚筒直径系列值　　单位：m

直径	直径	直径
0.25	0.63	1.40
0.315	0.80	1.60
0.40	1.00	1.80
0.50	1.25	2.00

（四）托辊

托辊是用来承托胶带的运动而做回转运动的部件。托辊的作用是支撑胶带，减小胶带的运动阻力，使胶带的垂度不超过规定限度，保证胶带的稳定运行。一台输送机的托辊数量很多，托辊的质量影响胶带的使用寿命和运动阻力。目前对托辊的基本要求是经久耐用，转动阻力小，托辊表面光滑，径向跳动小，密封性能可靠、防尘，轴承润滑效果好，自重轻，尺寸紧凑等。

托辊主要由辊体、轴、轴承座、滚动轴承、密封装置、压紧垫圈组成。常用的DTⅡ型带式输送机的托辊采用冲压轴承座与精制有缝焊接管焊接在一起，内部采用大游隙轴承、拉光轴和双层迷宫式密封结构，具有精度高、密封性好、质量小、使用寿命长等优点。

托辊按其作用分为槽形托辊、平行托辊、缓冲托辊和自动调心托辊四种。

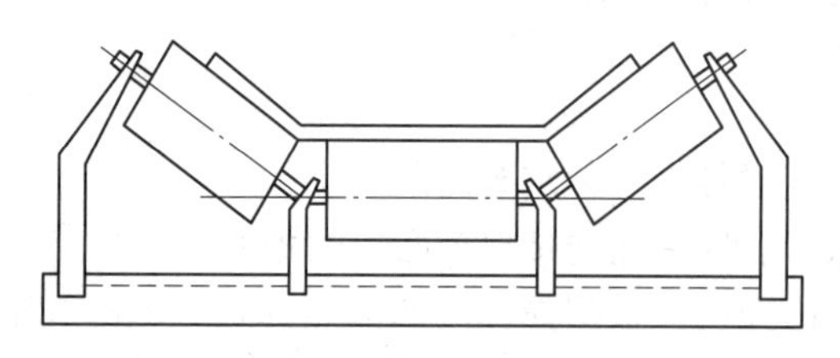
图 14-12 槽形托辊

（1）槽形托辊。槽形托辊主要作为上层运输胶带的托辊，槽形托辊如图 14-12 所示。

槽形托辊一般由三个短托辊组成，中间的短托辊轴线与两边的短托辊轴线均形成一个夹角，称为托辊的槽角。常用的 DTⅡ型带式输送机托辊槽角为 35°。较大槽角能使输送机运行平稳，物料很少散落，提高输送量和节约胶带。托辊一般用无缝钢管制成，用向心球轴承支撑。密封结构形式很多，大多采用塑料密封环密封，具有防尘效果好、阻力小、装拆方便等优点。

随着技术的发展，生产厂家设计出槽形前倾托辊，常用的 DTⅡ型 35°槽形托辊的侧辊朝运行方向前倾 1.5°，TD75 型 30°、45°槽形托辊的侧辊朝运行方向前倾 2°。前倾的侧托辊使输送带的对中性好，不易跑偏。过渡托辊主要用于头部或尾部滚筒至第一组槽形托辊之间。可使输送带由平面逐步成槽或由槽形逐步展平，用以减小输送带边缘张力，防止突然摊平时撒料。过渡托辊有 10°、20°、30°三种。

图 14-13 平行托辊

（2）平行托辊。平行托辊一般为长托辊，主要作为下层运输胶带的托辊，支撑空载段胶带。平行托辊如图 14-13 所示。

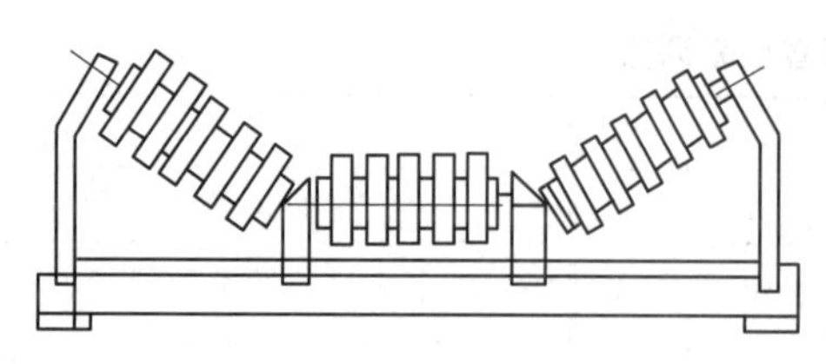
图 14-14 橡胶圈式缓冲托辊

（3）缓冲托辊。由于带式输送机的受料处（通常指落煤处），受到物料的冲击，此处的托辊轴承容易损坏。为了减少物料对胶带及托辊的冲击，保护胶带及托辊，该处常采用缓冲托辊。缓冲托辊分为橡胶圈式缓冲托辊（见图 14-14）、弹簧板式胶圈缓冲托辊（见图 14-15）和弹簧板式缓冲托辊（见图 14-16）。

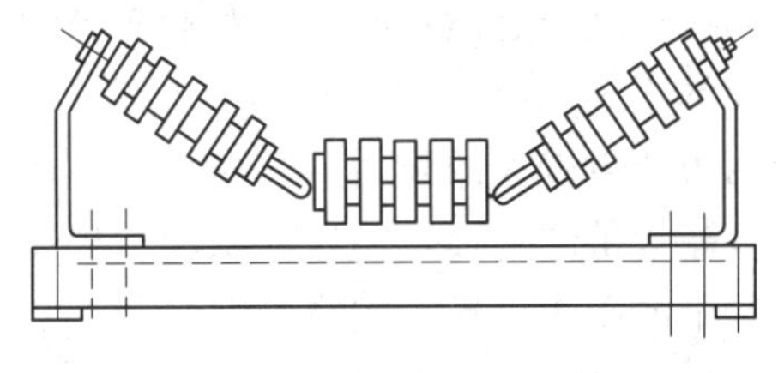

图 14-15　弹簧板式胶圈缓冲托辊

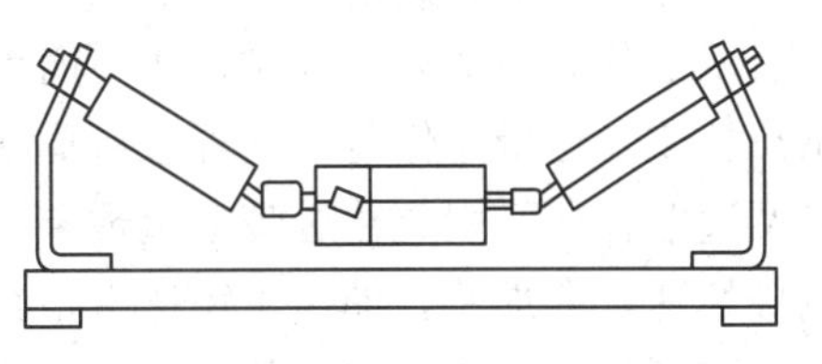

图 14-16　弹簧板式缓冲托辊

（4）自动调心托辊。自动调心托辊的作用是自动调整胶带的横向跑偏，使胶带沿输送机的纵向中心线正常运行，防止和减轻胶带运行时因跑偏所造成的磨损和扭伤，以及运送的物料散落等。自动调心托辊见图 14-17。

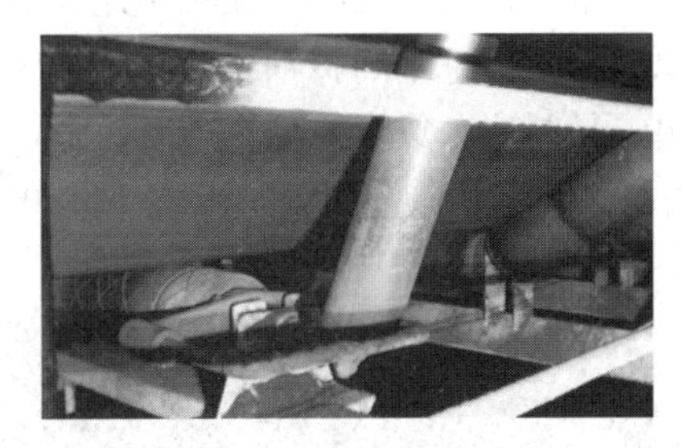

图 14-17　自动调心托辊

应当在有载分支和无载分支都布置一定数量的自动调心托辊。据此可分为槽形自动调心托辊和平行自动调心托辊两类。

槽形调心托辊又包括挡辊式槽形调心托辊、可逆自动调心托辊。

根据国外的经验，为了使输送带可靠地保持在输送机中心位置，下托辊也可制成槽形（由两节棍子组成）。这时输送带由于横向弯曲而获得良好的稳定性。若装在输送带靠近滚筒处并且输送机很长，则槽形下托辊稳定性更好。此外，这种托辊还为从输送带上把煤清扫掉创造了良好的条件，尤其是在输送带的中部，这是由于输送带回空分支的纵向弯曲（其弯曲方向正好与工作分支相反）破坏了所黏附的煤层。槽形下托辊如图 14-18 所示。

陕西商洛发电有限公司采用的上调偏托辊作为带立辊中间转轴式调心上托辊防跑偏装置，带立辊中间转轴式调心上托辊见图 14-19。

图 14-18　槽形下托辊

图 14-19　带立辊中间转轴式调心上托辊

带立辊中间转轴式调心上托辊防跑偏装置由两个立辊、三个柱形托辊及转轴式托辊架构成。当输送带正常运转时，输送带不与立辊接触。当输送带向一边跑偏时，输送带碰到立辊，给立辊一个向外的力，此时整个托辊架绕中间转轴旋转一定角度，即柱形托辊中心线和输送带中线形成一定角度，输送带在立辊滚动过程中，受到一个指向中心线的力，这个力促使输送带回归原位，胶带防跑偏工作过程结束。

优点：①正常运转的情况下，输送带与柱形托辊之间是滚动摩擦，对输送带的磨损较小；②有一定的调心效果；③制造相对简单，成本不高。

缺点：①输送带跑偏时，立辊会对输送带两边产生较大的阻力，这种强制性防跑偏使输送带两边磨损从而引起输送带毛边现象，一旦输送带起毛边，输送带从两边到输送带中心线的破坏速度会加快，加速了输送带报废；②不能用于可逆带式输送机。

下调偏托辊采用带立辊式的调心下托辊（见图 14-20）防跑偏装置。

带立辊式的调心下托辊防跑偏装置两边由两个立辊和一个平托辊及托辊架构成，工作原理与带立辊中间转轴式调心上托辊防跑偏装置大致相似，优缺点也相似，其只是结构简单、易制造、成本更低。

双向上调偏托辊采用摩擦调心上托辊（见图 14-21）防跑偏装置。

图 14-20 带立辊式的调心下托辊

图 14-21 摩擦调心上托辊

摩擦调心上托辊防跑偏装置由两边的两个锥形托辊和中间的柱形托辊及托辊转动架组成。输送带向一边跑偏时，将接触摩擦调心托辊的大头一端，大头一端因不能转动，产生对输送带的滑动摩擦力，此力远大于输送带与摩擦调心托辊转动部分的滚动摩擦力，迫使防跑偏托辊架绕转轴转动一定的角度，即摩擦调心托辊及柱形托辊平面与输送带中心线有一个角度，输送带被迫向带式输送机机架中心移动，起到自动防跑偏作用。

优点：正常运转情况下，输送带与托辊之间是滚动摩擦，对输送带的磨损小且调心效果明显，可用于可逆带式输送机。

缺点：调心托辊有旋转和不转两部分，其中大头部分需做成光滑和有一定的弧形，结构稍复杂，制造工艺要求高，制造成本高。

双向调偏下托辊采用摩擦调心下托辊（见图 14-22）防跑偏装置。

图 14-22 摩擦调心下托辊

摩擦调心下托辊防跑偏装置由两个锥形托辊及托辊转动架构成，工作原理和摩擦调心上托辊防跑偏装置相似，其优缺点也相似，这里不再赘述。

（五）落料管、导料槽及清扫器

图 14-23　流线型落煤管

落料管布置在输煤系统的转眼间，是承接上下两级皮带的连接部件，有方形落料管和流线型落料管两种形式。方形落料管由于容易造成下落料口积煤，在落差大时，容易导致落料不均匀、中心偏移，引发皮带跑偏，皮带胶层冲击性损伤，尾部缓冲托辊磨损严重，导料槽护皮磨损跑粉等问题，现多用流线型落煤管。流线型落煤管见图 14-23。

流线型落煤管是利用离散学原理，对物料及空气二相流的状态进行详细分析，研究物料离子的弹性、黏性、塑性、形变等级、滑动、膨胀和流动性，根据皮带机的运行参数，结合转运站空间结构而设计的一种新型落煤管。对煤流进行全程导流，使煤流从无序下落变为可控的滑落过程。

来料皮带赋予煤流的动能在转运站曲线落煤管内与煤流的势能叠加，叠加后煤流的能量能够克服湿煤流和倾角管壁的摩擦力，使湿煤流能够依靠自身的惯性能量沿曲线落煤管滑落到接煤皮带上，防止堵煤

将煤流在传统落煤管中“爆炸式”的无序滑落转变为在曲线落煤管中的“集束式”有序滑落，控制煤流的滑落速度与接煤皮带速度一致，使煤流与皮带相对静止，减少了煤流对皮带的坠落冲击，减少了诱导风量，从源头上减少了大量粉尘的产生。

导料槽的作用是使落煤管中下落的煤不会撒落，且能迅速地在带式输送机上堆积成稳定的形状。导料槽分为前段、后段和通过段。前段装设有防尘帘；后段除装有防尘帘外，还设有后挡板；通过段两侧板一般是向前扩张布置，防止大块堵塞在导料槽内。在落煤管内煤流冲刷的地方，装设有可更换的耐磨衬板，以提高落煤管的使用寿命。在导料槽两侧边缘装有护皮，防止煤粉从侧板底部与皮带接触的地方溢出。导料槽和落煤管见图 14-24。

图 14-24　导料槽和落煤管

输送带所运输的煤中含有大量细小颗粒，这些细小颗粒煤容易黏结在胶带面上，往往对许多电厂燃料运输系统的正常运行造成严重影响。输送带工作面所黏附的小煤粒在运行时易经胶带面传给下托辊和改向滚筒，在滚筒上形成一层牢固的煤层，使滚筒的外形发生改变。从输送带上撒落下来的煤掉到回空分支上的张紧滚筒下面，黏结在张紧滚筒上，甚至在传动滚筒上也有少量黏结。这些现象引起输送带偏斜和张力分布不均匀，造成输送带跑偏和损

坏。同时输送带沿托辊滑动的情况变坏，运动阻力增大，带式输送机驱动装置的耗电量也相应增加。由于所黏结的煤沿输送机全长，特别是在传动滚筒和张紧滚筒附近不断撒落，把输煤建筑弄得很脏，增加了房间内的含尘浓度。因此，需要输送带和滚筒清扫装置清除这些剩余物料，特别是在运输潮湿和含黏土质的煤时，它是带式输送机可靠运行的条件之一。

清扫装置用来清除输送机卸载后仍黏在输送带上的剩余物料颗粒。在各种不同形式的清扫器当中，广泛用来清扫电厂运煤输送带的是带压紧重锤的刮板清扫器（单刮板或双刮板）。

图 14-25 清扫器

有的电厂用弹簧使刮板和输送带压紧。刮板的工作件是用输送带或工业橡胶板做的一个板条，通常和输送机的输送带一样宽。清扫器见图 14-25。

这种清扫器的缺点是工作件磨损快，而且，主要是磨损不均匀，因而刮板不能沿输送带的整个宽度同样贴紧。结果所黏附的煤大量漏过，使输送带的清扫质量得不到保证。所黏附的煤层质地不同和高度不一也会造成漏煤。输送带的两个端头若用各种机械方法连接也会使刮板清扫器的运行情况变坏。只有当煤比较干燥，带宽在 1000mm 及以下时，刮板清扫器的运行才能令人满意。

在煤炭工业企业中采用的一种清扫器是由多组刮板组成的，这些刮板彼此平行地安装在一个总的框架上，用弹簧将所要清扫的输送带压紧。刮板组也可安装在链节上，链条的一头固定在一个特殊的滚筒上。滚筒回转时，刮板不断地与输送带接触并把输送带上所黏附的煤清扫掉。与输送带脱离接触后，刮板与链节一起抖动，把本身所黏附的煤抖落下来。

用挠性刮板棒清扫输送带效果也很好。这些具有挠性的刮煤棒装在同一根轴上，与带式输送机纵轴线成一个角度，依靠重锤的作用向输送带压紧。挠性棒能经常和输送带紧贴，对输送带进行清扫且不会把煤放过去，它对输送带表面的磨损要比普通的刮板小。

在清扫过程中，物料黏附在胶带面上并通过胶带传给托辊和滚筒，这些物料可能堆积在托辊和滚筒处。由于物料的堆积使托辊和滚筒的外形和直径尺寸改变，从而加剧胶带的磨损，导致胶带跑偏，也增加运行阻力和降低效率。因此，需要同时装设头部清扫装置和空段清扫装置。

头部清扫装置安装在卸料滚筒下方，用于清扫输送带的承载面。在电厂中应用较多的是弹簧刮板清扫器，是利用弹簧压紧橡胶刮板，把煤从胶带上刮下来的。

空段清扫装置用来清扫输送带非承载面，防止物料进到尾部张紧滚筒和垂直重锤式张紧滚筒表面上，空段清扫器焊接在这两个滚筒前方。V 形橡胶刮板清扫器是采用较多的空段清扫装置。刮板清扫器的工作件应该用耐磨的橡胶或钢板制造。为了使钢板制造的刮板不至于损伤输送带，输送带不应当用机械方法接头。

令人感兴趣的是水力气力清扫器，这种清扫器没有受磨损的部分，能把输送带清扫得很干净，它是用高速水流冲洗输送带，随后再用压缩空气把输送带吹干。0.29～39MPa压力的水经过管子输往喷嘴，喷射在输送带表面。煤泥在冲洗槽内汇集，然后排入沉淀池。为了提高效率，这时最好在传动滚筒处安装刮板清扫器。这种清扫输送带方法的缺点是排除煤泥比较复杂，在不采暖的房间里使用受到限制。

综上所述，为了把输送带清扫干净，特别是在输送湿的、含黏土质的煤时，最好采用由两级组成的综合清扫方案：第一级——普通的刮板清扫器（单刮板或双刮板）；第二级——具有单独刮板弹簧的多刮板清扫器或者水力气力清扫器。

对于张紧滚筒和改向滚筒的清扫，可使用钢板制成的单刮板（刮刀），单刮板的一边与滚筒贴紧，把滚筒上所黏附的煤刮下来。为了尽量减少张紧滚筒下的落煤和减少张紧滚筒黏煤，必须在张紧滚筒前的输送带回空分支上装设犁状刮板（单侧的或双侧的），用它把撒落下来的煤从输送带回空分支上清扫掉。

（六）拉紧装置

拉紧装置的作用主要有保证皮带具有足够的张力，传递所需的牵引力，防止皮带打滑；保证皮带各点的张力不低于一定值，防止撒料和增加运动阻力；补偿皮带的塑性伸长和过渡工况下弹性伸长的变化；为皮带重新硫化接头提供一定的行程。

拉紧装置一般应布置在皮带张力最小的地方。常用的拉紧装置有重锤式拉紧装置和螺旋式拉紧装置，目前又出现了新型液压拉紧装置。重锤式拉紧装置是利用重锤的质量产生恒定的张紧力，能够自动补偿由于温度的改变、磨损而引起的牵引构件伸长。重锤式拉紧装置可分为车式拉紧装置和垂直拉紧装置两种。

1. 车式拉紧装置

水平皮带车式拉紧装置和倾斜皮带车式拉紧装置分别见图14-26和图14-27。

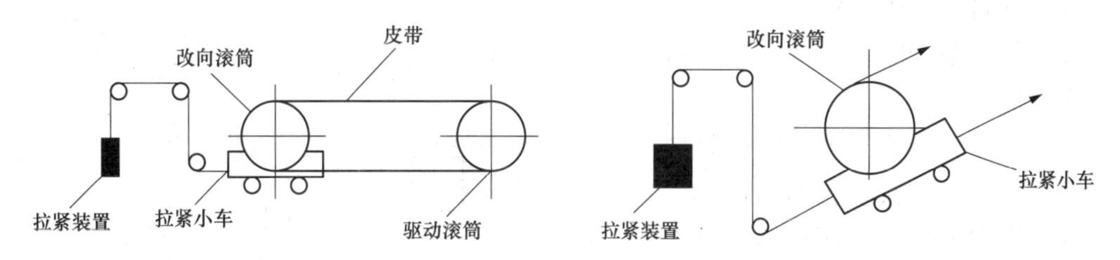

图14-26 水平皮带车式拉紧装置　　图14-27 倾斜皮带车式拉紧装置

车式拉紧装置是将张紧滚筒即尾部滚筒安装在小车上，重锤通过钢丝绳和导向滑轮系统，将张紧力传递给尾部滚筒，起到拉紧的作用。这种布置方式适合于沿地面或坑道内布置的带式输送机，但它离驱动装置远，对驱动滚筒绕出端的张紧作用反应较慢。

2. 垂直拉紧装置

垂直拉紧装置由两个改向滚筒和一个张紧滚筒组成。张紧滚筒的活动框安装在导轨上，张紧滚筒可以随活动框一起上下移动。拉紧装置易安装，需要的重锤质量不大，但它增加了两个改向滚筒，皮带的磨损也增多。这种拉紧方式一般用在皮带宽度大、运输距离长的带式输送机上。垂直拉紧装置包括垂直拉紧装置架、垂直重锤拉紧装置、重锤块、护

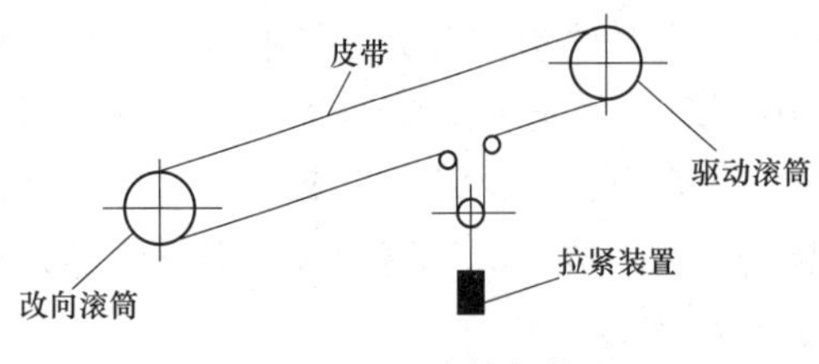

图 14-28 垂直拉紧装置

栅等，拉紧重锤采用铸铁块型式。垂直拉紧装置见图 14-28。

3. 液压拉紧装置

液压拉紧装置包括所有驱动装置，控制、检测装置，机旁操作控制设备及 PLC 控制系统软硬件。液压拉紧装置如图 14-29 所示。

图 14-29 液压拉紧装置

液压拉紧装置是根据皮带在启动和正常运转所要的拉力不同，来确定合理的皮带张力模型。带液压拉紧装置皮带机的特点如下：

(1) 启动时的拉紧力和正常运行时的拉紧力可根据皮带机张力的需要任意调节，一旦调定后，按预定程序自动工作，使皮带在理想状态下工作。

(2) 响应快。皮带机启动时，皮带松边突然松弛伸长，该机能够立刻缩回油缸，及时补偿皮带的伸长，因对紧边的冲击小，使得启动平稳可靠，避免断带事故的发生。

(3) 具有断带时自动停止皮带机的保护功能。

下面以 ZLY 型自动液压拉紧装置为例介绍液压拉紧装置的结构和工作原理。ZLY 型自动液压拉紧装置主要由慢速绞车、液压泵站、拉紧油缸、蓄能站、电气控制箱和附件 6 大部分组成，液压拉紧系统如图 14-30 所示。

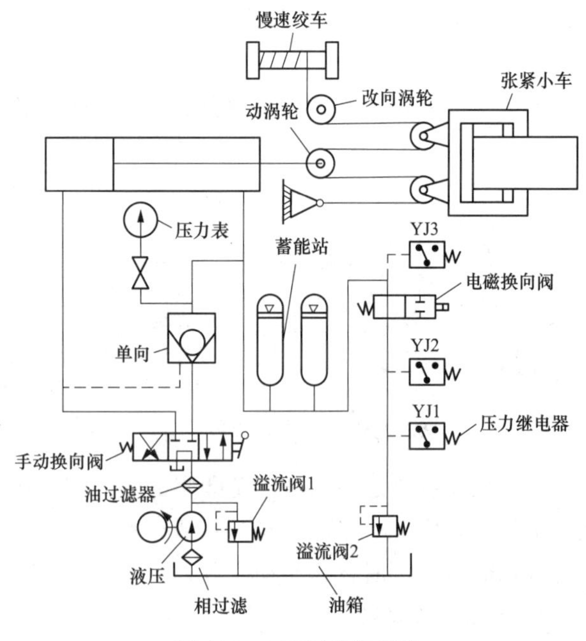

图 14-30 液压拉紧系统

工作原理如下：系统工作时，确定各元件压力整定值，从高压到低压依次为溢流阀 1，溢流阀 2，压力继电器 YJ1，压力继电器 YJ2，压力继电器 YJ3。皮带机工作时，皮带机必须处于张紧状态，然后才能启动皮带机电动机。将控制手柄置于自动状态，按下就地启动按钮或远方启动按钮。油泵电动机运转带动油泵，压力油经单向阀进入油缸的活塞杆腔，通过动滑轮拉动张紧小车。随着油泵的运行，系统压力升高。当系统压力上升到压力继电器 YJ3 的压力整定值时，向输煤程控发出允许皮带机启动信号。随着油泵的运行，系统压力继续升高。当系统压力上升到压力继电器 YJ2 的整定值，液压马达控制回路通过自身接点保持继续吸合，油泵继续运转。当系统压力升至压力继电器 YJ1 的整定值时，油泵停转。

当系统压力有泄漏，压力下降到低于压力继电器 YJ1 的整定值时，油泵不启动。当压力下降至压力继电器 YJ2 的整定值时，油泵重新启动，使系统压力增至压力继电器 YJ1 的整定值。由此可见，系统压力始终稳定在 YJ1 和 YJ2 的整定值之间，保持了张紧力的恒定。

为了使油缸在皮带机启动运行时有一个补偿皮带伸长的伸缩过程，因此在调试或使用一段时间后，应手动启动慢速绞车，通过慢速绞车使油缸活塞杆外伸一些。

六、带式输送机的保护装置

带式输送机上一般设有以下保护装置。

（一）料流检测器

料流检测器用来检测胶带输送机上物料的瞬时状态，如空负荷、带负荷、满负荷、超负荷等。可将其接入控制室内，通过指示灯来观察送料状态，也可以将其与自动洒水装置配套使用，实现有料洒水功能。料流检测器采用门式结构，当胶带输送机空负荷运行时，触板处于静止状态，并垂直于胶带。当胶带输送机带负荷运行时，触板被物料推动而翻转，检测器行程开关发出信号。这种检测器通过调整限位板的位置，可适用于任意坡度的带式输送机。料流检测装置见图 14-31。

图 14-31 料流检测装置

料流检测器有两个型号，分别是 LL-Ⅰ型料流检测器和 LL-Ⅱ型料流检测器。LL-Ⅰ型料流检测器采用门式结构，带有触板，胶带输送机正常运行时胶带上的物料随着胶带向前运行，推动触板向前摆动，靠拉簧复位。当触板摆至 0～30°时，料流检测器发出轻负荷开关信号；当触板摆至 30°～60°时，料流检测器发出满负荷开关信号；当触板摆至 60°～90°时，料流检测器发出超负荷开关信号。可将触点开关信号接入控制室内，通过指示灯来观察瞬时送料状态。

LL-Ⅱ型料流检测器具有动合、动断一组触点。当胶带输送机空负荷运行时，触板处于静止状态并垂直于胶带；当胶带输送机有载运行时，触板被物料推动而翻转，当偏转角大于 20°时，检测器行程开关发出信号。

图 14-32 跑偏开关

（二）两级跑偏开关

通过检测胶带输送机的胶带跑偏状态而发出信号，实现胶带输送机自动报警和停机，起到保护输送机的作用。跑偏开关见图 14-32。

当胶带输送机的胶带跑偏时，胶带触碰开关立辊。当立辊偏转至一定动作角度时，开关动作并输出信号报警。如果胶带继续跑偏使开关的立辊达到更大动作角度时，开关就会发出停机信号。如果将其接至控制线路中就会实现自动停机。

（三）打滑数字显示装置

可实时检测胶带输送机工作时胶带的瞬时速度，并与预置胶带速度进行比较，做出输送带是否打滑的判断。检测仪的工作过程是传感器将所检测的带速或转速转换成脉冲信号，送入单片机，由单片机在单位时间内记数，然后同预置胶带速度做比较，并做出输送带速度大于或小于预置速度的判断。若输送带速度大于或小于预置带速，或者传感器的转速大于或小于预置转速，则对相应的控制继电器发出指令。打滑数字显示装置见图 14-33。

图 14-33 打滑数字显示装置

（四）双向拉绳开关

当胶带输送机运行现场出现危及设备和人身安全的事故时，双向拉绳开关是实现系统紧急停机的保护开关，能及时有效避免事故扩大化，并通过加强人身自我保护的手段，达到保证安全生产的目的。当带式输送机出现故障时，现场工作人员通过拉动双向拉绳开关两边的绳索，使双向拉绳开关动作，进入工作状态，发出停机信号，达到预防和控制设备及人身安全的目的。双向拉绳开关见图 14-34。

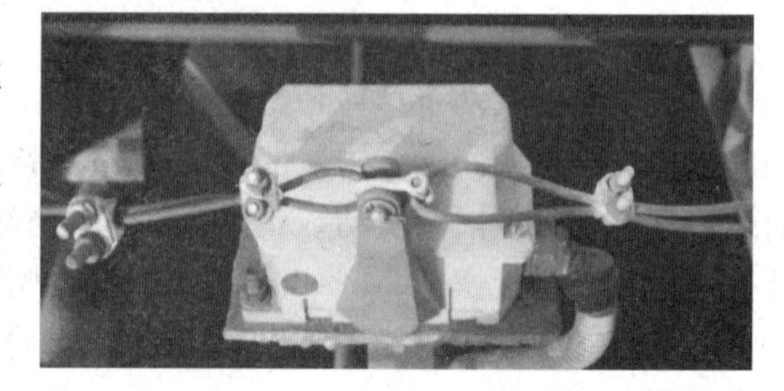

图 14-34 双向拉绳开关

（五）射频导纳物位控制器

目前较多采用射频导纳物位控制器测量煤仓中煤的料位，并通过继电器发出警报的形式显示煤仓中原煤的有（高位）和无（低位）。射频导纳物位控制器和探头配合使用，在探头安装到煤仓后，当煤仓中料位发生改变后即煤仓中的煤从没有接触到探头至接触到探头后，探头和煤仓金属壁面之间的电容量会发生相应变化。控制器内部高灵敏度电路可以感应并探测出电容的变化，从而通过继电器发出警报。

（六）撕裂保护

撕裂检测器用于皮带纵向撕裂的保护。感知器采用拦索式结构，安装在胶带的下面。当胶带被异物划漏，下落的物料或异物使钢索受力，使钢球脱离开关体，开关送出报警信号。

（七）倒带和断带保护

带式输送机倒带、断带保护装置包括胶带反转检测装置、配重（拉紧装置）、限位检测装置、电动装置、倒带断带自锁装置、电控箱等。倒带和断带保护装置见图14-35所示。

图 14-35　倒带和断带保护装置

倒带、断带检测装置具有检测带式输送机倒带和断带功能，同时还具有倒带、断带动作报警及显示功能。当发生逆止器失效或断带时，在电动装置的驱动下，迅速锁住因胶带断裂（或失控）后突然下滑的重、空段胶带，同触发式倒带，断带自锁装置相比性能更加可靠。它主要适用于向上运输的带式输送机，特别适用于大倾角、大运量、长距离强力型带式输送机。

倒带、断带检测装置的工作原理：倒带、断带检测装置由头部、中部、尾部三个倒带检测装置及拉紧装置的限位检测装置组成。倒带检测装置安装于带式输送机头、中、尾部用于检测胶带倒转。当带式输送机正常运行或停止时，倒带检测装置不发出报警信号。当胶带断裂后，胶带下滑带动检测装置触轮倒转，发出报警信号。断带检测装置是拉紧装置上的限位开关及接近开关动作后，发出报警信号用于检测断带事故的装置。自锁装置上的接近开关，用于检测倒带、断带自锁装置是否动作。在电控箱上显示倒带、断带检测装置工作状态并输出报警信号。

第二节　带式输送机的运行与维护

一、带式输送机的运行

带式输送机能否正常运行，不仅与输送机的安装调整及设备本身的结构和制造质量有关，而且在某种程度上与运行人员的运行维护、日常检查及故障处理是否准确有直接关系。

（一）带式输送机的启、停

带式输送机在启动前要做好启动前的检查，要对以下情况进行确认：检查现场有关工作票已终结，人员已撤离，现场已干净，胶带周围无人滞留。就地控制箱上无警告牌，电流表无读数，电压表读数在规定范围内。电动机及其电气设备的引线、接地线良好。电动机停止时间较长时，须经电气人员测量绝缘合格后方可使用。减速机、液力偶合器油位正常，结合面轴端无渗漏油。制动装置灵活可靠，各设备保护罩完好。电动挡板完整、正确，转动灵活。电动推杆动作正常，限位开关无损坏。振动器机械部分和电气部分完好，开关在正确位置。落煤管畅通，无积煤、无漏煤，煤箅子上无杂物。皮带无划破、撕裂、脱胶分层现象。导料槽挡煤皮子完好，无漏煤现象。胶带上下无杂物、积水、卡涩。现场积煤不影响胶带机运行。各类滚筒、托辊支架栏杆完整，辊轮转动灵活，其上无黏煤或其他杂物缠绕。各类清扫器完好、接触良好。拉紧装置完好，两侧滑动柱无倾斜，活动部分无卡住或磨损现象。胶带各保护装置完好。各栈桥及有关设备照明齐全、光线良好、卫生清洁。联络信号、电铃等通信设备完好。电动机、减速机、滚筒、轴承座等各部地脚螺栓、连接螺栓无松动或脱落现象。胶带上各除尘和附属设备完整可靠。犁煤器刀口应平滑，不应有威胁皮带安全运行的尖锐毛刺，抬落动作灵活、到位，保护动作可靠。检查头部伸缩装置完整、可靠，处于正常位置。检查采样装置的取样刮板不应阻碍煤流的通行。检查刮水器位置正常，不影响皮带运行。

带式输送机运行时，运行人员要注意以下情况：巡检人员在运行中要细听各驱动装置在运行中的声音。各滚动轴承不允许有过热、过振、破裂和噪声等现象，振动不超过0.1mm，不允许有串振现象，滑动轴承串动不超过2～4mm。电动机、减速机及轴承的温升不允许超过40℃，温度不超过80℃。运行中胶带应无严重跑偏、撒煤、撕裂、断裂等异常情况，如发现异常情况要立即处理。检查胶带各种托辊、滚筒转动灵活，无串轴、脱落、振动、卡涩、噪声，各类清扫器完好。保持各胶带在额定负荷下运行，不允许超载。各落煤管畅通无阻，无堵煤、漏煤现象。各落煤管无严重积煤，并且要根据煤质情况决定振打方式和次数。拉紧装置动作灵活，安全可靠，绳轮、小车道内无碰撞、卡死现象。各保护装置完好，动作灵敏、正常。严禁在运行中清扫滚筒黏煤和进行其他维护工作。必须采取可靠措施，防止“三块”（大木块、大铁块、大石块）等物料进入煤仓，对影响设备运行的杂物，可停机处理。检查除铁器的吸出物不应落到回程皮带上，发现除铁器中吸有大铁件时，应立即进行弃铁。使用犁煤器时，不应将皮带压得过紧，以防磨损；煤仓不应上得过满，以免造成溢煤。运行中巡检人员应加强联系，禁止带负荷启动和停止。头部伸缩装置操作时，只允许在无负荷、无黏煤的情况下倒换，否则必须清理完毕后方可倒换。各附属设备运行正常。操作电动挡板时，胶带上须无煤流通过。严格监视采样装置的取样头有无卡涩现象。

设备停运后，要注意以下情况：检查各电动机、减速机、制动装置等有无异常现象。大小滚筒和托辊应完整无黏煤。胶带无撕裂，边缘无划伤、起皮，接头无开胶，各清扫器完好。清除黏在落煤管箅子和犁煤器上的黏煤与杂物。检查胶带无严重跑偏、撒煤、撕裂、断裂等异常情况。采样装置完好备用。查看煤仓煤位情况及其各附属设备正常、完好。查看是否有撒煤、积煤并及时清理。清扫本岗位范围内的卫生。

带式输送机运行有正常的启动、运行、停机和事故停机、带负荷启动等情况。正常情况下，带式输送机应处于空负荷停机状态，一旦锅炉需要上煤时，可以立即空负荷启动。当锅炉的原煤仓满煤需要停运时，一定要把胶带上的煤全部运完才允许停车，待下次启动时，仍为空负荷正常启动。

一般输煤系统的设备启动时，输煤系统的设备按来煤流程顺序的相反方向逐一启动，而停运时则按来煤流程的相同方向逐一停止。

当燃料运输系统任何部分发生故障时，必须紧急事故停机，以免事故扩大。事故停机时带式输送机上往往是堆满了煤团，启动时可能造成皮带系统不能启动和电动机过负荷等问题，甚至发生电动机因启动负荷过大而被烧毁等严重情况。若皮带系统要带负荷启动，就需要选用较大的电动机，但这显然是不经济的。因此一般情况下不允许带负荷启动。

（二）带式输送机的联锁

输煤系统带式输送机和其附属设备的联锁主要依据当前输煤系统运行的工艺流程。按照输煤工艺系统运行时，整个输煤系统是由若干台相互连接的输送机和相关的附属设备组成，要完成输煤给锅炉上煤的任务或在储煤场中存储煤的任务，参与任务的输送机及其附属设备必须同时投入运行。输送机是按照一定的要求顺序启停的，输送机和附属设备之间相互制约，若其中一台设备或输送机发生故障，则可能导致其后的设备均发生故障。为了防止值班人员误操作所造成的设备损坏而影响整个输煤系统，应对输送机实行联锁保护，以确保输煤系统的安全运行。联锁保护的原则如下：

（1）当某一设备发生故障停机时，必须自动停止故障点至其前面的设备，不停止碎煤机。

（2）在正常情况下，启停时必须按逆煤流方向启动设备，按顺煤流方向停止设备。

（3）程序启动时，输煤系统中设备间相互设有联锁，禁止将运行中的设备联锁取消。

（4）三通挡板的位置信号要参与输煤系统的联锁，其位置一定要与上下设备的运行方式相对应。

（5）除铁器、除尘器等输煤系统的附属设备要先于皮带机几分钟运行，皮带机停止几分钟后停止。

（6）粉尘自动喷淋系统要根据现场粉尘浓度和煤流信号这两个条件联锁，禁止向空皮带和湿煤喷水。

输煤系统中筛碎设备也应加入联锁，启动时，总是首先启动筛碎设备，然后再按顺序启动其他设备。而停机时，筛碎设备最后停止。

当输煤系统中参与联锁运行的设备中某一设备发生故障停机时，输煤系统按照煤流的方向，以该设备为界限，煤流上游的各设备按照联锁顺序自动停运，煤流下游的设备仍继续运转，从而避免或减轻系统中积煤和事故扩大的可能性。

二、胶带的运行维护

胶带是带式输送机的主要组成部件。为了延长胶带的使用寿命，保证输送机安全可靠的运行，必须加强胶带的经常维护，消除胶带损伤的不利因素。第一，需要及时做好胶带的清扫工作。在运行中由于煤具有黏性，且煤中含有水分，会使得煤的黏性增加，煤粒会黏在胶带的工作面并且使煤向非工作面掉落。如果不及时清除，堆积的煤会黏在滚筒上被胶带压实而起包，导致胶带的帆布与橡胶剥离而损坏，缩短胶带的运行寿命。为此，在输送机的头部、转动滚筒底部及尾部滚筒前方输送带上装有清扫器，可有效清扫胶带两面的积煤。第二，胶带跑偏会使胶带特别是胶带侧边产生严重的磨损，磨损的地方又受到其他物质的侵蚀而扩大。为此应加装调心托辊，自动校正皮带的偏斜。第三，胶带纵向断裂是由于物料中的坚硬异物被卡在导煤槽处或尾部滚筒及胶带之间，胶带以一定的速度运行时将胶带划裂。为此应采取除铁器、木块分离器除掉异物和加大落煤管截面来防止坚硬物件的卡塞等措施。第四，由于胶带经常受到物料的冲击，也会使胶带损坏和缩短寿命。因此，在受冲击处加装缓冲托辊或缓冲床以减少物料的冲击力。第五，由于胶带装有犁式卸料器，会对胶带有不同程度的磨损。因此，为了减少由于磨蚀而损害胶带，对装有犁煤器等设备的胶带，选用较厚的覆盖胶层。一般采用上述保护措施后，可延长胶带寿命，减少维修工作量，节省材料和保证设备的安全。

运行中的胶带常见的问题有跑偏、打滑和破损，下面就这几个问题进行深入讨论。

1. 胶带跑偏

引起胶带跑偏的原因较多，常见的有如下几点：

(1) 安装中心不直。机架不平使得胶带两侧有高低差，煤向低侧移动而引起胶带跑偏。此时可停机调整机架纵梁来解决。

(2) 胶带接头不直。胶带采用机械接头法接头时卡子钉歪，或采用胶接接头时胶带切口同带宽不成直角，都会使胶带承受不均匀的拉力。运行时此种接头所到之处就会发生跑偏。此时应将接头重新接正。

(3) 滚筒中心线同皮带机中心线不成直角。其原因主要是机架安装不正所致。这可以通过改变滚筒轴承前后位置来调整，调整工作应在空载运行时进行。一般从机头卸料滚筒开始，先调整空载段，后调整重载段。胶带在滚筒上跑偏时，收紧跑偏侧相对应的轴承座，会使得跑偏侧边拉力加大，胶带就会往松的侧边移动。

(4) 托辊轴线同胶带中心线不垂直。主要原因是托辊没有装正，当有跑偏情况发生时，应将跑偏侧的托辊向胶带前进方向调整。此时，往往需要调整相邻的几组托辊。

(5) 滚筒轴线不在水平线上。由于安装和制造的原因，当滚筒两端轴承水平不一致时，可以把低的一端垫起。滚筒外径不一致时，可上车床加工修正。

(6) 滚筒由于积煤使滚筒面变形，也会使胶带向一侧偏离。特别是当输送湿度大的煤，机尾处密封不好时，煤易于落入空载胶带上，当经过滚筒时黏于滚筒表面而导致滚筒面变形。因此，必须经常清扫。

(7) 落煤偏斜也会引起胶带跑偏。这种现象表现为空载正常，加上煤荷载时就向一边跑偏。此时，应调整下料器，使煤落于胶带中间。通过落煤管进入导料槽的位置加装对中板，可以有效调节落煤点，解决落煤偏斜导致的胶带跑偏、撒煤问题。无论是方形落煤管还是流线型落煤管，加装对中板都很有必要。

(8) 胶带的制造质量不良。例如带芯沿带宽方向受力不均，运行中在张力的作用下伸长量不一致，造成胶带向一侧跑偏。处理方法是沿输送带在带式输送机的机架上加装一定数量的自动调心托辊。当胶带发生跑偏时，调心侧立辊在胶带的作用力下，带动回转架旋转一个角度，这就相当于胶带在一个偏斜托辊上运行一样，从而使胶带恢复到正常位置。

一般来说，胶带两头跑偏的情况较多，两头跑偏多由于滚筒轴心与胶带中心线的垂直度未能及时校正。胶带中间部分跑偏多由于托辊安装不正或胶带接头不正。如果整个胶带跑偏，多半是加煤偏斜所致。有时空车易跑偏，那是由于初张力太大造成的，加上煤就可纠正。胶带同托辊面不全部接触也易造成跑偏。

2. 胶带打滑

胶带在运行中，由于种种原因会引起胶带打滑，常见的有以下几种。胶带的初张力太小，胶带离开滚筒处的张力不够，造成胶带打滑。这种情况一般发生在启动时，解决办法是调整拉紧装置，加大初张力。传动滚筒与胶带之间的摩擦力不够，造成打滑，其原因多半是胶带上有水或环境潮湿，可以在滚筒上加些松香末。但是要注意最好不直接用手投加，而应该用鼓风设备（如压缩空气喷入器等）吹入，避免发生人身事故。在寒冷地区，也可能由于驱动滚筒积水后结冰严重，造成皮带打滑，可以采用连续撒灰或水泥来增加摩擦力。尾部滚筒轴承损坏不转动或上下托滚轴承损坏不转动，造成损坏的原因是机尾浮尘太多，没有及时检修和更换已经损坏或转动不灵活的部件，使阻力增大造成打滑。胶带上的负荷过大，超过电动机能力，也会打滑。此时打滑对电动机起了保护作用，否则时间长了电动机会被烧毁，但对于运行来说则容易引起事故。克服打滑首先要找出打滑的原因，方可采取应对措施。

3. 胶带破损

(1) 胶带的纵向断裂。胶带纵向断裂是由于物料中的坚硬异物被卡在导煤槽处或尾部滚筒与胶带之间，有时块状异物掉入回程胶带卷入滚筒中，胶带以一定的速度运行时将胶带划裂。防止措施是采用增加除铁器、木块分离器来除掉异物，增大落煤管的截面来防止坚硬物件的卡塞，采取加装空段清扫器的办法来防止大块物料掉入回程胶带中损坏胶带。

(2) 物料冲击。在落料处，煤流或均匀物料的冲击会造成胶带局部损坏。一般采取的防止措施是在受冲击处加装多组缓冲托辊，也有在落煤管中加一倾斜的箅子，带箅子的落煤管如图 14-36 所示。它本身受大块物料冲击，并且被筛下的小煤粒在胶带上形成一个保护层。

(3) 犁煤器的磨损。犁煤器处的胶带往往会造成胶带磨损，防止措施是对装有犁煤器等设备的胶带选用较厚的覆盖胶层。

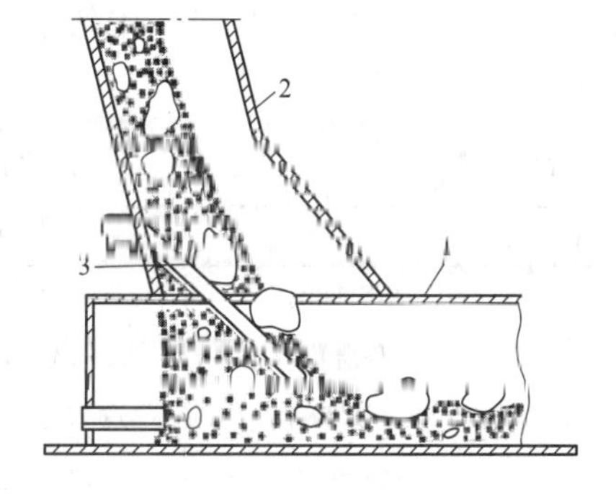

图 14-36　带箅子的落煤管

1—料槽；2—落煤筒；3—箅子

三、操作规程与维护保养

（一）设备的正常使用要求

带式输送机不得用来完成设计规定以外的任务。不允许超载运行。各安全报警装置应处于完好状态。通往紧急停机开关的通道应无障碍物，并定期检查这些开关是否处于完好状态。各转载处应有足够照明设施。人易接近的挤夹处及重锤拉紧装置下部应设防护栅。

（二）操作方面的要求

严格按操作规程进行操作。驱动装置的调整及各种安全保护装置的调整应由专职人员操作进行。带式输送机运转过程中，不得对输送带、托辊、滚筒进行人工清扫、拆换零部件或进行润滑保养。不得随意触动各种安全保护装置。运行中，操作人员应每小时巡回检查一次或用监视设备监控，密切注意设备运行情况。特别注意：主电动机温升、噪声，主制动器的动作正常与否，制动轮的接触状态，减速器的油位、噪声，输送带是否跑偏及损伤情况，各轴承处的温升和噪声，转载点的转载状态，漏煤斗有无阻塞，滚筒、托辊、清扫器、拉紧装置的工作状态，电控设备的工作状态。操作人员发现设备运行异常时，应做好记录，发生紧急情况时应立即停机。

（三）设备的定期检查

用户应建立健全定期检查保养制度。设定检修周期，除日常检修外，小修应每月一次，大修为每半年或每一年一次（可根据现场条件及实际情况缩短或延长周期）。

检修内容方面按照小修和大修制定。小修主要检修：输送带磨损检查，损伤修补。减速器润滑油的补充与更换（按减速器说明书进行）。制动器闸瓦、制动轮磨损量检查，磨损严重的应更换。进行滚筒胶面磨损量检查，对损伤处进行修补。检查滚筒焊接部位有无裂纹，如有则采取措施进行修补。更换滚筒轴承润滑油。对磨损严重的清扫器刮板，托辊橡胶圈进行更换。检查拉紧行程和安全保护装置，对失灵的装置须更换。更换磨损严重的衬板。大修主要检修：减速器按使用说明书规定进行逐项检查，拆洗和更换严重磨损的零件。进行滚筒胶面磨损量检查，严重磨损应重新铸胶。滚筒筒体发现较大裂纹，难以修补时，应更换。检查清洗各类轴承座，轴承，有损伤则修理更换。检查各类机架变形情况，焊缝有无裂纹，根据情况进行整形修复。根据情况修补或更换输送带。更换磨损严重的漏煤斗衬板。更换磨损严重的清扫器刮板。对电器控制、安全保护装置全面检测，更换电器元件及失灵保护装置。

（四）润滑

对机械设备各转动部分进行定期润滑是日常保养中的重要内容，带式输送机各转动部位润滑表见表14-3。表14-3中列举了各润滑部位所用润滑油牌号、补油周期等内容，其中换油周期供参考。

表14-3　带式输送机各转动部位润滑表

序号	润滑部位	润滑油牌号	补油周期	换油周期	加油量
1	滚筒轴承	ZL-2锂基润滑脂	每半年一次		加油时挤出旧油
2	各种滑轮组	ZL-2锂基润滑脂	每季一次		加油时挤出旧油
3	拉紧绞车轴承	ZL-2锂基润滑脂	每季一次		加油时挤出旧油
4	滑轮绳槽	ZL-2锂基润滑脂	每季一次		
5	钢绳表面	ZL-2锂基润滑脂	每季一次		
6	拉紧小车轴承	ZL-2锂基润滑脂	每季一次		
7	制动器推动器	DB-25变压器油		半年	
8	各转动销轴	HB-30机械油	每周一次		滴油
9	减速器	N220工业齿轮油、N320工业齿轮油		每半年一次	按说明书
10	动机轴承	ZL-2锂基润滑脂		每半年一次	按说明书
11	液力偶合器	20号汽轮机油	每季一次	每半年一次	

（五）胀套的调整

采用胀套的传动滚筒和改向滚筒在安装使用500h后，应对胀套进行详细检查一次，检查每个螺钉的锁紧力矩是否为额定力矩值。以后每运转5000h检查一次。

四、胶带机就地启停的操作方法

1. 启动操作

(1) 检查胶带机所属回路设备正常，符合启动条件。

(2) 检查就地控制箱绿灯亮。

(3) 将转换开关打到“就地”位置。

(4) 按下合闸按钮，检查就地控制箱红灯亮。

(5) 检查胶带机运行正常。

2. 停止操作

（1）按下停止按钮，检查就地控制箱绿灯亮。

（2）检查胶带机已停止运行。

（3）将转换开关打到“程控”位置。

第三节　头部伸缩装置

头部伸缩装置是一种多工位的伸缩装置，主要用于翻车机、卸煤装置或地下转运站，以及煤场转运站及煤斗间转运站，作为带式输送机交叉换位之用。根据工艺流程的需要，其基本使用部位有三处，卸煤装置与系统的交叉，煤场带式输送机与系统的交叉，系统与煤斗间带式输送机的交叉。

燃料运输系统一般均设计安装有头部伸缩装置，来实现甲、乙两路输送皮带系统交叉运行，同时便于掺配煤和设备维修。头部伸缩装置主要由车体、伸缩驱动机构、滚筒、托辊等组成。其工作原理是利用伸缩驱动机构改变上级胶带头部滚筒的位置来实现系统切换。它的主要特点是散料的落差小，可以降低转运站的体积，节约建设投资；物料对下级胶带冲击小，延长皮带机及缓冲滚筒的寿命，有利于控制转运站的粉尘污染；可以有效减少胶带机的爬坡高度，降低设备投资。

一、头部伸缩装置的工作原理及功能

（一）伸缩装置的工作原理

电动机转动带动减速机转动，再通过联轴器连接驱动轴。驱动轴两端各有一个齿轮固定在驱动轴上，两个齿轮同时与车体下方固定的齿条啮合。齿轮旋转会驱动车体沿齿条移动，实现伸缩移动。

（二）伸缩装置的功能

1. 二工位伸缩头功能

二工位伸缩头是用来连接煤场输煤胶带和下级甲乙两条输煤胶带的切换装置。来自煤场的原煤利用二工位伸缩头的伸缩移动，将物料给到甲或乙胶带机上。

2. 三工位伸缩头功能

三工位伸缩头一般是用来连接火车翻车机来煤胶带、煤场堆取料机下的堆取煤胶带和下游甲乙侧输煤胶带的切换装置。三工位伸缩头可将从转运站（伸缩头上方翻车机处）来的原煤，通过胶带机的头部护罩受料口、头部漏斗供给甲或乙胶带机上；也可以将转运站的原煤通过伸缩头导料槽上方的两个受料口将物料吐给煤场的堆取料胶带机返回煤场堆料；还可以把煤场的原煤利用伸缩头的伸缩移动，输送到下方甲、乙两个胶带机位置，将物料给到甲或乙胶带机上。三工位头部伸缩装置见图 14-37。

图 14-37　三工位头部伸缩装置

二、头部伸缩装置结构组成

二工位伸缩装置主要由头部漏斗、头部护罩、P 形合金橡胶清扫器、改向滚

轮、固定托辊组、车体、行走轮组、驱动装置、驱动装置架、轴承座支架、悬挂托辊架、悬挂托辊组及行程控制系统装置等组成。

三工位伸缩装置主要由头部漏斗、头部护罩、P形合金橡胶清扫器、改向滚轮、固定托辊组、车体、行走轮组、驱动装置、驱动装置架、轴承座支架、固定支架、移动托辊组、导料槽（前、中段）及行程控制系统装置组成。

两者不同之处：伸缩托辊安装方式不同，二工位为悬挂式，三工位为移动式；由于功能不同，二工位头部护罩无开口为密闭式，三工位头部护罩设有受料口，并装有带有受料口的导料槽；由于行程不同，轮距和车体长度都不相同。

三、头部伸缩装置的运行与维护

头部伸缩装置是输煤系统输煤胶带之间的连接设备。在输煤系统运行前，首先要根据预设的输煤胶带运行方式确定其工作位置。当头部伸缩装置的工作位置满足预设输煤胶带运行的流程时，输煤胶带才能顺序启动。头部伸缩装置的位置变更可以通过程控和就地操作的方法实现。变更时要注意应该在输煤胶带系统无煤空载的情况下进行。

（一）启动前的检查

头部伸缩装置启动前，应该检查电动机、减速机、滚筒轴承座的地脚螺栓无松动，电器设备接地线良好。检查减速机无漏油现象，油位正常，联轴器连接螺栓无松动，防护罩完好、牢固、无摩擦现象。检查各滚筒不应有串轴现象。滚筒表面无脱胶剥落，齿条无裂纹、断裂现象。检查各种托辊无卡涩，磨损不严重，支架无倾斜、松动、变形，托辊架无脱轨，拉链无断裂现象，落煤管接口处密封完好。按照运行方式核对落煤管位置正确，限位开关无损坏。检查控制箱应完好无损、指示正常，如采用程控操作，应将选择开关置“程控”位置。检查设备应无检修和维护工作。工作现场要有良好照明，地面无积水、无积煤、无杂物。检查伸缩装置的行走轮无脱轨、被卡现象，行走托辊架和行走轮无脱轨现象且间距均匀，制动器良好，无松动滑车现象。

（二）头部伸缩装置运行中的注意事项

头部伸缩装置在运行中要注意各轴承不得有过热、振动、破裂和噪声现象，轴承温度不得超过65℃。减速机不得有异声和漏油现象，油温不得超过60℃。电动机应无异声、焦味。各滚筒、托辊及托辊架应转动灵活，无串轴、脱轨、卡涩、振动现象。在运行中需要切换时，只允许在无负荷、黏煤的情况下倒换，否则必须在清理完毕后方可倒换。在切换过程中，应注意行走轮和齿条的运行情况，发现异常立即停机，要注意伸缩头和落煤管是否对准。

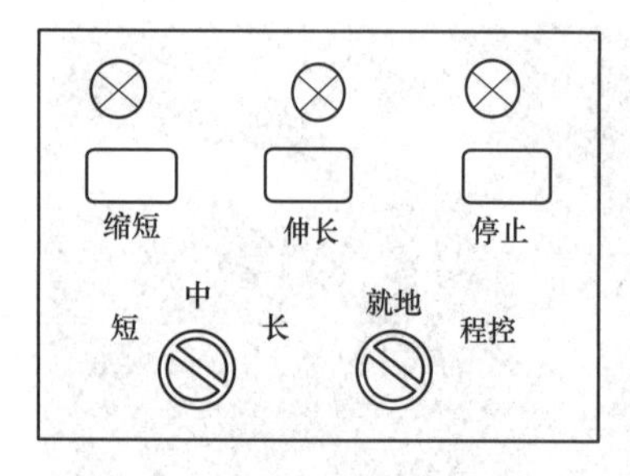

图14-38　就地控制箱控制面板

（三）头部伸缩装置的启停操作

头部伸缩装置的启动和停运可以在输煤程控室远方操作，也可以在就地控制箱操作，就地控制箱控制面板如图14-38所示。就地操作时先将选择开关置“就地”位置。根据输煤胶带的运行方式选择位置转换开关至合适位置，然后按“伸长”或“缩短”按钮，伸缩装置开始运行，限位开关动作后自动停止，相应的指示灯亮。伸缩装置在行走过程中，按“停止”按钮，伸缩装置可在任何地方停车。

第四节　筛　碎　设　备

火力发电厂输送到原煤仓的燃煤有一定粒度的要求。电厂的锅炉燃烧方式不同，对原煤仓的燃料粒径要求也不一样。对于煤粉锅炉，燃料运输系统送往锅炉制粉系统的煤，通常要求粒径在 30mm 以下，以保证制粉系统安全经济运行。对于循环流化床锅炉，进入炉膛内煤的粒径根据燃烧方式，设计上也要保证在 10mm 或 20mm 以下。因此，火力发电厂一般会在输煤系统中设计安装一级或两级煤的筛碎设备，来保证锅炉燃料粒径的要求。筛碎设备的作用是对原煤进行筛分和破碎，由筛分设备和破碎设备两部分组成。筛分设备类型有固定筛、振动筛、滚轴筛等。破碎设备有锤击式、反击式、环锤式等碎煤机。筛煤机和碎煤机一般情况下是配套使用的，一台筛煤机配套一台碎煤机，筛碎煤系统如图 14-39 所示。

筛煤机与运煤系统联锁运行，煤流由上级皮带机头部落入筛煤机。若来煤粒度小于筛孔，则不需筛分或在设备出现故障而输煤系统不能停止上煤时，可经过筛煤机电动三通挡板直接落入旁路，进入下级输煤皮带，如果来煤粒度大于筛孔时，煤进入筛煤机，经筛分后小于筛孔孔径的煤粒落入筛下煤斗，进入下级输煤皮带。大于筛孔孔径的煤块进入碎煤机，经破碎后落入下级输煤皮带。

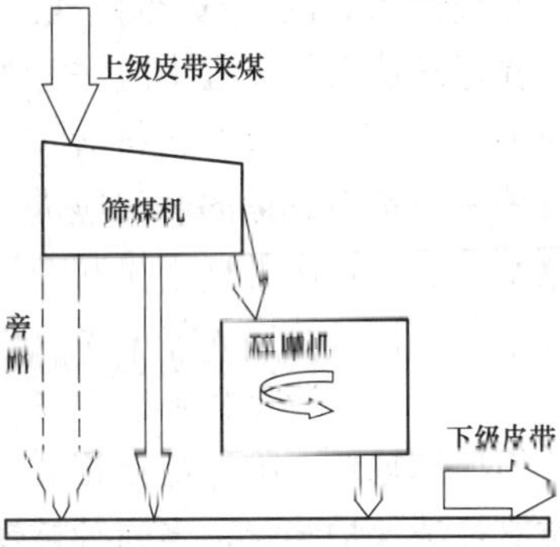

上级皮带来煤
筛煤机
旁路
碎煤机
下级皮带

图 14-39　筛碎煤系统

一、滚轴筛煤机

火力发电厂的燃料——煤在燃烧过程前要经过破碎、筛分、研磨等环节。因为煤质复杂、粒度分布系数大，从 0～350mm 都占有一定的比例，有的远大于 350mm。如果不加选择地把全部的煤送进碎煤机进行破碎，或进入磨煤机进行研磨，不仅增大设备的负荷，增加厂用电的消耗量，而且不利于设备维护。因此，首先要对燃料进行筛分。

（一）滚轴筛的结构

图 14-40　滚轴筛外形图

滚轴筛是火力发电厂输煤系统中常用的筛分设备，其作用是对物料进行筛分。经过筛分，原煤中小于筛孔的煤（30mm×30mm）落到筛煤机下方设备，直接到下一级皮带。大于筛孔的煤（30mm×30mm）在输筛面上向前运动被送入碎煤机。滚轴筛可防止堵筛现象，适用在电厂原煤中含水分较大的工况下运行。滚轴筛的外形图见图 14-40。

滚轴筛由筛上物出口、箱体、底座、电动机、减速机、电动推杆、挡板、筛轴、支撑轴承、圆形箅条、筛下落料煤斗、碎煤机进料管等组成。

根据等厚筛分原理，滚轴筛采用一种新型的筛面结构设计，筛面沿物流方向的倾角是变化的。滚轴筛是由 12 组平行排列的筛轴组成分段式筛面，沿物料流动方向上各段筛面的倾角由大到小（为 25°～5°），形成变倾角分段筛面。每根筛轴单独用电动机直联型减速机传动。当筛轴向一方转动时，煤流沿筛面向前运动，并同时搅动。小颗粒煤透过筛轴间的缝隙落下，进入下一级皮带。大块煤被筛分出来沿着筛面向前运动，从筛煤机端面的出口进入碎煤机继续破碎。

（二）滚轴筛的运行与维护

滚轴筛在安装完成后只有经过空载试运行和负载试运行，才能投入正常的运行。

空载试运行时要注意检查筛面上是否有遗留的工具、铁件或其他物品，若有遗留则需要一律清除掉。复查各润滑处是否按规定填充足够的润滑剂。手动盘车使筛轴转动超过一周，检查各转动部件不应有卡涩现象。准备工作完成后，可接通电源点动一次，检查筛轴转向是否正确，即筛面上的物料应向出料口方向运动。如不正确应立即改变电动机接线使其正确。点动几次电源，如运转正常可连续运转。空载试运要求时间为 2h，如有异常应立即停机检查，修复之后再试运。

空载试运 2h 后可进行负载试运。先开动滚轴筛，逐渐加大给料量，直至达到额定出力。在逐渐加载的过程中应注意观察设备的运行情况，如有异常应立即停机处理。在启动前应将筛煤机内剩余的物料清除掉。正常停机应先停止给料，待筛煤机内物料全部排除后方可停机。负载试运的时间应进行 1h 以上。

筛煤机在输煤系统中是联锁运行的。启动时，按逆煤流方向先启动筛煤机，后启动来煤皮带。停机时，应先停来煤皮带，后停筛煤机。一般情况下请勿带负荷启动，每次停机前必须等筛面上没有物料后再停机。注意观察减速机油位、油质有无发生变化，防止磨损严重而损坏轴承。除非征得相关领导同意，否则严禁使用筛煤机旁路。在筛轴与减速机之间装有过载保护装置，当筛轴被铁块、木块、石头等杂物卡住超过允许的扭矩时，联轴器上的尼龙柱销即被剪断，筛轴停止转动，实现了机械保护。

筛煤机启动前要检查各电动机、减速机、电动推杆、轴承座等底座紧固螺栓应无松动、脱落及断裂。电动机引线、接地线应牢固完好。对轮挡圈固定完好，对轮销间隙适当，防护罩完好无损。检查减速机内的润滑油油位正常，箱体密封严密、无漏油现象。检查筛轴转动应灵活，筛片无窜动、严重磨损及脱落现象。检查筛面上无积煤，筛轴之间无异物卡堵，筛轴与筛轴清扫刮刀之间无积煤和缠挂物，否则应在做好安全措施的前提下及时清理。检查筛上部、下部落煤管不得有破洞、开焊现象，落煤管内应无积煤或堵塞，三通挡板位置正确，操作灵活、无卡涩，限位开关完好。检查控制箱上各转换开关、按钮等应齐全完好，如程控操作，将滚轴筛选择开关置于“远方”位置。

使用滚轴筛时应先空机启动，待运转正常后再加料。运行中注意机体有无振动，若振动过大，则需要停机检查。运行中要注意电动机固定应牢固、无异常振动和响声，电动机外壳无过热现象。注意减速机运行应平稳、无杂声，底脚螺栓和连接螺栓应无松动、漏油、振动、过热现象，油温不超过 80℃，窜动不超过 2mm，振动不超过 0.1mm。检查各轴承不得有过热、振动、噪声等现象，温度不超过 80℃，振动不超过 0.1mm。运行时筛轴转动应灵活平稳，发现筛轴不转时应停止运行，通知检修人员检查处理。检查筛轴上安装的筛片不得有窜动、脱落、断裂现象，有此情况不得投入运行。运行时若发现筛轴转动不灵活或有卡阻现象、声音异常时，应及时停机检查，待消除后重新启动。设备停止后，值班员检查筛面上应无残留物，如有应设法清除。严禁在滚轴筛运行时清理筛面上的积煤、杂物等，防止造成人身伤害。

二、环式碎煤机

环式碎煤机是我国在 20 世纪 80 年代从国外引进生产技术的一种破碎机械。它利用高速回转的环锤冲击煤块，使其沿自身裂缝或脆弱部位破碎，达到破碎煤的目的。环式碎煤机具有结构简单、体积小、质量小、维护量小、更换零件方便、能排除杂物、对煤种的适应性强等优点。

环式碎煤机的主要破碎过程可分为：冲击、劈剪、挤压、折断、滚碾几个过程。环式碎煤机原理见图 14-41 所示。

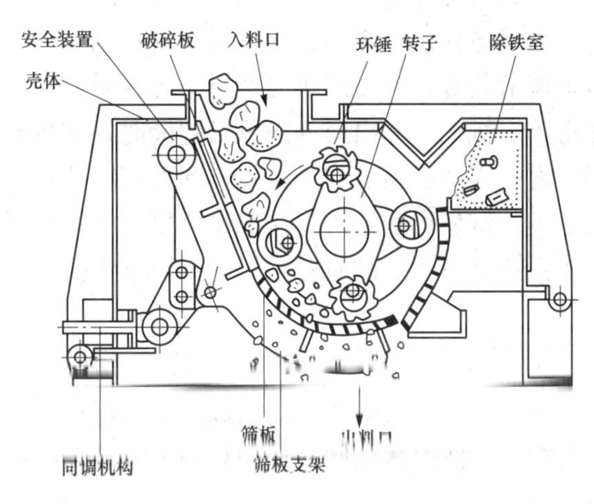

图 14-41　环式碎煤机原理图

由于高速回转的转子环锤的作用，使煤块在环锤与碎煤板、筛板之间，煤与煤之间，产生冲击力、劈力、挤压力、滚碾力。这些力大于或超过煤在碎裂处碎裂前所固有的抗冲击力以及抗压、抗拉强度极限时，煤就会破碎。总之，可根据环式碎煤机的结构特点，把碎煤过程分为两个阶段。第一阶段是通过筛板架上部的碎煤板与环锤施加冲击力，破碎大块煤；第二阶段是小块煤在转子回转和环锤（自转）不断地运转下，继续在筛板弧面上破碎，并进一步完成滚碾、剪切和研磨作用，使之达到所要求的破碎粒度，从筛板栅孔中落下排出。

（一）环式碎煤机的结构

环式碎煤机的结构主要包括驱动装置、机体、减振平台、转子、机盖、筛板与筛板调节机构、液压系统。环式碎煤机外形图和环式碎煤机内部结构图分别如图 14-42 和图 14-43 所示。

图 14-42　环式碎煤机外形图

图 14-43　环式碎煤机内部结构图

1. 驱动装置

传动方式为直联式，即碎煤机本体—液力偶合器—电动机。电动机轴和碎煤机转子轴之间的传动连接采用带温升报警保护和过负荷保护的限矩型液力偶合器连接。

2. 机体

机体包括中间机体和下机体。下机体用来支撑前、后机盖，中间机体及转子部件具有充分的强度和刚度。在机体前侧设有一个检查门，在非电动机端轴承座下面也设一个观察门，从这里可以观察环锤磨损情况及检查环锤与筛板之间的间隙。

中间机体借助螺栓与下机体连接，其结合面处用密封胶条密封，上部是入料口，四周装有衬板，顶部装有风量调节装置。当碎煤机的运行工况各异时，或者环锤和筛板磨损到严重程度，用风速仪测得碎煤机入口和出口处鼓风量超标时，应重新调整风量调节板。风量板出口处与环锤轨迹圆之间间隙是筛板与环锤轨迹圆之间间隙的 1.25 倍。

碎煤机机体是坚固的重型钢板焊接结构。在机体两侧有支撑转子轴承作用的座板和减振平台。碎煤机主轴承座采用剖分式（即对开式）而不用整体式。在机体内部分别装有转子、筛板架和拨料器。

3. 减振平台

下框架座在楼板上作为减振平台的基座，并通过楼板预埋件固定在楼板上。上框架与被减振的碎煤机和电动机相连，使两者在同一振动频率下减振。上下框架之间的连接用钢制的弹簧箱相连，每组弹簧设有三个钢制的弹簧，弹簧装在弹簧座里，通过弹簧座与上、下框架相连，组成一个减振装置。

4. 转子

转子由主轴、平键、圆盘、隔套、摇臂、环锤、环轴以及轴承座等零件组成。主轴由高强度的合金钢锻件加工而成，两组摇臂采用十字交叉排列。环轴采用分段形式，环锤和隔套经良好的静平衡后，通过环轴套串在摇臂和圆盘上。主轴通过限矩型液力偶合器与电动机相连。碎煤机有两种环锤，质量不同。

5. 机盖

机盖包括后机盖和前机盖。后机盖通过两个圆柱销与下机体连接，并可以此为旋转中心向后翻转。四周法兰用螺栓与下机体与中间机体紧固在一起，机盖上部有一悬挂轴，筛板架组件悬挂于此，机盖后部有调节机构。

前机盖通过两个圆柱销与下机体连接，并可以此为中心向前翻转，并用螺栓与下机体及中间机体紧固在一起。除铁室由底部的栅格型弹性筛及上部的反弹衬板组成。不易破碎的物料经下拨料板和上拨料板被抛进除铁室，设备停运后，可打开前视门清理杂物。机体顶部和两端内壁都装有衬板。

碎煤机前后两侧箱体采用液压开盖装置开启，在前后机盖上设有“限位支腿”，平时隐于机盖的筋板内，开启机盖时自动打开，以防止机盖重心“过死点”。

6. 筛板与筛板调节机构

筛板架由三件弧形板及其筋板焊接而成，其上装设有 4 块破碎板及大筛板和切向板，筛板上通过合理布置的筛孔，可有效防止堵煤。筛板架通过悬挂轴悬挂在后机盖上，并可绕悬挂轴转动。破碎板由锰钢制成，用于破碎大块煤。呈弧形的大小孔筛板用于滚压、剪切和研磨小块煤。

筛板调节机构可以调整筛板间隙。对筛板间隙的调节是通过左右对称的两套蜗轮蜗杆减速装置实现的。通过用连接轴、连接套来保证两边同步运行。用活扳手卡住连接轴上的六方头摇动蜗杆带动蜗轮，推动丝杠实现轴的前后移动。用销将连杆与筛板架相连，轴的转动带动筛板架前后移动，从而实现筛板间隙的调整。

7. 液压系统

液压系统包括装设在碎煤机前机盖和后机盖上的工作油缸、接头和管路。采用碎煤机液压站驱动碎煤机液压缸，以启闭前后机盖及筛板架复位，便于碎煤机的检修。液压站由吸油口滤油器、齿轮油泵、溢流阀、手动换向阀、单向节流阀、胶管总成、快速接头、压力表及开关、油管、油箱、空气滤清器等元件组成。

（二）环式碎煤机的运行维护

在环式碎煤机在启动前，首先要检查电动机地脚螺栓、机体底座、轴承座、护板处的螺栓以及联轴器的螺栓不能有松动和脱落。要检查并清理机体内杂物和黏煤，禁止杂物与积煤搅入转子内，以防止启动时转子卡住。检查清理排料口，四壁不得黏煤过多，以免影响正常出力，每班应至少清理一次除铁室。检查环锤、护板、大小筛板的磨损程度，当在环锤磨损过大，效率变低的情况下，应更换环锤。环锤的排列应保证每对相应的两排环锤必须平衡，允许误差小于规定值。大小筛板和破碎板磨损到20mm时必须更换。环锤的旋转与筛板之间的间隙应符合小于25mm的粒度要求。检查传动部分要有良好的密封和润滑。

当检查完毕后应将所有检查门关好，启动前最好能盘车2～3转，观察内部是否有卡涩现象。转子在运转过程中禁止进行任何维护工作。

禁止负载启动和给煤过程中停机。运行中要经常监视电动机的运行状况，电动机的温升、轴承的温度、机组的振动都不得超过允许值。

经常注意运行中的不正常声响，发现内部有撞击声和摩擦声，应停机检查。

通过碎煤机的煤量不允许超过额定出力，不允许带负荷启动，必须要在转子达到额定转速后方可加负荷工作。注意煤种变化，如果煤种比重小、煤块多、黏度大，给煤量就应适当减小。

第五节 皮带输煤系统的附属设备

为了保证皮带输煤系统的正常运行，在系统设计时会考虑布置一些附属设备使系统安全、可靠、高效运行，这些设备有除铁器、刮水器、电动双侧犁煤器等。

一、除铁器

在火力发电厂从储煤场运往锅炉煤斗的煤中常常含有大量各种尺寸和各种形状的金属物件。如果它们和煤一起进入燃料运输系统的碎煤机或者制粉系统的磨煤机，就会引起这些设备的损坏或者严重事故。金属物沿输煤系统通过时，同样可能会给带式输送机、给煤机以及其他运转设备造成破坏。所以在破碎机、磨煤机等设备前应设置除铁器。除铁器又称为磁选机，是一种对铁磁性金属物能产生强大磁场吸力的设备。它能将混合在物料中的导磁金属杂质清除，以保证输送系统安全正常工作，同时也可因除去了有害金属杂质而显著提高原料品位。

（一）盘式除铁器的工作原理及特点

1. 盘式除铁器的工作原理

图 14-44 盘式除铁器

当除铁器按照操作程序投入运行时，物料中的铁磁性物质在强大的磁场作用下，被迅速吸出附着在除铁器上。当皮带上无物料之后，通过悬吊装置的电动小车移出至卸铁位置。切断硅整流柜上的励磁电源，由于除铁器的励磁线圈上产生的电磁吸引力也随之消失，因而除铁器所吸附的铁磁性物质即可在自身的重力作用下自由下落到集铁箱内，从而达到消除煤流中的铁磁性物质的目的。盘式除铁器见图 14-44。

2. 盘式除铁器的特点

（1）适用性广。热管散热元件表面具有很好的均匀性，适合恒温环境要求。它的外部采用全封闭结构，可用于环境较为恶劣的场所。

（2）节能降耗。热管工作动力是依靠发热系统（励磁线圈）所产生的热量，其热量传递到内部工质，在一定温度和压力下，热管开始启动工作，由于其液—汽反复循环的过程是相变传热，因此它不需要任何外界动力源。

（3）冷却效果好。除铁器线圈卧式布置，热管层间平行，温度差异可以控制。整个电磁线圈温度均匀，不会出现局部过热点。

（4）结构紧凑。安装维护方便，自重轻。

（5）使用寿命长。由于选择的工作液同管壁材料完全相容，所以不会发生化学反应，不会损坏外部结构，可保证热管工作寿命的长期性。

（二）带式电磁除铁器的工作原理及特点

1. 带式电磁除铁器的工作原理

当皮带上方所送物料经过电磁箱下方时，混杂在物料中的铁磁性物质在强大磁场吸引力的作用下被吸附在弃铁皮带上，被带到磁系边缘，靠铁磁性物质的惯性和重力将其抛落在集铁箱内，从而达到自动连续消除煤流中铁磁性物质的目的。带式除铁器如图 14-45 所示。

图 14-45 带式除铁器

2. 带式电磁除铁器的特点

磁路结构合理，吸铁距离大，吸铁效率高；可连续性吸铁，生产效率高，现场一般在强励状态下运行；结构简单，弃铁皮带采用外传动方式，从动滚筒具有张紧装置，不仅可以调节皮带的松紧程度，而且拆装也很方便，易于维修；设有两个支撑滚筒，当皮带跑偏时，可以方便地进行调节；机器安装方便，不占用输煤系统的有限空间。

（三）除铁器的布置

1. 盘式除铁器的布置

盘式除铁器悬吊在皮带的上方，在皮带上方设置轨道，供盘式除铁器行走。盘式除铁器在工作状态时，带有驱动电动机的悬吊装置带着除铁器行走到皮带的正上方，励磁开始工作。卸铁时，自动行走到卸铁位置，去磁卸铁。盘式除铁器布置如图 14-46 所示。

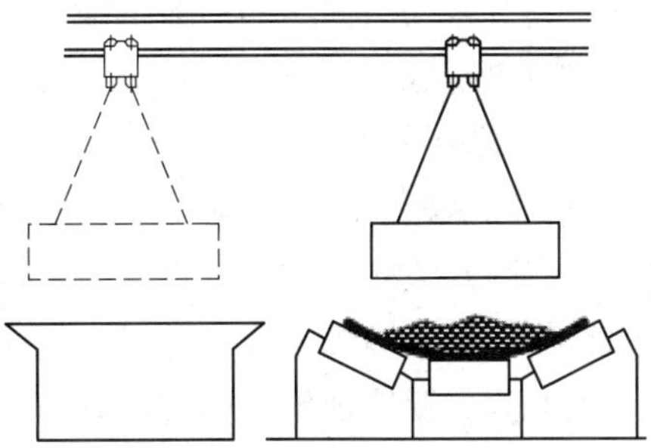

图 14-46　盘式除铁器布置

2. 带式除铁器的布置

带式除铁器根据现场布置的实际情况，一般有两种布置方式。一是横向布置在皮带机中部，带式除铁器横向布置如图 14-47 所示。二是纵向布置在皮带机头部，带式除铁器纵向布置如图 14-48 所示。在现场许可的情况下，尽量采用纵向布置在皮带机头部的方式，这种方式效果较好。在这两种方式中，不论采用哪一种，都要注意的是，根据煤层厚度调整好电磁铁与皮带面的距离，以获得较好的除铁效果。

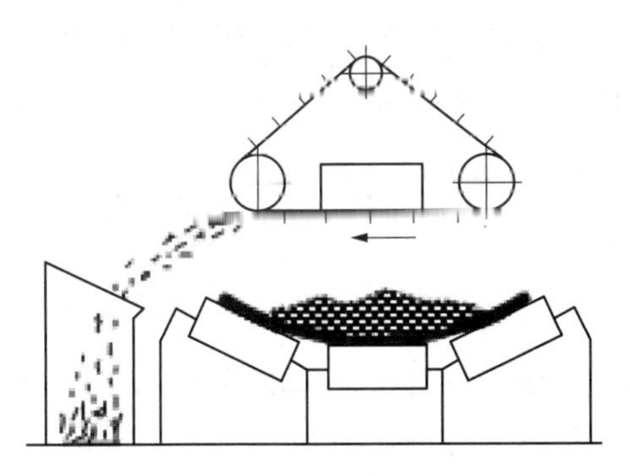

图 14-47　带式除铁器横向布置

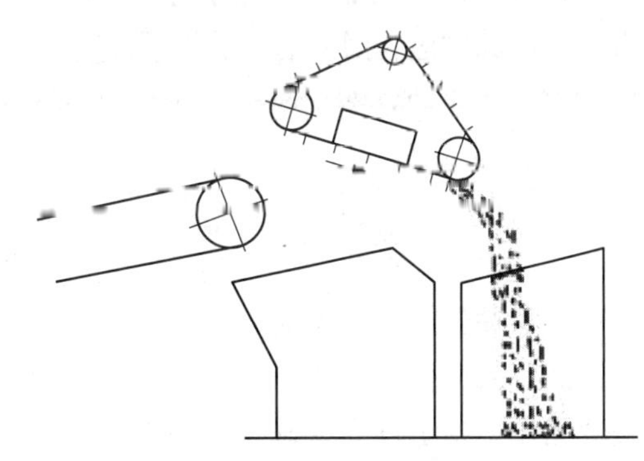

图 14-48　带式除铁器纵向布置

（四）除铁器的基本结构

盘式除铁器包括盘式电磁铁、吊具、电动移动小车、控制柜、集铁斗及其他附属设备。

带式除铁器由励磁系统、传动系统、冷却系统、控制系统组成，包括电磁铁、卸铁皮带、皮带驱动装置、驱动滚筒、改向滚筒和构架等。

电磁铁由铁芯和绕组组成，在绕组中通直流电，绕组励磁，在铁芯形成恒定的磁通。铁芯采用高导磁、高饱和磁感应强度的电工纯铁叠装而成，易于磁化，当线圈的磁场很小时，便能达到饱和，提高了磁场的稳定性。

绕组采用全导体实体结构，没有其他材料和元件，减小了有效的绕组体积。采用多层绕组加装散热翅片的散热结构，具有良好的散热能力。

卸铁皮带为橡胶皮带，在其上装有刮条，防止铁磁性物质夹进皮带造成损伤。皮带接头采用不锈钢模板和不锈钢螺栓连接的人字形接头，并在接头中间增加异型胶条，使皮带运行平稳且方便维护和更换。

驱动装置采用 400V、50Hz、三相电动机驱动，全压启动。采用链条驱动主滚筒。滚筒采用具有自动纠偏功能的鼓形滚筒，可以有效防止卸铁皮带快速运转时的跑偏。

（五）除铁器的运行

1. 盘式除铁器

盘式除铁器启动前要对除铁器进行检查，检查控制柜上的方式转换开关置于“自动”位置，控制开关置于“远方程控”位置。检查悬吊支架应牢固，皮带上铁件清理干净。检查除铁器应位于输煤皮带正上方，无移位现象。检查限位开关应安全可靠，跑车行走灵活，无卡涩、脱轨现象。检查电源指示应正常。检查悬挂机构必须有足够的强度。

盘式除铁器就地启停时，要检查盘式除铁器所属回路设备正常，符合启动条件。将“程控/现场”转换开关打至“现场”位置。检查电源指示灯亮。将“自动/手动”转换开关打至“自动”。将“甲/乙”皮带选择开关打至对应位置。选择需要工作的盘式除铁器“前进”按钮，投入一台盘式除铁器运行。监视工作电压、电流不超限额。

停运时，将运行的盘式除铁器按“返回”按钮使其返回停机位置弃铁。将“程控/现场”转换开关打至“程控”位置。检查电源指示灯灭，确认电压、电流指示归零。

盘式除铁器在运行中要注意监视电流表的变化是否正常，注意观察有无失磁现象，吸铁效果是否良好。铁件较多时及时清理，防止由于大物块或杂物造成刮煤或划破输送机的胶带。自动卸铁运行时应有声光报警信号提醒周围人员注意安全，并对行程开关动作情况进行监视。禁止随意停止设备，联锁应在投入位置。

2. 带式除铁器

带式除铁器启动前要检查电源指示灯亮。检查悬吊支架应牢固，弃铁皮带应完好，带齿无脱落现象。检查驱动装置连接良好，无漏油，油位正常，风机良好。

带式除铁器就地启停时，将“程控/现场”转换开关打至“现场”位置。要先检查带式除铁器所属回路设备正常，符合启动条件。检查电源指示灯亮。按皮带“启动”按钮，检查“工作”指示灯亮。确认弃铁皮带运行。按“吸铁”按钮，检查“吸铁”指示灯亮。监视电压、电流不超过额定值。

停运时，按吸铁“停止”按钮，检查“吸铁”指示灯灭。按皮带“停止”按钮，检查“工作”指示灯灭。将“程控/现场”转换开关打至“程控”位置。确认弃铁皮带停止。检查带式除铁器正常。

带式除铁器在运行中要注意检查各监视表计正常，信号反映正确。注意各传动部件声响、振动、温度变化正常。观察弃铁皮带不跑偏并正常弃铁。停运时先停胶带机再停除铁器，最后停弃铁皮带。经常清理集物装置中的物件。检查冷却风机运行正常。

二、高压微雾抑尘装置

超声雾化抑尘技术是最新发展起来的新型除尘技术。其原理是应用压缩空气冲击共振腔产生超声波；超声波把水雾激化成浓密的，达到直径只有1～10μm的微细雾滴；雾滴在局部密闭的产尘点内捕获、凝聚微细粉尘，使粉尘迅速沉降下来实现就地抑尘。此技术具有占地空间小、布置灵活、能耗低、无二次污染、维修简便等优点。

（一）结构

高压微雾抑尘装置示意图如图14-49所示。

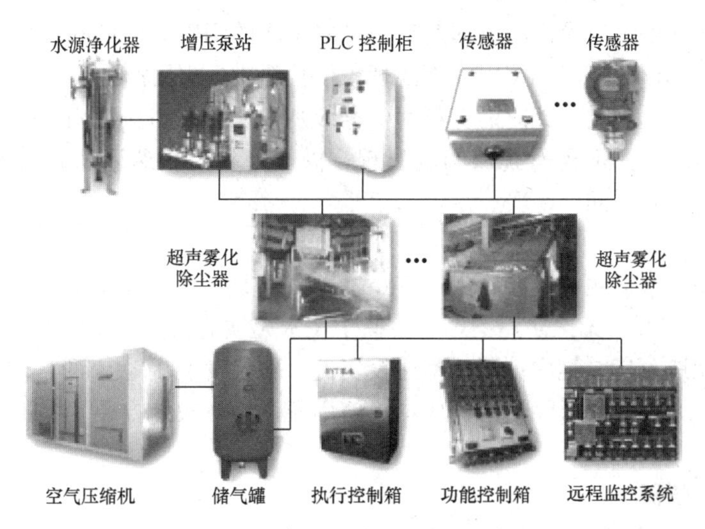

图 14-49 高压微雾抑尘装置示意图

对于可密闭产尘点，如皮带机头、落料点、振动筛、给煤机等，通过在产尘点加装集尘罩及密封，并在集尘罩上布置若干超声雾化共振组件，以及对喷雾角度及雾量的预调节整定，使生产过程中雾量与粉尘量达到合理配比，随煤流就地沉降，从而获得最佳除尘效果。

对于敞开式（开放式）产尘点，如汽车受煤坑、火车（汽车）装车点、翻车机等，通过在产尘点上方（或四周）设置超声雾化共振并联装置（有些可配装挡尘帘），通过对喷雾角度及雾量的预调节整定，使产尘点上方（或四周）产生雾屏（或与挡尘帘配合对产尘点密封），阻断粉尘的扩散路径，将粉尘就地降除。

（二）布置方式

皮带头部漏斗抑尘点应至少设置 4 个超声波射嘴；尾部导料槽抑尘点应至少设置 10 个超声波射嘴；煤仓间单个落煤口应至少设置 3 个超声波射嘴；煤仓间皮带头部漏斗应至少设置 4 个超声波射嘴；长皮带沿程单个抑尘点应至少设置 2 个超声波射嘴，两个抑尘点间距不大于 30m。

在每个转运站上方来煤皮带的约 30m 处，需设置皮带抑尘半密闭装置，对行进中的煤料进行射雾封锁，以改善输煤廊道的粉尘污染情况。半密闭装置为碗形结构，倒扣在皮带面上，每个半密闭装置至少需设置 2 个超声波射嘴模块。半密闭装置整体支撑于皮带机中间架上，超声波射嘴安装其中，半密闭装置能使微雾集中地作用于煤流，减少微雾的飘散，同时不影响正常的煤流行进。

煤仓间落煤口应设置防尘罩，加高落煤口，并在入煤侧装设挡尘帘，在落煤口形成密封，在落料防尘罩上布置超声波射嘴模块，抑制犁煤器落料时的扬尘。

（三）工作原理及技术特点

1. 工作原理

工作原理是由高压压缩空气将水通过超声波射嘴喷出 1～10μm 的微细雾滴，在密闭的导料槽或落料筒内进行捕获粉尘，微细雾滴与细小粉尘黏附在一起靠自重沉降达到抑尘的目的。

当雾粒的粒径较大时，形成雾露或微雨，在雾粒和粉尘以较大的速度相遇时，雨滴的前表面形成推力使得气流沿雨滴方向运动。同时雨滴的侧表面形成附面层，从侧面绕雨滴至尾部，并在尾部形成较强的尾涡，上述现象使得粉尘远离雨滴。

当雾粒的粒径较小时，此时的雾粒为微雾级别，在雾粒和粉尘相遇时，其表面产生的表面层现象极其弱小，不再有扰流问题出现，微雾与粉尘相遇后靠黏附力或碰撞力而亲和，粉尘很容易得到湿润。

2. 技术特点

雾化效果好，水雾颗粒直径为1～10μm，雾量可调。耗水量极低，对尘源点物料的水分增加量小于0.05%。无二次污染，超声捕尘技术无须清灰，将粉尘抑制在尘源点。操控性好，可实现就地/自动/集中控制。基建投资低，除尘设备占地空间小，无须建造专用除尘室。能耗低，大幅度降低除尘运营成本。使用寿命长、检修方便、维护费用低。除尘效率在95%以上。

三、电动犁煤器

（一）结构组成和工作原理

电动犁煤器主要由电动执行机构、犁板、可变槽角托辊组等部件组成。电动犁煤器如图14-50所示。

图14-50 电动犁煤器

需要电动犁煤器工作时，控制指令发给电动执行机构。电动执行机构推动犁板下落，同时带动可变槽角托辊组呈平行状态。犁板下落贴合在皮带上，输煤皮带携带着煤流来到电动犁煤器时，遇到电动犁煤器阻挡分流，沿着电动犁煤器两侧从皮带上滑落，进入锅炉原煤仓。当电动犁煤器工作完毕时，系统指令电动执行机构带动犁板上升，电动犁煤器离开皮带，同时带动可变槽角托辊组由平行变为槽形，皮带携带物料通过电动犁煤器。

（二）电动犁煤器运行前的检查项目和运行中的注意事项

启动前，应该检查电动推杆地脚螺栓、支架固定螺栓应齐全、无松动。检查电动犁煤器的犁头完好、无变形，犁口无明显缺陷和严重磨损。检查犁板、托辊组、托板、落煤管应完好，无黏煤和杂物缠绕现象。操作电动推杆，执行机构升降动作应灵活自如，限位开关正常可靠。输煤皮带在启动前，电动犁煤器必须处在非工作状态。

运行时，电动犁煤器的犁头和输煤皮带结合的松紧应适当。应注意皮带上无煤流时再放下犁头。切换运行时应先放下后部的犁头，再抬起前部的犁头，以免造成犁口与皮带面接触不良和冲击振动现象。需要监视电动推杆的工作情况，不得超载运行，以免损坏电动机。并注意限位是否正常动作，否则应停机，通知电气人员检查处理。犁头升、降应该正常，观察犁头磨损是否严重，控制器有无失灵，水平托辊应无卡塞不转现象。注意观察皮带运行情况，发现跑偏、断头或磨损等现象时，应按规定及时消除。观察犁板下应无煤流漏撒，原煤仓落料口无堵塞现象。当发现犁板磨损严重或电气部分故障时，不得自行拆卸、调整各部机件，应该通知检修处理。运行时严禁同时使用两台以上电动犁煤器或两台均处于半工作状态。

（三）电动犁煤器就地操作

首先检查电动犁煤器符合运行条件。检查电动犁煤器位置指示灯亮。将“程控/就地”转换开关打至“就地”位置。按下电动犁煤器就地控制箱上的“落下”或“抬起”按钮。确认电动犁煤器已抬落到位后，及时按“停止”按钮。

四、入炉煤采样装置

（一）结构组成

采样装置主要构成部分：初级采样头、初级给料机、破碎机、缩分器、样品收集器、余煤回送装置、落煤管、钢结构架及电气控制等。

本皮带中部采样系统的电气控制系统采用 PLC 进行控制，系统具有手动控制和自动控制两种模式。手动控制用于调试维修，非专业维修工程人员不得进行手动操作。当启动系统自动操作时，采样系统按下列顺序自动运行：余煤回送装置→样品收集罐→缩分器→破碎机→初级给料机→初级采样头。

当停机时顺序与启动时相反。

（二）工作原理

带有不锈钢铲刀的采样头安装在皮带输送机中间位置，从运动的、倾斜的输送带上直接进行全断面采样。工作时铲头由减速电动机带动按所编程序旋转，每隔一定时间间隔旋转一周采集一个子样。铲头后部的刮扫器确保所采集的子样完全进入溜槽内。子样顺着溜槽进入初级皮带给料机，再由初级给料机将子样连续均匀地输送给破碎机。破碎机按规定的粒度要求进行破碎，经破碎后的物料经过缩分器缩分后形成分析样和余料两部分。分析样落入样品收集罐中，供实验室使用；缩分后的余料经余煤回送装置将弃料提升到一定高度，返回到主物料流中，从而完成整个采样过程。整个采样过程由 PLC 按预先设定的程序控制完成。皮带上的采样机见图 14-51。制样设备见图 14-52。

图 14-51　皮带上的采样机

图 14-52　制样设备

五、电子皮带秤

皮带秤是对散装物料在带式输送机输送过程中进行动态称量的设备。它的读数直接反映进入锅炉的煤耗量，是衡量火电厂的重要经济技术指标。皮带秤有机械式和电子式两类，机械式皮带秤因称量精度低、误差大、检修困难，现已被电子皮带秤代替。

电子皮带秤同机械式皮带秤相比，具有体积小、结构简单、响应快、精度高、工作可靠、维修方便、容易实现远方控制和自动控制的特点。近年来，随着微机技术的应用和传感器技术的发展，出现了PLC控制的高计量精度的电子皮带秤。

（一）称重原理和秤的分类

电子皮带秤布置在皮带机的中部，用它可以称出在一段时间内走过的物料总量，也可以称出瞬时物料流量，因此需要同时测量单位长度上物料质量和皮带走过的距离。电子皮带秤结构图见图14-53，用电子皮带秤的称量托辊去替换皮带机的一组托辊，使皮带上物料质量通过秤架压到称量传感器上，传感器则将质量转化为电信号送到仪表。另外运输量还和皮带速度成正比，速度传感器将皮带速度转化为电信号送到仪表，仪表通过计算得出物料运输总量（累计量）和物料流量。

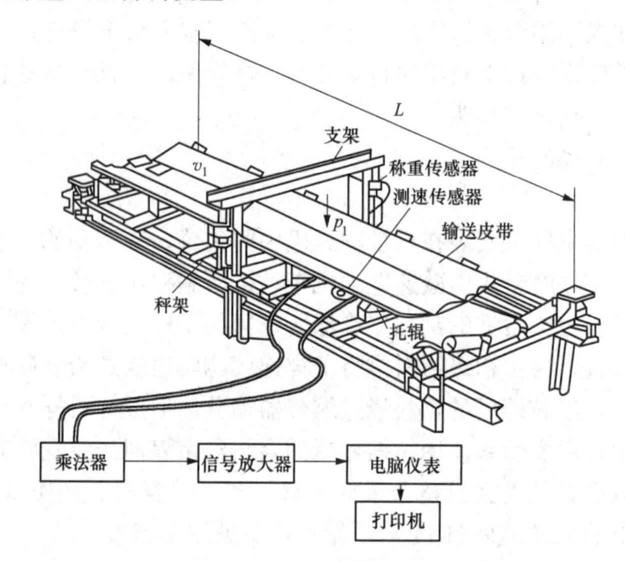

图14-53　电子皮带秤结构图

皮带秤的种类很多，其分类方法也不同。

按秤架结构形式进行分类：有单托辊式皮带秤、多托辊式皮带秤、平行板式皮带秤和悬臂式皮带秤。

按主控机仪表结构特点分类：有模拟式皮带秤、数字式皮带秤和微机式皮带秤。

按称重器的原理分类：有电阻应变式皮带秤、差动变压器式皮带秤、压磁式皮带秤和核子式皮带秤等。燃料运输系统中常用的是以电阻应变片为传感器变换元件的电子皮带秤。

（二）结构与作用

WE-520型电子皮带秤主要由秤架、称重传感器、测速传感器、标准码块和皮带计量控制器组成。称重传感器给出的电信号正比于载荷的大小并送入累加器，在物料传送的过程中即完成了计量工作。

（1）称重传感器。称重传感器是电子皮带秤的核心部件。它利用电阻应变原理进行工作，将外力的作用转换成线性变化的电信号。当秤架上的质量发生变化时，秤架传递给称重传感器的压力也发生变化。传感器在这个压力的作用下，应变片电阻值发生变化，产生电信号输出，该信号正比于外力。

（2）测速传感器。测速传感器是电子皮带秤称重系统中一个重要元件，用于测定皮带在输送物料时的瞬时速度。当皮带传动时，通过转动传递装置将皮带的速度传递给测速传感器，测速传感器发出连续的正比于皮带速度的脉冲信号。测速的准确度直接影响到电子皮带秤的计量精度。

（3）皮带计量控制器。皮带计量控制器包括信号放大器、A/D 转换器、信号处理器等。当称重传感器和测速传感器的信号经过放大和 A/D 转换后输入信号处理器，由信号处理器进行分析处理，并显示皮带的瞬时输送质量和最后的累加输送质量，必要时还可以进行打字输出。

（三）仪表维护注意事项

使用过程中，电源电压、环境温度和湿度等必须满足说明的有关要求。采用液晶显示时，使用或安装过程中要特别注意，非常激烈的振动或冲击会造成显示屏的损害。PVC 面板在清洁时严禁用含有腐蚀性的液体擦拭。

（四）维护保养

在实际工作中，对电子皮带秤要经常进行维护，以保证电子皮带秤的计量准确。要定期清扫秤架和称重、测速传感器的积灰。要经常检查称重托辊，定期对称重托辊进行润滑，以保证托辊运动时灵活，润滑后要及时校对零点。活动秤架的支撑装置要经常清扫，定期加油，以保证转动正常或防锈。支撑件要牢固、无变形。要经常检查传感器的固定装置、连接线及活动部分，使传感器处于良好的工作状态。在进行检修工作时，严禁工作人员在称重段上行走，以防损坏传感器。要经常检查运行中皮带的跑偏量，超过规定时要及时调整。清扫设备时，严禁用水冲洗称重传感器、测速传感器，以防进水，影响设备的正常工作。皮带的张力应保持恒定，经常检查拉紧装置在正常工作状态。要经常检查现场接线盒的盒盖是否关严，盒内接线无松动。

六、循环链码校验装置

目前，对于电子皮带秤的标定，多数采用实物标定。此种方法故障率高，特别对大流量的皮带秤现场标定非常困难。为了解决电子皮带秤的动态标定问题，目前开发了一种能够模拟实物料流动的动态循环链码校验装置，以便于对电子皮带秤进行校验和检查。

（一）结构及工作原理

循环链码校验装置由标准循环链码、循环链码支架、升降系统、链码驱动装置（可选）、速度传感器（链码测速器）、控制系统（含控制显示仪表）等部分组成，循环链码校验装置结构图见图 14-54。

根据链码模拟实物进行皮带秤的校验，首先链码落下并转动，使得链码与皮带同步，根据 PLC 测得的皮带速度、设置的校验时间，PLC 自动计算校验时间内的流量瞬时值、累计值。用皮带秤上显示的瞬时流量和累计流量与链码仪表上显示的数值进行比较，找出误差并进行皮带秤校正。

（1）SWL-65 标准循环链码。每套装置共有 2 条链码；标准砝码为方形结构，相互间

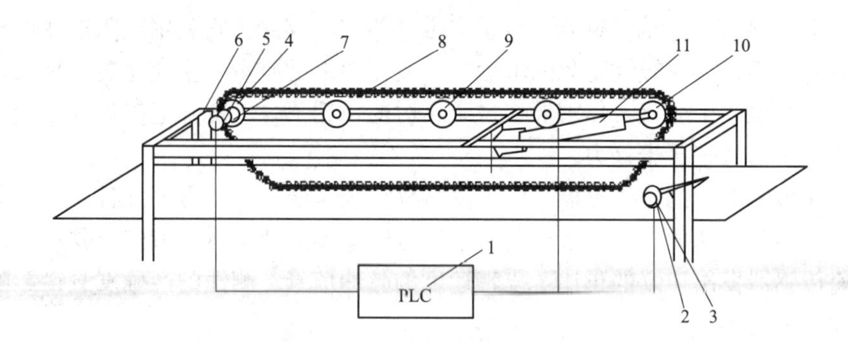

图 14-54 循环链码校验装置结构图

1—PLC；2—拖架；3—编码器；4—驱动电动机；5—电磁离合器；6—支架；
7—主动齿轮；8—循环链码；9—拖辊；10—从动齿轮；11—电动推杆

用链板连接，油密封，使整套链码转动灵活、工作可靠；每组砝码均带有调整腔，可以进行配重自校准；砝码采用特殊材质制作，其表面经精加工和特殊工艺处理，使砝码具有较强的耐磨性，从而具有较长的使用寿命。

(2) CTS-16 循环链码支架。安装在现场的皮带机上，布置在皮带秤的上方约 1.5m 的高度内，占用空间小，安装维护方便。对系统的链码、转动机构电动机和提升机构电动机进行支撑。

(3) SPT-12 速度传感器。由现场控制部分供电，驱动电压为 5～24V；采用密封器件制造，性能可靠。

(4) TTD-20 显示仪表。能实时显示链码校验装置的情况，能通过采集速度信号计算并显示出标准值的瞬时流量和累积流量，并能同时采集电子皮带秤的信号进行同步显示，以便于对皮带秤的示值进行校准。显示仪表为进口设备，精度高，能满足用户对标定皮带秤的要求。

(5) MCC-50 控制系统。控制链码起落，链码落下时跟随皮带同步运转。链码落在皮带上后，根据速度计测得的速度计算链码流量；校验开始后，系统计算链码累积量，同时根据接入的皮带秤信号计算皮带秤累积量，并计算累积误差；结束后相应的数据在显示仪表显示。

对整套系统进行信号采集、计算、处理、控制。通过链码测速、变频器（可选）、减速电动机（进口）来控制动态循环链码的转速与皮带输送机的转速同步。控制部分包括显示器、PLC、电器元件和控制箱等部件。控制部分采用 PLC 进行控制，系统集成化程度高，模块化的设计减少了故障频次。控制部分带有 4～20mA 模拟量输出，能输出动态链码校验装置的瞬时流量、校验误差等信号。预留 15%的输入/输出点，以便在集中控制室对链码校验装置进行自动启/停控制。

(6) UDS-30 升降系统。采用电动推杆进行驱动，推动小车移动，将链码提起和放下，实现整条链码的升降，保证运行平稳可靠；对各连接部分进行特殊设计加工，保证其安全可靠；升降系统采用水平张紧结构，用电动推杆驱动活动齿轮与链码进行连接，其连接经特殊设计，使链码在使用中不会因此产生误差；装置可进行自动收放，自动化程度较高；通过控制柜上的按钮可以自动进行链码升降操作；链码提升后链码与皮带高度为 1.5m；单台链码为一台电动推杆。

（7）DRS-03链码驱动装置。由进口电动机带动齿轮进行链码的转动，具有运行平稳、故障率低的特点。配有变频器进行变频调速，其速度由PLC通过对皮带速度的采集进行控制，保证链码转动速度与皮带速度一致。

（二）运行中注意事项

检查装置附近的工作环境，不得有影响运行的杂物，并对皮带上及码块上的污迹进行清理。开机前检查各部件应无异常，电动推杆及各转动部分应运转灵活。启动电动推杆，将循环链码平稳放在空载皮带上，链码运行平稳后，再开始校验。在循环链码升降过程中必须升降自如，不得有卡涩现象。

第十五章 输煤系统的运行

在工业生产过程中，往往是通过广泛应用工业控制自动化技术，来实现对工业生产过程实时检测、控制、优化、调度、管理和决策，以达到提高产品品质和产量，降低生产消耗，确保安全等目的。控制理论、仪器仪表、计算机和其他信息技术的应用，极大地推进了工业控制自动化技术的发展。工业自动化体系主要包括工业自动化软件、硬件和系统三大部分。自动化系统与计算机信息科学的紧密结合，给工业生产过程带来了新的技术革新。

计算机在工业控制领域的应用和发展是与信息化、数字化、智能化的世界潮流和计算机技术、控制技术、网络技术、显示技术的发展密切相关的。

计算机及其相关的技术也广泛应用在火力发电厂输煤系统中。对于火力发电厂输煤系统的各个设备，利用计算机程序控制可以有效提高劳动生产率，优化设备运行控制的流程，同时可以避免人为判断造成的设备损坏和事故的扩大。

第一节 输煤系统程序控制

输煤系统计算机程序控制方式是正常上煤工作和配煤工作的主要控制方式。在程序控制时，由运行值班员发出控制指令，系统按预先编制好的上煤、配煤程序自动启动、运行或停止设备。

输煤程控系统工控机运行在 Windows 多媒体界面，使人机对话更为直观。全部生产工艺系统模拟图形象地显示在多媒体工控机显示器操作界面上，其既能监视又能操作，可完全取代集中控制方式下的工业模拟屏装置，取而代之的是更为直观的电视墙屏幕。

输煤程控系统通过传感器对设备状态进行实时采集，在 PLC 的中央处理器中进行数据汇集处理。通过人机接口和操作员终端，操作人员能够在显示器上跟踪生产过程的活动，编辑设备生产实际值，控制设备运行。也可形成对设备的闭环控制，同时可以得到报警提示。系统可将所有状态（正常、非正常、故障）信息报告给操作人员，同时加入状态列表档案中，当设备超出正常工作状态时形成报警。

一、输煤程控系统的组成

（一）输煤程控系统的类型与配置

根据控制规模和发展时代的不同，输煤程控系统一般分为三种类型。

（1）第一种类型是由一个单独的可编程控制器组成的系统。作为单元控制器，受控设备常常是一台设备或者少数几台设备的集中控制。可编程控制器和输入/输出设备的接口，集中在一个机架或十分邻近的几个机架中，少量几个扩展机架是通过底板网络方式扩展的。输入与输出信号的点数有限。输入与输出端口到现场采用电源线，信号线连接到设备上，其控制方式的输入指令皆为开关、按钮，输出执行机构为继电器、指示灯等。通过转换开关及按钮对设备进行手动和自动控制。例如个别除尘器的控制中自动给、排水及启停风机，可用一个小型的 PLC 完成。由几条皮带机组成的小型输煤系统的简单控制及设备联锁，也可用这种控制方式。

（2）第二种类型是基于可编程序逻辑控制器的计算机监控系统。这种 PLC 都配备有计算机的上位通信接口，通过总线将一台或多台 PLC 连接，将 PLC 的高控制性能与个人计算机的人机界面相结合，进行全系统监控和管理。计算机与 PLC、PLC 与 PLC 之间通过通信网络实现信息的传送和交换。所有的现场控制都是由 PLC 完成的，上位机只是作为程序编制、数据采集、过程监视、参数设定和修改等用处（相当于编程器）。因此，即使是上位机出了故障，也不会影响生产过程的正常进行，这就大大提高了系统的可靠性。

（3）第三种类型是基于可编程序逻辑控制器的计算机网络集散控制系统。集散控制系统必须满足：①人机界面好，便于集中操作，监视现代化的大型系统。②为了安全可靠的需要，将系统的监控功能分散，以化解系统出现故障的风险。③在高度安全可靠的前提下，按预定的工艺流程指标来控制被监控对象。④能采集并记录各类重要的数据供操作人员监控系统时使用，还能整理和打印报表或上传报表供管理层使用。⑤系统构成方便灵活，易于扩展，维护简单。

集散控制系统的典型结构配置如图 15-1 所示，由工程师站、操作员站、远程站（现场远程控制站）及集散系统的主干网络等组成。

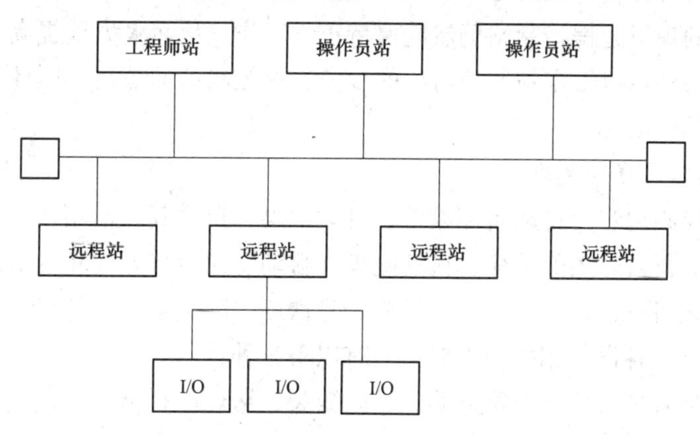

图 15-1　集散控制系统的典型结构配置

1）工程师站。工程师站由工程浏览器对生产系统进行系统组态（即系统配置）、控制组态、显示组态和报警组态等功能的统一管理。通过工程师站把与工程有关的文件和组态生成程序使工程浏览器构架组合到一起。主要用于对应用系统进行功能编程、组态、组态数据下装，也可以对操作员站起到运行监视的作用，使系统面对用户更规范、更清晰。

2）操作员站。操作员站主要作为操作人员与系统的人机界面，配备大屏幕显示器。组态后的系统的各类显示画面均在操作员站中进行显示。经过工程师站授权也可以在操作员站进行部分简单的组态，例如修改某个PLC的回路参数。

操作员站的主要任务是操作，数据采集和报警提示。提供给操作人员丰富的人机界面窗口，能灵活、方便、准确地监视过程量并完成相应的操作。

操作员站的主要程序有通信程序、趋势收集程序、成组装载程序、命令行状态程序、语音报警程序、数据采集程序、历史数据处理程序和制表程序等。

3）数据采集站。主要完成与PLC接口信息的数据交换工作。定时扫描将PLC输入/输出信息数据经过分析及时地写入系统实时数据库中。为监控系统提供最实时的信息，保证监控系统的正常运行。

4）历史站。可记录规定的工程测点状态及工程值，记录报警事件，记录时间为一个月。历史站上保存了整个系统的历史数据，可完成对历史数据的收集、存储和发送。当操作员站通过网络向历史站发出历史数据申请时，历史站将历史数据发送给操作员站。历史站制表程序也同时运行，并按生成的定义进行记录。系统制表主要包括一天中各班的各炉上煤量、总上煤量及翻车机情况的日报表、月报表和各班主要运行设备的时间累计日报表等。

5）通信站。通信站可以实现双向通信，接收或发送外系统的实时数据，实现和远程计算机的数据交换。将远程外系统服务器中的数据库引入本系统，比如可以及时将系统发出的设备异常信号，由摄像机自动跟踪监视，送到远程电视监视系统。

6）远程站。远程站主要用于对现场相应的回路进行控制及有关信号进行检测。由于集散控制系统将各种控制分散到各个现场远程控制，即使是上层的工程师站或操作员站出现了故障，下面的现场远程控制站仍然能保持正常工作，从而大大地提高了监控系统的安全性和可靠性。另外可以根据被监控对象的规模选择控制站的数目，因此关于集散控制系统的构成有很大的灵活性。

（二）控制内容与信号要求

输煤程控的控制内容：自动启停设备、自动上煤、自动起振消堵、自动除铁、自动调节给煤量、自动进行入炉煤的采样、自动配煤、自动切换运行方式和自动计量煤量等。

输煤程控系统对皮带机、挡板、碎煤机、除铁器、除尘器、给煤机、皮带抱闸、犁煤器等设备进行控制，各设备相关的主要信号有以下三种：

（1）保护信号有事故拉线、重跑偏、纵向撕裂、堵煤、打滑、控制电源消失、电动机过负荷等。

（2）监测报警信号有设备运行信号、煤位模拟量信号、皮带轻跑偏信号，挡板A位、B位、犁煤器抬起位、犁煤器落下位、煤仓的高煤位、低煤位信号，控制电源消失信号、振动模拟量信号、温度模拟量信号等。

（3）控制信号有主系统启动信号、停止信号、声响信号，除尘器启停、除铁器启停、给煤机启停、犁煤器抬起和落下信号等。

以上信号必须准确可靠是输煤设备程控操作的正常投运要求。

（三）输煤程控配煤优先级设置的原则

自动配煤的优先级顺序原则是强制配煤，低煤位优先配，高煤位顺序配和余煤配。

（1）强制配煤。煤位信号发生故障或煤斗发生蓬煤时，人工干预 PLC 发出“强配”命令后，此原煤仓上的对应方式下的犁煤器落下，其他犁煤器均不下落。无论正在向哪一个原煤斗配煤，都将立即转向强制仓配煤。此仓出现高煤位时，犁煤器不会自动抬起，需人工抬犁，再回到被中断程序处，继续向其他仓配煤，程序按原设置继续执行。

（2）低煤位优先配。在原煤仓没有强配设置的情况下，先给出现低煤位的仓配一定量的煤，消除低煤位信号后，延长 1min（此时间可调）。再转移至下一个出现低煤位的仓，直至消除所有的低煤位信号后，转为按高煤位顺序配煤。

（3）高煤位顺序配。在无强配、低煤位的情况下，按煤流方向顺序给各仓配煤。对每个犁煤器，配至高煤位后，转至下一个犁煤器。高煤位顺序配煤的过程中，若某仓出现低煤位信号，则立即给该仓优先配煤，消除低煤位信号后再延长 1min 后，返回高煤位配的煤仓顺序配煤，依次顺序配完所有仓。若有仓为“强制配煤”，则配煤将无条件转向该仓配煤且时间没有限制，由操作员控制。

（4）余煤配。在无强配和低煤位的情况下，程序对本次上煤方式的各煤仓高煤位信号都出现过以后，系统转为余煤配。余煤配时先按煤流顺序再将各仓回填至高煤位信号出现，然后停止煤源供煤，将皮带系统上的所有余煤平均分配给各煤仓，每个犁煤器配煤 20s（可调），依次向下进行，直到走空皮带，该段配煤自动结束。

（5）设置“跳仓”。其是指程序执行过程中可人为设置一个或多个检修煤斗“跳仓”，PLC 发出“跳仓”命令后，此原煤仓上的所有犁煤器均强制抬起，以便空仓或检修。

二、输煤程控系统的功能

（一）系统启停功能

操作人员使用设备进行上煤时，只需选定所用的皮带（运行方式），然后发出程序启动或程序停止的命令，系统会自动倒挡板和顺序启停皮带，而不需对每一条皮带操作以及倒每一个挡板。程控操作的主要功能如下：

（1）程序运煤。程序运煤是指从给煤设备开始到配煤设备停止的输煤设备的程序运行，是输煤系统的主体，包括了皮带机系统、除尘、除铁、计量设备的启停工作。

（2）程序配煤。程序配煤是指配煤设备（主要是犁煤器等设备），按照事先编制好的程序，使所有的犁煤器按程序要求抬犁或落犁，依次给需要上煤的煤仓进行配煤。

（二）监视查询功能

程控系统能对设备运行状态进行监视，主要对皮带机的运行状态、原煤仓煤位和犁煤器的工作位置进行监视。较高级的监视功能包括模拟图显示、标准趋势显示、报警显示、通用览目显示、测点显示、历史记录显示和制表显示等。各功能分别对应系统任务调度栏的一个按钮，操作人员可以通过点击鼠标，打开相应的显示功能。

（三）报警功能

程控系统根据发生情况的不同，报警可分以下两种类型：

（1）过程报警。过程报警是指在自动过程中发生的事件，如过程信号超出极限。具体内容包括原煤仓的煤位高低限煤位报警、电流超限报警、皮带跑偏报警、皮带拉线开关动作报警、皮带沿线下煤筒堵塞报警、设备故障跳闸失电报警、皮带撕裂报警、设备过载报警等。

(2) 硬件报警。硬件报警是指由于自身的元器件上发生的故障。通过系统的故障自诊断功能，显示相应的故障指示，可以准确地发现故障位置。

(四) 网络监视与远控功能

程控系统可以与工业电视系统连接，以便及时发出报警信号或对故障点进行跟踪监视。程控系统还可以与局域网信息管理系统（MIS）相连，实现多级远程监视、控制与故障诊断。

三、输煤程控系统的运行与操作

程序自动控制是在上位机模拟图中的操作面板上进行的正常运行方式；集中手动控制是在设备的手操器窗口图上进行的操作，是集中控制方式，通过 PLC 机实现联锁保护；就地方式是在就地操作箱上操作，所有计算机操作无效，设备之间失去联锁关系，只做检修设备及试运行之用，不作为正常运行方式。正常情况下，现场所有皮带的程控转换开关均应打到“程控”位置上。

(一) 工程师站的使用

工程师站是对整个系统进行组态工作，组态程序被看作独立的组件，通过工程浏览器将其构架到一起，形成一个统一的一体化界面。各组态程序包括图形组态、数据库组态、成组定义、制表生成、下载文件。例如图形组态定义的皮带、挡板等辅助设备的颜色如下：

(1) 静态停——青、蓝或灰色。

(2) 皮带等设备停电检修——绿色。

(3) 皮带等设备选中待命——红色。

(4) 皮带等设备预启——红色全闪。

(5) 空载运行——红色流水闪亮。

(6) 负荷运行（有煤流信号）——红色流水加快闪亮。

(7) 故障报警——黄色整条闪亮。

(8) 犁煤器正在落下——绿闪烁，到位变红。

(9) 犁煤器正在抬起——红闪烁，到位后变绿。

(二) 操作员站的使用

操作员站是系统与用户进行交流的最直接窗口。操作员站由工具栏、显示区、任务栏三个部分组成。

(1) 工具栏。工具栏是用于调用各种画面的。用户可以通过工具栏调出系统所有画面。

(2) 显示区。显示区是用于显示系统图和用户图的。图形上的活参数和动态图形每秒更新一次。

(3) 任务栏。任务栏是操作员站启动后，后台程序运行时的任务图标。点击这些图标，在图标上将出现一个提示窗口，提示系统运行状态是否正常。例如程控系统的报警等。

(4) 软手动操作器的使用。系统采用两种控制方式：①程序控制是在模拟图中的操作面板上进行操作；②手动控制是在设备的手操窗口图上进行操作。

设备集控单独软手动操作是指在系统模拟图上单独进行设备的启停操作，是在设备的手动操作器窗口图上进行的。所有设备进行一对一操作，内容包括给煤机变频器调节、皮带、挡板、除尘器、除铁器、碎煤机、犁煤器、喷水等。

（三）输煤程控操作

输煤程控操作的过程如下：

（1）预选设备。左击鼠标选中设备，预选时要对原煤仓上的犁煤器进行设置（即“跳仓”“强配”“取消”以前的设置命令），从流程组态中选设备流程，以三通挡板为界分段选取所用皮带，依次选择所需的上煤路线。

（2）预启开始。选择预启后，PLC 主机启动响铃，将所选流程中的挡板切换到位，尾仓犁煤器落下，其余犁煤器抬起。预启成功后，预启指示灯变色，表示可以启车。预启过程中执行对象可闪变颜色，已启的设备流线闪变。若程控预起指示灯不亮，则应检查所选流程是否有中断。

（3）顺启开始。PLC 依所选流程按逆煤流方向逐台延时启动各皮带。

（4）皮带顺停。PLC 依所选流程按煤流方向逐台延时停各皮带。

（四）输煤设备停机方式

（1）正常程序停机。运行人员进行程序停止操作后，输煤程序自动切断煤源，然后按顺煤流方向逐个自动延时停机。模拟屏上相应的信号也逐个消失，除尘装置在原程序停运后延时 2～5min 自动停止，相应信号灯灭。

值班员断定各皮带上没有煤后，方可进行皮带顺序停止。点击“顺序停止”键，“顺序停止”键变色，煤源皮带首先立即停止，10s 后第二级皮带停止，直到最后一级皮带停止，一次配煤完备。

（2）原煤仓满煤自动停机。若所选配煤程序原煤仓满煤，则相应上煤（翻车机煤斗给煤机）或取煤（从斗轮堆取料机取煤）程序自动先停煤源，然后按顺煤流方向逐个自动延时停机。

（3）故障紧急停机。在皮带运行中，若某条皮带不论什么原因由运行状态转为停止状态，该皮带逆煤流方向的皮带立即停机。即故障设备至煤源的设备（连启不连跳设备除外，如碎煤机等）全部重载停机。同时模拟屏上故障设备模拟灯闪光，光字牌亮，蜂鸣器响，设备模拟灯灭，其他无关联的皮带将不受影响。

（4）设备故障停机检查。设备故障停机后首先要根据程控台上报警光字牌进行故障设备的定位并及时迅速了解异常情况的实质，尽快限制事态发展，解除对人身、设备的威胁，改变运行方式，及时向有关人员汇报，待原因查明、故障排除后方可启动运行。

四、输煤程控系统的对象

（1）设备：输煤系统中所有的皮带输送机、各种形式的除铁器、系统中用来切换皮带运行的三通挡板、防闭塞装置、袋式除尘器、自动喷水装置、制动器、给煤机、斗轮堆取料机、环式碎煤机、滚轴筛、电子皮带秤、循环连码校验装置、煤取样装置、犁煤器、刮水器等设备，以及采用超声波料位计的煤仓煤位测量、监控仪，煤位连续监测仪。

（2）信号：采用射频导纳物位计的高煤位信号、高高煤位信号，以及皮带保护装置（拉绳开关、料流信号、跑偏信号、防撕裂装置、堵煤信号、打滑信号、抱闸信号）。

（3）电气开关：拉绳开关、应急按钮等。其余信号通过系统通信实现。

（4）辅助系统：煤水处理系统。

第二节 输煤工业电视监控系统

一、电视监控系统的构成

电视监控系统由摄像机、防雨罩、电动云台、解码器、矩阵切换器、微机主控机和微机分控机组成。电视监控系统示意图如图 15-2 所示。

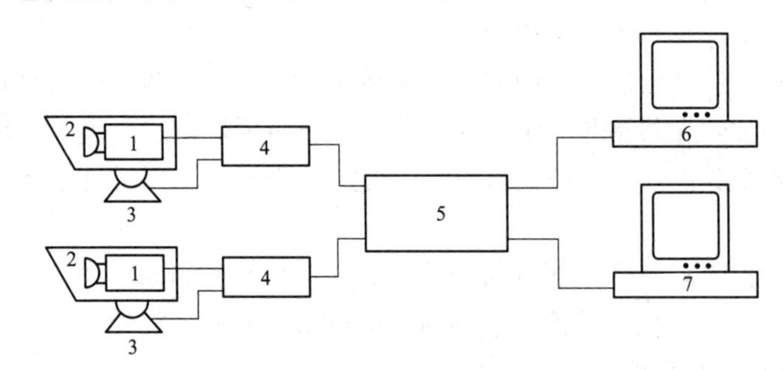

图 15-2 电视监控系统示意图

1—摄像机；2—防雨罩；3—电动云台；4—解码器；5—矩阵切换器；6—微机主控机；7—微机分控机

1. 摄像机

根据需要可选择不同性质的摄像机，其中不同性质表现在黑白或彩色、图像分辨率、电子自动光圈、电动变焦镜头等方面。一般监视较大的工业场所（如斗轮机、煤场）时应选用彩色摄像机，并配备全方位云台和电动可遥控变焦镜头以扩大观察视野。彩色摄像机依据色还原性等指标的高低，可选用不同品牌。彩色摄像头要求的工作照明度较高，在低亮度如有夜视的情况下（如煤场），应配高灵敏度的黑白摄像机为好。

2. 防雨罩

防雨罩根据不同的应用场所可分为室内型、全天候防护型（雨刷、加温吹风等功能）以及吸顶型、防爆型、球形等。其主要功能是保护摄像机免遭恶劣的工业环境影响或意外损坏。

3. 电动云台

云台也有室内型和室外型之分，根据云台转动速度的快慢又分为高速或低速型。云台的主要作用是扩大摄像头的扫描范围，全方位（水平可转动 360°，俯仰可转动 120°）监视工作场所。

4. 解码器

用来识别主控机送给某一指定云台的指令信号，从而使操作者在主控机旁利用鼠标来操纵云台镜头转动，达到全方位观察的目的。

5. 矩阵切换器

将主控机发来的指令经译码后自动切换发送到指定的摄像机，从而完成相应的操作。

6. 微机主控机

控制主机是整个系统的核心。在主控机的监视器上可将多个工作场面同时摄入，并显示于一台监视器上（多画面分割形式），每一个工作场面又可通过手动或自动循环切换各摄像机而将所摄画面显示到监视器上（自动循环切换时间可任意调定）。主控机对配有变焦镜头的摄像机通过鼠标可实施调焦、变倍、调光圈等操作，对配有云台的摄像机实施上/下、左/右及自动回转操作。

7. 微机分控机

根据实际需要，除集控室设有主控机外，还可在其他主要管理人员办公室设置分控机，分控机的功能可与主控机完全一样。

二、系统功能

自带操作主菜单，可进行系统的设置、编程、切换及现场控制；自带操作键盘，可进行系统操作。

可任意切换和分组切换：通过操作键盘，对应于每个监视器可切换显示任一个摄像机的画面，或对摄像机进行分组切换操作。

屏幕显示：对每个视频输出自动插入日期、时间、摄像机编号以及一个不超过 16 个字符的标题。

巡视：每个监视器可以有两个可编程巡视序列，可巡视到经过编程的固定切换顺序，巡视序列中的所有摄像机按照预先编好的顺序在当前监视器上依次显示一段时间。

现场控制：控制现场云台水平/垂直转动，摄像机变倍、调焦等。

工业电视监视系统具有摄像器材防盗系统，即具有防盗报警，指示报警位置，通过主机发出报警并记录报警时间、地点、摄像器材编号的功能。　台画面分割器，可方便自由组合和切换。工业电视监视系统配置一台长时间硬盘录像机，监控系统上位机通过以太网介入全厂工业电视监控系统和全厂 MIS 网。输煤系统与工业电视监控系统有通信接口，并与工业电视监控系统有保护和联锁功能。

三、保护和联锁功能

自动监视皮带机的启停：当皮带系统开始启动后，皮带机监视器能够随皮带机逐台启动并同步显示监控点的摄像画面。直到启动结束后，系统自动从煤源开始按预定的延时时间自动停机，皮带监视器立即显示停机设备的摄像画面，并随皮带机逐台停机而自动跟踪切换监视画面。

报警自动切换：在运行中，如设备出现故障时，监视器立即自动切换并显示故障设备画面。

第三节　输煤系统的运行

一、输煤系统程序控制启动前的检查

程控值班员应首先查看运行日志、检修交代、设备缺陷、工作票等，掌握设备运行与检修、设备缺陷及其他异常情况。正在检修的设备应查询“检修设置”画面，看该设备是否已设置检修。

检查程控电源柜、各 PLC 模块指示应正常，各按钮、鼠标器、指示灯、开关、信号齐全无损，各监视器及现场摄像镜头工作应正常，否则向交班值班员提出询问，必要时汇报主值。检查各炉煤仓的尾仓及检修仓的设置应正确无误。各工作仪表指示正确，显示正常，未工作仪表指示应在“零”位。检查超声波料位计显示及各高煤位显示应正常。检查通信系统使用正常，空调及其他设备和工具应完整无损。确认主机在工作状态，打印机在联机备用状态。检查各犁煤器的抬落动作及位置信号应正常。检查各挡板实际到位及显示信号应正常。检查核对各电子皮带秤累计数。若接班时系统正在运行，则应认真详细地观察电流表指示及各监视器的工作状况，确认正常后方可接班监盘，接班监盘后再出现问题，由接班者负责。

输煤系统启动前，程控值班员应将运行方式、煤种、堆料或取料区域通知斗轮机司机，并布置斗轮机司机做好启动前的检查及相关操作工作。

程控值班员通过呼叫系统向皮带巡检员讲明运行方式，让皮带巡检员做好设备启动前的检查。特别要检查转换开关、拉线开关及核对挡板位置，检查应无危及人身和设备安全的情况，应无检修人员正在工作等问题。接到就地可以启动的回复后，方可进行启动操作。

通过设备状态查询及操作窗口，检查将要运行设备的状态应符合要求。各种保护不得随意屏蔽，如因设备原因，经领导同意后方可将局部保护屏蔽，同时做好记录。

二、开机操作

开机前所有电源开关应在断开位置。先接通电源柜的 AC 220V 电源，再开启电源柜内不间断电源（UPS）。注意查看各路输出的红色指示灯是否点亮，若无显示，则说明熔断器已熔断，需通知电气班组检查并更换。开启两台 PLC 主机的电源模块开关，主机经自检后进入运行状态（CPU 的 Run 灯点亮）。开启上位机 UPS 电源，再打开显示器。开启上位机主机电源，待系统完成全部自动加载程序后，再用鼠标双击桌面输煤系统快捷方式键，进入输煤系统主画面。

三、输煤系统设置

在输煤系统程序的画面菜单栏下选择“自动配煤”，选中“尾仓设置”菜单命令后，单击原煤仓图标，即相应仓变红，该仓即设为尾仓。在配煤时，尾仓以后的仓不参加配煤，检修仓不能作为尾仓。

在输煤系统程序的画面菜单栏下选择“自动配煤”，选中“检修仓设置”菜单命令后，单击原煤仓图标，即相应仓变红，该仓即设为检修仓。在配煤时，检修仓不参加配煤，检修仓之后的仓继续配煤。

单击待检修设备如皮带、碎煤机等设备图标，在出现的对话框中点“检修”。“检修”按钮颜色变红，选中的设备电动机处显示蓝色“×”符号，表示该设备处于检修状态，计算机无法对此进行操作。解除检修状态时，点击检修设备图标，在弹出的对话框中再次点击“检修”，“检修”按钮颜色恢复到初始状态，即取消设备的检修状态。

为了操作系统安全可靠，防止误改动，在运行人员登录系统时必须输入用户口令与密码。

四、输煤系统程序控制操作

（一）自动方式的操作

选择上煤方式为“程控”。用鼠标点击“清零”键，使程序处于初始状态。在“总流程图”或“流程选择”画面选择所要启动的流程分程序，上位机画面中被选中的设备变为绿色。流程选择完毕，若所选流程正确，画面顶部显示框则显示“流程有效”，并伴有相应语音提示。点击“预启”键，所选流程挡板自动到位，到位的挡板变为红色。“程配”时尾仓犁自动落下，其余犁抬起。若现场设备按要求完成上述动作，画面顶部显示框则显示“允许启动”，并有语音提示。当“允许启动”出现后，点击“程启”键，所选设备自动按逆煤流方向延时启动，直到最后一个设备启动完毕，显示的“允许启动”消失，同时显示“程控运行”。

当设备运行中发生故障停机时，应通知有关人员检查停机原因并排除。待故障排除后，点击“清零”键清除上位监控画面设备闪光和相应的报警提示，点击“预启”及“程启”键，可重新从发生故障的设备处开始按逆煤流方向重新启动设备。

程控自动停机时，需点击“程停”键，弹出煤源选择窗口，选定煤源设备，点击“确认”后，运行设备从煤源处按顺煤流方向延时停机。设备全部停止后，点击“清零”键，使程序重新回到初始状态。

当设备运行中有危及人员安全及有可能损坏设备的情况下，点击画面右上方的“紧停”功能键，弹出提示画面，然后点击“确认”，此时现场运行设备全部立即停机。如果将控制台右下侧两个红色“紧停”同时按下，现场运行设备也可立即停机。

多路运行的情况下需停止一路时，若此流程没有与其他流程共用设备，则点击“程停”键，选择该路煤源设备并确认后该流程设备按顺煤流方向延时停机。若此流程与其他流程共用设备，则需改用联锁手动方式，逐个手停设备至该流程与其他流程的交叉点处。

使用“挡板置位”功能时，挡板是否到达要求的位置必须由值班员就地进行判断确认，PLC 不做挡板到位判断。

需要远程调整给煤机给煤量时，在“总流程图”画面上点击该给煤机头部，将弹出“控制和状态查询”窗口，用鼠标拖动“频率设定”控制滑标，设定相应频率确定给煤量大小。“联锁”与“解锁”方式下的操作方法相同。

(二)“联锁”手动上煤

选择上煤方式为“联锁”。流程选择及相应显示同“程控”方式。流程选择完毕后，同样操作“清零”和“预启”键。待画面顶部显示框显示“允许启动”后，按逆煤流方向，逐个点击流程中各皮带机的头部或设备的图形，在弹出该设备的“控制和状态查询”窗口中，点击设备的“启动”键，直到所选设备全部启动完毕。

在启动过程中应观察上位监控画面的运行信号、返回的电流值及工业电视的监视图像，确认上一个设备已启动后，再启动下一个设备。

皮带运行中若发生故障停机，待故障排除后，点击“清零”键，解除故障设备闪光，重新从发生故障的设备处开始手动启动，直到全部设备启动完毕。

正常停机时，按顺煤流方向，通过工业电视监视图像确认需停设备上已无余煤，再选择该设备的“控制和状态查询”窗口，点击设备的“停机”键，停止该设备。依此操作，直到全部设备停止。

(三)“解锁”手动上煤(非正常运行方式)

选择上煤方式为“解锁”。在“总流程图”观察上位监控画面，若所选流程中的挡板已到位，则到位一侧挡板变为红色。若有的挡板没有到位，应打开“辅助设备”画面，手动点击挡板控制键使挡板到位。在皮带机的头部或设备的图形上点击后，弹出该设备的“控制和状态查询”窗口，点击“启动”键，按逆煤流方向，逐个启动所选的皮带和设备，直到所选设备全部启动完毕。

皮带运行中若发生故障停机，由于各设备间无联锁关系，故障设备停机后无法联跳前面的设备，此时只有点击“紧停”键或同时按下程控操作台上的“紧停”按钮停全线设备。待故障排除后，点击“清零”键，解除故障设备闪光，重新手动启动设备。

正常停机时，按顺煤流方向，选择该设备的“控制和状态查询”窗口，点击设备的“停机”键，停止该设备，依此操作，直到全部设备均停止。

（四）程序配煤

选择配煤方式为“程配”。设置检修仓可在总流程图上点击煤仓标示序号即可。需设置检修犁时，进入“设备检修”画面进行设置。系统根据检修犁与检修仓的设置自动判断尾仓，即按顺煤流方向最后一个非检修的仓即为尾仓。煤仓甲乙两侧犁若都设为检修犁，则该仓也视为检修仓。点击“配清”键，使配煤程序处于初始状态。预启时，尾仓犁自动落下，其余犁抬起。

若皮带已经运行，则程序自动开始配煤，按照对选定炉煤仓顺序配煤至高煤位和余煤均匀配的原则进行配煤。在程序配煤过程中，应通过煤仓超声波料位显示和高煤位检测信号监视煤仓煤位，并由皮带巡检员随时检查煤仓中实际煤位情况。

因犁煤器发生卡死不能自动配煤时，必须及时转入“手配”方式。如果卡死犁不在落位，将此犁设为检修犁或将对应煤仓设为检修仓后可继续为其他煤仓“程配”。

当选定炉各煤仓顺序配煤至全部高煤位后，画面顶部显示框显示“程配完毕”，点击“清零”键，可进行切换操作继续为另一炉煤仓继续配煤。当完成最后选定炉煤仓的配煤工作，显示框显示“程配完毕”信息时，按照“程停”操作程序进行设备停机操作，皮带上的余煤将自动按“余煤配”方式均匀配至最后上煤炉的各煤仓。

程序配煤过程中人为或故障中止时，在故障恢复后如果需重新进行自动配煤，操作中就要将配煤方式由“手配”返回“程配”，应点击“配清”键，即可重新开始顺序配煤。

在“程配”方式下设置“定时配”。需要为某炉煤仓按设定时间进行配煤时，点击“定时配”键，在时间设置显示框内输入设定时间值，并经确定后系统自动为该炉各煤仓定时顺序配煤。

（五）手动配煤

选择配煤方式为“手配”。根据上位机煤仓煤位显示情况，点击对应犁煤器弹出该犁煤器控制框，点击“配煤画面”。在配煤画面上选择“手动配煤”功能，人工对需抬落犁煤器进行手动操作。

（六）配煤切换

在“程配”或“手配”过程中，如需把运行设备从处于配煤中的煤仓切换至另一炉煤仓，点击运行中煤仓皮带机的头部，将弹出该设备的“控制和状态查询”窗口，点击“配煤切换”后选择另一需要配煤的煤仓皮带，经确认后系统便自动完成煤仓设备的自动切换工作。同一煤仓甲、乙皮带机也可在同样操作下，通过“配煤切换”自动完成切换。“配煤切换”只能在系统“程控”方式运行下进行。

（七）操作键说明

“预启动”：用于自动和联锁手动运煤方式下，流程启动前的准备。使所选流程中的挡板自动归位，尾仓犁自动落下。

“程启”：用于自动方式下，所选流程经过“预启动”，并有提示“允许启动”提示后的流程启动。所选流程将按逆煤流方向自动启动直至煤源设备。

“程停”：用于自动方式下的自动停机。点按此键后，系统将按顺煤流方向自动延时停机。

“配煤复位”：用于自动配煤方式下，清除配煤记忆信号，即从第一仓开始重新配煤。

五、输煤系统程序控制运行中的注意事项

（一）正常启动、停运及运行控制的注意事项

交班班组必须在正点交班之前完成上位机的各种记录输入工作。接班班组必须在正点接班以后或在弹出登录提示框时以本班口令登录系统。当班期间禁止退出已登录状态。

PLC 系统在运行中某一远程站发生瞬时失电或故障，相应 PLC 报警灯亮，上位机对应显示的犁煤器位置及其煤仓煤位信号全部消失，此时应加强就地设备检查，视运行状况进行判断操作，并通知检修人员进行检查处理。

上煤时，严禁选用碎煤机旁路，运行前皮带巡检员应检查确认该挡板实际位置正确。运行中某一设备发出打滑报警信号时，程控值班员应首先检查皮带机电流有无大范围波动，煤量有无大范围变化。并及时联系皮带巡检员检查以及低速度传感器探头上应无杂物黏附。

选取双流程运行时，必须先选取一个流程并待该流程设备启动完毕后，再进行另一个流程的选取和启动。严禁双流程同时选取后进行“程启”操作。禁止在某一运行工艺流程中混有程控自动运行和“就地”启动运行方式。

系统设备运行中，应密切注意输煤工业电视所监视的设备运行状态。应密切注意设备电流显示、报警提示和电子皮带秤煤量变化情况，及时调整煤源设备出力，使设备出力控制在额定负荷之内。

系统正常停运时必须采用“程停”方式，使系统在煤源设备停机后，其他运行设备顺煤流方向按设定时间依次拉空余煤后自动停止运行。程控值班员必须通过工业电视监视检查停运设备上无余煤。系统停止运行后，应取消选定控制方式，点击设置“零位”键功能。禁止无故重新启动上位机并利用其进行任何与运行操作及设备检查、调试无关的其他工作。

程控启动时，应逐一对各台设备的启动时间、启动电流等进行严格监视。当启动电流过大，且长时间不返回正常值时，可立即按“急停”按钮。注意上位机监控画面上设备的变色是否正常，并注意犁煤器的抬落情况是否符合“自动配煤”的要求。若发现某一设备启动不起来或启动后立即跳闸时，应查明故障原因并通知现场人员处理。确认后，方可重选流程进行启动。

监盘时，应注意监控画面上的指示是否正常。精力要集中，做到“眼勤手快”，即眼睛勤观察，发现不正常现象时，要及时准确地进行操作，不得闲谈和做与工作无关的事情。当某台设备因某种故障停机时，要及时通知检修人员，待确认故障排除后，方可重新启动。当某台设备被设置为检修状态时，不能随意解除，要确认现场设备完好和检修人员撤离后，方可解除检修状态。

启动设备时，由启动电流值恢复到正常电流值的时间不应超过 5s，否则应停机，各设备的空载电流应在正常范围内。高压设备一次启动不成功时，应报告主值，查明原因，待主值允许启动时，方可再次启动，两次启动间隔不得少于 5min。低压设备也不可频繁操

作，只有在冷态下可连续启动两次，两次启动间隔时间不得少于5min。在热态下，允许启动一次，事故处理及启动时间不超过2～3s的电动机可多启动一次。运行系统负荷过大时，应调整给煤机煤量。当采用翻车机直接上煤时，禁止超过额定出力。

若某一胶带机电流波动大，其他胶带机电流均正常，则应立即停止该设备以及到煤源的所有运行设备，并通知皮带巡检员检查。若环式碎煤机电流异常变化或急剧摆动，则应立即停止该机以及到煤源的所有设备。上一级胶带机电流逐渐减小，而该胶带机电流逐渐增大，应判断是堵煤，立即停止该设备以及到煤源的所有设备。电流突然降至小于正常空载电流，应判断是胶带拉断或联轴器损坏，应立即停止该设备以及到煤源的所有设备。电流突然到零，应判断是就地停机或电气部分出现问题，应立即停止该设备以及到煤源的所有设备。高压设备控制回路失电，应立即停止其他有关设备的运行，汇报值长处理。

（二）紧急停机注意事项

当系统发生故障停机后，程控值班员应与皮带巡检员取得联系，并用电视监视系统进行定点监视。控制台上的“紧停”按钮及上位机上的“紧停”功能键严禁随意操作，只有在紧急事故发生时方可使用。

参 考 文 献

[1] 杨广贤．火电厂烟气脱硫脱硝技术标准应用手册．北京：中国环境科学技术出版社，2007.

[2] 周菊华．火电厂燃煤机组脱硫脱硝技术．北京：中国电力出版社，2010.

[3] 杜雅琴．火电厂烟气脱硫脱硝设备及运行．北京：中国电力出版社，2014.

[4] 蒋文举．烟气脱硫脱硝技术手册．北京：中国电力出版社，2010.

[5] 薛建明，王小明，刘建民，等．湿法烟气脱硫设计及设备选型手册．北京：中国电力出版社，2011.

[6] 周根来，孟祥新．电站锅炉脱硫装置及其控制技术．北京：中国电力出版社，2009.

[7] 夏怀祥，段传和．选择性催化还原法（SCR）烟气脱硝．北京：中国电力出版社，2012.

[8] 段传和，夏怀祥．选择性非催化还原法（SNCR）烟气脱硝．北京：中国电力出版社，2012.

[9] 王宏伟，刘晓光，郝秉清．湿法脱硫中脱白的系统设计及应用．环境工程，2018（36）：551-554.

[10] 郑建文．输煤系统事故案例分析．北京：中国电力出版社，2013.

[11] 何爱军．输煤系统反事故措施及案例．北京：中国电力出版社，2013.

[12] 帅伟，陈瑾，王临清，等．火电厂除尘技术如何适应新标准．ENVIRONMENTAL PROTECTION，2014（7）：55-57.

[13] 原永涛．火力发电厂电除尘技术．北京：化学工业出版社，2004.

[14] 刘建华．600MW 机组除尘器升级改造及效益评价．电力科技与环保，2015（3）：36-38.

[15] 要璇，俞亚昕．袋式除尘技术与装备发展探究．现代制造技术与装备，2017（6）：135-136.

[16] 胡明．浅析电袋除尘器滤袋的设计选型．电力科技与环保，2012，2（28）：42-45.